"十二五"江苏省高等学校重点教材(编号 201

供配电技术及成套设备

主　编　黄　伟
副主编　李　娜　胡晓进
　　　　高菊玲　吴振飞

国防工业出版社

·北京·

内 容 简 介

本书采用项目编写方式,共分十个项目。每个项目包括几个任务,每个任务按照任务下达、任务分析内容及学习要求的顺序进行编写。本书内容包括供配电系统、电力负荷计算、工厂供配电网路及供电线路、低压元件及成套设备、电力变压器、高压元件及成套设备、预装式变电站、变电站的综合自动化、变电站的保护、照明及节约用电等。

本书结构新颖,内容紧密结合实际,许多内容是传统的同类教材中没有涉及的,反映现场使用实际。讲述内容围绕项目展开,以任务逐步完善,达到学习目的。在适当部位安排了课堂练习,练习题型内容灵活,联系实际。将实际应用强的内容作为阅读资料。课堂练习的答案要点及本书课件,可以向出版社索取或在出版社网站下载。

本书主要适用于高职高专电气类及相近专业,也可供电气类工程技术人员参考。

图书在版编目(CIP)数据

供配电技术及成套设备/黄伟主编. —北京:国防工业
出版社,2016.6
ISBN 978-7-118-10791-3

Ⅰ.①供… Ⅱ.①黄… Ⅲ.①供电系统②配电系统
Ⅳ.①TM72

中国版本图书馆 CIP 数据核字(2016)第 105610 号

※

国防工业出版社出版发行

(北京市海淀区紫竹院南路 23 号 邮政编码 100048)
三河市鼎鑫印务有限公司印刷
新华书店经售

*

开本 787×1092 1/16 印张 25½ 字数 595 千字
2016 年 6 月第 1 版第 1 次印刷 印数 1—2500 册 定价 54.00 元

(本书如有印装错误,我社负责调换)

国防书店:(010)88540777 发行邮购:(010)88540776
发行传真:(010)88540755 发行业务:(010)88540717

前　言

　　本书是根据高职高专电气类专业及相近专业的需要编写的,除了包括传统教材相应的内容外,还紧密结合实际,介绍了现场应用广泛而在传统教材中没有涉及的内容,如低压电气元件及成套设备、高压电气元件及成套设备、预装式变电站等,包括介绍相应的标准、产品特性、技术参数、选用、维护等知识。

　　本书采用项目编写方式,共分十个项目。包括供配电系统、电力负荷计算、工厂供配电网路及供电线路、低压元件及成套设备、电力变压器、高压元件及成套设备、预装式变电站、变电站的综合自动化、变电站的保护、照明及节约用电等内容。书中(＊)部分可作为阅读材料。

　　本书具有如下几个特点。

　　1)结构新颖

　　采用项目单元安排,每个项目根据内容再安排若干个任务,每个任务包括任务下达、内容分析及达到的学习要求等,按顺序深入逐次展开。在每个任务的内容分析中,适时安排了针对性的课堂练习,巩固所学内容,也展开了学习内容,有些练习就是实际问题,引导学生查阅资料,积累学习知识。

　　2)内容新颖

　　本书在讲解电器元件和成套设备过程中,与实际结合,注重技术性能与技术参数,围绕技术标准,让学生理解标准的含义与内容。

　　工厂供电的承担者就是成套设备,但在传统的相近教材中介绍很少。编者根据在企业从事专业技术20多年的工作体会,收集了技术资料,在介绍低压元件和高压元件后,分别系统讲解了低压成套设备、高压成套设备和预装式变电站,有助于学生迅速适应专业岗位。有些内容,也适合专业技术人员和技术工人参考。

　　3)内容实用

　　本书的编者现场经历与经验丰富,注重理论与实际结合,加强技能培养。例如,讲解一个元件或产品时,按照"功能与使用场所"—"型号表示与含义"—"技术参数"—"关键技术参数含义解释"—"产品尺寸与外形"—"选用与安装"—"常见故障的排除与使用维护"的顺序编写,突出实际应用。

　　4)引起学习兴趣

　　本书中的一些元件与产品、布线方式,不再是呆板的绘制图,而是选用了现场图片与实物照片,有直观感,不枯燥,容易引起学生的学习兴趣。

　　本书对技术参数表格中的一些关键名词进行了解释;对重要的知识点列出专题进行讨论,如接地开关、"五防"技术、典型高压元件的维护等内容,可以作为阅读资料,也可以作为专业岗位的技术资料。

　　本书由研究员级高级工程师、副教授黄伟任主编,李娜、胡晓进、高菊玲和吴振飞任副主编。其中，李娜编写项目一、项目二和项目三；高菊玲副教授编写项目四的任务 1、项目五和项目十的任务 3，其余由黄伟和胡晓进编写，王小丽老师编写了电子课件。江苏镇安电力设备有限公司总工程师吴振飞高级工程师提供了技术资料，黄伟对全部书稿进行了总体规划并统稿、修改及校对。

本书编写过程中，江苏镇安电力设备有限公司总经理、高级工程师叶小松、镇江市亿华系统集成有限公司总工程师、高级工程师李阿福、江苏宏安变压器有限公司总工程师李杰等提出了许多建议与修改意见，谨在此表示衷心感谢！

本书附有电子课件，练习与解答思路可供课堂参考。需要这些内容的读者，可与国防工业出版社联系，或直接登录国防工业出版社网站下载，也可与编者联系。

尽管在编写时投入较大精力，但限于水平，书中错漏难免，或技术思路不尽完全合理，敬请读者提出宝贵意见，邮箱 zjzhjhr@ sina.com。课件可向责任编辑索取：ycy8803@ 126.com。

编者
2016 年 4 月

目　　录

项目一　认识供配电系统 ································· 1

　　任务1　认识供配电系统及输送电网 ················· 1

　　任务2　掌握配电线路及中性点运行方式知识 ········· 10

　　任务3　掌握供配电系统的技术指标 ················· 17

项目二　了解用电负荷的计算方法 ····················· 25

　　任务1　认识并运用工厂电力负荷及负荷曲线 ········· 25

　　任务2　确定三相设备的用电负荷 ··················· 31

　　任务3　短路电流计算 ····························· 37

项目三　分析工厂电力网络及供电线路 ················· 49

　　任务1　认识工厂电力网络的基本接线方式 ··········· 49

　　任务2　工厂及车间配电线路 ······················· 54

　　任务3　认识电缆及母线的型号选择 ················· 64

项目四　掌握低压电气元件及成套设备 ················· 75

　　任务1　选用低压电气元件 ························· 75

　　任务2　熟悉常用的低压成套电气设备 ··············· 128

　　任务3　认识低压开关柜的主回路 ··················· 136

　　任务4　了解典型的低压成套设备产品 ··············· 141

项目五　掌握电力变压器的技术性能 ··················· 155

　　任务1　了解电力变压器的原理、结构、连接组别 ····· 155

　　任务2　电力变压器的运行与维护 ··················· 171

项目六　掌握高压电器元件及成套设备性能 ············· 179

　　任务1　选用高压电器元件 ························· 179

　　任务2　选用高压电器成套设备 ····················· 238

　　任务3　了解并掌握典型高压电气成套设备产品 ······· 247

　　任务4　认识主高压电气成套设备的回路 ············· 257

　　任务5　熟悉典型高压电气成套设备 ················· 282

项目七　掌握预装式变电站的基本性能 ·································· 291

　　任务 1　了解预装式变电站的基本性能 ···················· 291

　　任务 2　掌握美式及欧式预装式变电站 ···················· 296

项目八　认识变电所综合自动化的基本特点 ···················· 313

　　任务 1　了解变电所综合自动化的基本知识 ················ 313

　　任务 2　了解典型的电站综合自动化设备 ·················· 324

项目九　掌握变电所的保护知识 ································· 328

　　任务 1　了解防雷设备及防雷保护知识 ···················· 328

　　任务 2　了解接地保护知识 ······························ 346

项目十　了解电气照明及节约用电知识 ························ 357

　　任务 1　了解光源的基本知识及选择光源 ·················· 357

　　任务 2　掌握照明的配电及控制 ·························· 370

　　任务 3　了解工厂供电的节能知识 ························ 377

参考文献 ··· 401

项目一　认识供配电系统

本项目包括两个任务,总体概述工厂供配电技术的基本知识,包括供配电系统认识、输送电网的概念、配电线路及中性点的运行方式,以及供配电系统的技术指标等。

任务1　认识供配电系统及输送电网

第一部分　任务内容下达

通过学习,了解供配电系统的基本组成,掌握供配电系统的基本知识及每个组成部分的作用,了解输送电网的组成及输电线路、配电线路及用电线路的概念。

第二部分　任务分析及知识介绍

一、工厂供电的作用和要求

1. 供电的作用

工厂供电,就是工厂用电设备所需电能的供应和分配。一般也可以这样理解,工厂供电是供电公司对工厂的围墙外所提供的电力输送,即到达工厂的变电所,可以改变电压;而工厂围墙内变电所的电能传输及分配到各个车间设备,不能改变电压也称为配电。当然,大型企业内部也有变电所。

电能,是现代工业化生产和生活的主要能源与动力。电能可以由其他能源形式转变而来,也很容易转变为其他的能源形式;电能的传输和分配简单经济,可以定量控制、调节和测量,实现自动化。现代社会的信息化技术和相应的高新技术都是建立在电能应用的基础上。因此,电能在现代化工业生产、整个国民经济及生活中的应用极为广泛。

工业化生产中,电能是工业生产的重要动力和能源,但在产品生产成本中所占的比例一般很小。例如在机械工业中,电费开支仅占产品成本的5%左右,只是在电化工、金属冶炼行业,用电成本较高,要考虑用电的节电措施与管理。从投资角度分析,一般机械工业企业在供电设备方面的投入,约占总投资额的5%。在工业电气化后,电力能源可以很方便地实现自动化控制,明显提高产品产量、改善产品质量、提高生产效率、降低生产成本、降低工人的劳动强度、改善工人的劳动环境。但电力能源也存在缺陷,即电力能源供应会发生停电,对某些对供电可靠性要求很高的工厂,即使是极短时间的停电,也会引起重大设备损坏,或引起大量产品报废,甚至可能发生重大的人身事故或造成社会不安定。典型的生产企业如炼钢设备,不能断电;与生活紧密相关的场所如医院,不能停电。

2. 供电要求

工厂供电工作应当满足工业生产服务、保证工厂生产和居民生活用电的需求,还要满

1

足节能、环保的需求,其基本要求如下。

(1) 安全。电能供应、分配和使用中,要注意环境保护,不能发生人身事故和设备事故。

(2) 可靠。满足电能用户对供电可靠性的要求,保证连续供电,满足生产及生活需要。

(3) 优质。满足用户对电压和频率等质量的要求。如出现电压波动、频率不准确的现象,就会影响供电质量。

(4) 经济。供电系统投资少,运行费用要低,应尽可能地节约电能和减少有色金属消耗量。高压送点、预装式变电站等。

供电的可靠含义,涉及供电单位、用电单位、供配电技术、电气成套设备的管理和企业供电安全管理等,具体包括以下几个方面:

(1) 可靠性高。采用高可靠性的供电设备,认真管理维护,防止误操作。

(2) 不停电电源供电。提高送电线路的可靠性,重要设备与用电单位采用双回路供电或双电源供电。

(3) 供电线路方案合理。选择合理适当的供电系统方案、结构、接线。

(4) 供电容量充分。保证适当的用电容量、容量裕度。

(5) 运行分工。制定合理的运行方案;采用自动装置,保证高压系统的运行符合供电标准规定和供电管理部门的规定。

(6) 综合保护。按照标准要求,对高压输送电系统,采用自动装置,如自动重合闸装置、变电所按频率自动减负装置等;采用快速继电保护装置;对于重要复杂的供用电系统,采用计算机检测装置;采用综合保护技术。

(7) 节约用电。积极采取措施,节能节电;按照动力设备与系统的要求,制定管理制度,严格执行制度。

课堂练习

(1) 工厂供电的基本要求有哪些?

(2) 如何理解供电的可靠性含义?

二、电力系统概述

1. 电力系统的组成

电力系统通常由发电厂、高低压控制装置、电气线路、变配电所和电力负荷即用户等部分组成。前面已经介绍过,工厂供配电系统指从电源线路进场起到高低压用电设备进线端止的整个电路系统,是由工厂变配电所、配电线路和用电设备构成的整体,实现工厂内的电能接收、分配、变换、输送和使用。工厂供配电系统是电力系统的主要组成部分,是电力系统的主要用户。

图 1-1 所示为电力系统示意图,虚线框内即为工厂供配电系统示意。工厂供配电系统中,变配电所承担接收电能、变换电压和分配电能的任务;配电线路承担着输送和分配电能的任务;用电设备指的是消耗电能的电动机、电焊机、加热设备、照明设备等。

不同类型的工厂,供电系统组成各不相同。大型工厂及某些电源进线电压为 35kV 及以上的中型工厂,一般经过两次降压,即电源进厂以后先经总降压变电所,将 35kV 及

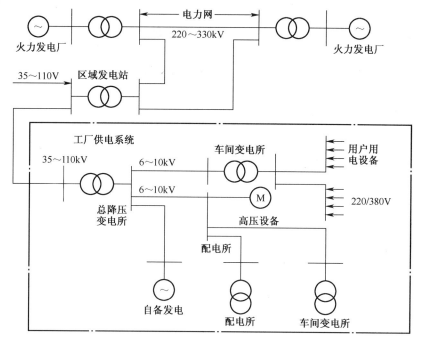

图 1-1　电力系统示意图

以上的电源电压降为 6~10kV 的配电电压,然后通过高压配电线路将电能送到各个车间变电所,也有的经高压配电所再送到车间变电所,最后经配电变压器降为一般低压用电设备所需要的电压等级。

一般中型工厂的电源进线电压是 6~10kV。电能先经高压配电所集中,再由高压配电线路分送到各个车间变电所或高压配电线路直接供给高压用电设备。车间变电所内装设有电力变压器,将 6~10kV 的电压降为一般低压用电设备可适用的电压(如 220/380V),然后由低压配电线路将电能分送到各用电设备使用。

对于一般小型工厂,由于所需容量大多都不会大于 1000kVA,因而只设一个降压变电所,将 6~10kV 电压降为低压用电设备所需的电压。当工厂所需容量不大于 160kVA 时,一般采用低压电源进线,只需设一个低压配电间。

对工厂供配电系统的基本要求是安全、灵活、可靠和经济。

2. 典型供电系统及输送电网的构成

电力系统是电能生产输送、分配变化和使用的一个统一整体,由发电厂变电站电力网和用户组成。图 1-2 所示为电力系统及用户动力系统示意图。下面简单介绍各组成部分。

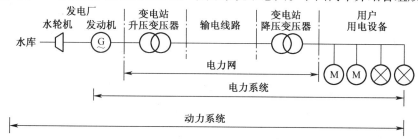

图 1-2　电力系统及用户动力系统示意图

1）发电厂

发电厂是生产电能的地方,种类很多:按所利用能源的不同可以分为火力发电厂、水力发电厂、原子能发电厂、地热发电厂、潮汐能发电厂、风力发电厂,太阳能发电厂等;按发电厂的规模和供电范围不同又可以分为区域性发电厂、地方发电厂和自备专用发电厂等。

（1）火力发电厂。火力发电厂是将燃料(如煤、石油、天然气、油页岩等)的化学能转化成电能的工厂。将燃料的化学能转变成热能,热能转变为机械能,机械能再转变为电能。火力发电厂可分为凝汽式火力发电厂和供热火力发电厂,前者通常称为火电厂,后者称为热电厂。火电厂厂貌如图 1-3 所示。

（2）水力发电厂。水力发电厂简称水电厂,水电厂外貌如图 1-4 所示,是将水的位能和动能转变为电能的工厂,即将水的位能转变为机械能,再转变为电能。水电厂根据集中落差的方式分为低坝式、引水式和混合式;按运行方式又可分为有调节水电站、无调节水电站和抽水蓄能水电站。

① 堤坝式水电厂。在河流的适当位置上修建拦河水坝,利用坝的上下游水位形成的较大落差,引水发电。

② 引水式水电厂。水电厂建在水流湍急的河道上或河床坡度较陡的地方,由引水管道引入厂房。

图 1-3　火电厂厂貌

图 1-4　水电厂外貌

③ 抽水蓄能电厂。这种水电厂由高落差的上下两个水库及具备水轮机—发电机和电动机—水泵两种工作方式的可逆机组组成。抽水蓄能电厂一般作为调峰电厂运行。此外,抽水蓄能电厂还可以用于系统的备用容量、调频、调相等。

（3）核电厂。核电厂是利用核能发电的电厂,核电机组与普通火力发电机组不同的是以核反应堆和蒸汽发生器代替了锅炉设备,而汽轮机和发电机部分基本相同。核电厂外貌如图 1-5 所示。

核电场的建设费用尽管高于火电场,但燃料费用远低于火电厂,因此,核电厂综合发电成本普遍比火电厂低,能取得较大的经济效益。1kg 铀-235 约等于 2700t 的标准煤,以 1000MW 压水堆核电场为例,1 年约需 1t 铀,如果是相同发电容量的火力发电厂,所需燃料更多。

（4）其他类型发电厂。其他类型发电厂有风力发电厂、地热发电厂、太阳能发电厂、

图 1-5　核电厂外貌

潮汐发电场等。风力发电厂(图 1-6)、太阳能发电厂(图 1-7)等基本对环境不产生污染,因此,国家正在大力发展。

图 1-6　风力发电场

图 1-7　太阳能发电场

2)电力网

电力网由变配电所和各种不同电压等级的线路组成,是将发电厂生产的电能输送、变换和分配到电能用户。电力网按电压高低和供电范围的大小又分为区域网和地方网。区域网供电范围大,且电压一般在 220kV 以上;地方网供电范围小,最高电压一般不超过 110kV。

3)高、低压控制装置

高、低控制装置用于配电的整个过程,主要是控制高压线路接到小区的环网柜,然后由环网柜到变压器,经变压器降压再到低压柜,最后由低压柜来连接各个用电的配电箱,完成配电任务。

4)用户

用户是指将电能转化为所需要的其他形式能量的工厂和用电设备。随着电力系统的发展,各国建立的电力系统,其容量及范围越来越大。建立大型电力系统可以经济合理地利用一次能源,降低发电成本,减少电能损耗,提高电能质量,实现电能的灵活调节和调度,大大提高了供电可靠性。

课堂练习

（1）供电电网的构成主要有哪些环节？

（2）发电主要有哪些方式？它们的能源转换是如何实现的？

（3）查阅资料，风能发电、太阳能发电等尽管环境污染小，但将所发电能送到电网去，必须经过哪个环节？这个环节给电网带来何种不利因素？

3. 工厂供电的典型结构

1）6～10kV 进线的中型工厂供电系统

一般的工厂电源进线 6～10kV。电能首先经过高压配电所，由高压配电线路将电能分送到各个车间变电所，车间变电所内安装有电力变压器，将 6～10kV 的高电压降为一般低压设备能够工作的电压，如一般是 220/380V，如果工厂内有 6～10kV 的高压用电设备，则 6～10kV 变电所可以直接提供给这些高压设备。

图 1-8 为典型的中型工厂供电系统结构简图，图中用单线表示三相线路，只绘制了开关而没有绘制其他开关电器；图中的母线一般称为汇流排或母排，作用是汇集和分派电能。

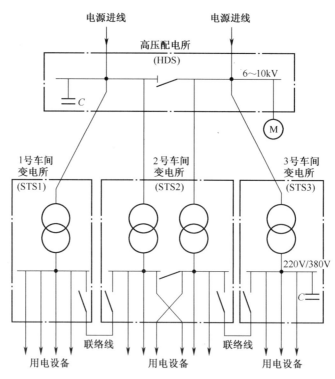

图 1-8 典型的中型工厂供电系统结构简图

可以看出，高压配电所有四条高压配电出线，供电给 3 个车间变电所。其中，1 号车间变电所和 3 号车间变电所各安装一台配电变压器，但 2 号车间变电所安装了两台配电变压器，分别由两端母线供电，低压侧也采用了单母线分段方式，这样，重要的低压设备由两端低压母线交叉供电。各个车间变电所的低压侧都设有低压联络线，可以提高供电系统运行的可靠性和灵活性。

另外,在高压配电所有一条高压配电线,直接给高压电动机供电,也直接与一组高压并联电容器连接。3 号车间变电所低压母线上也直接连了一组低压并联电容器组,用以补偿系统的无功功率,提高功率因数。

将图 1-8 所示的供电结构设计成供电系统平面布置示意图,如图 1-9 所示,可以基本看到变电所、配电成套设备的位置布置和进出线。

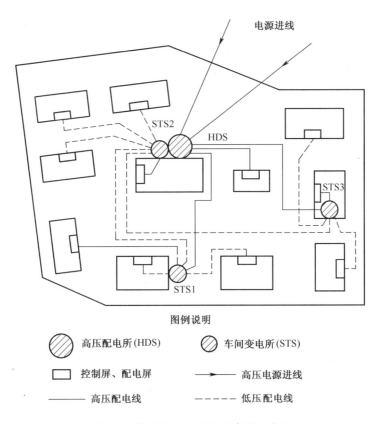

图 1-9　基于图 1-8 的平面布置示意图

2) 35kV 及以上进线电压的大中型工厂供电系统

对于中型工厂以上的企业,采用 35kV 及以上进线电压的供电系统,通常是两次降压,即电源进入工厂后,先经过安装有较大容量的电力变压器的总降压变电所,将 35kV 及以上的电源电压降为 6~10kV 的配电用电压,再经过 6~10kV 的高压配电线将电能送到各个车间变电所,根据工厂用电的情况,也有经过高压配电所再送到车间变电所。

车间变电所安装有配电变压器,第三次将 10kV 降为一般低压用电设备所需的 220/380V。这种供电系统的结构简图如图 1-10 所示。

也有 35kV 进线的工厂,只经过一次降压,直接将进线引到靠近工厂负荷中心的车间变电所,经过车间变电所配电变压器,将 35kV 高压直接降为一般低压用电设备所需的 220/380V。如图 1-11 所示,这种方式称为高压深入负荷中心的直接配电,可以省去中间的变压过程和设备,简化供电系统,降低电能损耗,节约有色金属材料,提高供电质量。但这种高压的进线到车间负荷中心,必须考虑进线安全。

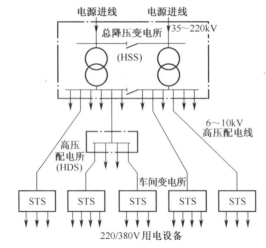

图 1-10 总降压变电所的工厂供电系统的结构简图

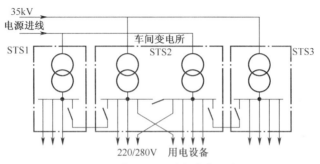

图 1-11 高压送电到负荷中心系统

3) 小型工厂供电系统

对于容量不大的小型企业, 如果容量不大于 1000kVA, 一般可以只设一个降压变电所, 将 6~10kV 经过降压变电所, 降为 220V/380V, 直接提供给用电设备, 如图 1-12 所示。如果容量不大于 160kVA 的小型工厂, 可以采用 220V/380V 低压电源线直接进线, 提供给用电设备, 如图 1-13 所示。

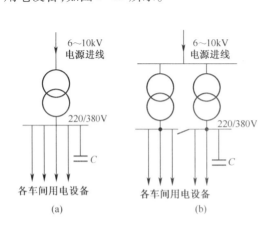

图 1-12 一个变电所的小型供电系统

(a) 一台变压器; (b) 两台变压器。

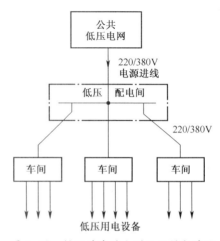

图 1-13 低压进线的小型工厂供电系统

通过以上的供电系统介绍可以知道,配电系统的任务是接受和分配电能,不能改变电压;变电所的任务是接受电能、改变电压和分配电能。

工厂供电系统是从电源进线到高压设备经过降压,再到用电设备的所有电路系统,包括工厂内的变电所、配电所及全部的高低压配电设备、配电线路。

课堂练习

（1）工厂供电的典型结构及其特点有哪些?

（2）经常有工厂供配电的说法,实际上包括了供电和配电两个部分,请叙述供电和配电各自的特点。

（3）对于某个企业,如果采用35kV高压直接送电到车间负荷中心,应当满足最关键的条件是什么?

第三部分　认识典型供电系统及输送电网的构成

我们已经基本了解了工厂供配电的功能、供电质量要求、供配电的传输的几种方式,应当能够了解典型的供电系统及输送电网的构成。将前面已经学习过的内容,通过以下的练习方式,巩固所学知识。

（1）图1-14为典型的电力系统示意图,请完成以下问题:

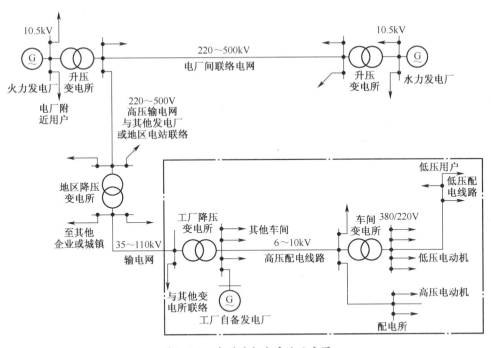

图1-14　典型的电力系统示意图

① 该电力系统示意图主要包括几个环节? 各有哪些主要设备?

② 工厂供配电系统在图中是哪个部分? 主要由几个环节组成?

③ 图1-14中的工厂供配电系统如何取得电能? 有几种方式?

④ 从工厂降压变电所传输电能到车间变电所是两级降压,对于高压负荷如高压电动

机是车间配电所直接高压供电。如果除了高压负荷需要将 35~110kV 降为 6~10kV 外，是否可以直接将 35~110kV 降为 380/220V？请叙述原因。

⑤ 图 1-14 中的工厂供电系统中，降压部分为什么称为变电所？车间部分为什么有变电所、也有配电所？变电所与配电所有什么不同？

（2）图 1-15 为某大型电力系统构成图，请完成以下问题：

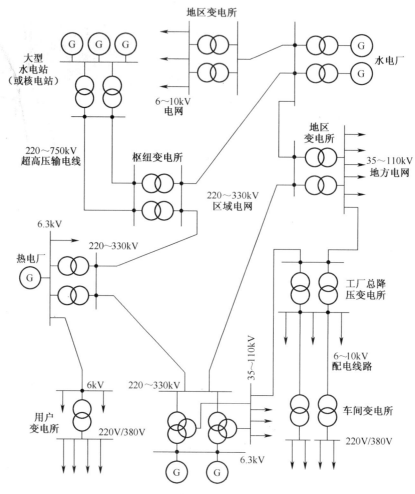

图 1-15　某大型电力系统构成图

① 该电力系统中有几种电能的发生形式？这个电网由几个部分构成？从发电厂（站）出来的变压器是升压变压器还是降压变压器？说明原因。

② 请查阅资料，说明地区变电所和区域电网的功能。

任务 2　掌握配电线路及中性点运行方式知识

第一部分　任务内容下达

本任务中，要了解配电线路的作用，掌握配电线路的分类，掌握高低压系统中性点运行方式。与实际岗位紧密结合,了解与掌握这些知识,将有利于尽快适应工作岗位。

第二部分 任务分析及知识介绍

一、电力系统的运行方式概述

工厂内高压配电线路主要用作工厂内输送、分配电能,将电能送到各个车间及用电设备。为减少投资,便于维护与检修,以前的工厂高压配电线路一般是架空线路。但架空敷设的各种线路纵横交错,并受潮湿气体及腐蚀性气体影响,可靠性大大下降,厂区内空中区域占用,管理麻烦,影响美观。随着电缆制造技术的提高,电缆质量有所保证,成本也不断下降。为了扩大工厂的区域空间、美化厂内区域环境,工厂内高压配电线路目前已经采用电缆从地下走线。

工厂内低压配电线路主要用以向低压用电设备供电。在户外敷设的低压配电线路目前多采用架空线路。在厂房或车间内部则应根据具体情况确定,可以采用明线配电线路,也可以采用电缆配电线路。在厂房或车间内,由动力配电箱到电动机的配电线路一律采用绝缘导线管敷设或采用电缆线路。

车间内的电气照明线路和动力线路一般分开,由一台配电用变压器分别照明和动力供电,如采用 380/220V 三相四线制线路供电,动力设备由 380V 三相线供电,照明负荷可以由 220V 相线和零线供电,各相所供应的照明负荷应尽量平衡。当动力设备冲击负荷使电压波动较大时,照明负荷应当由单独的变压器供电。事故照明必须由可靠的独立电源供电。工厂内配电线路距离不长,但用电设备多,支路多;设备功率不大,电压较低,但电流较太。

中性点不接地方式即电力系统的中性点不与大地相连接。发电机和变压器的中性点在电力发展史上,最初由于电力系统的容量不大、电压不高、线路不长,所以采用中性点不接地的方式作为主要工作方式,能满足可靠性和用户供电的要求。但随着电力工业的迅速发展,电力系统的容量增大,输电电压逐步提高,数电距离也逐步变长,因此,线路对地的电容电流随之增大,当系统中发生单相接地时,接地处就有较大的电容电流通过,并产生强烈的电弧不能自行熄火,从而引起事故的进一步扩大。

根据线路对地电容电流的大小,电力系统中性点运行方式分为两类,一类为大接地电流系统,另一类为小接地电流系统。中性点直接接地或经过低阻抗接地的系统称为大接地电流系统;中性点绝缘或经过消弧线圈及其他高阻抗接地的系统称为小接地电流系统。从运行的可靠性、安全运行和人身安全考虑,目前采用最广泛的是中性点直接接地、中性点经消弧线圈接地和中性点不接地三种运行方式。

中性点直接接地运行方式的主要缺点是供电可靠性低。当系统中发生一相接地故障时,通过故障点和变压器的中性点与大地就形成短路回路,将出现很大的短路电流,引起线路跳闸。为了减少供电线路事故的停电次数,可以采用中性点不接地的运行方式。中性点不直接接地的系统中,当二相故障时,不构成短路回路,线电压不变,出现故障的线路可以继续带故障点运行两个小时,这时其他两个非故障相对地电压变为线电压。因此,中性点不接地系统的电气设备对地绝缘应按线电压考虑。对于电压等级较高的系统,电气设备的绝缘投资将提高很多,降低绝缘水平的要求会带来显著的经济效益。

在我国,110kV 及以上的系统,一般采用中性点直接接地的大电流接地方式。对于电压 6~10kV 的系统,单相接地电流小于 30A,20kV 及以上系统单相接地电流 10A 时,才采用中性点不接地方式。35~60kV 的高压电网多采用中性点经消弧线圈接地方式。对于低压用电系统,为了获得 220/380V 两种供电电压,习惯采用中性点直接接地,构成三相四线制供电方式。

1. 中性点不接地的电力系统

根据以上介绍,下面分析中性点不接地系统在各种工作状态下的情况。

1) 正常运行

电力系统中的三相导线之间各相导线对地之间,都存在着分布电容,沿导线全长也都有电容分布。为便于讨论,假设三相系统对称,那么各相对地均匀分布的电容可由集中电容 C 表示,如图 1-16(a)所示。由于导线间电容电流数值较小,可不考虑。

中性点不接地系统正常运行时,三个相电压 $\dot{U}_1$、$\dot{U}_2$、$\dot{U}_3$ 对称,三相对地电容电流 $\dot{I}_{C1}$、$\dot{I}_{C2}$、$\dot{I}_{C3}$ 对称,其向量和为零,所以中性点没有电流流过。各相对地电压就是其相电压,如图 1-16(b)所示。

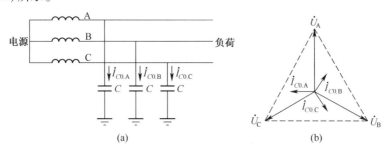

图 1-16　正常运行时中性点不接地的电力系统
(a)电路图;(b)相量图。

2) 故障运行

当系统任何一相绝缘受到破坏而接地时,各相对地电压、对地电容电流都要发生改变。

当故障相,例如第 3 相完全接地时,如图 1-17 所示。接地的第 3 相对地电压为零,非接地相第 1 相对地电压和第 2 相对地电压即非接地两相对地电压均升高 $\sqrt{3}$ 倍,变为线电压,由于第 1、2 两相对地电压升高 $\sqrt{3}$ 倍,使得该两相对地电容电流也相应地增大 $\sqrt{3}$ 倍;而接地的第 3 相,对地电容电流为零。

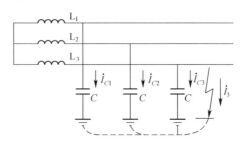

图 1-17　单项接地时的中性点不接地系统

接地的第 3 相对地电压为零,即 $U_1' = 0$,但线间电压并没有发生变化。非接地相第 1 相对地电压 $U_1' = U_1 + (-U_3) = U_{13}$

第 2 相对地电压 $U_2' = U_2 + (-U_3) = U_{23}$

即非接地两相对地电压均升高 $\sqrt{3}$ 倍,变为线电压。

当第 3 相接地时,由于第 1、2 两相对地电压升高 $\sqrt{3}$ 倍,结果使得这两相对地电容电流相应增大 $\sqrt{3}$ 倍。正常情况下,中性点不接地系统单相接地电容电流为正常运行时每相对地电容电流的 3 倍。中性点不接地系统发生一相接地时有几个特点。

① 经故障相流入故障点的电流为正常时本电压等级每相对地电容电流的 3 倍。

② 中性点对地电压升高为相电压。

③ 非故障相的对地电压升高为线电压。

④ 线电压与正常时的相同。

2. 中性点经消弧线圈接地的电力系统

在中性点不接地电力系统中,有一种情况比较危险,即发生在单相接地时,如果单相接地电流大于规定数值时,电弧将不能自行熄灭,就可能使线路发生电压谐振现象。

由于电力线路有电阻和电容,在线路发生单相电弧接地时,可能形成 R-L-C 的串联振荡电路,在电路上出现高电压,一般可能达到相电压的 2.3~3 倍,电路中如果存在薄弱环节,绝缘将被破坏或击穿。

为防止单相接地时接地点出现断续电弧,避免发生过电压,在单相接地电流大于某一设定值时,保证故障点能够自行灭弧,一般采用中性点经消弧线圈接地的措施,电路和相量表示如图 1-18 所示。消弧线圈实际是一个具有铁芯的可调电感线圈,电阻值很小,但感抗很大,装设于变压器或发电机的中性点与大地之间。

当发生单相接地故障时,流过接地点的电流是电容电流和经消弧线圈的电感电流的矢量之和,如图 1-18 所示的相量图,电容电流和电感电流之间的关系是,形成了一个与接地电流大小基本相等、方向相反,对接地电流起补偿作用,使接地点的电流相互抵消就减小或近于零,就不会发生谐振电压,从而消除了接地点的电弧及所产生的一切危害。此外,当电流过零时电弧熄灭之后,消弧线圈的存在还能减小故障相电压的恢复速度,从而减少电弧重燃的可能性。因此,中性点经消弧线圈接地是确保安全运行的有效措施。

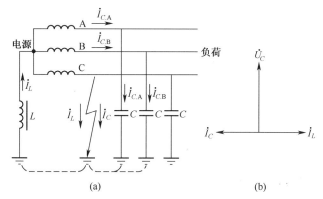

图 1-18 中性点经过消弧线圈接地的电力系统单相发生接地时

(a)电路;(b)相量图。

中性点经消弧线圈接地的三相系统中,与中性点不接地的系统相同,允许在发生单相接地故障时,可以约两个小时运行继续,但保护装置要及时发出单相接地的报警信号。中性点经消弧线圈接地的电力系统,在单相接地时,其他两相对低电压要升高高线电压。

3. 中性点直接接地方式或经低阻抗接地

为了防止单相接地时产生间歇电弧过电压,可以使中性点直接接地,如图 1-19 所示。在中性点直接接地的电网中,当发生单相接地时,故障相直接经过大地形成单相短路,继电器保护立即动作,开关跳闸,切断故障电路,因此不会产生间歇性电弧。

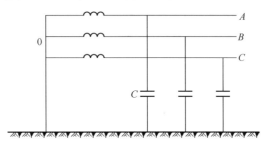

图 1-19　中性点直接接地

由于中性点直接接地后,中性点电位为接地体所固定,不会产生中性点偏移。因此发生单相接地时,其他两相对地电压不会出现升高,中性点直接接地的系统中的供、用电设备绝缘只需按相电压考虑,而无须按线电压考虑。这对 110kV 及以上的超高压系统很有经济技术价值。因为高压电器的绝缘问题是影响电器设计和制造的关键。电器绝缘要求的降低,既降低了电器的成本,又改善了电器的性能。因此我国 110kV 及以上超高压系统的电源中性点通常都采用直接接地的运行方式。直接接地的运行方式有以下特点。

1)发生单相接地。

此时,形成单相对地短路,开关跳闸,中断供电,影响供电的可靠性。为防止此现象的发生,已经广泛采用自动重合闸装置。实践经验表明,在高压架电网中,大多数的一相接地故障都具有瞬时的性质,在故障部分断开后,接地处的绝缘可能迅速恢复,开关自动合闸,系统恢复正常运行,能够确保供电的可靠性。

2)中性点直接接地系统。

单相接地时,短路电流很大,因此开关设备容量选择大一些,因单相短路电流较大,引起电压降低,影响系统的稳定性;另外当大短路电流在导体中流过时,周围产生的磁场较强,可能会干扰附近通信线路。因此,在大容量的电力系统中,为减小接地电流,常采用中性点经电抗器接地的方式。

在现代化城市电网中,广泛采用电缆取代架空线路,而电缆线路的单相接地电容电流比架空线路的大很多,采用中性点经消弧线圈接地的方式,就无法完全消除接地故障点的电弧,也无法抑制由此引起危险的谐振过电压。因此我国部分城市的 10kV 电网中性点采取低电阻接地的运行方式。它接近于中性点直接接地的运行方式,必须装设单相接地故障保护。在系统发生单相接地故障时,动作于跳闸,迅速切除故障线路,同时系统的备用电源投入装置动作,投入备用电源,恢复对重要负荷的供电。目前的城市电网中,通常采用环网供电方式,而且保护装置完善,因此供电可靠性相当高。

课堂练习

(1)请叙述中性点运行方式的几种形式,并说明各自的特点。

14

（2）中性点直接接地系统中，为提高供电可靠性，已经广泛采用自动重合闸装置。请查阅资料，了解某一种型号的自动重合闸装置产品的特点、技术参数。

二、低压配电系统的运行方式

我国 220/380V 低压配电系统，广泛采用中性点直接接地的运行方式，而且引出有中性线 N、保护线 PE、保护中性线 PEN。

1. 几种功能介绍

1）中性线的功能

中性线俗称 N 线，第一作用来接额定电压为系统相电压的单相用电设备；第二作用是传导三相系统中的不平衡电流和单相电流；第三作用是减小负荷中性点的电位位移。

2）保护线的功能

保护线俗称 PE 线，用来保护人身安全、防止发生触电事故用的接地线。系统中所有设备的外露可导电部分，也就是正常不带电压但故障情况下可能带电压的易被触及的导电部分，如设备的金属外壳、金属构架等，通过保护线接地，可在设备发生接地故障时减少触电危险。

3）保护中性线（PEN 线）的功能

保护中性线俗称 PEN 线，兼有中性线和保护线的功能，我国通称为"零线"，俗称"地线"。保护接地的形式有两种，一种是设备的外露可导电部分经各自的 PE 线直接接地，另一种是设备的外露可导电部分经公共的 PE 线或 PEN 线接地。

2. IT、TN 以及 TT 系统介绍

根据供电系统的中性点及电气设备的接地方式，保护接地可分为 IT 系统、TN 系统及TT 系统三种类型。

1）IT 系统

IT 系统是在中性点不接地的三相三线制系统中采用的保护接地方式，也可以经过1000Ω 阻抗接地。电气设备的不带电金属部分直接经接地体，如图 1-20 所示。

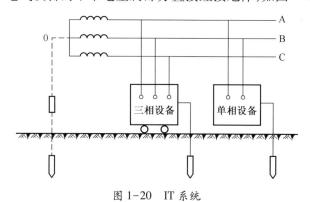

图 1-20　IT 系统

2）TN 系统

TN 系统是中性点直接接地的三相四线制系统中采用的保护接地方式。根据电气设备的不同接地方法，TN 系统又分为 TN-C 系统、TN-S 系统和 TN-C-S 系统三种形式。

（1）TN-C 系统。TN-C 系统如图 1-21 所示。这种系统的 N 线和 PE 线合用一根导线，即保护中性线（PEN 线），所有设备外露可导电部分（如金属外壳等）均与 PEN 线相连。当三相负荷不平衡或只有单相用电设备时,PEN 线上有电流通过,PEN 线的电流可能对一些设备产生电磁干扰。这种系统一般能够满足供电可靠性的要求,而且投资小,节约有色金属,所以在我国低压配电系统中应用最为普遍。

如果 PEN 断线,接 PEN 线的设备外露可导电带电,将产生危险。因此,这种系统不适用于抗电磁干扰要求高的场合,也不适用于安全要求高的场合,如安全要求高的住宅建筑和写字楼等,就不能再用这种系统。

（2）TN-S 系统。TN-S 系统如图 1-22 所示。系统中的 N 线和 PE 线分开,所有设备的外露可导电部分均与公共 PE 线相连。特点是公共 PE 线在正常情况下没有电流通过,因此不会对接在 PE 线上的其他用电设备产生电磁干扰。此外,由于 N 线与 PE 线分开,因此 N 线即使断线也不影响接在 PE 线上的用电设备,提高防间接触电的安全性。因此,这种系统多用于环境条件较差、对安全可靠性要求高及用电设备对电磁干扰要求较严的场所。

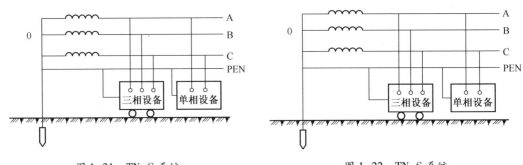

图 1-21　TN-C 系统　　　　　　　　　图 1-22　TN-S 系统

（3）TN-C-S 系统。TN-C-S 系统如图 1-23 所示。这种系统前部为 TN-C 系统,后部为 TN-S 系统(或部分为 TN-S 系统)。TN-C-S 兼有 TN-S 系统的优点,比较灵活,对安全要求和抗干扰要求较高的场所采用 TN-S 系统,对其他场所可以采用比较经济的 TN-C 系统。因此,常用于配电系统末端环境条件较差且要求无电磁干扰的数据处理或具有精密检测装置等设备的场所。

3. TT 系统

TT 系统是中性点直接接地的三相四线制系统中的保护接地方式。如图 1-24 所示,配电系统的中性线 N 引出,但电气设备的不带电金属部分经各自的接地装置直接接地,与系统接地线无关系。当发生单相接地、机壳带电故障时,通过接地装置形成单相短路电流,使故障设备电路中的过电流保护装置动作,迅速切断故障设备,减少人体触电的危险。

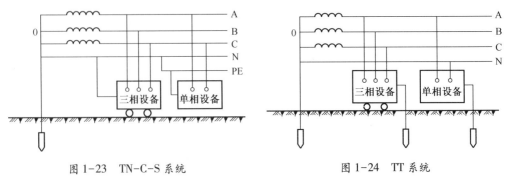

图 1-23　TN-C-S 系统　　　　　　　　图 1-24　TT 系统

16

课堂练习

（1）供电系统的中性点及电气设备的接地方式,保护接地可分为几种形式? 各有哪些特点?

（2）TN 系统又分为 TN-C 系统、TN-S 系统和 TN-C-S 系统三种形式,请叙述三种形式的使用要求。

第三部分　了解配电线路及中性点运行方式

前面介绍了配电线路及中性点运行方式,应掌握这些构成与技术特点。

本部分的要求是查阅相应的标准,从标准的范畴进一步理解配电线路及中性点运行方式,以便于掌握实际的设计、施工、使用中的要求。

任务 3　掌握供配电系统的技术指标

第一部分　任务内容下达

本任务中,我们将了解供配电系统的技术指标,并了解具体的供配电系统主要指标的数值和国家标准的参数。

第二部分　任务分析及知识介绍

一、供电质量

供电质量包括电能质量和供电可靠性两方面的内容。电能质量是指电压、频率和波形的质量。电能质量的主要指标有电压偏差、电压波动和闪变、频率偏差、高次谐波(电压波形畸变)及三相电压不平衡度等多个方面。

1. 频率

我国电力系统额定频率 50Hz,如频率高于额定值、异步电动机转速升高、功率损失,转速要求严格的生产过程如造纸、轧钢、拉丝等产品质量下降或报废,电子设备受影响;当频率低于额定值,异步电动机转速下降,生产率降低,影响电动机寿命,产品质量下降或报废。如频率大幅降低,水泵、风机等电动机出力减少,锅炉和汽轮发电机组出力受影响,电力系统有功功率不足;如频率再降低,可能大面积停电。

因此,在电力系统正常状况下,电网装机容量在 300 万 kW 及以上的,供电频率偏差允许值为±0.2Hz;电网装机容量在 300 万 kW 以下的,偏差值可以±0.5Hz。在电力系统非正常状况下,供电频率偏差允许值不应超过±0.1Hz。

频率的调整主要依靠电力系统,对于供电系统来说,提高电能质量主要是电压质量和供电可靠性的问题。

2. 电压及波形

交变电的电压质量包括电压的数值与波形两个方面。电压质量对各种用电设备的工作性能、使用寿命、安全及经济运行都有直接影响。

1）电压等级

（1）电压分类。按照国家标准，额定电压分为三类：额定电压为 100V 及以下，如 12V、24V、36V 等，主要用于安全照明、潮湿工地的局部照明、小负荷的电源；额定电压为 100V 以上、1000V 以下，如 127V、220V、380V、660V，主要用于低压电源和照明电源；额定电压为 1000V 以上的，属于中高压范畴。

（2）工厂供电电压的选择。工厂供电电压的选择主要取决于当地电网的供电电压等级，当然还要考虑工厂用电设备的电压、容量和供电距离等。同样的输送功率和输送距离，配电电压越高，线路电流越小，所需线路导线或电缆的截面越小，有利于减少线路的初期投资，并可减少线路电能及电压损耗。各级电压线路合理的输送功率和输送距离，见表1-1，可作为技术参考。

表 1-1　各级电压线路合理的输送功率和输送距离

线路电压/kV	0.38	0.38	6	6	10	10	35	66	110	220
线路结构	架空线	电缆线	架空线	电缆线	架空线	电缆线	架空线	架空线	架空线	架空线
输送功率/kW	≤100	≤175	≤1000	≤3000	≤2000	≤5000	2000～10000	3500～30000	10000～50000	10000～500000
输送距离/km	≤0.25	≤0.35	≤10	≤8	6～20	≤10	20～30	30～100	50～150	100～300

我国早些时期，原电力工业部1996年发布施行的《供电营业规则》规定，供电企业及电网的额定电压，低压有单相220V，三相380V；高压有10kV、35kV、66kV、110kV、220kV。规定除发电厂直配电压可采用3kV或6kV外，其他等级的电压要过渡到这些额定电压。

（3）工厂高压配电电压的选择。工厂高压配电电压的选择，主要取决于工厂高压用电设备的电压及容量、数量等因素。

工厂高压配电电压通常选择为10kV，如果工厂有较多的6kV高压设备，可通过专用的6.3kV的变压器单独供电；如果6kV高压的设备较少，可以选择10kV作为工厂的供电电压。基本不采用3kV作为高压配电电压，因为技术经济指标很差。如果有3kV用电设备，可以采用10/3.15kV的专用变压器单独供电。

（4）工厂低压配电电压的选择。工厂低压配电电压一般采用220/380V，其中线电压380V接三相动力设备和380V的单相设备，相电压220V接一般照明灯具和其他220V的单相设备。

矿山、煤矿井下等特殊场合宜采用660V甚至1140V作为低压配电电压，因为井下用电负荷距离变压器较远，应当选择比220/380V较高的电压配电，可以增大配电范围，提高供电能力。有利于减少线路的电压及电能损耗，减少有色金属消耗量和初期投资，提高供电能力，减少变电点，简化其供电系统。

提高低压配电电压有明显的经济效益，是节能的有效措施之一，已成为发展趋势，但还没有成为供电的配电电压标准。因为如将380V升高为660V或1140V，对配电变压器设备制造、各种线路及接头的绝缘等级，都有较高的要求。因此，我国目前只限于采矿、石油及化工等少数部门采用660V或1140V的电压。

2）电压高低的划分

我国设计制造和安装规程，以 1000V 为界划分，额定电压低于 1000V 及以下为低压，1000V 以上为高压。此外，将 330kV 以上的电压称为超高压，将 1000kV 以上的电压称为特高压。如煤矿中，目前有 660V、1140V 的使用等级。三相交流电网和电力设备的额定电压见表 1-2。系统的额定电压、最高电压和高压设备的额定电压，见表 1-3。

表 1-2　三相交流电网和电力设备的额定电压

分类	电网和用电设备额定电压/kV	发电机额定电压/kV	电力变压器额定电压/kV	
			一次绕组	二次绕组
低压	0.38	0.40	0.38	0.40
	0.66	0.69	0.66	0.69
高压	3	3.15	3 及 3.15	3.15 及 3.3
	6	6.3	6 及 6.3	6.3 及 6.6
	10	10.5	10 及 10.5	10.5 及 11
	—	13.8,15.75,18,20,22,24,26	13.8,15.75,18,20,22,24,26	—
	35	—	35	38.5
	66	—	66	72.5
	110	—	110	121
	220	—	220	242
	330	—	330	363
	500	—	500	550
	750	—	750	825（800）
	1000	—	1000	1100

表 1-3　系统的额定电压、最高电压和高压设备的额定电压（单位:kV）

系统的额定电压	3	6	10	35
系统的最高电压	3.5	6.9	11.5	40.5
高压开关、互感器及支柱绝缘子的额定电压	3.6	7.2	12	40.5
穿墙套管的额定电压	—	6.9	11.5	40.5
熔断器的额定电压	3.5	6.9	12	40.5

3）电压偏差

电压偏差又称电压偏移，指用电设备端电压 U 与用电设备额定电压 U_N 之差对额定电压 U_N 的百分数，即

$$\Delta U = \frac{U - U_N}{U_N} \times 100\%$$

加在用电设备上的电压在数值上偏移额定值后，对于感应电动机有很大的影响。感应电动势的最大转矩与端电压的平方成正比，当电压降低时，电动机转矩显著减小，以致

转差增大,从而使定子、转子电流都显著增大,引起温度升高,加速绝缘老化,甚至烧毁电动机。另外,由于转矩减小,转速下降,导致生产效率降低,产量减少,产品质量下降。反之,当电压过高,激磁电流与铁损都大大增加,引起电动机的过热,效率降低。电压偏移对白炽灯的影响显著,白炽灯的端电压降低10%,发光率下降30%以上,灯光明显变暗;端电压升高10%时,发光效率将提高1/3,但使用寿命只有原来的1/3。电压偏差对荧光灯等气体放电灯的影响不像对白炽灯明显,但也有影响。当其端电压偏低时,灯管不易起燃。如果多次反复起燃,则灯管寿命将大受影响。

电压偏移是由供电系统改变运行方式或电力负荷缓慢变化等因素引起的,其变化相对缓慢。按国家标准 GB 50052—2013《供配电系统设计规范》规定,在系统正常运行情况下,用电设备端子处的电压偏差允许值,以额定电压的百分数表示,应当符合下列要求:电动机的电压偏差允许值为±5%;电气照明一般工作场所电压偏差允许值为±5%,当远离变电所的小面积一般工作场所难以满足时,电压偏差允许值可为+5%~-10%,应急照明、道路照明和警卫照明等电压偏差允许值为+5%~-10%;其他用电设备当无特殊规定时,电压偏差允许值为±5%。

4)电压波形

电力系统供电标准波形是正弦波,当不是标准正弦波时即存在谐波。谐波影响电动机效率与正常运行,电力系统高次谐波危及设备安全、影响电子设备正常工作,造成电力系统功率因数下降。变压器铁芯饱和或没有三角形接法的绕组,负荷中有大功率整流设备等,会产生高次谐波,应防止并采取相应措施。

(1)波形畸变。近年来,随着硅整流、晶闸管交流设备、微机网络和各种非线性负荷的大使用量,致使大量谐波电流注入电网,造成电压正弦波波形畸变,使电量质量大大降低,给供电设备及用电设备带来严重危害。不仅使损耗增加,还使某些用电设备不能正常运行,甚至可能引起系统谐振,在线路上产生过电压,击穿线路设备绝缘。还可能造成系统的继电保护和自动装置发生误动作,对附近的通信设备和线路产生干扰等。

(2)电压波动。电压波动主要是由系统中的冲击负荷引起的。电压波动会引起照明灯的闪烁,使人的视觉容易疲劳和不适,从而降低工作效率;使显示器画面亮度发生变化,垂直和水平幅度摇动;影响电动机正常启动,甚至无法启动;导致电动机转速不均匀;危及设备的安全运行;同时影响产品质量,如降低精加工机床制品的光洁度,严重时产生废品等;使电子仪器设备、计算机、自动控制设备的工作不正常;使硅整流器的输出波动,导致换流失败;影响对电压波动较敏感的工艺或试验结果,如试验结果出差错等。

(3)三相电压不平衡度。三相电压不平衡度偏高,说明电压的负序分量偏大。电压负序分量的存在,将对电力设备的运行产生不良影响。例如,电压负序分量可使感应电动机出现一个反向转矩,削弱电动机输出转矩,降低电动机效率。同时,使电动机绕组电流增大,温升增高,加速绝缘老化,缩短使用寿命。三相电压不平衡,还会影响多相整流设备触发脉冲的对称性,出现更多的高次谐波,进一步影响电能的质量等。

二、供电的可靠性

供电的可靠性是衡量电能质量的一个重要指标,有时列在质量指标的首位。供电可靠性可用供电企业对用户全年实际供电小时数与全年总小时数的百分比来衡量。如全年时间为 8760h,用户全年平均停电时间为 87.6h,即停电时间占全年的 1%,则供电可靠性为 99%。也可用全年的停电次数及停电持续时间来衡量。原电力工业部 1996 年施行的《供电营业规则》规定:供电企业应不断改善供电可靠性,减少设备检修和电力系统事故对用户的停电次数及每次停电持续时间。供用电设备计划检修应做到统一安排。供电设备计划检修时,对 35kV 及以上电压供电的用户的停电次数,每年不应超过 1 次;对 10kV 供电的用户,每年不应超过 3 次。

三、电压调整的措施

1. 变压器调载

变压器调载可以选择无载调压型变压器的电压分接头或采用有载调压型变压器,工厂供电系统中的 6~10kV 电力变压器一般是无载调压型,其高压绕组设 $U_N \pm 5\% U_N$ 的电压分接头,并装设无载调压分接开关以调节空载电压,电力变压器的分节开关及产品如图 1-25 所示。

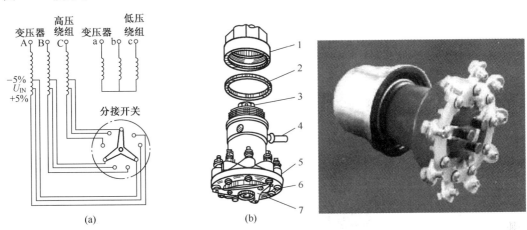

图 1-25 电力变压器的分节开关及产品
1—螺帽;2—密封垫圈;3—调节螺母;4—定位钉;5—绝缘盘;6—静触头;7—动触头。

对电压要求严格的用电设备,当采用无载调压满足不了要求,而这些设备单独装设自动调压装置在技术经济上又不合理时,可采用有载调压型变压器,可在负载情况下自动调节电压,保证设备端电压的稳定。

2. 合理减小系统阻抗

供电系统中的电压损耗与各个元件包括变压器、线路的阻抗成正比,如果必要,可减少系统的变压级数、增大电缆截面或以电缆取代架空线等办法,减小系统阻抗,降低电压损耗以缩小电压偏差。但是,增大电缆截面将增加投资成本,电缆取代架空线将影响场内空间的利用率。具体实施中,要考虑技术性和经济性。

3. 合理改变系统运行方式

电力变压器的负荷要满足生产需要,如季节性生产变化、白黑之间的生产变化等,适时地切除变压器并由低压联络线供电;或对两台变压器并列运行的变电所,可在轻负荷时切除一台变压器。

电力变压器在使用过程中,重负载时电压偏低,轻负载或空载时的线路电压偏高,可以考虑切除变压器改为低压联络线供电。

4. 尽量使三相负荷均衡

在有中性线的低压配电系统中,如果三相负荷不均衡将使负荷端中性点电位偏移,造成有的相电压升高,从而增大其线路的电压偏差,因此三相负荷的平衡有助于减小电压偏差。

5. 采用无功功率补偿装置

提高系统的功率因数以减少其无功损耗,可接入并联电容器或同步补偿机。考虑经济性,应首选并联电容器的补偿方式。具体的补偿办法,在适当的任务中介绍。

课堂练习

(1)对于工厂供电系统而言,供电质量主要包括的技术指标有哪些?

(2)在正常的供电系统中,我国的标准频率是50Hz,如果频率提高较多,对用电设备将产生哪些危害?

(3)我国的供电电压等级是如何划分的?

(4)电压调整的措施有哪些?

四、电压波动及抑制

1. 电压波动及危害

电压波动指电网电压方均根值(有效值)的连续快速变动。电压波动值以用户公共供电点相邻时间的最大与最小电压方均根值 U_{max} 与 U_{min} 之差,对其电网额定电压 U_N 的百分值表示,即

$$\delta U\% = \frac{U_{max} - U_{min}}{U_N} \times 100\%$$

电压波动的产生,由于负荷急剧变动或冲击性负荷所引起,如大功率电动机的启动、某种设备负载的突然增加,使得电网电压损耗变动,公共用户端的电压出现较大的变动。

电压波动较大时,就可能引起危害,如影响电动机的正常启动或可能不能启动;对同步电动机还可引起转子振动;计算机和电子设备无法正常工作;照明灯发生明显的闪烁,严重影响视觉;传感检测数据受到影响。

2. 电压波动的抑制措施

(1)采用专用线路或专用变压器,对负荷变动剧烈的大型电气设备单独供电,此种方法最为有效。

(2)设法增大供电容量,减小系统阻抗。例如将单回路线路改为双回路线路,或将架空线路改为电缆线路,降低系统电压损耗,减小负荷变动引起的电压波动。

(3)当系统出现严重的电压波动时,减少或切断引起电压波动的负荷。

(4)对大容量电弧炉的炉用变压器,宜由短路容量较大的电网供电,一般采用更高电压等级的电网供电。

(5)对大型冲击性负荷,如果采用上述措施达不到要求时,可装设能"吸收"冲击无功功率的静止型无功补偿装置,这是一种能吸收随机变化的冲击无功功率和动态谐波电流的无功补偿装置,有多种类型,以自饱和电抗器型的效能最好,我国正在推广应用。一种 TCR 型并联电抗器无功补偿装置产品如图1-26所示。

图 1-26　一种 TCR 型并联电抗器无功补偿装置产品

五、电网谐波及抑制

1. 电网谐波

谐波是对周期性非正弦量进行傅里叶级数分解所得到的大于基波频率整数倍的各次分量,通常称为高次谐波,基波是其频率与工频相同的分量。

谐波由谐波源产生,谐波源就是向公共电网注入谐波电流或在公共电网中产生谐波电压的电气设备,如大型变频设备、直流逆变焊机、电弧炉等。电力系统三相交流发电机发出的电压波形中基本上无直流和谐波分量,但因电力系统中存在各种谐波源,特别是高次谐波已经严重影响电力系统电能质量。

2. 谐波的产生与危害

电网谐波的产生主要是电力系统中存在的各种非线性元件是主要谐波源,特别是大型晶闸管变流设备、电弧炉,在写字楼里,单个功率不大,但使用很多的节能灯、微机开关电源等。

谐波对电气设备的危害很大,谐波电流进入变压器,使得变压器铁芯损耗明显增加,变压器产生过热,磁性特性下降,效率减低,变压器使用周期缩短。谐波电流进入电动机,同样使得铁芯损耗明显增加,可能产生电动机的转子振荡,将影响拖动负载的工作质量。

高次谐波比基波电流的频率更高,凡是与其电流频率相关联的电气设备均会受到影响,缩短寿命或损坏,如果电力系统发生电压谐振,谐振的过电压有可能击穿线路或设备的绝缘,可能造成系统的继电保护和自动装置误动作,并可能干扰附近通信线路和设备的正常工作。

3. 电网谐波的抑制措施

1)采用 Y,d 或 D,y 的接线

三相整流变压器采用 Y,d 或 D,y 接线,是抑制谐波最基本的方法。由于 3 次及 3 的整数倍次谐波电流在三角形联结的绕组内形成环流,而星形联结绕组内不可能产生 3 次及 3 的整数倍次谐波电流,因此采用 Y,d 或 D,y 接线的整流变压器,能使注入电网的谐波电流中消除 3 次及 3 的整数倍次的谐波电流。另外,电力系统中非正弦交流电压或电流是正、负两半波对称,不含直流分量和偶次谐波分量,因此采用 Y,d 或 D,y 接线的整流变压器后,注入电网的谐波电流只有 5、7、11 等次谐波。

2)增加整流变压器二次侧的相数

整流变压器二次侧的相数增加的多,对高次谐波抑制的效果相当显著,因为波形的脉动多,次数低的谐波消去的也多。

3）各整流变压器二次侧互有相位差

多台相数相同的整流装置并联运行时,使各台整流变压器二次侧互有相位差,在原理上与增加整流变压器二次侧相数效果相同,大大减少注入电网的高次谐波。

其他的办法还有:装设分流滤波器,通过串联谐振电路吸收奇次谐波电流;选用 D,yn11 联结组别的三相配电变压器,抑制高次谐波;限制电力系统中接入变流设备和交流调压装置等的容量,或提高对大容量非线性设备的供电电压,或者将谐波源与不能受干扰的负荷电路从电网的接线上分开等。

第三部分　掌握供电系统的技术指标

供电系统的技术指标主要是电网电压和频率,如果电压波动较大、频率变化大,将影响工作质量。目前,对保证电网的供电电压有较多有效的措施。但谐波产生很复杂,抑制谐波的方法也很多。针对抑制谐波方法这一专题,请查阅资料叙述。

课堂练习

（1）造成电网电压的波动原因有哪些？请查阅资料,找到更多的波动原因、可能产生的危害。

（2）电压波动的抑制措施有哪些？

（3）谐波产生的原因有哪些？如何抑制谐波？可以查阅资料,如煤矿、钢厂、写字楼的谐波及抑制方法。

项目二 了解用电负荷的计算方法

本项目包括三个任务:了解工厂电力负荷及负荷曲线知识,用于工厂的电力管理;掌握车间或设备的电力负荷计算方法。

任务1 认识并运用工厂电力负荷及负荷曲线

第一部分 任务内容下达

工厂电力负荷及负荷曲线是掌握用电的基本手段,管理企业用电的基础。本任务学习并掌握电力负荷和负荷曲线的概念,了解工厂常用的用电设备种类,认识用电设备的用电负荷及负荷曲线。

第二部分 任务分析及知识介绍

一、电力负荷

在电力系统中,电力负荷通常指用电设备或用电单位,也可指用电设备或用电单位所消耗的功率或电流,我们一般称为用电量。

1. 电力负荷的分类

电力负荷按照用户的性质分为工业负荷、农业负荷、交通运输负荷和生活用电负荷等。

电力负荷按照用途分为动力负荷和照明负荷。动力负荷多数为三相对称的电力负荷。照明负荷为单相负荷按用电设备的工作分为连续(或长期)的工作制、短时工作制和断续周期工作制(反复短时工作制)三类。

1)连续工作制

这类设备长期连续运行,负荷比较稳定。如通风机、空气压缩机、各类泵、电炉、机床、电解电镀设备、照明设备等。

2)短时工作制

这类设备的工作时间较短,而停歇时间相对较长。如机床上的某些辅助电动机、水闸用电动机等。这类设备的数量很少,求计算负荷时一般不考虑短时工作制的用电设备。

3)断续周期工作制

这类设备周期性地工作—停歇—工作,如此反复运行,而工作周期不超过10min。如电焊机和起重机械等。工作特征通常用"负荷持续率"或称为"暂载率"表示。负荷持续率为一个工作周期内的工作时间与整个工作周期的百分比值。即

$$\varepsilon\% = \frac{t}{t + t_0} \times 100\% = \frac{t}{T} \times 100\%$$

式中　T——工作周期；

　　　t——工作时间；

　　　t_0——停歇时间。

如起重设备的标准暂载率一般有 15%、25%、40%、60% 等；电焊机的标准暂载率一般有 50%、65%、75%、100% 等。

对断续周期工作制的设备，额定容量对应于一定的负荷持续率。所以，在进行工厂电力负荷计算时，对不同工作制的用电设备的容量需按规定进行换算。

2. 电力负荷的分级机对供电电源的要求

工厂的电力负荷，按照国家标准 GB 50052—1995 规定，根据其对供电可靠性的要求及中断供电所造成的损失或影响程度，分为一级负荷、二级负荷和三级负荷。

1）一级负荷

一级负荷为中断供电将造成人身伤亡者，或中断供电将在政治、经济上造成重大损失者，如重大设备损坏，大量产品报废，用重要原料生产的产品大量报废，国民经济中重点企业的连续生产过程被打乱需要长时间才能恢复等。

一级负荷中，当中断供电将发生中毒、爆炸和火灾等情况的负荷，以及特别重要的场所不允许中断供电的负荷，应视为特别重要的负荷。

一级负荷属于重要负荷，绝对不允许断电，要求有两路独立电源供电。当其中一路电源发生故障时，另一路电源能继续供电。一级负荷中特别重要的负荷，除上述两路电源外，还必须增设应急电源。常用的应急电源有独立于正常电源的发电机组、供电网络中独立于正常电源的专用馈电线路、蓄电池、干电池等。

2）二级负荷

二级负荷为中断供电将在政治、经济上造成较大损失者，如主要设备损坏大量产品报废，连续生产过程被打乱需要长时间才能恢复，重点企业大量减产等。

二级负荷也属于重要的负荷，要求两回电路供电，供电变压器通常也采用两台。在其中一回路或一台变压器发生故障时，二级负荷不致断电，或断电后能迅速恢复供电。

3）三级负荷

三级负荷为一般电力负荷，所有不属于一、二级负荷者均属三级负荷。三级负荷对供电电源没有特殊要求，一般由单回电力线路供电。

二、负荷曲线

负荷曲线是表征电力负荷随时间变动情况的曲线，直观地反映用户用电的特点和规律。按负荷的功率性质不同，分有功负荷曲线和无功负荷曲线；按时间单位的不同，分日负荷曲线和年负荷曲线；按负荷对象不同，分工厂车间的或某类设备的负荷曲线；按绘制方式不同，分依点连成的负荷曲线和阶梯型负荷曲线。

1. 负荷曲线的绘制

负荷曲线通常绘制在直角坐标上，纵坐标表示负荷大小（有功功率 kW 或无功功率 kvar），横坐标表示对应的时间，一般以小时为单位。

负荷曲线中应用较多的为年负荷曲线，通常根据典型的冬日和夏日负荷曲线来绘制反映全年负荷变动与对应的负荷持续时间的关系，全年一般按 8760h 计算。因此，这种曲线称为年负荷持续时间曲线。

注意，一般夏日和冬日在全年负荷计算中所占的天数，要根基地理位置和气候决定。

如我国南方取夏日 200d、冬日取 165d；我国北方取夏日 165d、冬日取 200d。年负荷持续时间曲线如图 2-1 所示。

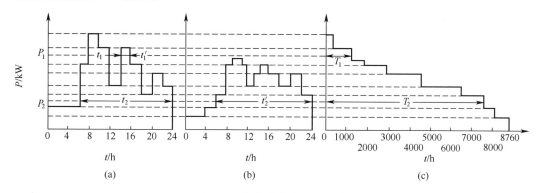

图 2-1 年负荷持续时间曲线

（a）夏日负荷曲线；（b）冬日负荷曲线；（c）年负荷持续时间曲线。

图 2-2 为一班制工厂的日有功负荷曲线，为便于计算，负荷曲线多绘成梯形，横坐标一般按半小时分格，可以确定"半小时最大负荷"。

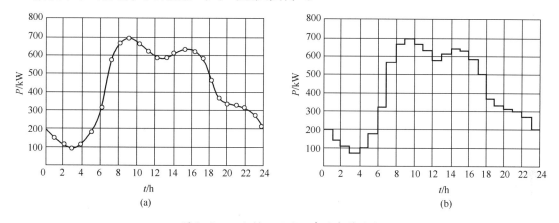

图 2-2 一班制工厂的日有功负荷曲线

（a）用数据点连成的平滑负荷曲线；（b）用数据点连成的梯形负荷曲线。

从各种负荷曲线上可以直观地了解电力负荷变动的规律，并可从中获得一些对设计和运行有用的资料。对工厂来说，可以合理地、有计划地安排车间班次或大容量设备的用电时间，从而降低负荷高峰，填补负荷低谷。这样可使负荷曲线比较平坦，从而提高供电能力。

2. 关于负荷的几个名词

1）年最大负荷

年最大负荷用 P_{max} 表示，指全年中负荷最大的工作班内消耗最大电能的半小时平均功率。因此，年最大负荷也称为半小时最大负荷，用 P_{30} 表示。

2）年最大负荷利用小时

年最大负荷利用小时用 T_{max} 表示，指负荷以年最大负荷持续运行一段时间后，消耗的电能恰好等于该电力负荷全年实际消耗的电能 W_a。这段时间就是年最大负荷利用小时 T_{max}，年最大负荷利用小时反映工厂负荷是否均匀的一个重要参数，该值越大，负荷越平

27

稳。年最大负荷利用小时与工厂的生产班制有较大关系,比如一班制工厂,T_{max}取 1800~3000h;两班制工厂,T_{max}取 3500~4800h;三班制工厂,T_{max}取 5000~7000h。

3)平均负荷

平均负荷用 P_{av} 表示,指电力负荷在一定时间内平均消耗的功率,如在 t 这段时间内消耗的电能为 W_t,则 t 时间内的平均负荷为 $P_{av} = \dfrac{W_t}{t}$。

式中 W_t——时间 t 内消耗的电能量。

年平均负荷是指电力负荷在一年内消耗功率的平均值。如用 W_a 表示全年实际消耗的电能,则年平均负荷为 $P_{av} = W_a/8760$。

4)负荷系数 K_1

负荷系数用 K_1 表示,指平均负荷与年最大负荷的比值,即 $K_1 = P_{av}/P_{max}$。负荷系数又称负荷率或负荷填充系数,用来表征负荷曲线不平坦的程度。此值越大,则曲线越平坦,负荷波动越小,反之亦然。所以对工厂来说应尽量提高负荷系数,可充分发挥供电设备的供电能力,提高供电效率。有时用 α 表示有功负荷系数,用 β 表示无功负荷系数。一般工厂 α 取 0.7~0.75,β 取 0.76~0.82。

另一种年每日最大负荷曲线,按全年每日的最大负荷绘制,通常取每日最大负荷的半小时平均值,横坐标依次以全年 12 个月的日期来分格,如图 2-3 所示。

年最大负荷曲线可用来确定多台变压器在一年中的不同时期应当投入几台运行,达到经济运行方式,降低电能损耗。

最大负荷和年最大负荷利用时间如图 2-4 所示,年平均负荷如图 2-5 所示。

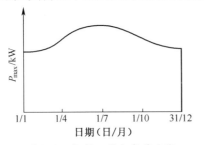

图 2-3　年每日最大负荷曲线

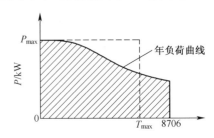

图 2-4　最大负荷和年最大负荷利用时间

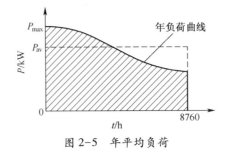

图 2-5　年平均负荷

课堂练习

(1)电力负荷的类型有几种?各有何特点?

(2)工作制有几种类型?各有何特点?

（3）关于负荷的几个名词，请认真体会含义。

三、典型工厂电力负荷及分类

1. 生产加工机械的拖动设备

生产加工机械的拖动设备是主要用电设备，是工厂电力负荷的主要组成部分，包括机床设备和起重运输设备，前者有金属切削和金属压力加工设备，常见的有车床、铣床、刨床、插床、钻床、磨床、组合机床、镗床、冲床、锯床、剪床、砂轮床及加工中心等。这些设备的动力驱动一般是异步电动机，有的机床或加工中心可能有几台甚至十几台电动机，如T610型镗床上就有主轴电动机、液压泵电动机、润滑泵电动机、工作台旋转电动机、尾架升降电动机、主轴调速电动机、冷却泵电动机7台电动机。这些电动机一般是长期连续工作，电动机的总功率从几百瓦到几十千瓦不等，如常见的CW6163B型普通车床动力部分有三台电动机，主轴电动机为10kW，冷却泵电动机为0.09kW，快速进给电动机为1.1kW。后者主要用于工厂中起吊和搬运物料、运输客货，常见的有起重机、输送机、电梯及自动扶梯。

另外，空压机、通风机、水泵等也是工厂常用的辅助动力设备，由异步电动机供给动力，属长期连续工作方式，设备容量可以从几千瓦到几十千瓦，单台设备的功率因数在0.8以上。

2. 电焊设备

电焊设备是船舶制造、车辆制造、锅炉制造、机床制造等企业的主要用电设备，数量多、功率大；在中小型机械类工厂中通常只作为辅助加工设备，负荷量不会太大。电焊包括利用电弧的高温进行焊接的电弧焊，利用电流通过金属连接处产生的电阻高温进行焊接的电阻焊也称为接触焊，利用电流通过熔化焊剂产生的热能进行焊接的电渣焊等。常见的电焊机有电弧焊机类和电阻焊剂类。电焊机的工作特点如下：

（1）工作方式有一定的同期性，工作时间和停歇时间相互交替。

（2）功率较大，380V单台电焊机功率可达400kVA，三相电焊机功率最大的可超过1000kVA。

（3）功率因数不高，电弧焊机功率因数一般为0.3~0.35，电阻焊机的功率因数为0.4~0.85。

（4）一般电焊机的配置不稳定，经常移动。

3. 电镀设备

电镀可防止腐蚀，增加美观，提高零件的耐磨性或导电性等，如镀铜、镀铬。塑料、陶瓷等非金属零件表面，经过适当处理形成导电层后，也可以电镀。目前，由于环保管理要求高，电镀企业严格控制，在一个区域内可能只允许1~2家电镀企业。电镀设备的工作具有如下特点。

（1）带负荷长期连续工作。

（2）供电采用直流电源，需要大功率晶闸管整流设备。

（3）容量较大，功率从几十千瓦到几百千瓦，功率因数较低，一般为0.4~0.62。

4. 电热设备

工厂电热设备的种类很多，用于产品生产及工件的热处理。按加热原理和工作特点可分为电阻加热炉、电弧炉、感应炉和其他电热设备。其中,电阻加热炉主要用于各种零件的热处理,如用于正火、回火和调质等;电弧炉主要用于矿石熔炼、金属熔炼,感应炉主要用于熔炼和金属材料热处理。其他加热设备,包括红外线加热设备、微波加热设备和等离子加热设备等。

中小型机械类工厂的电热设备一般较简单,通常配置用于热处理的电阻加热炉、容量不大的感应热处理设备及红外线加热设备。电热设备的工作具有如下特点。

（1）长期连续工作方式。

（2）电力装置一般需要二级负荷或三级负荷。

（3）功率因数都较高,小型的电阻加热设备可接近 1 或达到 1。

5. 照明设备

电气照明是工厂用电设备的重要组成部分,照明设计合理、照明设备选用正确才能保证工作场所得到良好的照明环境。常见的照明灯具有白炽灯、卤钨灯、荧光灯、高压汞灯、高压钠灯、钨卤化物灯和单位混光灯等。照明设备的工作具有如下特点。

（1）长期连续工作方式。

（2）除白炽灯、卤钨灯的功率因数为 1 外,其他类型的灯具功率因数均较低。

（3）照明负荷为单相负荷,单个照明设备容量较小。

（4）照明负荷在工厂总负荷中所占比例较低,通常在 10% 左右。

6. 工厂用电负荷的分类

中小型机械类工厂中常用重要电力负荷的级别分类见表 2-1。

表 2-1　中小型机械类工厂中常用重要电力负荷的级别分类

序号	车间	用电设备	负荷级别
1	金属加工车间	价格较高、作用重大,大型数控机床、加工中心	一级
		价格较高、作用大,数量多的数控机床	二级
2	铸造车间	冲天炉鼓风机、30t 及以上的浇铸起重机	二级
3	热处理车间	井式炉用淬火起重机、井式炉油槽抽油泵	二级
4	锻压车间	锻造专用起重机、水压机、高压水泵、油压机	二级
5	电镀车间	大型电镀用整流设备、自动流水作业生产线	二级
6	模具成型车间	隧道窑鼓风机、卷扬机	二级
7	层压制品车间	压塑机及供热锅炉	二级
8	线缆车间	冷却水泵、鼓风机、润滑泵、高压水泵、水压机、真空泵、液压泵、收线用电设备、漆泵电加热设备	二级
9	空压站	单台 60m³/min 以上空压机	二级
		有高位油箱的离心式压缩机、润滑油泵	二级
		离心式压缩机润滑油泵	一级

课堂练习

（1）典型工厂电力负荷有哪些? 各有哪些特点?

（2）如何理解用电负荷的几个名词?

第三部分　识别工厂用电的典型电力负荷及负荷曲线

通过本任务学习,基本了解了典型电力负荷及负荷曲线,负荷曲线通常绘制在直角坐标上,纵坐标表示负荷大小,有功功率 kW 或无功功率 kVar,横坐标表示对应的时间,一般以小时为单位。负荷曲线中应用较多的为年负荷曲线,通常根据典型的冬日和夏日负荷曲线绘制反映全年负荷变动与对应的负荷持续时间的关系,全年按 8760h 计算。

通过一次实习活动,调查某个企业或车间的用电数据,绘制成负荷曲线,并对曲线进行分析。

任务2　确定三相设备的用电负荷

第一部分　任务内容下达

工厂用电设备基本是三相交流电源,也有少量的单相交流电源设备。本任务主要掌握设备容量确定的方法,能够掌握求计算负荷的几种典型方法,并能够对具体的三相设备用电负荷进行计算,最后介绍单相负载的计算方法。

第二部分　任务分析及知识介绍

一、设备容量的确定

工厂常用的设备有电焊机、吊车电动机、电炉变压器组、照明设备等,它们的用电特点都不相同,有的是连续工作,有的断续工作,以下介绍具体的换算方法。

1. 连续和短时工作制的用电设备

一般长期连续工作制和短时工作制的用电设备组,设备容量就是所有用电设备铭牌额定容量之和。

2. 断续周期工作制用电设备

断续周期工作制的用电设备组,设备容量是将所有设备在不同暂载率下的铭牌额定容量,统一换算到规定的暂载率下的容量之和。

1）电焊机

按要求统一换算到 $\varepsilon = 100\%$ 时的功率,即

$$P_e = P_n \sqrt{\frac{\varepsilon_n}{\varepsilon_{100\%}}} = S_n \cos\varphi \sqrt{\varepsilon_n}$$

式中　P_n, S_n ——电焊机的铭牌额定容量;

ε_n ——与铭牌额定容量对应的负荷持续率,计算时用小数;

$\varepsilon_{100\%}$ ——其值是 100% 的负荷持续率;

$\cos\varphi_n$ ——铭牌规定的功率因数。

2）吊车电动机

按要求统一换算到 $\varepsilon = 25\%$ 时的额定功率,即

$$P_e = P_n \sqrt{\frac{\varepsilon_n}{\varepsilon_{25\%}}} = 2P_n \sqrt{\varepsilon_n}$$

式中 P_n——铭牌额定有功功率；

  $\varepsilon_{25\%}$——其值是25%的负荷持续率。

3）电炉变压器组

设备容量是指在额定功率下的有功功率，即

$$P_e = S_n \cos\varphi_n$$

式中 S_n——电炉变压器的额定容量；

  $\cos\varphi_n$——电炉变压器的额定功率因数。

4）照明设备

（1）不用镇流器的照明设备如白炽灯、碘钨灯的设备容量，就是其额定功率，即 $P_e = P_n$。

（2）用镇流器的照明设备如荧光灯、高压水银灯、金属卤化物灯，设备容量要包括镇流器中的功率损失，即

荧光灯 $P_e = 1.2P_n$

高压水银灯、金属卤化物灯 $P_e = 1.1P_n$

（3）照明设备的设备容量还可以按建筑的单位面积容量法估算，即

$$P_e = \rho A / 1000$$

式中 ρ——建筑物单位面积的照明容量（W/m^2）；

  A——建筑物的面积（m^2）。

例2-1 某机修车间380V线路，接有金属切削机床共20台，其中，10.5kW的4台、7.5kW的8台、5kW的8台；电焊机2台，其中，每台容量20kVA，$\varepsilon_n = 65\%$，$\cos\varphi_n = 0.5$；吊车一台，功率11kW，$\varepsilon_n = 25\%$。请计算此车间的设备容量。

根据前面叙述的内容，分清几种用电的特点，先求各组的设备容量，最后确定车间的设备容量。

金属切削机床属于长期连续工作制设备，所以20台金属切削机床的设备总容量为

$$P_{e1} = (10.5 \times 4 + 7.5 \times 8 + 5 \times 8)kW = 142kW$$

电焊机属于反复短时工作制设备，设备容量应统一换算到 $\varepsilon = 100\%$，选取电焊机的暂载率为65%，所以2台电焊机的设备容量为

$$P_{e2} = 2S_n\cos\varphi_n\sqrt{\varepsilon_n} = 2 \times 2 \times 0.5 \times \sqrt{0.65}\,kW = 16.1kW$$

根据前面的介绍，吊车属于反复短时工作制设备，设备容量应统一换算到 $\varepsilon = 25\%$，因此1台吊车的设备容量为

$$P_{e3} = 2P_n\sqrt{\varepsilon_n} = 2 \times 11 \times \sqrt{0.25}\,kW = 11kW$$

车间的设备总容量为

$$P_e = P_{e1} + P_{e2} + P_{e3}$$
$$= (142 + 16.1 + 11)kW = 169.1kW$$

二、用电设备组容量的确定

1. 需要系数法

根据实际的工作状况，一个用电设备组中的设备并不一定同时工作，工作设备也不一定都工作在额定状态下，再考虑到线路损耗、用电设备本身的损耗等，设备或设备组的计算负荷是用电设备组的总容量乘以小于1的系数，称需要系数法，这个需要系数用 K_d

表示。

在所需计算的范围内如一条干线、一段母线、一台变压器,将用电设备按其设备性质不同分成若干组,对每一组选用适合的需要系数,计算出每组用电设备的计算负荷,然后由各组计算负荷求总的计算负荷。需要系数法一般用来求多台三相用电设备的计算负荷。需要系数法的基本公式:

$$P_{30} = K_{\mathrm{d}} P_{\mathrm{e}}$$
$$P_{\mathrm{e}} = \Sigma P_{\mathrm{ei}}$$

式中　K_{d} ——需要系数;

　　　P_{e} ——设备容量,为用电设备组所有设备容量之和;

　　　P_{ei} ——每组用电设备的设备容量

用电设备组的需要系数 K_{d} 见附表1。

(1) 单组用电设备组的计算负荷确定。

有功计算负荷:

$$P_{30} = K_{\mathrm{d}} P_{\mathrm{e}}$$

无功计算负荷:

$$Q_{30} = P_{30} \tan\phi$$

视在计算负荷:

$$S_{30} = \sqrt{P_{30}^2 + Q_{30}^2}$$

计算电流:

$$I_{30} = \frac{S_{30}}{\sqrt{3} U_{\mathrm{N}}}$$

在使用需要系数法时,要正确区分各用电设备或设备组的类别。机修车间的金属切削机床电动机应属于小批生产的冷加工机床电动机。压塑机、拉丝机和锻锤等应属于热加工机床电动机。起重机、行车、电葫芦、卷扬机等实际上都属于吊车类。

(2) 多组用电设备的计算负荷。在确定多组用电设备的计算负荷时,应考虑各组用电设备的最大负荷不会同时出现的因素,计入一个同时系数 K_{Σ},该系数取值见表2-2。

表2-2　同时系数 K_{Σ} 取值

应用范围	同时系数 K_{Σ}
确定车间变电所低压线最大负荷 冷加工车间 热加工车间 动力站	 0.7~0.8 0.7~0.9 0.8~1.0
确定车间变电所低压线最大负荷 负荷小于5000kW 计算负荷为 5000~10000kW 计算负荷大于 10000kW	 0.9~1.0 0.85 0.8

还应先分别求出各组用电设备的计算负荷 P_{30i}、Q_{30i},再结合不同情况即可求得总的

计算负荷。

总的有功计算负荷：

$$P_{30} = K_{\Sigma} \Sigma P_{30i}$$

总的无功计算负荷：

$$Q_{30} = K_{\Sigma} \Sigma Q_{30i}$$

总的视在计算负荷：

$$S_{30} = \sqrt{P_{30}^2 + Q_{30}^2}$$

总的计算电流：

$$I_{30} = \frac{S_{30}}{\sqrt{3}\, U_N}$$

2. 二项式系数法

在计算设备台数不多，而且各台设备容量相差较大的车间干线和配电箱的计算负荷时宜采用二项式系数法。基本公式为

$$P_{30} = bP_e + cP_x$$

式中　b,c——二项式系数，根据设备名称、类型、台数查附表 1 选取；

　　bP_e——用电设备组的平均负荷，

　　P_e——用电设备组的设备总容量；

　　P_x——用电设备中 x 台容量最大的设备容量之和；

　　cP_x——用电设备中 x 台容量最大的设备投入运行时增加的附加负荷。

其余的计算负荷 Q_{30}、S_{30} 和 I_{30} 的计算公式与前述需要系数法相同。

（1）对 1 或 2 台用电设备可认为 $P_{30}=P_e$，即 $b=1$，$c=0$。

（2）用电设备组的有功计算负荷的求取直接应用公式，其余计算负荷与需要系数法相同。

（3）采用二项式系数法确定多组用电设备的总计算负荷时，也考虑各组用电设备的最大负荷不同时出现的因素。与需要系数法不同的是，这里不是计入一个小于 1 的综合系数，而是在各组用电设备中取其中一组最大的附加负荷 $(cP_x)_{max}$，再加上各组平均负荷 bP_e，由此求出设备组的总计算负荷。

先求出每组用电设备的计算负荷 P_{30i}、Q_{30i}，总的有功计算负荷为：

$$P_{30} = \Sigma(bP_e)i + (cP_x)_{max}$$

总的无功计算负荷为：

$$Q_{30} = \Sigma(bP_e \tan\phi)_i + (cP_x)_{max}\tan\phi_{max}$$

式中　$(cP_x)_{max}$——各组 cP_x 中最大的一组附加负荷；

　　$\tan\phi_{max}$——最大附加负荷 $(cP_x)_{max}$ 的设备组的 $\tan\phi$。

求出 P_{30}、Q_{30} 后，再求出 S_{30} 和 I_{30}。

3. 计算简单的三相设备负荷

例 2-2　某车间的 380V 线路，接有金属切削机床电动机 20 台共 50kW，其中较大容量电动机有 7.5kW 的 2 台，4kW 的 2 台，2.2kW 的 8 台；另接通通风机 2 台共 2.4kW，电

阻炉 1 台 2kW。假设同时系数为 0.9,求计算负荷。

解:① 冷加工电动机。查附表 1,取 $K_{d1} = 0.2$,$\cos\phi_1 = 0.5$,$\tan\phi_1 = 1.73$,则 $P_{30.1} = K_{d1}$ $P_{e1} = 0.2 \times 50\text{kW} = 10\text{kW}$

$$Q_{30.1} = P_{30.1}\tan\phi_1 = 10\text{kW} \times 1.73 = 17.3\text{kvar}$$

② 通风机。查附表 1,取 $K_{d2} = 0.8$,$\cos\phi2 = 0.8$,$\tan\phi2 = 0.75$,则

$$P_{30.2} = K_{d2}P_{e2} = 0.8 \times 2.4\text{kW} = 1.92\text{kW}$$

$$Q_{30.2} = P_{30.2}\tan\phi_2 = 1.92\text{kW} \times 0.75 = 1.44\text{kvar}$$

③ 电阻炉。查附表 1,取 $K_{d3} = 0.7$,$\cos\phi_3 = 0.7$,$\cos\phi_3 = 1.0$,$\tan\phi_3 = 0$,则 $P_{30.3} = K_{d3}$ $P_{e3} = 0.7 \times 2\text{kW} = 1.4\text{kW}$

$$Q_{30.3} = 0$$

④ 总的计算负荷。

$$P_{30} = K_\Sigma \Sigma P_{30.i} = 0.9 \times (10 + 1.92 + 1.4)\text{kW} = 12\text{kW}$$

$$Q_{30} = K_\Sigma \Sigma Q_{30.i} = 0.9 \times (1.73 + 1.44 + 0)\text{kvar} = 16.9\text{kvar}$$

$$S_{30} = \sqrt{(12\text{kW})^2 + (16.9\text{kvar})^2} = 20.73\text{kVA}$$

$$I_{30} = \frac{20.73\text{kVA}}{\sqrt{3} \times 0.38\text{kV}} = 31.5\text{A}$$

例 2-3 用二项式法计算例 2-1 的车间金属切削机床组的计算负荷。

解:查附表 1,取二项式系数 $b = 0.14$,$c = 0.4$,$x = 5$,$\cos\phi = 0.5$,$\tan = 1.73$,则

$$P_x = P_5 = 10.5 \times 4 + 7.5 \times 1 = 49.5\text{kW}$$

根据二项式计算公式:

$$P_{30} = bP_e + cP_x = 0.14 \times 142 + 0.4 \times 49.5 = 39.7\text{kW}$$

$$Q_{30} = 39.7 \times 1.73 = 68.7\text{kvar}$$

$$S_{30} = \sqrt{39.7 + 68.7^2} = 79.4\text{kVA}$$

$$I_{30} = \frac{79.4}{\sqrt{3} \times 0.38} = 120.6\text{A}$$

第三部分 掌握计算简单的三相设备负荷

1. 掌握简单的三相设备负荷计算

通过本任务的学习,我们应当掌握简单的三相设备负荷计算,同时还应当会比较需要系数法和二项式系数法的计算不同点、使用场合等,要能够有针对性地计算负荷。我们用几个典型的计算例进一步理解三相设备负荷的计算,同时再补充单相设备的负荷计算。

例 2-4 试用二项式法计算例 2-2 中的计算负荷。

解:先分别求出各组的平均功率 bP_e 和附加负荷 cP_x。

(1) 金属切削机车电动机组。查附表 1,取 $b = 0.14$,$c = 0.4$,$x = 5$,$\cos\phi = 0.5$,$\tan\phi = 1.73$,则

$$(bP_e)1 = 0.14 \times 50\text{kW} = 7\text{kW}$$

$$(cP_x)1 = 0.4 \times (7.5kW \times 2 + 4kW \times 2 + 2.2kW \times 1) = 10.08kW$$

（2）通风机组。查附表 1，取 $b = 0.65, c = 0.25, x = 2, \cos\phi = 0.8, \tan\phi = 0.75$，则

$$(bP_e)2 = 0.65 \times 2.4kW = 1.56kW$$

$$(cP_x)2 = 0.25 \times 2.4 = 0.6kW$$

（3）电阻炉。查附表 1，取 $b = 0.7, c = 0, x = 1, \cos\phi = 1, \tan\phi = 0$，则

$$(bP_e)3 = 0.7 \times 2kW = 1.4kW$$

$$(cP_x)3 = 0$$

显然，三组用电设备中，第一组的附加负荷 $(cP_x)1$ 最大，因此总的计算负荷为：

$$P_{30} = \Sigma (bP_e)_i + (cP_x)_1 = (7 + 1.56 + 1.4)kW + 10.08kW = 20.04kW$$

$$Q_{30} = \Sigma (bP_e\tan\phi)_i + (cP_x)_1\tan\phi_1$$

$$= (7kW \times 1.73 + 1.56kW \times 0.75 + 0) = 10.08kW \times 1.73$$

$$= 30.72kvar$$

$$S_{30} = \sqrt{(20.04kW)^2 + (30.72kvar)^2} = 36.8kVA$$

$$I_{30} = \frac{36.68kVA}{\sqrt{3} \times 0.38kV} = 55.73A$$

2. 单相设备负荷计算

单相设备接于三相线路中，应尽可能地均衡分配，使三相负荷尽可能平衡。如果均衡分配后，三相线路中剩余的单相设备总容量不超过三相设备总容量的 15%，可将单相设备总容量视为三相负荷平衡进行负荷计算。如果超过 15%，则应先将这部分单相设备容量换算为等效三相设备容量，再进行负荷计算。

1）单相设备接入相电压时

等效三相设备容量 P_e 按最大负荷相所接的单相设备容量 $P_{em\varphi}$ 的 3 倍计算，即

$$P_e = 3P_{em\varphi}$$

2）单相设备接入线电压时

容量为 $P_{e\varphi}$ 的单相设备接于线电压时，其等效三相设备容量 P_e 为

$$P_e = \sqrt{3}P_{e\varphi}$$

3）单相设备分别接在线电压和相电压时

先将接在线电压上的单相设备容量换算为接于相电压上的单相设备容量，然后分相计算各相的设备容量和计算负荷，总的等效三相有功计算负荷就是最大有功计算负荷相的有功计算负荷的 3 倍，总的等效三相无功计算负荷就是对应最大有功负荷上的无功计算负荷的 3 倍，最后再按公式计算出 S_{30}, I_{30}。

3. 比较几种负荷计算的特点

需要系数的负荷计算与二项式法负荷计算各有特点，前者的计算需要考虑线路，但计算结果可能较小，特别是对大负荷台数少的用电设备的负荷计算，不一定能够反映出来；后者的计算不需要考虑线路，计算过程不复杂，特别是对大负荷台数少的用电设备的负荷计算，能够反映出来，但负荷计算结果可能较大。

请有兴趣者，对某一具体的负荷进行负荷计算，比较并体会。

任务 3　短路电流计算

第一部分　任务内容下达

通过本任务的学习,了解短路的原因、短路的危害及形式,了解短路计算的目的,掌握短路计算的方法。

第二部分　任务分析及知识介绍

一、短路故障

1. 短路的原因

短路故障是指运行中的电力系统或工厂供配电系统的相与相、相与地之间发生的金属性非正常连接。短路产生的原因主要是系统中带电部分的电气绝缘出现破坏,引起这种破坏的原因有过电压、雷击、绝缘材料的老化、运行人员误操作和施工机械的破坏、鸟害、鼠害等,也可能是操作人员的违规操作,将较低的电压设备误接到较高的电压电路中。

以带负荷分断隔离开关为例,由于隔离开关无灭弧装置或只有简单的灭弧装置,因此不能分断负荷电流及短路电流。当带负荷分断隔离开关时,大电流就在隔离开关的断口形成电弧,因隔离开关无法熄灭电弧,很容易形成"飞弧",电弧使隔离开关的相与相或者相与地之间出现短路,造成人身和设备的安全事故。

2. 短路的后果

短路电流比正常电流大得多,尤其在大电力系统中,短路电流可达几万甚至几十万安,比正常工作电流大很多倍的短路电流可对供电系统产生的危害极大。

(1)短路电流要产生很大的电动力和很高的温度,使故障元件和短路电路中的其他元件损坏。很大的电动力可能造成电路接头的损坏。

(2)短路电路中的电压要骤然降低,严重影响其中电气设备的正常运行。

(3)短路时保护装置动作会造成停电,而且越靠近电源,停电的范围越大,造成的损失也越大。

(4)严重短路要影响电力系统运行的稳定性,可使并列运行的发电机组失去同步,造成系统解列。

(5)不对称短路包括单相短路和两相短路,短路电流将产生较强的不平衡交变磁场,对附近的通信线路、电子设备等产生干扰,影响其正常运行,甚至使之发生误动作。

由于短路的后果十分严重,因此必须尽力设法消除可能引起短路的因素,并进行短路电流的计算,以便正确地选择和可靠地保护电气设备。

3. 短路故障的种类

在电力系统中,短路故障对电力系统的危害最大,按照短路的情况不同,短路的类型可分为四种。表 2-3 为各种短路的种类、表示符号性质及特点。

当线路或设备发生三相短路时,由于短路的三相阻抗相等,因此,三相电流和电压仍对称。因此,三相短路又称对称短路,其他类型的短路不仅相电流、相电压大小不同,而且各相之间的相位角也不相等,这些类型的短路统称为不对称短路。

表 2-3 各种短路的种类、表示符号、性质及特点

短路种类	表示符号	示 图	短路性质	特 点
单相短路	$k^{(1)}$	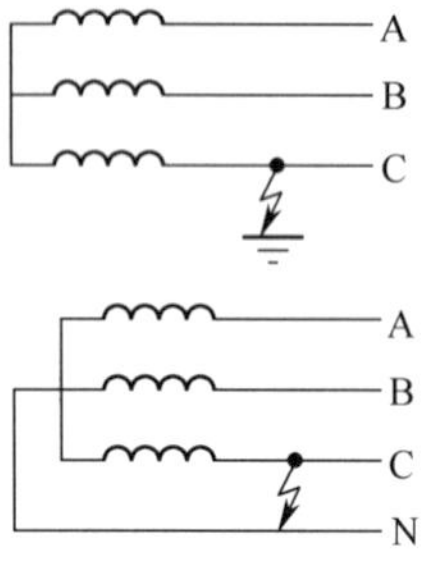	不对称短路	短路电流仅在故障相中流过,故障相电压下降,非故障相电压会升高
两相短路	$k^{(2)}$	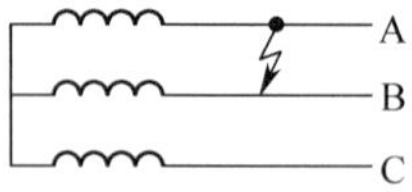	不对称短路	短路回路中流过很大的短路电流,电压和电流的对称性被破坏
两相短路接地	$k^{(1,1)}$	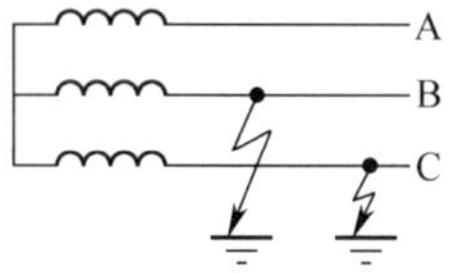	不对称短路	短路回路中流过很大的短路电流,故障相电压为零
三相短路	$k^{(3)}$	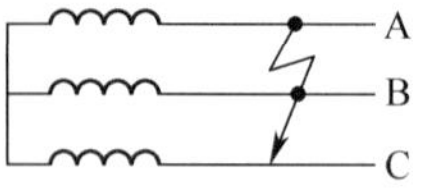	对称短路	三相电路中都流过很大的短路电流,短路时电压和电流保持对称,短路点电压为零

电力系统中,发生单相短路的可能性最大,而发生三相短路的可能性最小,但通常三相短路电流最大,造成的危害也最严重。因而常以三相短路时的短路电流热效应和电动力效应来校验电气设备。

二、短路参数

1. 短路计算的目的和短路参数

短路计算的目的是能够正确选择和校验电气设备,准确地整定供配电系统的保护装置,避免在短路电流作用下损坏电气设备,保证供配电系统中出现短路时保护装置能可靠动作。

无限大容量电力系统,只是理论上的容量概念,指相对于用户供电系统容量大得多的电力系统,当用户供电系统的负荷变动甚至发生短路时,电力系统变电所馈电母线上的电压能基本保持不变。如果电力系统的电源总阻抗不超过短路电路总阻抗的 5%～10%,或电力系统容量超过用户供电系统容量的 50 倍时,可将电力系统认为是无限大容量系统。

对一般工厂的供电系统来说,由于工厂供配电系统的容量远比电力系统容量小,而阻抗又较电力系统大得多,因此工厂供电系统内发生短路时,电力系统变电所馈电母线上的电压几乎保持不变,就可将电力系统视为无限大容量系统。

图 2-6 为无限大容量系统发生三相短路前后电流、电压的变动曲线,从图看出,短路电流在到达稳定值之前,要经过一个暂态过程即短路瞬变过程。这一暂态过程是因为短路电流含有感抗,电路中的电流不会发生突变,电路电流存在有非周期分量而形成。在此期间,短路电流由两部分构成,即短路电流周期分量 i_p 和短路电流非周期分量 i_{np}。非周期电流衰减完毕后,一般经过约 0.2s 的时间,短路电流达到稳定状态。

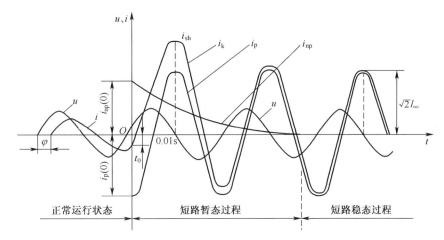

图 2-6 短路全电流波形图

在无限大容量电力系统中,由于系统母线电压维持不变,所以其短路电流周期分量呈现正弦波形,只由系统母线电压和短路后的系统阻抗来决定。

短路电流非周期分量是由于短路电路存在有电感,用以维持短路初瞬间的电流不致发生突变而由电感上引起的自感电动势所产生的一个反向电流,呈指数规律衰减。一般认为短路后 0.2s 非周期分量衰减完毕。根据需要,短路计算的任务通常需计算出下列短路参数:

$I''^{(3)}$——短路后第一个周期的短路电流周期分量的有效值,称为次暂态短路电流有效值,作为继电保护的整定计算和校验断路器的额定断流容量。采用电力系统在最大运行方式时,继电保护安装处发生短路时的次暂态短路电流来计算保护装置的整定值。

$i_{sh}^{(3)}$——短路后经过半个周期时的短路电流峰值,是整个短路过程中的最大瞬时电流,这一最大瞬时短路电流称为短路冲击电流,此为三相短路冲击电流峰值,用来校验电器和母线的动稳定度。

$I_{sh}^{(3)}$——三相短路冲击电流有效值,短路后第一个周期的短路电流的有效值。用来校验电器和母线的动稳定度。

对于高压电路的短路:
$$i_{sh}^{(3)} = 2.55I''^{(3)} ; I_{sh}^{(3)} = 1.51I''^{(3)}$$

对于低压电路的短路:
$$i_{sh}^{(3)} = 1.84I''^{(3)} ; I_{sh}^{(3)} = 1.09I''^{(3)}$$

$I_k^{(3)}$——三相短路电流稳态有效值,用来校验电器和载流导体的热稳定度。

$S_k''^{(3)}$——次暂态三相短路容量,用来校验断路器的断流容量和判断母线短路容量是否超过规定值,也作为选择限流电抗器的依据。

2. 短路计算方法简介

短路计算的方法常用有名值法、标幺值法和短路容量等三种,当供配电系统中某处发生短路时,其中一部分阻抗短接,网路阻抗发生变化,所以短路电流计算时,应先对各电气设备的电阻或电抗参数进行计算。如果各种电气设备的电阻和电抗及其他电气参数用有名值,也就是有单位的值表示;称为有名值法;如果各种电气设备的电阻和电抗及其他电气参数用相对值表示,称为标幺值法;如果各种电气设备的电阻、电抗及其他电气参数用短路容量表示,称为短路容量法。

在低压系统中,短路电流计算通常用有名值法,比较简单;在高压系统中,通常用标幺值法或短路容量法计算。这是由于高压系统中存在多级变压器耦合,如果用有名值法,当短路点不同时,同一元件所表现的阻抗值就不同,必须对不同电压等级中各元件的阻抗值按变压器的变比归算到同一电压等级,短路计算的工作量大,见下面的计算步骤。

三、无限大容量电源供电系统短路电流计算

1. 概述

短路电流计算时,先要绘出计算电路图,如图 2-7 所示。在计算电路图上,将短路计算所考虑的各元件的额定参数都表示出来,并将各元件依次编号,然后确定短路计算点。短路计算点的选择应使需要进行短路校验的电气元件有最大可能的短路电流通过。

按所选择的短路计算点绘出等效电路图,如图 2-8 所示。并计算电路中各主要元件的阻抗。在等效电路图上,将被计算的短路电流所流经的一些主要元件表示出来,并标明其序号和阻抗值,再将等效电路化简。对于工厂供电系统来说,由于将电力系统当作无限大容量电源,而且短路电路也比较简单,因此一般只需采用阻抗串、并联的方法即可将电路化简,求出其等效总阻抗,最后计算短路电流和短路容量。

短路计算中的物理量单位一般采用电流为"千安"(kA)、电压为"千伏"(kV)、短路容量和断流容量为"兆伏安"(mVA)、设备容量为"千瓦"(kW)或"千伏安"(kVA)、阻抗为"欧姆"(Ω)等。

2. 采用欧姆法进行短路计算

在无限大容量系统中发生三相短路时,三相短路电流周期分量有效值可按下式计算:

$$I_{\mathrm{k}}^{(3)} = \frac{U_{\mathrm{c}}}{\sqrt{3}\,|\,Z_{\Sigma}\,|} = \frac{U_C}{\sqrt{3}\,\sqrt{R_{\Sigma}^2 + X_{\Sigma}^2}}$$

式中　U_C——短路点的计算电压。

由于线路首端短路时其短路最为严重,因此按线路首端电压考虑,即短路计算电压取为比线路额定电压 U_N 高 5%,按我国电压标准,U_c 有 0.4kV、0.69kV、3.15kV、6.3kV、10.5kV、37kV、…等;$|\,Z_{\Sigma}\,|$、R_{Σ}、X_{Σ} 分别为短路电路的总阻抗[模]、总电阻和总电抗值。

在高压电路的短路计算中,通常总电抗远比总电阻大,一般可只计电抗,不计电阻。在计算低压侧短路时,也只有当短路电路的 $R_{\Sigma} > X_{\Sigma}/3$ 时才需计及电阻。

如果不计电阻,则三相短路电流的周期分量有效值为

$$I_{\mathrm{k}}^{(3)} = U_c / \sqrt{3}\,X_{\Sigma}$$

三相短路容量为

$$S_{\mathrm{k}}^{(3)} = \sqrt{3}\,U_c I_{\mathrm{k}}^{(3)}$$

下面进行各主要元件如电力系统、电力变压器和电力线路的阻抗计算。供电系统中的母线、线圈型电流互感器的一次绕组、低压断路器的过电流脱扣线圈及开关的触头等的阻抗，相对很小，在短路计算中可略去上述的阻抗后，计算所得的短路电流自然稍有偏大。但用稍偏大的短路电流来校验电气设备，可以使其运行的安全性更有保证。

1）电力系统的阻抗

电力系统的电阻相对于电抗来说很小，一般不予考虑。电力系统的电抗，可由电力系统变电所高压馈电线出口断路器的断流容量 S_{oc} 来估算，S_{oc} 就看作电力系统的极限短路容量 S_k。因此电力系统的电抗为

$$X_s = U_c^2 / S_{oc}$$

式中　U_c——高压馈电线的短路计算电压，但为便于短路总阻抗的计算，U_c 可直接采用短路点的短路计算电压；

S_{oc}——系统出口断路器的断流容量，可查有关产品手册；如只有开断电流 I_{oc} 数据，则其断流容量为

$$S_{oc} = \sqrt{3} I_{oc} U_N$$

式中　U_N——额定电压。

2）电力变压器的阻抗

（1）变压器的电阻 R_T。可由变压器的短路损耗 ΔP_k 近似计算。

因

$$\Delta P_k \approx 3I_N^2 R_T \approx 3(S_N / \sqrt{3} U_c)^2 R_T$$
$$= (S_N / U_c)^2 R_T$$

可得到

$$R_T = \Delta P_k \left(\frac{U_c}{S_N}\right)^2$$

式中　U_c——短路点的短路计算电压；

S_N——变压器的额定容量；

ΔP_k——变压器的短路损耗，可查有关手册或产品数据。

（2）变压器的电抗 X_T。可由变压器的短路电压（也称阻抗电压）百分值 $U_K\%$ 近似计算。

因　　　　　$U_k\% \approx (\sqrt{3} I_N X_T / U_c) \times 100\% \approx (S_N X_T / U_c^2) \times 100\%$

可得到

$$X_T \approx \frac{U_k\% U_c^2}{S_N}$$

式中　$U_K\%$——变压器的短路电压（阻抗电压 $U_Z\%$）百分值，可查有关手册或产品数据。

3）电力线路的阻抗

（1）线路的电阻。可由导线电缆的单位长度电阻 R_0 值求得线路的电阻 R_{WL}，即

$$R_{WL} = R_0 l$$

式中　R_0——导线电缆单位长度的电阻，可查有关手册或技术数据；

l——线路长度。

（2）线路的电抗。可由导线电缆的单位长度电抗 X_0 值求得线路的电抗 X_{WL}，即

$$X_{WL} = X_0 l$$

式中　X_0——导线电缆单位长度的电抗，可查有关手册或技术数据；

　　　l——线路长度。

当线路数据难以查找时，X_0 可按表 2-4 所示取其电抗平均值。

表 2-4　电力线路每相的单位长度电抗平均值

电抗均值（Ω/kW）　　　　线路电压　线路方式	35kV 及以上	6~10kV	220/380V
架空线路	0.40	0.35	0.32
电缆线路	0.12	0.08	0.066

按照在无限大容量系统发生三相短路时的计算公式计算 $I_k^{(3)}$，也可在高压电路计算中，如总电抗远大于总电阻时，不计电阻的计算公式计算出 $I_k^{(3)}$。

求出短路电路中各元件的阻抗后，就简化短路电路，求出其总阻抗，然后式（4-49）计算短路电流周期分量 $I_k^{(3)}$。

需注意，在计算短路电路的阻抗时，假如电路内含有电力变压器，则电路内各元件的阻抗都应统一换算到短路点的短路计算电压去。阻抗等效换算的条件是元件的功率损耗不变，即由 $\Delta P = U^2/R$ 和 $\Delta Q = U^2/X$ 可知，元件的阻抗值与电压平方成正比，因此阻抗换算的公式为

$$R' = R\left(\frac{U'_C}{U_C}\right)^2 ; X' = X\left(\frac{U'_C}{U_C}\right)^2$$

式中　R、X 和 U_C——换算前元件的电阻、电抗和元件所在处的短路计算电压；

　　　R'、X' 和 U'_C——换算后元件的电阻、电抗和短路点的短路计算电压。

就短路计算中考虑的几个主要元件阻抗而言，只有电力线路的阻抗有时需要换算，如计算抵压侧的短路电流时，高压侧的线路阻抗就需要换算到低电侧。而电力系统和电力变压器的阻抗，由于计算公式中均含有 U_C^2，在计算阻抗时，U_C 直接代以短路点的计算电压，就相当于阻抗已经换算到短路点的一侧。

例 2-5　某工厂供电系统如图 2-7 所示，已知电力系统出口断路器 SN10-10II 型，计算工厂变电所高压 110kV 母线 k-1 点短路和低压 380V 母线 k-2 点短路的三相短路电流和短路容量。

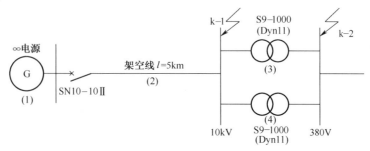

图 2-7　例题 2-5 的短路计算电路

（1）求 k-1 点的三相短路电流和短路容量（$U_{C1} = 10.5\text{kV}$）

① 计算短路电路中各元件的电抗及总电抗。

电力系统的电抗 X_1：查附表 15，SN10-10II 型断路器的断流容量 $S_{oc} = 500\text{MVA}$，因此

$$X_1 = \frac{V_{C1}^2}{S_{oc}} = \frac{10.5\text{kV}}{500\text{MVA}} = 0.22\Omega$$

架空线路的电抗 X_2：由表 2-4，可得 $X_0 = 0.35\Omega/\text{km}$，因此

$$X_2 = X_0 l = 0.35(\Omega/\text{km}) \times 5\text{km} = 1.75\Omega$$

绘制 k-1 点短路的等效电路，如图 2-8 所示，图上各元件的序号见分子，电抗值见分母，总阻抗为

$$X_{\Sigma(k-1)} = X_1 + X_2 = 0.22\Omega + 1.75\Omega = 1.97\Omega$$

② 计算三相短路电流和短路容量。

三相短路电流周期分量有效值为

$$I_{k-1}^{(3)} = \frac{U_{C1}}{\sqrt{3} X_{\Sigma(k-1)}} = \frac{10.5\text{kV}}{\sqrt{3} \times 1.97\Omega} = 3.08\text{kA}$$

三相短路次暂态电流和稳态电流为

$$I''^{(3)} = I_\infty^{(3)} = I_{k-1}^{(3)} = 3.08\text{kA}$$

三相短路冲击电流及第一个周期短路全电流有效值为

$$i_{sh}^{(3)} = 2.55 I''^{(3)} = 2.55 \times 3.08\text{kA} = 7.85\text{kA}$$

$$I_{sh}^{(3)} = 1.51 I''^{(3)} = 1.51 \times 3.08\text{kA} = 4.65\text{kA}$$

三相短路容量为

$$S_{k-1}^{(3)} = \sqrt{3} U_{C1} I_{k-1}^{(3)} = \sqrt{3} \times 10.5\text{kV} \times 3.08\text{kA} = 56.0\text{MVA}$$

（2）求 k-2 点的三相短路电流和短路容量（$U_{C2} = 0.4\text{kV}$）

① 计算短路电路中各元件的电抗及总电抗。

电力系统的电抗 X_1'：

$$X_1' = \frac{U_{C2}^2}{S_{oc}} = \frac{(0.4\text{kV})^2}{500\text{MVA}} = 3.2 \times 10^{-4}\Omega$$

架空线路的电抗 X_2'：

$$X_2' = X_0 I \left(\frac{U_{C2}}{U_{C1}}\right)^2 = 0.35(\Omega/\text{km}) \times 5\text{km} \times \left(\frac{0.4\text{kV}}{10.5\text{kV}}\right)^2 = 2.54 \times 10^{-3}\Omega$$

电力变压器的电抗 X_3：由附表 2 得 $U_k\% = 5\%$，因此

$$X_3 = X_4 \approx \frac{U_k\% U_C^2}{S_N} = 0.05 \times \frac{(0.4\text{kV})^2}{1000\text{kVA}} = 8 \times 10^{-3}\Omega$$

绘制 k-2 点短路的等效电路，如图 2-8 所示，计算总阻抗为

$$X_{\Sigma(k-2)} = X_1 + X_2 + X_3 // X_4 = X_1 + X_2 + \frac{X_3 X_4}{X_3 + X_4}$$

$$= 3.2 \times 10^{-4}\Omega + 2.54 \times 10^{-3}\Omega + \frac{8 \times 10^{-3}\Omega}{2} = 6.86 \times 10^{-3}\Omega$$

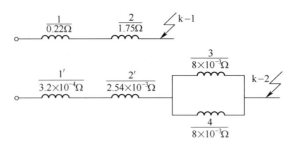

图 2-8 例 2-5 的短路等效电路图

② 计算三相短路电流和短路容量

三相短路电流周期分量有效值为

$$I_{k-2}^{(3)} = \frac{U_{C2}}{\sqrt{3} X_{\Sigma(k-2)}} = \frac{0.4 \text{kV}}{\sqrt{3} \times 6.86 \times 10^{-3} \Omega} = 33.7 \text{kA}$$

三相短路次暂态电流和稳态电流为

$$I''^{(3)} = I_{\infty}^{(3)} = I_{k-2}^{(3)} = 33.7 \text{kA}$$

三相短路冲击电流和稳态电流为

$$i_{sh}^{(3)} = 1.84 I''^{(3)} = 1.84 \times 33.7 \text{kA} = 62.0 \text{kA}$$

$$I_{sh}^{(3)} = 1.09 I''^{(3)} = 1.09 \times 33.7 \text{kA} = 36.7 \text{kA}$$

三相短路容量为

$$S_{k-2}^{(3)} = \sqrt{3} U_{C2} I_{k-2}^{(3)} = \sqrt{3} \times 0.4 \text{kV} \times 33.7 \text{kA} = 23.3 \text{MVA}$$

在工程设计说明书中,可只列短路计算表,见表 2-5。

表 2-5　例题的短路计算表

短路计算点	三相短路电流/kA					三相短路容量/MVA
	$I_k^{(3)}$	$I''^{(3)}$	$I_{\infty}^{(3)}$	$i_{sh}^{(3)}$	$I_{sh}^{(3)}$	$S_k^{(3)}$
k-1	3.08	3.08	3.08	7.85	4.65	56.0
k-2	33.7	33.7	33.7	62.0	36.7	23.3

3. 用标幺值法的短路计算

标幺值法,即相对单位制法,因其短路计算中的有关物理量是采用标幺值而得名。任一物理量的标幺值 A_d^*,为该物理量的实际值与所选的标准值 A_d 的比值,即

$$A_d^* = \frac{A}{A_d}$$

按标幺值法计算短路时,一般先选定基准容量 S_d 和基准电压 U_d。

基准容量,工程设计中常取 $S_d = 1000 \text{MVA}$;基准电压,常取元件所在处的短路计算电压,即 $U_d = U_C$。

选定了基准容量 S_d 和基准电压 U_d 后,基准电流 I_d 按下式计算:

$$I_d = \frac{S_d}{\sqrt{3} U_d} = \frac{S_d}{\sqrt{3} U_C}$$

基准电抗 X_d 按下式计算:

$$X_d = \frac{U_d}{\sqrt{3}\,I_d} = \frac{U_C^2}{S_d}$$

分别介绍供电系统中各主要元件的电抗标幺值的计算过程(取 $S_d = 1000\mathrm{MVA}$, $U_d = U_C$)。

(1) 电力系统的电抗标幺值:

$$X_S^* = \frac{X_S}{X_d} = \frac{U_C^2}{S_{oc}}\bigg/\frac{U_C^2}{S_d} = \frac{S_d}{S_{oc}}$$

(2) 电力变压器的电抗标幺值:

$$X_T^* = \frac{X_T}{X_d} = \frac{U_k\% U_C^2}{S_N}\bigg/\frac{U_C^2}{S_d} = \frac{U_k\% S_d}{S_N}$$

(3) 电力线路的标幺值:

$$X_{WL}^* = \frac{X_{WL}}{X_d} = X_0 l\bigg/\frac{U_C^2}{S_d} = X_0 l\,\frac{S_d}{U_c^2}$$

短路电路中各主要元件的电抗标幺值求出以后,即可利用等效电路图进行电路化简,计算其总电抗标幺值 X^*。由于各元件电抗均采用相对值,与短路计算点的电压无关,无需电压换算,即标幺值法较方便。

无限大容量系统三相短路电流周期分量有效值的标幺值按下式计算:

$$I_k^{(3)*} = I_k^{(3)}/I_d = \frac{U_d}{\sqrt{3}\,X_\Sigma}\bigg/\frac{S_d}{\sqrt{3}\,U_C} = \frac{U_C^2}{S_d X_\Sigma} = \frac{1}{X_\Sigma^*}$$

可求得三相短路电流周期分量有效值为

$$I_k^{(3)} = I_k^{(3)*} I_d = I_d/X_\Sigma^*$$

求得 $I_k^{(3)}$ 后,即可求出 $I^{*(3)}$、$I_\infty^{(3)}$、$i_{sh}^{(3)}$ 和 $I_{sh}^{(3)}$ 等。

三相短路容量的计算公式为

$$S_k^{(3)} = \sqrt{3}\,U_C I_k^{(3)} = \sqrt{3}\,U_C I_d/X_\Sigma^*$$

例 2-6　用标幺值法计算例 2-5 所示工厂供电系统中 k-1 点和 k-2 点的三短路电流和短路容量。

解:

(1) 确定基准值:

取 $S_d = 100\mathrm{MVA}$, $U_{c1} = 10.5\mathrm{kV}$, $U_{c2} = 0.4\mathrm{kV}$

$$I_{d1} = \frac{S_d}{\sqrt{3}\,U_{C1}} = \frac{100\mathrm{MVA}}{\sqrt{3}\times 10.5\mathrm{kV}} = 5.50\mathrm{kA}$$

$$I_{d2} = \frac{S_d}{\sqrt{3}\,U_{C2}} = \frac{100\mathrm{MVA}}{\sqrt{3}\times 0.4\mathrm{kV}} = 144\mathrm{kA}$$

(2) 计算短路电路中各元件的电抗标幺值:

① 电力系统的电抗标幺值。由附表 15 查得 $S_{OC} = 500\mathrm{MVA}$,因此

$$X_1^* = \frac{100\mathrm{MVA}}{500\mathrm{MVA}} = 0.2$$

② 架空线路的电抗标幺值。查表 2-7 得 $X_0 = 0.35\Omega/\mathrm{km}$

$$X_2^* = 0.35(\Omega/\mathrm{km}) \times 5\mathrm{km} \times \frac{100\mathrm{MVA}}{(10.5\mathrm{kV})^2} = 1.59$$

③ 电力变压器的电抗标幺值。查附表 16,得 $U_K\% = 5\%$,因此

$$X_3^* = X_4^* = \frac{5 \times 100\mathrm{MVA}}{100 \times 100\mathrm{kVA}} = \frac{5 \times 100 \times 1000\mathrm{kVA}}{100 \times 1000\mathrm{kVA}} = 5.0$$

短路等效电路图如图 2-9 所示,标出各元件序号、电抗标幺值和短路计算点。

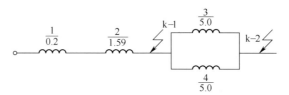

图 2-9　例 2-5 的标幺值法短路等效电路图

（3）计算 k-1 点的短路电路总电抗标幺值及三相短路电流和短路容量:

① 总电抗标幺值为

$$X_{\Sigma(k-1)}^* = X_1^* + X_2^* = 0.2 + 1.59 = 1.79$$

② 三相短路电流周期分量有效值为

$$I_{k-1}^{(3)} = \frac{I_{d1}}{X_{\Sigma(K-1)}^*} = \frac{5.50\mathrm{kA}}{1.79} = 3.07\mathrm{kA}$$

③ 其他三相短路电流为

$$I''^{(3)} = I_\infty^{(3)} = I_{(k-1)}^{(3)} = 3.07\mathrm{kA}$$

$$i_{sh}^{(3)} = 2.25 \times 3.07\mathrm{kA} = 7.83\mathrm{kA}$$

$$I_{sh}^{(3)} = 1.51 \times 3.07\mathrm{kA} = 4.64\mathrm{kA}$$

④ 三相短路容量为

$$S_{k-1}^{(3)} = \frac{S_d}{X_{\Sigma(k-1)}^*} = \frac{100\mathrm{MVA}}{1.79} = 55.9\mathrm{MVA}$$

（4）计算 k-2 点的短路总电抗标幺值及三相短路电流和短路容量

① 总电抗标幺值为

$$X_{\Sigma(k-2)}^* = X_1^* + X_2^* + X_3^* // X_4^* = 0.2 + 1.59 + \frac{5}{2} = 4.29$$

② 三相短路电流周期分量有效值为

$$I_{k-2}^{(3)} = \frac{I_{d2}}{X_{\Sigma(k-2)}^*} = \frac{144\mathrm{kA}}{4.29} = 33.6\mathrm{kA}$$

③ 其他三相短路电流为

$$I''^{(3)} = I_\infty^{(3)} = I_{k-1}^{(3)} = 33.6\mathrm{kA}$$

$$i_{sh}^{(3)} = 1.84 \times 33.6\mathrm{kA} = 61.8\mathrm{kA}$$

$$I_{sh}^{(3)} = 1.09 \times 33.6\mathrm{kA} = 36.6\mathrm{kA}$$

④ 三相短路容量为

$$S_{k-2}^{(3)} = \frac{S_d}{X_{\Sigma(k-2)}^*} = \frac{100\text{MVA}}{4.29} = 23.3\text{MVA}$$

可见,采用标幺值法的计算结果与欧姆法计算的结果基本相同。

4. 两相短路电流的计算

在无限大容量系统中发生两相短路时,短路电流由下式求得:

$$I_k^{(2)} = \frac{U_C}{2|Z_\Sigma|}$$

式中 U_C——短路点的计算电压(线电压)。

如果只计电抗,则短路电流为

$$I_k^{(2)} = \frac{U_C}{2|Z_\Sigma|}, I_k^{(3)} = \frac{U_C}{\sqrt{3}|Z_\Sigma|}$$

由此求得

$$I_k^{(2)}/I_k^{(3)} = \frac{\sqrt{3}}{2} = 0.866$$

因此

$$I_k^{(2)} = \frac{\sqrt{3}}{2}I_k^{(3)} = 0.866I_k^{(3)}$$

上式说明,无限大容量系统中,同一地点的两相短路电流为三相短路电流的0.866倍。因此,无限大容量系统中的两相算路电流,可在求出三相短路电流后再按上式直接求得。

5. 单相短路电流的计算

工程设计中,可利用下式计算单相短路电流,即

$$I_k^{(1)} = \frac{U_\varphi}{|Z_{\varphi-0}|}$$

式中 U_φ——电源相电压;

四、短路效应

1. 短路电流的电动力效应

通电导体周围存在电磁场,如处在空气中的两平行导体分别通过电流时,两导体间由于电磁场的相互作用,导体上产生相互作用力。三相线路中的三相导体间正常工作时也存在力的作用,正常工作电流较小,不影响线路运行,当发生三相短路时,在短路后半个周期会出现最大短路电流即冲击短路电流,其值达几万安培甚至几十万安培,导体上的电动力将很大。

三相导体在同一平面平行布置时,中间相受到电动力最大,最大电动力 F_m 正比于冲击电流的平方。对电力系统中的硬导体和电气设备都要求校验其在短路电流下的动稳定性。

1)对一般电器

要求电器的极限通过电流(动稳定电流)峰值大于最大短路电流峰值,即

$$i_{max} \geq i_{sh}$$

式中 i_{max}——电器的极限通过电流(动稳定电流)峰值;

i_{sh}——最大短路电流峰值。

2）对绝缘子

要求绝缘子的最大允许抗弯载荷大于最大计算载荷，即

$$F_{\mathrm{al}} \geq F_{\mathrm{c}}$$

式中　F_{al}——绝缘子的最大允许载荷；

　　　F_{c}——最大计算载荷。

2. 短路电流的热效应

电力系统正常运行时，额定电流在导体中发热产生的热量被导体吸收，使导体温度升高，同时传入周围介质中。当产生的热量等于散失的热量时，导体达到热平衡状态。在电力系统中出现短路时，由于短路电流大，发热量大，时间短，热量来不及散入周围介质中去，这时可认为全部热量都用来升高导体温度。导体达到的最高温度 T_{m} 与导体短路前的温度 T、短路电流大小及通过短路电流的时间有关。

计算出导体最高温度 T_{m} 后，将其与表 2-6 所规定的导体允许最高温度进行比较，若 T_{m} 不超过规定值，则认为满足热稳定要求。

表 2-6　常用导体和电缆的最高允许温度

导体的材料与种类		最高允许温度/℃	
		正常时	短路时
硬导体	铜	70	300
	铜（镀锡）	85	200
	铝	70	200
	钢	70	300
油浸纸绝缘电缆	铜芯 10kV	60	250
	铝芯 10kV	60	200
交联聚乙烯绝缘电缆	铜芯	80	230
	铝芯	80	200

对成套电气设备，因导体材料及截面均已确定，故达到极限温度所需要的热量只与电流及通过的时间有关。设备的热稳定可按下面的公式校验。

$$I_{\mathrm{t}}^{2} t \geq I_{\infty}^{2} t_{\mathrm{ima}}$$

式中　$I_{\mathrm{t}}^{2} t$——产品样本提供的产品热稳定参数；

　　　I_{∞}——短路稳态电流；

　　　t_{ima}——短路电流作用假想时间。

对导体和电缆，可用下面公式计算导体的热稳定最小截面 $S_{\min}$。

$$S_{\min} = I_{\infty} \sqrt{\frac{t_{\mathrm{ima}}}{C}}$$

C——导体的热稳定系数。

如果导体和电缆的所选截面大于或等于 $S_{\min}$，表明热稳定合格。

第三部分　了解短路电流的计算

通过本任务的学习，基本了解了短路的危害、特点、方式及计算，应该掌握这些知识，会分析短路形并熟悉短路电流计算的方法。

项目三 分析工厂电力网络及供电线路

本项目包括三个任务,从认识整个工厂范围的电力网络的基本接线方式,到了解工厂及车间的具体配电线路,最后再了解用于线路构成的电缆及母线知识。

任务1 认识工厂电力网络的基本接线方式

第一部分 任务内容下达

本任务介绍工厂供电电力线路的内容、类型及方式,要求掌握工厂电力网络的基本接线方法,掌握每种基本接线方法的特点及适用场合。

第二部分 任务分析及知识介绍

电力线路是电力系统的重要组成部分,担负输送和分配电能的任务。电力线路按电压高低分为高压线路和低压线路;按结构型式分为架空线路、电缆线路和室内(车间)线路等。

高压线路一般指 1kV 及以上电压的电力线路,低压线路指 1kV 以下的电力线路。在实际工作中通常也将 1~10kV 或 35kV 的电力线路称为中压线路,35kV 或以上至 110kV 或 220kV 的电力线路称为高压线路,将 220kV 或 330kV 以上的电力线路称为超高压线路。

本任务中的高压,泛指 1kV 及以上的电压。

工厂电力网络的接线应力求简单、可靠、操作维护方便。工厂电力网络包括厂内高压配电网络与车间低压配电网络,高压配电网络指从总降压变电所或配电所到各个车间变电所或高压设备之间的 6~10kV 高压配电网络;低压配电网络指从车间变电所到各低压用电设备的 380/220V 低压配电网络。工厂内高低压电力线路的接线方式有放射式、树干式及环形三种类型。

一、高压配电线路的接线方式

1. 放射式接线

高压放射式接线指由工厂变电配电所高压母线上引出单独的线路,直接供电给车间变电所或高压用电设备,在该线路上不再分接其他高压用电设备,如图 3-1 所示。这种放射式接线的线路之间互不影响,供电可靠性较高,而且接线方式简捷,操作维护方便,保护简单,便于实现自动化。但高压开关设备用得多,每台高压断路器须装设一个高压开关柜,投资成本高,当线路故障或检修时,该线路上全部负荷都将停电。为提高供电可靠性,根据具体情况可增加备用线路。

提高这种放射式线路的供电可靠性,可在各车间变电所高压侧或低压侧之间敷设联络线。要进一步提高供电可靠性,还可采用来自两个电源的两路高压进线,然后经分段母线,由两段母线用双回路对用户交叉供电,如图 3-2 和图 3-3 所示的 2 号车间变电所配电的方式。

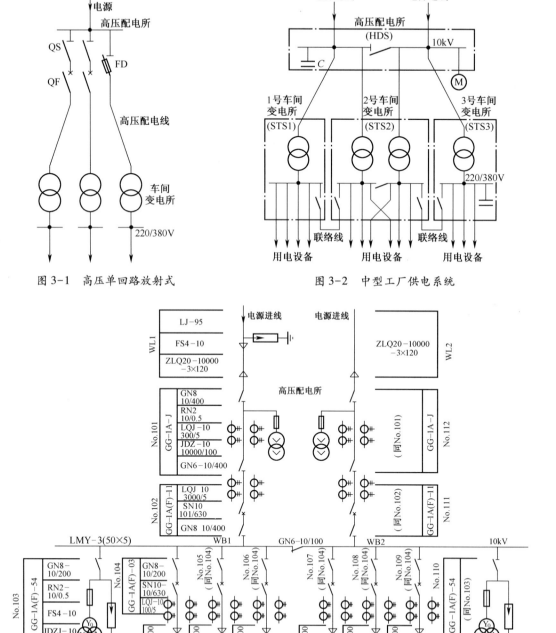

图 3-1 高压单回路放射式

图 3-2 中型工厂供电系统

图 3-3 图 3-2 所示的高压配电及 2 号车间变电所的主接线

2. 树干式接线

高压树干式接线指从工厂变配电所高压母线上引出一回路供电干线,沿线分接至各车间变电所或负荷点的接线方式。一般干线上连接的车间变电所不超过 5 个,总容量一般 3000kVA 以下。这种接线从变配电所引出的线路少,高压开关设备相应用得少,比较经济,但供电可靠性差,因为干线上任意一点发生故障或检修时,都将引起干线上的所有负荷停电。为提高可靠性,同样可采用增加备用线路的方法。

高压树干式接线如图 3-4 所示,树干式接线与放射式接线相比,具有明显的优点,如多数情况下能减少线路的有色金属消耗量;采用的高压开关数量少,投资较省。但也存在缺点,如供电可靠性较低,当高压干线发生故障或检修时,接于干线的所有变电所都要停电,且在实现自动化方面,适应性较差。要提高其供电的可靠性,可采用图 3-5 所示双干线或两端供电的接线方式。

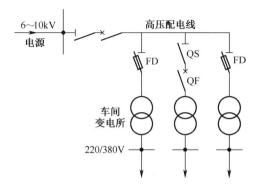

图 3-4　高压树干式接线

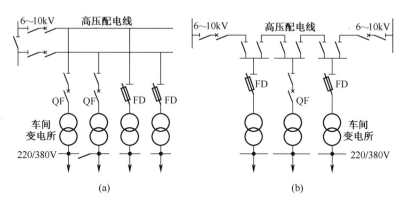

(a)　　　　　　　　　　　　(b)

图 3-5　高压双回路放射式
(a)双干线供电;(b)两端供电。

3. 环形接线

高压环形接线如图 3-6 所示,环形接线实质上与两端供电的树干式接线相同。这种接线在现代化城市电网中应用很广。为避免环形线路发生故障时影响整个电网,也为实现环形线路保护的选择性,绝大多数环形线路采取"开口"运行方式,当干线上任何地方发生故障时,只要找出故障段,拉开其两侧的隔离开关,把故障段切除后,全部线路就可以恢复供电,即环形线路中有一处开关是断开的。

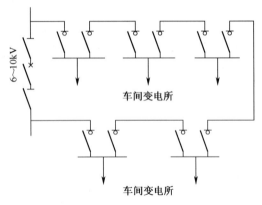

图 3-6　高压环形接线

工厂高压配电线路往往是几种接线方式的组合,依具体情况而定。放射式接线的供电可靠性较高且便于运行管理,因此大中型工厂的高压配电系统多优先选用放射式。但放射式接线采用的高压开关设备较多、投资较大,因此对供电可靠性要求不高的辅助生产区和生活区,多采用比较经济的树干式或环形配电。

课堂练习

(1) 请查阅标准或相关资料,了解高压的概念。

(2) 高压配电线路的接线方式有几种形式? 各有何特点?

(3) 以图 3-6 所示的高压环形接线,具体分析这种线路的优点和缺陷。

(4) 根据高压配电线路的接线方式内容,对图 3-3 进行全面分析。

二、低压线路的接线方式

工厂低压配电线路的基本接线方式也可以分为放射式、树干式和环式三种,但与高压的特点不同。

1. 放射式接线

低压放射式接线如图 3-7 所示,由车间变电所的低压配电屏引出独立的线路供电给配电箱或大容量设备,再由配电箱引出独立的线路到各控制箱或用电设备。方式供电可靠性较高,任何一个分支出现故障,都不会影响其他线路供电,运行操作方便,但所用开关设备及配电线路也较多。放射式接线多用于负荷分布在车间内各个不同方向,用电设备容量大、对供电可靠性要求较高的场合。

2. 树干式接线

树干式接线的特点与放射式接线正好相反。低压树干式接线是将用电设备或配电箱接到车间变电所低压配电屏的配电干线上,如图 3-8 所示。这种接线的可靠性没有放射式接线高,主要适用于容量较小且分布均匀的用电设备。

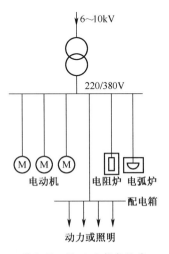

图 3-7　低压放射式接线

当干线出现故障时会使所连接的用电设备均受到影响,但这种接线方式引出的配电干线较少,开关设备较少,节省资源。变压器—干线式接线方式是由变压器的二次侧引出线经过自动空气开关或隔离开关直接引至车间内的干线,然后由干线上引出分支线配电,如图 3-8(b) 所示。可以节省变电所的低压侧配电装置,变电所结构得到了简化,成本降低。图 3-9 为低压链式接线,适用于用电设备距离近、总容量不超过 10kW 的次要设备,设备台数 3~5 台。

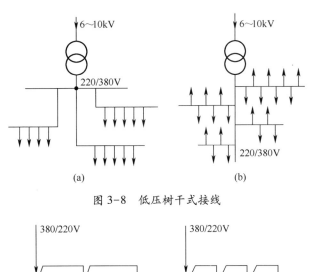

图 3-8　低压树干式接线

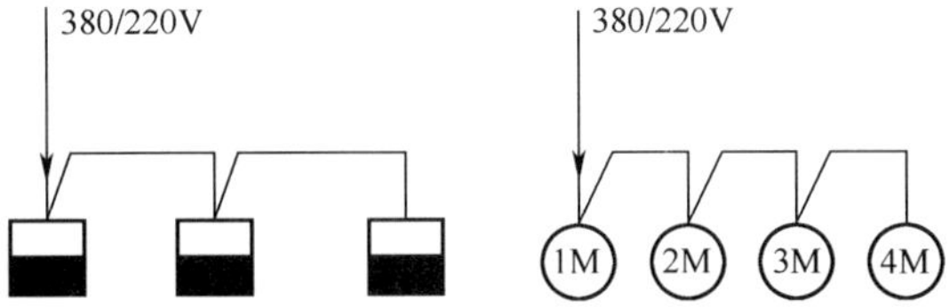

图 3-9　低压链式接线

3. 环式接线

工厂内各个车间变电所的低压侧,可以通过低压联络线连接起来,构成一个环,如图 3-10 所示。这种接线方式供电可靠性高,一般线路故障或检修只是引起短时停电或不停电,经切换操作后就可恢复供电。

环形接线供电可靠性较高。任一段线路发生故障或检修时,都不造成供电中断,或只短时停电,一旦电源完成切换操作,即能恢复供电。环形接线可降低电能及电压的损耗,但保护装置及其整定的配合比较复杂。如果保护的整定配合不当,容易发生误动作,反而扩大故障停电范围。实际上低压环形接线基本采用"开口"方式运行。

工厂低压配电系统实际上也往往几种接线方式的组合,依具体情况而定。在正常环境的车间或建筑内,若大部分用电设备不是很大且无特殊要求时,一般采用树干式配电。因为,树干式配电较放射式经济,另外是各用电单位的供电技术人员对树干式配电已积累了相当成熟的运行经验。

工厂电力线路的接线应力求简单。运行经验证明,供电系统如果接线复杂,层次过多,增加投资成本,维护不便,也因电路串联元件过多,如操作失误或元件故障而发生事故增加,事故处理和恢复供电的操作也比较麻烦,延长停电的时间。同时由于配电级数多,继电保护级数相应增加,动作时间也相应延长,对供电系统的故障保护十分不利。

国家标准 GB 50052—2013《供配电系统设计规范》规定:"供电系统应简单可靠,同一电压供电系统的变配电级数不宜多于两级。"以图 3-11 所示工厂供电系统为例,工厂总降压变电所直接配电到车间变电所的配电级数只有一级,而总降压变电所经高压配电所

53

到车间变电所就有两级了。按规定最多不宜超过两级。此外,高低压配电线路应尽可能深入负荷中心,减少线路电能损耗和有色金属用量,提高电压水平。

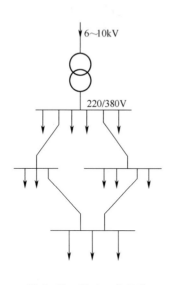

图 3-10　低压环式接线

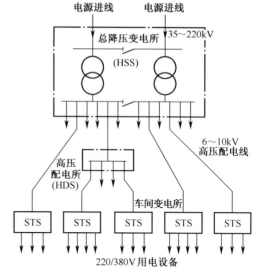

图 3-11　有降压变的供电系统

课堂练习

(1)低压线路的接线方式有几种?各有哪些特点?

(2)以低压线路的一种典型方式具体分析其特点。

第三部分　分析工厂电力网络

通过本任务的学习,我们基本了解了高压和低压线路的接线方式,应当熟悉并掌握这些接线方式的特点,便于在工作岗位中应用。

任务2　工厂及车间配电线路

第一部分　任务内容下达

本任务了解常用电缆的类型、结构,基本掌握车间线路的结构和敷设,能够看懂车间线路,懂得维护维修等知识。

第二部分　任务分析及知识介绍

一、线路的结构和敷设

线路的敷设包括工厂内及车间,配电线路所使用的导线多为绝缘线,少数情况下使用电缆,也可用母线排或裸导线。

1. 绝缘导线

绝缘导线按线芯材料分,有铜芯和铝芯两种。由于铜材料成本高,根据"节约用铜,以铝代铜"的原则,在满足导电性能的前提下,一般应优先采用铝芯导线。但在易燃、易爆或其他有特殊要求的场所,应采用铜芯绝缘导线。

　　绝缘导线按外皮的绝缘材料分橡皮绝缘和塑料绝缘两种。塑料绝缘导线绝缘性能良好,价格较低,在户内明敷或穿管敷设时可取代橡皮绝缘导线。但由于绝缘塑料在高温时易软化,在低温时又变硬变脆,施工困难,也影响使用性能,故一般不在户外使用。

　　绝缘导线的敷设方式有明配线和暗配线两种。沿墙壁、天花板、桁架及柱子等敷设导线称为明敷,也称为明配线。导线穿管埋设在墙内、地坪内及房屋的顶棚内称为暗敷,也称为暗配线。所用的保护管可以是钢管或塑料管,管径的选择按穿入导线连同外皮保护层在内的总截面,但不超过管子内孔截面的40%,还要考虑施工方便、散热等,可以按有关技术规定来选择。穿管敷设也有明敷和暗敷两种。

　　电缆线路与架空线路相比,成本高、投资大、维修不便,但运行可靠、不易受外界影响、无须架设电杆、不占地面、不影响环境和空间使用等,特别是在有腐蚀性气体和易燃、易爆场所,只能敷设电缆线路。目前,工厂和车间的线路基本不采用架空线路了,但在一些场合还必须采用架空线,下面做简单介绍。

　　2. 架空线路的敷设

　　1) 架空线路敷设要求及路径选择

　　架空线路的敷设应严格遵守有关规程规定,安全施工应贯穿全过程,特别是立杆、组装、爬杆、架线要注意安全;竣工后按照规定程序及要求检验,确保工程质量。

　　在施工前,架空线的路径选择要认真调研,综合考虑运行、施工、交通条件、路径长度、厂区内的环境等因素,尤其要注意适应厂区内部的空间环境统筹兼顾进行多方案比选,做到经济合理、安全适用。工厂架空线路应符合下列要求:

　　路径短、转角少、与其他设施尽量没有交叉;如果与其他架空电力线路或弱电线路交叉时,间距及交叉点或交叉角的要求,应符合国家标准 GB 50061—2010《66kV 及以下架空电力线路设计规范》的规定;尽量避开河沟和雨水冲刷地带、不良地质地区及易燃、易爆等危险场所;不干扰交通、人行和厂区内的正常工作;不能跨越房屋,应与建筑物保持一定的安全距离。

　　2) 导线在电杆上的排列方式

　　三相四线制低压架空线路导线一般采用水平排列,如图 3-12(a)所示。由于中性线即 N 线或 PEN 线的电位在三相对称时为零,而且截面也不大,机械强度较差,因此,中性线一般架设在靠近电杆的位置。

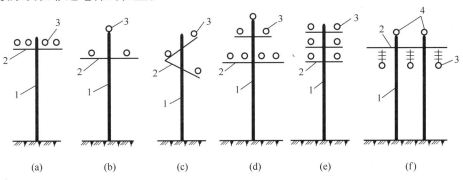

图 3-12　电缆在电杆上的排布
1—电杆;2—横担;3—电缆;4—接闪线。

三相三线制架空线路的导线可三角形排列,如图 3-12(b)、(c)所示,也可以水平方式排列,如图 3-12(f)所示。多回路导线同杆架设可以三角形与水平混合排列,如图 3-12(d)所示,也可以全部垂直排列,如图 3-12(e)所示。电压不同的线路同杆架设时,电压较高线路在上面,电压较低的线路在其下面。

3)架空线路的档距、线距、弧垂

架空线路的档距又称跨距,是指同一线路上相邻两电杆之间的水平距离,如图 3-13 所示。10kV 及以下架空线路的档距,应符合国家标准 GB 50061—2010,见表 3-1;采用裸露的 10kV 及以下架空线最小距离,见表 3-2;同杆架设的多回路线路,不同回路的架空裸导线横担间最小垂直距离,应符合表 3-3 的规定。

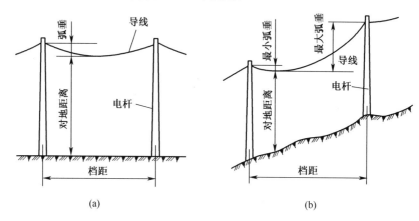

图 3-13 架空线路的档距及弧垂

表 3-1 10kV 及以下架空线路的档距

区 域	线路电压 3~10kV	线路电压 3~10kV 以下
市区	档距 45~50m	档距 40~50m
郊外	档距 55~100m	档距 40~60m

表 3-2 采用裸露的 10kV 及以下架空线最小距离

线路电压 /kV	档距/m								
	≤40	50	60	70	80	90	100	110	120
	最小线间距离/m								
6~10	0.60	0.65	0.70	0.75	0.85	0.90	1.00	1.05	1.15
≤3	0.30	0.40	0.45	0.50	—	—	—	—	—

表 3-3 不同回路的架空裸导线横担间最小垂直距离

组合方式	横担间最小垂直距离/m	
	直线杆	转角杆或分支杆
3~10kV 与 3~10kV	0.8	0.45/0.6(距上面横担 0.45,距下面横担 0.6)
3~10kV 与 3kV 以下	1.2	1.0
3kV 与 3kV 以下	0.6	0.3

架空线的弧垂,也称弛垂,指一个档距内线缆最低点与两端电杆上导线悬挂点间的垂直距离,如图 3-13 所示。弧垂是线缆的自重形成,不可过大或过小,如过大,摆动时会引起相间短路,也可造成导线对地或对其他物体的安全距离不够;过小,会使导线的内应力增大,天冷时使导线收缩绷断或倒杆。

架空线路导线与建筑物间的垂直距离,按照国家标准 GB 50061—2010,具体要符合表 3-4 的要求;架空线路在最大计算风偏情况下,边导线与城市多层建筑或城市规划建筑线间的最小水平距离应符合表 3-5 的规定。

表 3-4　架空线路导线与建筑物间的最小垂直距离

线路电压/kV	<3	3~10	35	66
垂直距离/m	3.0	3.0	4.0	5.0

表 3-5　架空线路边导线与建筑物间的最小水平距离

线路电压/kV	<3	3~10	35	66
水平距离/m	1.0	1.5	3.0	4.0

3. 电缆的敷设

1) 电缆敷设方式

工厂中常见的电缆敷设方式有多种,如直埋(如图 3-14)、沿墙(如图 3-15)、电缆沟(如图 3-16)和电缆桥架(如图 3-17)等。大型变电站等电缆数量多又相对集中的场合,多采用电缆排管方式,如图 3-18 所示,另外还有电缆隧道方式等,这里不再介绍。

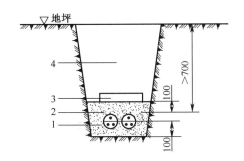

图 3-14　电缆直接埋地敷设

1—电缆;2—砂;3—保护板;4—填土。

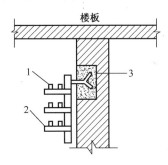

图 3-15　电缆沿墙敷设

1—电缆;2—支架;3—预埋件。

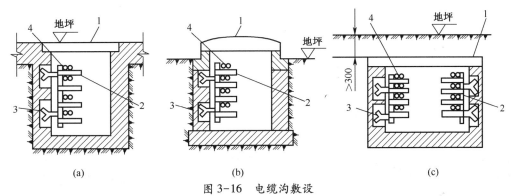

(a)　　　　　　　　(b)　　　　　　　　(c)

图 3-16　电缆沟敷设

(a)户内电缆沟;(b)户外电缆沟;(c)厂区电缆沟。

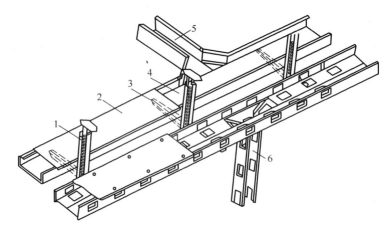

图 3-17　电缆桥架

1—支架;2—盖板;3—支臂;4—线槽;5—水平线槽;6—垂直线槽。

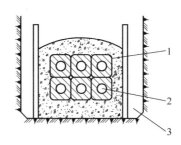

图 3-18　穿管电缆的排布

1—水泥排管;2—电缆穿管;3—电缆沟。

2）电缆敷设路径

电缆敷设路径选择应符合的条件,包括避免电缆遭受机械性外力、过热及腐蚀等危害;在满足安全要求条件下电缆线路较短;便于运行维护;避开将要挖掘施工的地段。

3）电缆敷设的一般要求

敷设电缆严格按照标准、技术规范和设计要求,竣工以后尚需按规定程序检查、验收,确保线路质量。

（1）电缆长度一般按实际线路长度考虑 5%~10%的裕量,安装、检修时做备用;直埋电缆时应采用波浪形埋设。

（2）在一些场合的非铠装电缆应采取穿管敷设,包括电缆进出建（构）筑物;电缆穿过楼板及墙壁处;从电缆沟引出至电杆,或沿墙敷设的电缆距地面 2m 高度及埋入地大于0.3m 深度的一段;与道路、铁路交叉的一段电缆保护管内径应大于电缆外径或多根电缆包络外径的 1.5 倍。

（3）多根电缆敷设在同一侧多层支架上时,电力电缆应按电压等级由高至低的顺序排列,控制、信号电缆和通信电缆应按强电至弱电的顺序排列;支架层数受通道空间限制时,35kV 及以下相邻电压等级的电力电缆,可排列在同一层支架上,1kV 及以下的电力电缆也可与强电控制、信号电缆配置在同一层支架;同一重要回路的工作电缆与备用电缆实行耐火分隔时,配置在不同层次的支架。

（4）明敷电缆不可平行敷设于热力管道上边，电缆与管道之间无隔板保护时，按照国家标准 GB 50217—2016《电力工程电缆设计规范》相互间距应符合表 3-5 所示的要求。

表 3-5　电缆与管道相互间的允许距离　　　　　　　　　　　mm

电缆与管道之间走向		电动力电缆	控制线和信号线
热力管道	毛坯	1000	500
	交叉	500	250
其他管道	毛片	150	100

（5）电缆应远离爆炸性气体释放源。敷设在爆炸性危险较小的场所时，易爆气体比空气重时，电缆应在较高处架空敷设，并对非铠装电缆采取穿管保护或置于托盘、槽盒内；易爆气体比空气轻时，电缆敷设在较低处的管、沟内，沟内非铠装电缆应用沙填埋实。

（6）电缆沿输送易燃气体的管道敷设时，应配置在危险程度较低的管道一侧，易燃气体比空气重时，电缆宜在管道上方；易燃气体比空气轻时，电缆宜在管道下方。

（7）电缆沟应符合防火和防水的要求，电缆沟从厂区进入厂房处应设置防火隔板；电缆沟纵向排水坡度应大于 0.5%，不得排向厂房内侧。

（8）直埋于非冻土地区的电缆，外皮至地下构筑物基础的距离应大于 0.3m；至对面距离应大于 0.7m；位于车行道或耕地下方时应适当加深，一般大于 1m。直埋敷设电缆严禁位于地下管道的正上方或正下方。有化学腐蚀的土壤中电缆不可直埋敷设。

（9）电缆的金属外皮、金属电缆头及保护钢管和金属支架等，均应可靠接地。

二、车间线路的敷设

车间线路的敷设除要符合前述的一些规定外，还要满足车间的具体要求。车间线路包括室内配电和室外配电线路。厂房内配电线路大多采用绝缘导线，但配电干线多采用裸导线或母线，少数采用电缆。室外配电线路指沿车间外墙或屋檐敷设的低压配电线路，也包括车间之间短距离的低压架空线路，一般都采用绝缘导线。

1. 绝缘导线

1）绝缘导线结构

绝缘导线按芯线材质分为铜芯和铝芯。重要的、安全可靠性要求较高的线路，如办公楼、实验楼、图书馆和住宅等，高温、振动和对铝有腐蚀的场所，应采用铜芯绝缘导线，其他场合一般可采用铝芯绝缘导线。

绝缘导线按绝缘材料分为橡皮绝缘和塑料绝缘。橡皮绝缘导线的绝缘和耐热性能均较好，但耐油和抗酸碱腐蚀能力较差，价格较贵。塑料绝缘导线的绝缘性能好，耐油和抗酸碱腐蚀，价格较低，室内明敷和穿管敷设可以优先选用塑料绝缘导线。室外敷设及靠近热源的场合，优先选用耐热性较好的橡皮绝缘导线。绝缘导线的型号表示如图 3-19 所示。

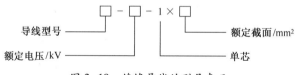

图 3-19　绝缘导线的型号表示

（1）聚氯乙烯绝缘导线。BV（BLV）-铜（铝）芯聚氯乙烯绝缘导线；BVV（BLVV）-铜（铝）芯聚乙烯绝缘聚氯乙烯护套圆型导线；BVVB（BLVVB）-铜（铝）芯聚氯乙烯绝缘聚氯乙烯护套平型导线；BVR-铜芯聚氯乙烯绝缘软导线。

（2）橡皮绝缘导线。BX（BLX）-铜（铝）芯橡皮绝缘棉纱或其他纤维编织导线；BXR-铜芯橡皮绝缘棉纱或其他纤维编织软导线；BXS-铜芯橡皮绝缘双股软导线。

绝缘导线可采用明敷或暗敷，明敷是导线直接或穿管子、线槽等敷设于墙壁、顶棚的表面及桁架、支架等处；暗敷是导线穿管子、线槽等敷设于墙壁、顶棚、地坪及楼板等的内部，或者在混凝土板孔内敷设。

2）绝缘导线的敷设

（1）线槽布线和穿管布线的导线，在中间不许接头；在首尾接头处必须经专门的接线盒。

（2）穿金属管和穿金属线槽的交流线路，应将同一回路的所有相线和中性线穿于同一管、槽内；如果只穿部分导线，则由于线路电流不平衡而产生交变磁场作用于金属管、槽，在金属管、槽内产生涡流损耗，对钢管还要产生磁滞损耗，使管、槽发热导致其中绝缘导线过热甚至烧毁。

（3）穿导线的管、槽与热水管、蒸汽管同侧敷设时，应敷设在水、汽管的下方；有困难时，可敷设在其上方，但相互间距应适当增大，或采取隔热措施。

2. 裸导线

1）裸导线的结构

车间内的配电裸导线大多采用硬母线，后面有介绍。目前，生产车间大多用封闭式母线，统称"母线槽"，布线如图3-20所示。

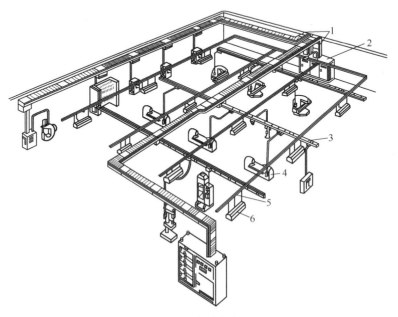

图 3-20　母线槽布线方式

2）裸导线的敷设

水平敷设时至地面的距离应大于 2.2m。垂直敷设时距地面 1.8m 以下部分应采取防止机械损伤的措施，但敷设在电气专用房间如配电室、电机室内的除外。

水平敷设的支撑点间距不宜大于 2m。垂直敷设时，通过楼板处应采用附件支承，当进线盒及末端悬空时应采用支架固定。

母线终端无引出或引入线时端头应封闭。母线的插接分支点，应设在安全及便于安装和维修的地方。

在交流三相系统中为识别导线相序，即 A 相是黄色、B 相是绿色、C 相是红色，裸导线应按有关的标准要求涂色。

3. 车间线路敷设的安全要求

（1）离地面 3.5m 以下的电力线路应采用绝缘导线，离地面 3.5m 以上的可以采用裸导线。

（2）离地面 2m 以下的电力线路必须有机械保护，如穿钢管或穿硬塑料保护管。穿钢管的交流回路，应将同一回路的三相导线或单相的两根导线穿于同一钢管内，否则，合成磁场不为零，管壁上存在交变磁场，产生铁损，使钢管发热。硬塑料管耐腐蚀，但机械强度低，散热差，一般用于有腐蚀性物质的场所。

（3）为确保安全用电，车间内部的电气管线和配电装置与其他管线设备间的最小距离应符合要求；车间照明线路每一单相回路的电流要小于 15A，除花灯和壁灯等线路外，一个回路灯头盒插座总数不超过 25 个，当照明灯具负载超过 30A 时，需要采用 380/220V 的三相四线制供电。

（4）对于工作照明回路，在一般环境的厂房内穿管配线时，一根管内导线的总根数不得超过 6 根，而有爆炸、火灾危险的厂房内不得超过 4 根。

除了满足以上的电气技术条件外，还要满足电缆电线的机械强度。

课堂练习

（1）工厂电缆敷设有几种方式？各有哪些特点？

（2）电杆架线的方式基本不采用了，如果要采用，应当注意哪些？

（3）地下敷设电缆应当注意哪些要求？

第三部分　认识并分析工厂车间的配线方式

本任务主要学习了工厂车间的配线方式，具体到电缆的敷设要求，我们应当掌握以下这些知识。

图 3-21 表示了几种常用的车间电力线路敷设方式。车间动力电气平面布线图是表示供电系统对车间动力设备配电的电器平面布线图，反映动力线路的敷设位置、敷设方式、导线穿管种类、线管管径、导线截面及导线根数，同时反映各种电器设备及用电设备的安装数量、型号及相对位置。

在平面图上，导线和设备通常采用图形符号表示，导线及设备间的垂直距离和空间位置一般标注安装标高。表 3-6 为电力设备的标注方法，表 3-7 为电力线路敷设方式的文字代号，表 3-8 为电力线路常用敷设部位的文字代号。

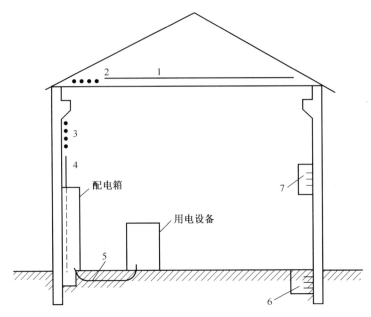

图 3-21　几种常用的车间电力线路敷设方式

1—沿屋架明敷;2—跨屋架明敷;3—沿墙明敷;4—穿管明敷;5—地下穿管暗敷;6—地沟内敷设;7—封闭式母线。

表 3-6　电力设备的标注方法

设备名称	标注方法	说　　　明
用电设备	$\dfrac{a}{b}$	a——设备编号; b——设备功率(kW)
配电设备	一般标注方法: $a\dfrac{b}{c}$ a-b-c 标注引入线规格时: $a\dfrac{b\text{-}c}{d(e\times f)\text{-}g}$	a——设备编号; b——设备型号; c——设备功率;(kW) d——导线型号; e——导线根数; f——导线截面;(mm²) g——导线敷设方式及部位
开关及熔断器	一般标注方法: $a\dfrac{b}{c/i}$	a——设备编号; b——设备型号; c——额定电流(A)
开关及熔断器	a-b-c/i 标注引入线规格时: $a\dfrac{b\text{-}c/i}{d(e\times f)\text{-}g}$	i——整定电流;(A) d——导线型号; e——导线根数; f——导线截面;(mm²) g——导线敷设方式

表 3-7　电力线路敷设方式的文字代号

敷设方式	代号	敷设方式	代号
明敷	M	用卡钉敷设	QD
暗敷	A	用槽板敷设	CB
用钢索敷设	S	穿焊接钢管敷设	G
用瓷瓦敷设	CP	穿电缆管敷设	DG
用瓷夹板敷设	CJ	穿塑料管敷设	VG

表 3-8　电力线路常用敷设部位的文字代号

敷设部位	代号	敷设部位	代号
沿梁下弦	L	沿天花板	P
沿柱	Z	沿地板	D
沿墙	Q		

图 3-22 为某机械加工车间(局部)动力电气平面布线图。从图中可以看出,配电箱 No.5 型号是 XL-21,表示是动力柜,电源引入线型号是 BLV-500-(3×25+1×16)-G40-DA,即铝芯塑料绝缘导线,额定工作电压 500V、截面积为(3×25+1×16)mm²,其中,3×25表示 25mm² 电线有 3 根为动力线,1×16 表示 16mm² 电线 1 根为中性线。穿管径 40mm 的钢管沿地板暗敷。图 No.6 为照明配电箱,电源来自配电箱 No.5。35～42 号用电设备由 No.5 配电箱供电。从配电箱到各用电设备的导线型号、截面积及敷设方式相同,可以看图中说明。

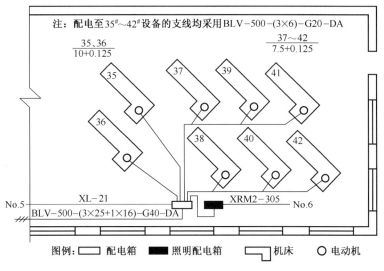

图 3-22　某机械加工厂车间(局部)动力电气平面布线图

此图仅为车间动力线路平面分布线图的一种表现方法。当设备台数较少时,可在平面布线图上详细标出干线、配电箱及所供电的用电设备的型号、规格及设备的额定容量。

需强调的是,为保证照明质量,通常照明线路与动力线路应当分开。如果照明与动力合用一条线路,由于动力设备的启动,使线路电压波动很大,严重影响照明装置的正常工作。事故照明也应与工作照明电路分开供电。为了提高事故照明供电的可靠性,可采用事故照明与邻近变电所低压母线相连等方式去备用电源。

任务3　认识电缆及母线的型号选择

第一部分　任务内容下达

本任务中,我们要了解电缆的结构、型号和掌握电缆的选用方法,并结合实际工作经验,介绍电缆的选用技巧,了解母线的知识及选用。

第二部分　任务分析及知识介绍

一、电缆概述

1. 电缆及分类

电缆指由一根或多根相互绝缘的导体和外包绝缘保护层制成,将电力或信息从一处传输到另一处的导线。通常是由几根或几组导线绞合而成的类似绳索的电缆,每组导线之间相互绝缘,并常围绕着一根中心扭成,整个外面包有高度绝缘的覆盖层。电缆具有内通电、外绝缘的特征。

电缆的种类很多,有电力电缆、控制电缆、补偿电缆、屏蔽电缆、高温电缆、计算机电缆、信号电缆、同轴电缆、耐火电缆、船用电缆、矿用电缆、铝合金电缆等,都是由单股或多股导线和绝缘层组成,用来连接电路、电器等。图3-23为常见钢索式电缆的用法,图3-24为设备中电缆的敷设。

图3-23　常见钢索式电缆的用法　　　　　图3-24　设备中电缆的敷设

电力电缆同架空线路一样,主要用于传输和分配电能,受外界因素如雷电、风害等的影响小,供电可靠性高,不占路面,发生事故不易影响人身安全,但成本高,查找故障困难,接头处理复杂。一般在建筑或人口稠密的地方或不方便架设架空线的地方采用电力电缆。

电缆的种类很多,根据电压、用途、绝缘材料、线芯数和结构特点有多种,按电压分可分为高压电缆和低压电缆;按线芯数可分为单芯、双芯、三芯和四芯等;按绝缘材料可分为油浸纸绝缘电缆、塑料绝缘电缆和橡胶绝缘电缆及交联聚乙烯绝缘电缆等。

油浸纸绝缘电缆成本低,结构简单,制造方便,易于安装和维护,但因为其内部有油,因此不宜用在有高度差的环境下。塑料绝缘电缆稳定性高,安装简单,但塑料受热易老化变形。交联聚乙烯绝缘材料电缆耐热性好,载流量大,适宜高落差甚至垂直敷设。橡胶绝缘电缆弹性好,性能稳定,防水防潮,一般用作低压电缆。

2. 电缆的特点

1) 裸电线及裸导体

本类产品主要是纯的导体金属,无绝缘及护套层,如钢芯铝绞线、铜铝汇流排、电力机车线等;加工工艺主要是压力加工,如熔炼、压延、拉制、绞合/紧压绞合等;产品主要用在城郊、农村、用户主线、开关柜等。

2) 电力电缆

本类产品主要用于发、配、输、变、供电线路中的强电电能传输,通过的电流大,一般是几十安至几千安,电压高,一般是 $220 \sim 500kV$ 及以上。

3) 通信电缆及光纤

随着通信行业的发展,通信电缆及光纤产品发展迅速,从过去简单的电话电报线缆发展到几千对的话缆、同轴缆、光缆、数据电缆,甚至组合通信缆。该类产品结构尺寸通常较小而均匀,制造精度要求高。

4) 柔性防火电缆

本类产品防火性能优异,在燃烧中还能耐受水喷与机械撞击,包括单芯电缆与多芯电缆,长度能满足供电需要,极限长度可达 2000m,截面大,单芯电缆截面可达 $1000mm^2$,多芯电缆截面可达 $2400mm^2$;柔性好;燃烧时无烟无毒,不产生有害气体,不发生二次污染;耐腐蚀,有机绝缘耐火电缆需穿塑料管或铁管,塑料很容易老化,铁管易锈蚀;防火电缆是铜护套不需穿管,铜护套耐腐蚀性好;无电磁干扰,防火电缆与信号、控制等电线电缆在同一竖井中敷设时,防火电缆在铜护套的屏蔽下不会对信号产生干扰;安全性好,防火电缆在火焰中能够正常供电,同时对人身安全也特别可靠。铜护套是良导体,接线良好,大大提高了接地保护灵敏度与可靠性;使用寿命长,无机绝缘材料,耐高温,不易老化,在正常工作状态下,寿命可以与建筑物等同。

另外,还有主要用于各种电机、仪器仪表等的电磁线或绕组线。

电缆的外形如图 3-25 所示,油浸纸绝缘电缆如图 3-26 所示,交联聚乙烯绝缘电缆如图 3-27 所示。

图 3-25 电缆的外形

图 3-26　油浸纸绝缘电缆

1—缆芯；2—油浸纸绝缘层；3—麻筋；
4—油浸纸；5—铅包；6—涂沥青的纸带
（内护层）；7—浸沥青的麻被（内护层）；
8—钢铠（外护层）；9—麻被（外护层）。

图 3-27　交联聚乙烯绝缘电缆

1—缆芯；2—交联聚乙烯绝缘层；
3—聚氯乙烯护套；4—钢铠或铝铠；
5—聚氯乙烯外套。

3. 电力电缆的基本结构

电缆由线芯、绝缘层和保护层三部分组成。电缆线芯要求导电性良好，减少输电时线路上能量的损失。有铜芯电缆和铝芯电缆，一般情况下，尽量选用铝芯电缆，在一些特殊环境下，比如有爆炸危险、腐蚀严重及安全要求较高等的环境下，可选用铜芯电缆。

绝缘层的作用是将线芯导体间及保护层相隔离，因此必须具有良好的绝缘性能、耐热性能、油浸纸绝缘电缆以油浸纸作为绝缘层，塑料电缆以聚氯乙烯或交联聚乙烯作为绝缘层。

保护层分为内保护层和外保护层两部分，内护层直接用来保护绝缘层，常用的材料有铅、铝和塑料等。外保护层用以防止内保护层免受机械损伤和腐蚀，通常为钢丝或钢带构成的钢铠，外敷沥青、麻被或塑料保护套。电缆的剖面图如图 3-28 所示。

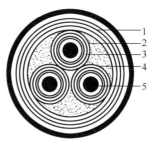

图 3-28　电缆的剖面图

1—铅皮；2—缠带绝缘；3—芯线绝缘；4—填充物；5—导体。

电缆头指的是两条电缆的中间接头和电缆终端的封端头。电缆头是电缆线路的薄弱环节，线路中很大部分故障发生在接头处，因此电缆头的制作过程必须严格要求，在施工和运行中要由专业操作人员进行操作。

4. 电缆的型号

每一个电缆型号表示一种电缆的结构,同时也表明这种电缆的使用场合、绝缘种类和某些特征。电缆型号中的字母排列一般按照顺序绝缘种类、线芯材料、内护层、其他结构特点、外护层等。例如,ZLQP21 表示纸绝缘的铝芯线,内护层用铅包,无油,双钢带铠装。电缆型号中字母的含义见表 3-9。电缆的型号表示如图 3-29 所示。

表 3-9　电缆型号中字母的含义

项目	型号	含义	旧符号	项目	型号	含义	旧符号
类别	Z	油浸纸绝缘	Z	外护套	02	聚氯乙烯套	—
	V	聚氯乙烯绝缘	V		03	聚乙烯套	1,11
	YJ	交联聚乙烯绝缘	YJ		20	裸钢带铠装	20,120
	X	橡皮绝缘	X		(21)	钢带铠装纤维外被	2,12
导体	L	铝芯	L		22	钢带铠装聚氯乙烯套	22,29
	T	铜芯(一般不注)	T		23	钢带铠装聚乙烯套	
内护套	Q	铅包	Q		30	裸细钢丝铠装	30,130
	L	铝包	L		(31)	细圆钢丝铠装纤维外被	3,13
	V	聚氯乙烯护套	V		32	细圆钢丝铠装聚氯乙烯套	23,39
特征	P	滴干式	P		33	细圆钢丝铠装聚乙烯套	
特征	D	不滴流式	D		(40)	裸粗圆钢丝铠装	50,150
	F	分相铅包式	F		41	粗圆钢丝铠装纤维外被	
				外护套	(42)	粗圆钢丝铠装聚氯乙烯套	59,25
					(43)	粗圆钢丝铠装聚乙烯套	
					441	双粗圆钢丝铠装纤维外被	
电力电缆全型号表示示例		ZLQ20 - 10000 - 3×120 铝心纸绝缘铅包裸钢带铠装电力电缆 额定电压(V) 线心额定截面(mm²) 三心					

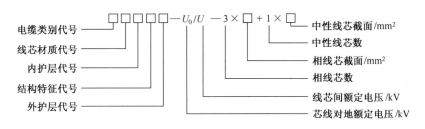

图 3-29　电缆的型号表示

5. 常用电缆

1) 铝绞线

铝绞线用 LJ 表示,户外架空线路采用铝绞线导电性能好,重量轻,对风雨抵抗力较

67

强,耐化学腐蚀能力较差,多用在 10kV 及以下线路,其杆距不超过 100~125m。

2)钢芯铝绞线

钢芯铝绞线用 LGJ 表示,电缆外围用铝线,中间线芯用钢线,解决了铝绞线机械强度差的缺点。由于交流电的趋肤效应,电流实际上大部分从铝线通过。钢芯铝绞线截面积是指铝线部分面积。在机械强度要求较高和 35kV 及以上架空线路上多被采用。

3)铜绞线

铜绞线用 TJ 表示,铜绞线导电性能好,耐化学腐蚀的抵抗力强,成本高,且密度过大,选用要根据实际需要而定。

油浸纸绝缘铝包或铅包电力电缆,如铝包铝芯 ZLL 型,铝包铅芯 ZL 型,该电缆耐压强度高、耐热能力好、使用年限长,使用最普遍。工作时,内部浸渍的油会流动,不宜用在大高度差的场所。

塑料绝缘电力电缆重量轻,耐腐蚀,可敷设在有较大高度差,甚至是垂直、倾斜的环境,有逐步取代油浸纸绝缘电缆的趋势。目前生产的一种是聚氯乙烯绝缘、聚氯乙烯护套的全塑电力电缆,如 VLV 型和 VV 型,可至 10kV 电压等级;另一种是交联聚乙烯绝缘、聚氯乙烯护套电力电缆,如 YJLV 型和 YJV 型,可至 35kV 电压等级。

绝缘导线的线芯材料有铝芯和铜芯两种,塑料绝缘导线型号有 BLV 塑料绝缘铝芯线,BV 塑料绝缘铜芯线,BLVV 或 BVV 塑料绝缘塑料护套铝(铜)芯线,BVR 塑料绝缘铜芯软线。

橡皮绝缘导线型号有 BLX 或 BX,棉纱编织橡皮绝缘铝(铜)芯线,BBLX 或 BBX 玻璃丝编织橡皮绝缘铝(铜)芯线,BLXG(BXG)棉纱编织、浸渍、橡皮绝缘铝(铜)芯线(有坚固保护层,适用面宽),BXR 棉纱编织橡皮绝缘软铜线等。

导线、电缆截面的选择必须满足安全、可靠的条件,主要包括发热条件、电压损耗条件、经济电流密度和机械强度等。

(1)发热条件。通过正常最大负荷电流即计算电流时产生的发热温度,不应超过其正常运行时的最高允许温度。

(2)电压损耗条件。通过正常最大负荷电流即计算电流时产生的电压损耗,不应超过正常运行时允许的电压损耗。

(3)经济电流密度。35kV 及以上的高压线路及 35kV 以下的长距离、大电流线路,其导线(含电缆)截面宜按经济电流密度选择,以使线路的年运行费用支出最小。

(4)机械强度。电线的截面不应小于其最小允许截面,对于电缆,不必校验其机械强度,但需校验其短路热稳定度。母线则应校验其短路的动稳定度和热稳定度。

6. 选用原则

1)按照发热量选择电缆的原则

(1)三相系统相截面的确定。电流通过电线时会发热,导致温度升高,可能造成接头氧化加剧、接触电阻大。为保证安全可靠,电线的发热不能超过允许值,即通过电线的计算电流在正常运行方式下的最大负荷电流 I_{max} 应当小于电线的允许载流量 I_{al}。

$$I_{al} \geq I_{max}$$

式中　I_{al}——电线的允许载流量；

　　　I_{max}——正常运行方式下的最大负荷电流。

导线和电缆正常发热温度不能超过其允许值，相同截面下，铜的载流能力是铝的 1.3 倍。根据环境温度的温度修正系数，求出相应的允许载流量。温度系数关系如下：

$$K_T = \sqrt{\frac{T_{al} - T_0'}{T_{al} - T_0}}$$

式中　T_{al}——导体正常工作时的最高允许温度；

　　　T_0——导体允许载流量所采用的环境温度；

　　　T_0'——导体敷设地点实际的环境温度。

按规定选择导线时所用的环境温度:室外取当地最热月平均最高气温;室内取当地最热月平均最高气温加 5℃。选择电缆时所用的环境温度:土中直埋取当地最热月平均气温;室外电缆沟、电缆隧道取当地最热月平均最高气温;室内电缆沟取当地最热月平均最高气温加 5℃。

在按照允许载流量选择电线截面时，最大负荷电流 I_{max} 的选取原则，选降压变压器高压侧的导线时，取变压器额定一次电流;选高压电容器的引入线应为电容器额定电流的 1.35 倍;选低压电容器的引入线应为电容器额定电流的 1.5 倍。

截面越大，电能损耗越小，但线路投资及维修管理费用越高;截面小，线路投资及维修管理费用低，但电能损耗增加，综合考虑定出经济效益为最好的截面，称为经济截面。

（2）中性线和保护线截面的选择。三相四线制系统的中性线，要通过系统的不平衡电流和零序电流，因此，中性线的允许载流量不小于三相系统的最大不平衡电流，还应当考虑到谐波的影响。

一般三相负荷基本平衡的低压线路的中性线截面，不应当小于相线截面的 50%。

对于三次谐波电流相当突出的三相线路，由于各相的三次谐波要通过中性线，因此，中心线电流可能接近相电流，此时，中性线截面要不小于相线截面。

对于三相线路分出的两相三线线路和单相双线线路与单相双线中的中性线，因为中性线的电流与相线完全相等，因此，中性线与相线的截面相同。

对于保护线，要考虑三相系统发生单相短路故障时单相短路与相线电流通过时的短路热稳定，保护线截面要大于相线的一半，但当相线截面小于 16mm^2 时，保护线截面与相线截面相等。

对于保护中性线，是中性线和保护线的功能，因此，保护中性线应当同时满足保护线和中性线的条件，截面选择较大的。

2）按经济电流密度选择

根据经济条件选择电线截面时，截面积选择大，电流能力强，但电线成本高;截面积选择小，电线投资成本降低，但电能损耗大。要综合考虑两个方面因素，选择经济效益最好的截面。

3）按机械强度校验电线截面

配电线路选用的机械强度要进行校验,这在架空线中需要校验,保证选择的绝缘线截面不应当小于允许的截面积。

7. 电缆截面选用小技巧

导线的载流量除与导线截面有关外,还与导线的材料、型号、敷设方法以及环境温度等有关,影响的因素较多,计算比较复杂。

我国常用导线标称截面(mm^2)有0.5,0.75,1,1.5,2.5,4,6,10,16,25,35,50,70,95,120,150,185。根据选用电缆的经验,将电缆的电流与截面之间的关系用口诀表示。口诀中的阿拉伯数码表示导线截面(mm^2),汉字数字表示电流倍数。以下是工程技术人员在现场选择电力电缆的经验口诀:

10下五,100上二,

25、35,四、三界,

70、95,两倍半。

穿管、温度,八、九折。

裸线加一半。

铜线升级算。

导线截面$10mm^2$及以下的导电电流能力,是导线截面的5倍,如$6mm^2$的导线导电电流能力是30A;导线截面$100mm^2$及以上的导电电流能力,是导线截面的2倍。$25mm^2$、$35mm^2$导电电流能力是导线截面的4倍或3倍。导线截面越大,导电能力的倍数越下降,这与趋肤效应及散热有关。

以上的口诀是按照铝线计算的,铜线电缆的导电能力要上升一个等级。

8. 电缆保护

电缆线相互交叉时,高压电缆应在低压电缆下方。当其中一条电缆在交叉点前后1m范围内穿管保护或用隔板隔开时,最小允许距离为0.25m;电缆与热力管道接近或交叉时,如有隔热措施,平行和交叉的最小距离分别为0.5m和0.25m;电缆与铁路或道路交叉时应穿管保护,保护管应伸出路面2m以外;电缆与建筑物基础的距离,应能保证电缆埋设在建筑物散水;电缆引入建筑物时应穿管保护,保护管应超出建筑物及下水管;直接埋在地下的电缆与一般接地装置的接地相距0.25~0.5m;直接埋在地下的电缆,一般超过0.7m,埋在冻土层下。

电缆保护套管采用聚乙烯PE和优质钢管经过喷砂抛丸前处理、浸塑或涂装、加温固化工艺制作,是保护电线和电缆最常用的一种电绝缘管,绝缘性能良好、化学稳定性高、不生锈、不老化,可适应苛刻环境。

9. 电缆线路的运行维护

塑料电缆不允许浸水,一旦被浸水泡后,容易发生绝缘老化现象;要经常测量电缆的负荷电流,防止电缆过负荷运行;防止受外力损坏;防止电缆头套管出现污闪。所谓污闪,指介质表面沾染污物时引起沿面放电。

做好电缆线路的运行维护工作,必须了解电缆的敷设方式、结构布置、路径走向及电缆头的位置。电缆线路的运行维护工作包括巡视、负载检测、温度检测、预防腐蚀、绝缘预防性测试五项,电力电缆线路常见故障、可能原因及预防方法见表3-10。

表 3-10 电力电缆线路常见故障和预防方法

故障类型	可能原因	预防方法
漏油	1. 敷设电缆不符合安装规程,将电缆的铅包皮损伤或电缆受到机械损伤。 2. 制作电缆头、接线盒的工艺不规范,焊封不可靠。 3. 电缆过载运行,温度高,产生的油压太高。 4. 注油的电缆头套管裂纹或垫片不好	1. 敷设电缆时,应符合规范,不得伤害电缆的外保护层;如果地下埋有电缆,开挖时应当采取有效的措施。 2. 制作电缆头、接线盒的工艺规范。 3. 不要过载运行。 4. 注油的电缆头套管无裂纹、垫片完好
接地	1. 地下动土损伤绝缘。 2. 人为的接地没有拆除。 3. 负载大、温度高,产生绝缘老化。 4. 套管脏污和裂纹受潮,产生放电	1. 动土时防止损伤绝缘。 2. 认真细心,竣工后检查。 3. 根据允许负载和温度运行。 4. 加强检查,保证检修质量,定期做预防性试验
短路	1. 多相接地或接地线、短路线没有拆除。 2. 相间绝缘老化或损伤。 3. 电缆头松动,产生过热,接地崩烧。 4. 电缆选择不合理,动稳定度和热稳定度不够,造成绝缘损坏,产生短路	1. 细心检查。 2. 不要过载或超温运行,注意电缆绝缘。 3. 加强维护、检修。 4. 合理选择电缆

课堂练习

(1) 叙述电缆的组成与分类。

(2) 电缆的选用与电流有关,还与其他因素有关,计算电缆的截面积与电流之间的关系很复杂,工程技术人员有简单实用的口诀,请查阅资料,叙述对口诀的理解。

(3) 叙述电缆的选用原则。

(4) 查阅资料,叙述电缆的集肤效应及影响。

二、母线的基本特征

母线是一种导电体,在大电流、短线路中经常用到,相当于电缆的功能,但导电能力更强。在本任务中,我们要认识母线的特性,能够正确选用母线。

1. 母线及母线槽

母线指用高导电率的铜排、铝质材料制成,传输电能,具有汇集和分配电力能力的产品。电站或变电站输送电能用的总导线,通过它将发电机、变压器或整流器输出的电能输送给各个用户或其他变电所。一般用于传输电能距离不长的场合。图 3-30 为铜母线的应用,母线接头的各种形式如图 3-31 所示,母线槽如图 3-32 所示。

母线槽由美国开发出来,1954 年在日本真正实际应用。此后,母线槽得到了发展。如今在高屋建筑、工厂等电气设备、电力系统上成了不可缺少的配线方式。

现代化工程设施和装备的用电容量较大,工厂的用电总量增大,传统电缆在大电流输送系统中已不能满足要求,多路电缆的并联使用给现场安装施工连接带来了诸多不便。插接式母线槽作为一种新型配电导线,用量迅速增大。与传统电缆相比,在大电流输送时充分体现出优越性,由于采用了新技术和新工艺,大大降低了母线槽两端部连接处及分线

图 3-30　铜母线的应用

图 3-31　母线接头的各种形式

图 3-32　母线槽

口插接处的接触电阻和温升,并在母线槽中使用了高质量的绝缘材料,提高了母线槽的安全可靠性,整个系统更加完善。

母线槽是由金属板(钢板或铝板)作为保护外壳、导电排、绝缘材料及附件组成的系统。可制成标准长度的段节,每隔一段距离设有插接分线盒,也可制成中间不带分线盒的馈电型封闭式母线,为馈电和安装检修带来方便。

按绝缘方式母线槽的发展,有空气式插接母线槽、密集绝缘插接母线槽和高强度复合绝缘插接母线槽三代产品。母线槽可按 L+N+PE、L1+L2+L3、L1+L2+L3+N、L1+L2+L3+N+PE 系统设置电源导体和保护导体,满足用电负荷的需要。

2. 技术特征及类型

插接式母线槽为交流三相四线或五线制,适用于频率 50～60Hz、额定电流 100～6300A、额定电压至 690V 的供配电系统,特别适用于工业厂房、矿山等的低压配电系统和高层商住大楼和医院等的供电系统。

在电力系统中,母线将配电装置中的各个载流分支回路连接在一起,汇集、分配和传送电能。母线按外形和结构大致分为硬母线、软母线和封闭母线。

硬母线包括矩形母线、圆形母线、管形母线等;软母线包括铝绞线、铜绞线、钢芯铝绞线、扩径空芯导线等;封闭母线包括共箱母线、分相母线等。

按绝缘方式可分空气式插接母线槽、密集绝缘插接母线槽和高强度插接母线槽三种。

按结构及用途分密集绝缘、空气绝缘、空气附加绝缘、耐火、树脂绝缘和滑触式母线槽。

按外壳材料分为钢外壳、铝合金外壳和钢铝混合外壳母线槽。

3. 产品特点

母线采用铜排或者铝排,电流密度大、电阻小、集肤效应小,无须降容使用。电压降小就意味着能量损耗小。

母线槽的金属封闭外壳能够保护母线免受损伤或动物伤害,在配电系统中用插入单元的安装很安全,外壳可以作为整体接地,接地可靠;电缆的 PVC 外壳易受机械和动物损伤,安装电缆时必须先切断电源,如果有错误发生会很危险,特别是电缆要进行接地,接地的不可靠导致危险性增加。

由于母线槽用铜排或铝作为导电体,电流容量很大,电气和力学性能好,金属槽作为外壳,不燃烧,安全可靠,使用寿命长,与传统配电比较,设备所占面积显著减少,外观美观,对于大型建筑物的施工和配电非常有利。主要特点为:电流容量可以很大;电压降很小;短路负载能力强;可靠性高,寿命长;安全性高;配电系统的设备可随意增加或变更;外形尺寸小;重量轻,操作容易;连接非常简单。

4. 安装

母线由许多段组成,安装方便。系统扩展可通过增加或改变若干段来完成,重新利用率高。母线的零件标准化,"三明治"结构能够减少电气空间。相对于电缆的安装而言,母线安装非常方便。

通过使用母线槽,可以合并某些分支回路,并用插接箱将之转化为一条大的母线槽,可简化电气系统,得到较多股线低的电流值,可节约工程成本,易于维护。对于传统的电缆线路,电缆会使电气系统极其复杂、庞大、难于维护。

插接式开关箱可以与空气型母线槽配用。安装时无须再加其他配件。插接件是最为重要的部件,由铜合金冲压制成,经过热处理加以增强弹性,表面镀锡处理,即使插接 200 次以上,仍保持稳定的接触能力。箱体设置了接地点以保证获得可靠的接地,箱内设置了开关电路,采用塑壳断路器能对所分接线路的容量做过载和短路保护。

5. 故障排除原则

母线故障的迹象是母线保护动作、开关跳闸及有故障引起的声、光、信号等。

当母线故障停电后,现场值班人员应立即对停电的母线外部检查,并按规定的原则处理。

(1)不允许对故障母线不经检查即强行送电,防止事故扩大。

(2)找到故障点并能迅速隔离的,在隔离故障点后应迅速对停电母线恢复送电,有条件时,考虑用外来电源对停电母线送电,联路线要防止非同期合闸;找到故障点但不能迅速隔离的,若系双母线中的一组母线故障时,应迅速对故障母线上的各元件进行检查,确认无故障后,冷倒至运行母线并恢复送电,联路线要防止非同期合闸。

(3)如找不到故障点,应用外来电源对故障母线进行试送电。发电厂母线故障如电源允许,可对母线进行零起升压,一般不允许发电厂用本厂电源对故障母线试送电。

(4)双母线中的一组母线故障,用发电机对故障母线进行零起升压时,或用外来电源对故障母线试送电时,或用外来电源对已隔离故障点的母线先受电时,均需注意母线差动保护的运行方式,必要时应停用母线差动保护。

(5)3/2 接线的母线发生故障,经检查找不到故障点或找到故障点并已隔离的,可以用本站电源试送电。试送开关必须完好,继电保护完备,母线差动保护应有足够的灵敏度。

课堂练习

（1）叙述母线的功能、组成和特点。

（2）查阅资料，叙述大电流的导线与母线的各自特点。

（3）查阅资料，介绍母线的产品种类。

第三部分　具体选用电缆

电气电路由控制元件、被控对象和线路构成，构成具体适用的线路，除了准确选择电气元件外，还要能够选择适当的电线电缆或母线。

如在常用的电动机的正反转控制线路中，假设电动机的工作电压是 380VAC，额定功率是 75kW，请选择主回路的电缆，包括电压等级、载流量、型号等。在电源进线部分，也可以采用母线，如选用母线，请确定母线的规格。

项目四　掌握低压电气元件及成套设备

本项目共 4 个任务,分为低压电气元件和低压成套设备两个部分内容,第一部分介绍了常见的低压电气元件的技术性能、参数、选择和使用,第二部分介绍了常用低压成套设备的使用场合、参数特点、维护等知识,以及典型低压成套设备的结构、特点及维护。

本项目内容紧密结合生产实际,通过本项目的学习及实验,能够了解现场的一些基本知识。

学习本项目的内容,首先要掌握电气控制的基本知识、电器元件图形代号、文字代号和电气制图的基本知识。

工厂供电,是由供电设备承担的,掌握本项目的基本知识,尤其是低压成套设备的特性、技术参数等,将有利于现场的专业工作。

任务 1　选用低压电气元件

第一部分　任务下达

了解常用的低压电器元件的特点、分类、基本原理、用途、性能、技术参数、使用条件及使用场合,并能够对常用元件的、性能、技术参数进行分析、归纳,掌握常用低压电器元件的技术特点,能够选用低压电气元件,并对选用低压电气元件的一般故障现象进行分析,排除常见故障,掌握低压电气元件的维护方法知识。

第二部分　任务内容分析及知识介绍

一、低压电气元件的基本知识

低压电器是指交流 1000V 及直流电压 1200V 的电力线路中起保护、控制或调节等作用的电气元件。低压电器种类繁多,按照不同条件可分成不同的类别。

1. 按用途或控制对象分类

(1) 低压配电电器。包括刀开关、转换开关、熔断器、自动开关和保护继电器。主要用于低压配电系统中,要求在系统故障时动作准确、工作可靠。

(2) 低压控制电器。包括控制继电器、接触器、启动器、控制器、主令电器、电阻器、变阻器和电磁铁。用于电力传动系统中。

2. 按种类分类

按种类分类包括刀开关和刀形转换开关;熔断器;自动开关;控制器;接触器;启动器;控制继电器;主令电器;电阻器;变阻器;调整器;电磁铁。

以上的基本分类属于一般用途的低压电器,为满足某些特殊场合的需要如防爆、化工、航空、船用等,在各类电器的基础上还有若干派生电器。在一般情况下必须符合《低压电器基本标准》或相应的分类产品标准规定。各制造厂和专业部门有相应的标准或产品技术条件。

3. 根据动作性质分类

（1）自动电器。指电器在完成接通、分断、启动、反向和停止等动作时通过电磁（或压缩空气）做功来完成。

（2）手动电器。通过人力做功（用手或通过杠杆），直接驱动或旋转操作手柄完成接通、分断、起动、反向或停止等动作的,如刀开关、刀形转换开关及主令电器等。

4. 按防护形式分类

（1）防止固体异物进入内部及防止人体触及内部的带电或运动部分的防护。

（2）防止水进入内部达有害程度的防护;表明产品外壳防护等级的标志由字母"IP"及□□组成,□表示数字代号,第一个□表示第一类防护形式的等级,第二个□表示第二类防护形式的等级。如只需单独标志一类防护形式的等级时,则被略去数字的位置应以"X"补充。如写 IPX3、IP4X 等。

关于防护形式的内容,将在本项目的电压成套设备部分介绍。

5. 根据工作条件分类

（1）一般工业用电器。用于冶金、发电厂、变电所、机器制造等工业作为配电系统和电力传动系统中以及机床、通用机械的电气控制设备中的电器元件。

（2）船用电器。耐潮、耐腐蚀、耐摇摆和抗冲击振动,适用于船舶、舰艇上使用的电器。

（3）化工电器。耐潮、耐腐蚀和防爆,适用于化学工业及化工环境的电器。

（4）矿用电器。要求隔爆、密封、耐潮、抗冲击振动且整体非常坚固,适用于矿山井下作业的电器,目前已发展到控制电压至 660V、1140V 煤矿专用的电器。

（5）牵引电器。用于汽车、拖拉机、起重机械、电力机车等交通运输工具的耐振、耐颠簸摇摆的电器。

（6）航空电器。飞机和宇航设备特殊要求的电器。

此外,低压电器还可根据使用环境分为一般工业用电器、热带电器,根据温度、盐雾湿度、霉菌等不同环境条件划分为"干热带"及"湿热带"型电器和高原电器,高原电器一般为海拔 2500m 及以上。低压电气元件的分类见表 4-1。

表 4-1　低压电气元件的分类

分类方式	类型	说　明
按用途分	低压配电电器	主要用于低压配电系统中实现电能输送、分配及保护,包括刀开关、组合开关、熔断器和自动开关等
	低压控制电器	主要用于电气控制系统中,发出指令、控制电气系统的状态及执行动作等,包括接触器、继电器、主令电器和电磁离合器等
按工作原理分	电磁式电器	按照电磁感应原理工作,如交流、直流接触器,各种电磁式继电器等。
	非电量控制电器	按照外力或非电量信号如速度、压力、温度等变化而动作,包括行程开关、速度继电器、压力继电器、温度继电器等

分类方式	类型	说　明
按动作 方式分类	自动电器	按照电器本身参数变化如电、磁、光等而自动完成动作切换或状态变化,包括接触器、继电器等
	手动电器	依靠人工直接完成动作切换。如按钮、刀开关等

二、型号表达及含义

产品品种多,性能和参数是产品的特点,需通过型号表示,所谓产品型号是指用来识别产品的编号,不同的产品其产品型号不同。对产品的特点及技术参数进行准确表达,低压电气元件也有标准的表达方式,包括字母、数据。表4-2为产品型号类组代号的含义,表4-3为通用派生字母对照表。

表4-2　产品型号类组代号的含义

代号	H	R	D	K	C	Q	J	L	Z	B	T	M	A
名称	刀开关、刀形转换开关	熔断器	自动开关	控制器	接触器	启动器	控制继电器	主令电器	电阻器	变阻器	调整器	电磁铁	其他
A						按钮式		按钮					
B									板形元件				触电保护器
C		插入式			电磁式				冲片元件	旋臂式			插销
D		刀开关					漏电		铁铬铝带型元件		电压		信号灯
G				鼓形	高压				管形元件				
H	封闭式负荷开关	汇流排式											接线盒
J					交流	减压		接近开关					
K	开启式负荷开关				真空			主令控制器					
L		螺旋式					电流			励磁			电铃
M		封闭管式	灭磁		灭磁								
P				平面	中频					频敏			

代号	H	R	D	K	C	Q	J	L	Z	B	T	M	A
Q										启动		牵引	
R	熔断器式刀开关						热		非线性电力电阻				
S	刀形转换开关	快速	快速		时间	手动	时间	主令开关	烧结元件	石墨			
T		有填料封闭管式		凸轮	通用		通用	足踏开关	铸铁元件	启动调整			
U					油浸			旋钮		油浸启动			
W			框架式				温度	万能转换开关		液体启动		起重	
X						星-三角		行程开关	电阻器	滑线式			
Y	其他	其他	其他	其他	其他	其他	其他		硅碳电阻元件	其他		液压	
Z	组合开关	自复	塑料外壳式		直流	综合	中间					制动	

表4-3　通用派生字母对照表

派生字母	
A、B、C、D…	结构设计稍有改进或变化
C	插入式
J	交流、防溅式
Z	直流、防振、正向、重任务、自动复位
W	失压、无极性、出口用、无灭弧装置
N	可逆、逆向
S	三相、双线圈、防水式、手动复位、三个电源、有锁住机构
P	单相、电压的、防滴式、电磁复位、两个电源
K	开启式
H	保护式、带缓冲装置
M	灭磁、母线式、密封式
Q	防尘式、手车式
L	电流的、折板式、漏电保护
F	高返回、带分励脱扣

派生字母	
X	限流
TH	湿热带 ⎫ 为热带产品代号,加注在全型号的最后位置
TA	干热带 ⎭

低压电器元件的型号表示,由以下几个部分组成,每个部分有具体的含义:

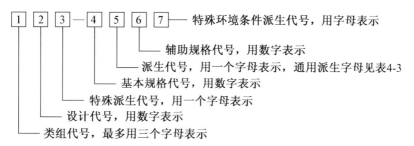

基本代号:

类组代号与设计代号的组成即表示产品的系列,如JR16为热继电器16系列。

例:

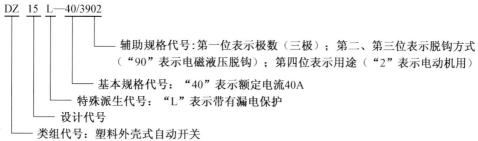

三、低压电器的结构要求

低压电器的设计和制造,须严格按照有关标准及规范,尤其基本系列的各类开关电器必须保证标准化、系列化、通用化,统一型号规格、统一技术条件、统一外形及安装尺寸、统一易损零部件,便于更换、安装。了解产品的工作原理外,掌握产品的结构也是很重要的。国家标准及规范在结构方面规定了共性要求。

（1）低压电器的装配应达到图纸和技术文件规定的要求,如触头压力、开距、超程和动作值等。

（2）同型号的低压电器,应保证整台开关电器和易损零部件的互换性。

（3）手操作低压电器的结构应保证人员的安全,对带有外壳的电器应有明显的操作标志。

四、低压开关的主要特性

低压电器元件有许多技术特性,每种元件有自己的主要特性。掌握这些主要特性,将有利于了解产品的性能,选择适合的产品。比如,低压开关应当具有以下主要特性。

（1）机械寿命。400A 以下为 10000 次,600~1500A 为 5000 次,3000A 以上主要用作隔离开关用,故寿命一般不需要很高。

（2）具有一定的电动稳定性。比如 HD 系列低压开关的电动稳定性,见表 4-4。

表 4-4 HD 系列低压开关的电动稳定性

稳定电流 I_n/A	电动稳定电流峰值/kA		1s 热稳定电流/kA	分断能力/A	
	手柄式	杠杆式		交流 380V $cos\phi = 0.7$	直流 $T = 0.01s$ 220/440V
100	15	20	6	100	100/50
200	20	30	10	200	200/100
400	30	40	20	400	400/200
600	40	50	25	600	600/300
1000	50	60	30	1000	1000/500
1500	—	80	40		

课堂练习

（1）什么是低压电器元件?

（2）低压电器元件的型号组成有哪些?查阅某一个具体的低压电器元件型号,完整地表述其含义。

（3）低压电器元件有哪些分类?

（4）查阅资料,低压电器元件对不同的负载有什么要求,也就是负载有哪些分类?

五、典型低压元件的选用

在掌握前面的基本共性知识基础上,本部分了解具体的典型低压元件。由于低压元件品种繁多,新产品出现很快,我们介绍常见的典型产品。按照低压元件分类、特点,依据低压元件的具体技术参数,满足电器系统的特点,能够选用典型的低压元件。

1. 刀开关

1）刀开关的结构与工作原理

又称闸刀开关,也称开启式负荷开关,俗称闸刀,主要作为隔离电源开关使用,用在不频繁接通和分断低电压电路的场合。胶底瓷盖刀开关的结构和外形如图 4-1 所示,刀开

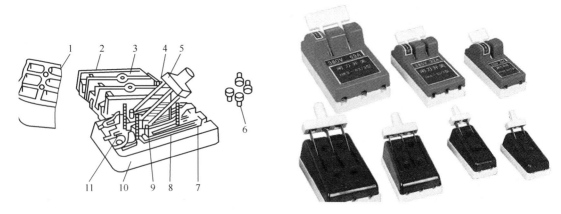

图 4-1 胶底瓷盖刀开关的结构和外形

1—上胶盖;2—下胶盖;3—插座;4—触刀;5—瓷柄;6—胶盖紧固螺钉;

7—出线座;8—熔丝;9—触刀座;10—瓷底座;11—进线座。

关的图形符号如图4-2所示。此种刀开关由插座、熔丝、触刀、触刀座和瓷底座等部分组成,带有短路保护功能。

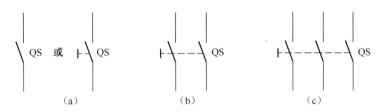

图4-2 刀开关的图形符号
(a)单极;(b)双极;(c)三极。

操作刀开关时,轻轻推动手柄使触刀绕铰链支座转动,将触刀插入静插座内,接触可靠后,线路接通;如果按照相反的方向操作,触刀离开静插座,电路被切断。为保证触刀和静插座合闸时接触可靠,必须有一定的解除压力,因此,额定电流较小的到开关的静插座一般用硬紫铜片制作,有一定的弹性压力夹住触刀。

带负载分断到开关时,触刀与静插座分离的瞬间会产生电弧,因此,拉开触刀时,应当迅速而果断,保证触刀不被电弧灼伤;对于电流较大的刀开关,为防止各极之间产生电弧闪烁,可能导致电源相间短路,刀的各极之间设有绝缘隔离板,也有的装有灭弧装置。

为操作安全及操作方便,大电流的刀开关除了中央操作手柄外,操作杠杆。

2)刀开关的安装

刀开关安装时,手柄要向上,不得倒装或平装,避免由于重力自动下落,引起误动合闸。接线时,应将电源线接在上端,负载线接在下端。刀开关按刀数的不同分有单极、双极、三极等几种。

3)刀开关的种类

刀开关的主要类型有:带灭弧装置的大容量刀开关,带熔断器的开启式负荷开关,通常称为胶盖开关,带灭弧装置和熔断器的封闭式负荷开关通常称为铁壳开关等。

常用产品有:HD11~HD14和HS11~HS13系列刀开关,HK1、HK2系列胶盖开关,HH3、HH4系列铁壳开关。HK1系列胶盖开关的技术参数见表4-5。

表4-5 HK1系列胶盖开关的技术参数

额定电流值/A	极数	额定电压值/V	可控制电动机最大容量值/kW		触刀极限分断能力($\cos\phi=0.6$)/A	熔丝极限分断能力/A	配用熔丝规格			
			220V	380V			熔丝成分/%			熔丝直径/mm
							铅	锡	锑	
15	2	220	—	—	30	500	98	1	1	1.45~1.59
30	2	220	—	—	60	1000				2.30~2.52
60	2	220	—	—	90	1500	98	1	1	3.36~4.00
15	2	380	1.5	2.2	30	500				1.45~1.59
30	2	380	3.0	4.0	60	1000				2.30~2.52
60	2	380	4.4	5.5	90	1500				3.36~4.00

4)刀开关选择与注意事项

(1)根据使用场合,选择刀开关的类型、极数及操作方式。

81

（2）刀开关额定电压应大于或等于线路电压。

（3）刀开关额定电流应等于或大于线路的额定电流。对于电动机负载,开启式刀开关额定电流可取电动机额定电流的 3 倍,封闭式刀开关额定电流可取电动机额定电流的1.5 倍。

（4）电源进线应装在静插座上,负荷应接在动触头的出线端,保证当开关断开时,闸刀和熔丝不带电。

（5）刀开关在合闸状态时,手柄应当向上,不可倒装或平装,防止误操作合闸。

（6）负荷较大时,为防止出线闸刀本体相间短路,可与熔断器配合使用;闸刀本体不再装熔丝,在原来装配熔丝的接点上安装与线路导线相同截面的铜线。

刀开关的常见故障、可能原因及处理方法见表4-6。

表4-6　刀开关的常见故障、原因及处理方法

故障现象	可　能　原　因	处　理　方　法
合闸后一相或两相没电	1. 插座弹性消失或开口过大。 2. 熔丝熔断或接触不良。 3. 插座、触刀氧化或有污垢。 4. 电源进线或出线头氧化	1. 更换插座。 2. 更换熔丝。 3. 清洁插座或触刀。 4. 检查进出线头
触刀和插座过热或烧坏	1. 开关容量太小。 2. 分、合闸时动作太慢,电弧过大,烧坏触点。 3. 插座表面烧毛。 4. 触刀与插座压力不足。 5. 负载过大	1. 更换较大容量的开关。 2. 改进操作方法。 3. 用细锉刀修整。 4. 调整插座压力。 5. 减轻负载或调换较大容量的开关
封闭式负荷开关的操作手柄带电	1. 外壳接地线接触不良。 2. 电源线绝缘损坏碰壳	1. 检查接地线。 2. 更换导线

课堂练习

（1）请说出刀开关的作用、组成。

（2）刀开关在操作时,应当注意哪些?

（3）如何选用刀开关?

（4）刀开关合闸后,如果出现没有接通电源,请分析原因。

2. HD、HS 系列单投和双投开关

1）适用范围

HS 系列单投和双投开关适用于交流 50Hz、额定电压至 380V、直流至 440V,额定电流至 1500A 的成套配电装置中,用作不频繁地手动接通和分断交、直流电路或作隔离开关。在操作时,动、触片接触的瞬间,应当适当用力并且迅速而果断。

HD 系列单投开关如图 4-3 所示,由上接线桩头、下接线桩头、手柄和绝缘底座组成;HD 系列双投开关如图 4-4 所示,由上接线桩头、下接线桩头、双掷手柄和绝缘底座组成。

图 4-3　HD 系列单投开关　　　　图 4-4　HD 系列双投开关

2）结构与操作

（1）中央手柄式单投和双投刀开关主要用于变电站,不能切断带有电流的电路,作为隔离开关。

（2）侧面操作手柄式刀开关,主要用于动力箱中。

（3）中央正面杠杆操作刀开关主要用于正面操作、后面维修的开关柜中,操作机构装在正前方。

（4）侧方正面操作机械式刀开关主要用于正面两侧操作、前面维修的开关柜中,操作机构可以在柜的两侧安装。

（5）装有灭弧室的开关可以切断电流负载,其他系列刀开关只作隔离开关使用。

3）型号表示

HD、HS 系列单投开关和双投开关的型号表示,如图 4-5 所示。

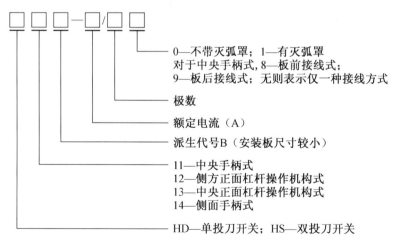

图 4-5　HD、HS 系列单投开关和双投开关的型号表示

4）技术数据

常用的有 HD10、HD11、HD12、HD13、HD14 系列和 HS11、HS12、HS13 系列。其主要技术参数见表 4-7。

（1）额定电压。交流 380V,直流 220、440V。

（2）额定电流。100、200、400、600、1000、1500A。

表 4-7　HD、HS 系列单投开关和双投刀开关主要技术参数

			100	200	400	600	1000	1500
额定电流/A			100	200	400	600	1000	1500
通断能力/A	AC 380V、$\cos\phi = 0.72 \sim 0.8$		100	200	400	600	1000	1500
	DC $T = 0.01\text{s}$	220V	100	200	400	600	1000	1500
		440V	50	100	200	300	500	750
机械寿命/次			10000	10000	10000	5000	5000	5000
电寿命/次			1000	1000	1000	500	500	500
1s 热稳定电流/kA			6	10	20	25	30	40
动稳定电流峰值/kA	杠杆操作式		20	30	40	50	60	80
	手柄式		15	20	30	40	50	—
操作力/N			35	35	35	35	45	45

课堂练习

（1）表 4-6 中有名词机械寿命、电寿命，请查阅资料，总结这两个名词的含义。

（2）直流电与交流电有何不同？开关用于大电流直流通断与交流通断，有何不同？

3. 封闭式负荷开关

通常称为铁壳开关，由操作机构、熔断器、铁壳和触头系统等组成，其外形及结构如图 4-6 所示，可作为手动不频繁地接通分断有负载的电路，并对电路有过载和短路保护作用。封闭式负荷开关的典型产品系列是 HH3。

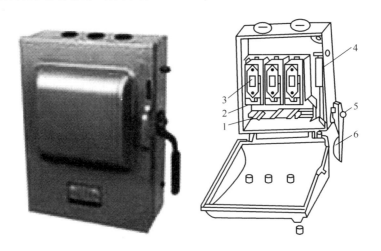

图 4-6　封闭式负荷开关的外形及结构
1—刀式触头；2—夹座；3—熔断器；4—速断弹簧；5—转轴；6—手柄。

1）适用范围

HH3 系列封闭式负荷开关适用于额定工作电压 380V、额定工作电流至 400A、频率为 50Hz 的交流电有负载的电路中，可作为手动不频繁地接通分断有负载的电路，并对电路有过载和短路保护作用。HH3 系列封闭式负荷开关的型号表示如图 4-7 所示。

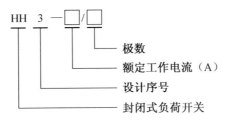

图 4-7　HH3 系列封闭式负荷开关的型号表示

2）结构特点

封闭式负荷开关的三把闸刀固定在一根绝缘方轴上，由手柄操作，操作机构装有机械联锁装置，盖子打开时手柄不能合闸，手柄合闸时，不能操作，保证操作安全。手柄转轴与底座装有转动弹簧，使得开关接通与断开的速度与手柄操作速度无关，有利于迅速灭弧。

（1）开关在结构的侧面旋转操作式，由操作机构、熔断器、铁壳和触头系统等组成。

（2）操作机构有快速分断装置，开关的闭合和分断速度与操作者手的动作速度无关，能够保证操作人员和设备的安全。

（3）触头系统带灭弧室，触头系统全部装在铁盒内，处于完全封闭状态，保证人员安全。

（4）罩盖关闭后可以与锁扣楔合，当开关在闭合位置时，由于罩盖与操作机构联锁，罩盖不能打开。另外罩盖也可以加锁。

3）技术数据

常用的封闭式负荷开关有 HH3，HH4，HH10，HH11，HH12 等型号。

（1）HH3 系列封闭式负荷开关在额定电压的 105%～110% 下，熔断器极限分断电流应符合表 4-8 的规定。

（2）HH3 系列封闭式负荷开关的主要技术数据见表 4-9。

表 4-8　HH3 系列封闭式负荷开关中熔断器的极限分断电流

额定电流/A	熔断器极限分断电流/A	功率因数	分断次数
60	3000	0.8	2
100	4000	0.8	2
200	6000	0.8	2
300	10000	0.4	2
400	10000	0.4	2

表 4-9　HH3 系列封闭式负荷开关的主要技术数据

型号	额定电压/V	额定电流/A	极数	熔体额定电流/A	熔体（紫铜丝）直径/mm
HH3-15/2	250	15	2	6 10 15	0.26 0.35 0.46

85

型号	额定电压/V	额定电流/A	极数	熔体额定电流/A	熔体（紫铜丝）直径/mm
HH3-15/3	440	15	8	6 10 15	0.26 0.35 0.46
HH3-30/2	250	30	2	20 25 30	0.65 0.71 0.81
HH3-30/3	440	30	3	20 25 30	0.65 0.71 0.81
HH3-60/2	250	60	2	40 50 60	1.02 1.22 1.32
HH3-60/3	440	60	3	40 50 60	1.02 1.22 1.32
HH3-100/3	440	100	3	80 100	1.62 1.81

4）刀开关类的选用原则

（1）闸刀开关。对于普通负载,根据额定负载电流选择,一般是开关的额定电流大于或等于负载的额定电流;对于电动机,开关的额定电流选择为电动机额定电流的 3 倍左右。

（2）铁壳开关。也就是负荷开关,对于电热火照明负载,根据额定负载电流选择,一般是开关的额定电流大于或等于负载的额定电流;对于电动机,开关的额定电流选择为电动机额定电流的 1.5 倍左右。表 4-10 为采用铁壳开关安全电压启动与控制电动机时的技术参数。

表 4-10　采用铁壳开关安全电压启动与控制电动机时的技术参数

额定电流/A	可控制的最大电动机容量		
	220V	380V	500V
10	1.5	2.7	3.5
15	2.0	3.0	4.5
20	3.5	5.0	7.5
30	4.5	7.0	40
60	9.5	15	20

课堂练习

（1）封闭式负荷开关采用哪种方式灭弧?

（2）查阅资料，典型的封闭式负荷开关的额定电流一般不超过多少？请分析原因。

4. 低压断路器

1）低压断路器的结构

低压断路器由空气作为灭弧介质，通常称自动空气开关，可以接通、分断正常负载电流、电动机工作电流和过载电流，还能在线路和电动机发生过载、短路、欠电压的情况下进行可靠的保护。常用有 DZ 系列、DW 系列和 DWX 系列。图 4-8 为低压断路器的结构示意图，图 4-9 为 DZ 系列低压断路器的外形。

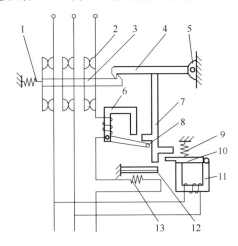

图 4-8　低压断路器的结构示意图
1—释放弹簧;2—主触点;3—传动杆;4—锁扣;
5—转轴;6—电磁脱扣器;7—杠杆;8,10—衔铁;
9—弹簧;11—欠压脱扣器;12—双金属片;
13—发热元件。

图 4-9　DZ 系列低压断路器的外形

低压断路器主要由触点、灭弧系统、各种脱扣器和操作机构等组成。图 4-8 为低压断路器处于闭合状态，3 个主触点通过传动杆与锁扣保持闭合，锁扣可绕轴 5 转动。断路器的自动分断是由电磁脱扣器 6、欠压脱扣器 11 和双金属片 12 使锁扣 4 被杠杆 7 顶开而完成的。正常工作中，各脱扣器均不动作，而当电路发生短路、欠压或过载故障时，分别通过各自的脱扣器使锁扣被杠杆顶开，实现保护作用。低压断路器的图形符号如图 4-10所示，DZ 系列空气开关的型号表示如图 4-11 所示。

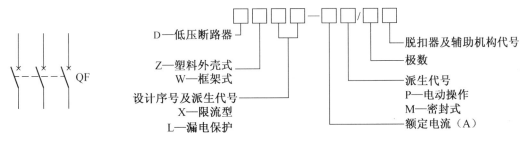

图 4-10　低压断路器
　　的图形符号

图 4-11　DZ 系列空气开关的型号表示

87

分励脱扣器用于远距离跳闸;欠电压或失电压脱扣器用于欠电压或失电压(零压)保护,当电源电压低于定值时自动断开断路器;热脱扣器,用于线路或设备长时间过负荷保护,当线路电流出现较长时间过载时,金属片受热变形,使断路器跳闸;过电流脱扣器,用于短路、过负荷保护,当电流大于动作电流时自动断开断路器。分瞬时短路脱扣器和过电流脱扣器(又分长延时和短延时两种);复式脱扣器,既有过电流脱扣器,又有热脱扣器的功能。

2) DZ20 系列低压断路器

低压断路器产品很多,常用的 DZ20 系列低压断路器的主要技术参数见表 4-11。

表 4-11　DZ20 系列低压断路器的主要技术参数

型　号	额定电流/A	机械寿命/次	电气寿命/次	过电流脱扣器范围/A	短路通断能力			
					交　流		直　流	
					电压/V	电流/kA	电压/V	电流/kA
DZ20Y - 100	100	8000	4000	16、20、32、40、50、63、80、100	380	18	220	10
DZ20Y - 200	200	8000	2000	100、125、160、180、200	380	25	220	25
DZ20Y - 400	400	5000	1000	200、225、315、350、400	380	30	380	25
DZ20Y - 630	630	5000	1000	500、630	380	30	380	25
DZ20Y - 800	800	3000	500	500、600、700、800	380	42	380	25
DZ20Y - 1250	1250	3000	500	800、1000、1250	380	50	380	30

3) 万能式断路器

(1) 适用范围。适用于交流 50Hz、额定电流至 4000A、额定工作电压至 1140V 的配电网络中,带有电子脱扣器的万能式断路器还可以将过负荷长延时、短路瞬时、短路短延时、欠电压瞬时和延时脱扣器的保护功能汇集在一个部件中,并利用分励脱扣器来使断路器断开。

用作分配电能和供电线路及电源设备的过载、欠电压、短路保护;壳架等级额定电流 630A 及以下的断路器也能在交流 50Hz、380V 网络中供作电动机的过载、欠电压和短路保护;断路器在正常条件下,可用作线路的不频繁转换,壳架等级额定电流 630A 及以下的断路器在正常条件下,也可用作电动机的不频繁启动。DW15 系列万能式断路器的型号表示如图 4-12 所示,DW15 系列万能式断路器的外形如图 4-13 所示,DW15 系列万能式断路器的结构如图 4-14 所示。

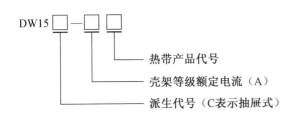

图 4-12 DW15 系列万能式断路器的型号表示　　图 4-13 DW15 系列万能式断路器的外形

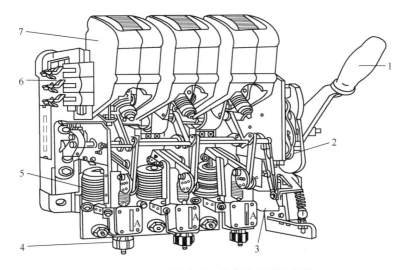

图 4-14 DW15 系列万能式断路器的结构

1—操作手柄；2—自由脱扣机构；3—失压脱扣器；4—脱扣器电流调节螺母；5—过电流脱扣器；
6—辅助触头（连锁触头）；7—灭弧罩。

（2）结构特点。

① DW15-200/400/630 万能式断路器。立体布置形式，有"分""合"指示及手动断开按钮；左上方装有分励脱扣器，背部装有与脱口半轴相连的欠电压脱扣器；速饱和电流互感器或电流电压变换器套在下母线，欠电压延时装置、热继电器或半导体脱扣器均可分别装在下方。

② DW15-1000/1600/2500/4000 万能式断路器。有"通""断"指示及手动"合""分"按钮；左侧面装有分励脱扣器、欠电压脱扣器；速饱和电流互感器或电流电压变换器套在下母线上；欠电压延时装置、热继电器或半导体脱扣器均可分别装在下方。

③ DW15C 低压抽屉式断路器。由改装的 DW15 断路器本体和抽屉座组成，本体上装有隔离触刀、二次回路动触头、接地触头、支承导轨等；抽屉座由左右侧板、铝支架、隔离

89

触座、二次回路静触头、滑架等组成,正下方由操作摇手柄、螺杆等组成推拉操作机构。

(3)技术数据。常用的有 DW10、DW15 系列及限流型 DWX15 和抽屉式限流型 DWX15C 系列。DW15C-200、400、630、1000、1600 技术参数同 DW15-200、400、630、1000、1600。DW15 系列万能式断路器的主要技术参数见表 4-12。

表 4-12　DW15 系列万能式断路器的主要技术参数

断路器壳架额定电流/A			630			1600	2500	4000
极数			3	3	3	3	3	3
断路器额定电流/A	热—电磁型		100 160	315 400	315 400	630 800	1600 2000	2500 3000
			200	—	630	1000 1600	2500	4000
	电子型		100 200	200 400	315 400	630 800	1600 2000	2500 3000
			—	—	630	1000 1600	2500	4000
额定分断能力/kA	IEC947-2 GB14048.2	短路分断 AC380V	20	30	30	40	60	80
		短路分断 AC660V	25	25	25	—	—	—
		短路分断 AC1140V		10	12	—	—	—
机械寿命/次			20000	10000	10000	5000	5000	4000
电寿命($1I_n$,$1U_e$)/次			2000	1000	1000	500	500	500
AC380V 保护电动机电寿命(AC-3)/次			4000	2000	2000	—	—	—
过载操作($6I_n$,$1.05U_{emax}$)/次			25	25	25	25 (I_n-630V)	—	—
瞬时分段时间/ms			30	30	30	40	40	40
操作频率/(次/h)			120	60		30	20	10
飞弧距离/mm			280			350		400

4)低压断路器的选择原则

(1)低压断路器的额定电流和额定电压应大于或等于线路、设备正常工作电压和电流。

(2)低压断路器的极限通断能力应大于或等于电路最大短路电流。

(3)欠电压脱扣器的额定电压等于线路的额定电压。

(4)过电流脱扣器的额定电流大于或等于线路的最大负载电流。

使用低压断路器实现短路保护比熔断器优越,因为当三相电路短路时,很可能只有一相的熔断器熔断,造成断相运行。对于低压断路器,只要发生短路都会使开关跳闸,三相同时切断,但与熔断器相比,结构复杂、操作频率低、成本较高,因此适用于要求较高的场合。

90

5）具体选用条件

（1）根据用途选择断路器的型式及极数，按照最大工作电流选择断路器的额定电流；根据需要选择脱扣器的类型、附件的种类和规格。

① 断路器的额定工作电压大于或等于线路额定电压；额定短路通断能力大于或等于线路计算负载电流。

② 断路器的额定短路通断能力大于或等于线路中可能出现的最大短路电流（一般按有效值计算）。

③ 线路末端单相对地短路电流大于或等于1.25倍断路器瞬时（或短延时）脱扣整定电流。

④ 断路器欠电压脱扣器额定电压等于线路额定电压；断路器的分励脱扣器额定电压等于控制电源电压。

⑤ 电动传动机构的额定工作电压等于控制电源电压。

⑥ 断路器用于照明电路时，电磁脱扣器的瞬时整定电流一般取负载电流的6倍。

（2）采取断路器作为单台电动机的短路保护时，瞬时脱扣器的整定电流为电动机启动电流的1.35倍（DW系列断路器）或1.7倍（DZ系列断路器）。

（3）采用断路器作为多台电动机的短路保护时，瞬时脱扣器的整定电流为1.3倍最大一台电动机的启动电流再加上其余电动机的工作电流。

（4）采用断路器作为配电变压器低压侧总开关时，其分断能力应大于变压器低压侧的短路电流值，脱扣器的额定电流不应小于变压器的额定电流，短路保护的整定电流一般为变压器额定电流的6~10倍；过载保护的整定电流等于变压器的额定电流。

（5）初步选定断路器的类型和等级后，还要与上、下级开关的保护特性配合，以免越级跳闸，扩大事故范围。

（6）剩余电流保护断路器实际上在塑料外壳式断路器上加一个漏电保护脱扣器构成，所以选择剩余电流保护断路器时，断路器部分的选用条件和一般交流断路器相同，而漏电保护脱扣器部分则应选择合适的漏电动作电流。

应注意剩余电流保护断路器的触头有两种类型：一类触头有足够的短路分断能力，可以担负过载和短路保护的职责；另一类触头不能分断短路电流，只能分断额定电流和漏电电流。选择这一类剩余电流保护断路器时，应另行考虑短路保护。

6）常见故障及处理

低压断路器常见的故障现象、可能原因和处理方法见表4-13。

表4-13 低压断路器的常见故障、产生原因和处理方法

故障现象	可能原因	处理方法
手动操作断路器不能闭合	1. 电源电压太低。 2. 热脱扣的双金属片尚未冷却复原。 3. 欠电压脱扣器无电压或线圈损坏。 4. 储能弹簧变形，导致闭合力减小。 5. 反作用弹簧力过大	1. 检查线路并调高电源电压。 2. 待双金属片冷却后再合闸。 3. 检查线路，施加电压或调换线圈。 4. 调换储能弹簧。 5. 重新调整弹簧反力

故障现象	可能原因	处理方法
电动操作断路器不能闭合	1. 电源电压不符。 2. 电源容量不够。 3. 电磁铁拉杆行程不够。 4. 电动机操作定位开关变位	1. 调换电源。 2. 增大操作电源容量。 3. 调整或调换拉杆。 4. 调整定位开关
电动机启动时断路器立即分断	1. 过电流脱扣器瞬时整定值太小。 2. 脱扣器某些零件损坏。 3. 脱扣器反力弹簧断裂或落下	1. 调整瞬间整定值。 2. 调换脱扣器或损坏的零部件。 3. 调换弹簧或重新装好弹簧
分励脱扣器不能使断路器分断	1. 线圈短路。 2. 电源电压太低	1. 调换线圈。 2. 检修线路调整电源电压
欠电压脱扣器噪声大	1. 反作用弹簧力太大。 2. 铁芯工作面有油污。 3. 短路环断裂	1. 调整反作用弹簧。 2. 清除铁芯油污。 3. 调换铁芯
欠电压脱扣器不能使断路器分断	1. 反作用弹簧弹力变小。 2. 储能弹簧断裂或弹簧力变小。 3. 机构生锈卡死	1. 调整弹簧。 2. 调换或调整储能弹簧。 3. 清除锈污

课堂练习

（1）请根据空气开关的结构图说明有几种保护功能，并叙述工作原理。

（2）空气开关断电跳闸后，是否能够立即再次合闸，为什么？

5. HZ 系列组合开关

1）适用范围

适用于交流 50Hz、380V 及以下、直流 220V 及以下的电气线路中，用作手动不频繁地接通或分断电路、换接电源或负载、测量电路中，也可控制小功率电动机，但不能频繁操作。组合开关的结构如图 4-15 所示、图形符号如图 4-16 所示。

2）结构特点

若干个动触头及静触头（刀片）分别装于数层绝缘件内，动触头随手柄旋转而变更通断位置。顶盖部分是由滑板、凸轮、扭簧及手柄等零件构成操作机构。该机构采用了扭簧储能结构，能快速闭合及分断开关，使开关闭合和分断的速度与手动操作无关，提高了产品的电气性能。HZ 系列组合开关的接线图如图 4-17 所示，HZ 系列组合开关的外形如图 4-18 所示。

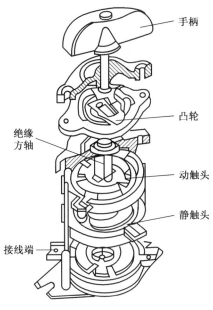

手柄

凸轮

绝缘
方轴

动触头

静触头

接线端

图 4-15　组合开关的结构

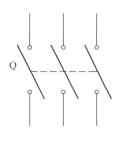

图 4-16　组合开关的图形符号

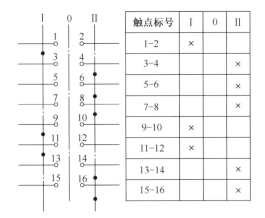

触点标号	I	0	II
1-2	×		
3-4			×
5-6			×
7-8			×
9-10	×		
11-12	×		
13-14			×
15-16			×

图 4-17　HZ 系列组合开关的接线图

图 4-18　HZ 系列组合开关的外形

3）技术数据

常用的有 Hz10、H215、H23 和 H25 系列。Hz10 系列组合开关的主要技术参数见表 4-14,Hz25 系列组合开关主要技术参数见表 1-15。

表 4-14　HZ10 系列组合开关的主要技术参数

型号	额定电压/V		额定电流/A	极数
	交流	直流		
Hz10-10/2			10	2
Hz10-10/3			10	3
Hz10-25/3	380	220	25	3
Hz10-60/3			60	3
Hz10-100/3			100	3

表 4-15　Hz5 系列组合开关接通和分断能力

接通和分工作条件流电流/ A　开关额定电流/A	交　流　$U=380\times1.1V$　$\cos\varphi=0.35\pm0.05$
10	40
20	80
40	160

4）组合开关的选用

根据用电设备的电压等级、容量和所需触头数选用。用于照明或电热设备时,组合开关的额定电流应等于或大于开断电路中各个负载额定电流的总和;用于控制电动机时,组合开关的额定电流一般可选为电动机额定电流的 1.5～2.5 倍。组合开关的层数和接线图应符合电路要求。

课堂练习

（1）根据组合开关的技术参数,可以判断出是否能够用在主回路中?

（2）查阅资料,选择典型的组合开关,设计控制一台电动机的正传、反转与停止的原理图。

6. 熔断器

1）熔断器的工作原理

熔断器串联在电路中,是最薄弱的导电环节,金属熔体是易于熔断的导体。正常工作时,通过熔体的电流较小,熔体的温度上升,但达不到熔点,电路可靠接通。一旦电路发生过负荷或短路故障时,电流增大,过负荷电流或短路电流对熔体加热,熔体自身温度超过熔点,切断电路,线路中的电气设备得到保护。其工作过程为:熔断器的熔体因过载或短路而加热到熔化温度;熔体的熔化和汽化;触点之间的间隙击穿和产生电弧;电弧熄灭、电路被断开。

熔断器的开断能力决定于熄灭电弧能力的大小。熔体熔化时间长短,取决于通过的电流大小和熔体熔点的高低。当电路中通过很大的短路电流时,熔体将熔化、气化甚至爆炸,迅速熔断;当通过不是很大的过电流时,熔体温度上升较慢,熔体熔化时间也较长。熔体材料的熔点高,则熔体熔化慢、熔断时间长。

2）熔断器结构

主要由金属熔断体、载熔件和底座组成。有的熔断器还有熔管、充填物、熔断指示器等结构部件。

（1）熔断体。是熔断器的主要部分,包括熔体。熔体是熔断器的核心部件,是最薄弱的导电环节,正常工作时电路导通,故障时熔体首先熔化,切断电路,保护设备;熔体分为高熔点熔体和低熔点熔体,低熔点材料的熔体截面大,熔化时产生大量金属蒸汽,电弧不易熄灭,这类熔体一般用在 500V 及以下的熔断器中;高熔点材料的熔体截面小,利于电弧熄灭,一般用作短路保护。

（2）熔体类型。按分断电流范围分为"g"和"a"熔体。"g"熔体称全范围分断能力熔体,在规定条件包括电压、功率因数、时间常数等,能分断能力范围内的所有电流。"a"熔体是部分范围分断能力熔体,在电路中做后备保护用,能分断 4 倍额定电流至额定分断电流之间的电流;按使用类别分为"G"和"M"类熔体等,即一般用途熔体和电动机保护用熔体,用两个字母表示,如"gG""gM""aM"等。

（3）熔断器载熔件。熔断器的可动部件,用于安装和拆卸熔体,通过接触部分将熔体固定在底座上,并将熔体与外部电路连接,载熔件通常采用触点的形式。

（4）熔断器底座。熔断器的固定部件,装有供电路连接的端子,包括绝缘件和其他必需的所有部件,绝缘件用于实现各导电部分的绝缘和固定。

（5）熔管。熔断器的外壳,放置熔体,可限制熔体电弧的燃烧范围,有一定的灭弧作用。

（6）充填物。一般采用固体石英砂,是导热率很高的绝缘材料,用于冷却和熄灭电弧。石英砂热惯性很大、绝缘性能较高,因是颗粒状,同电弧的接触面较大,能大量吸收电弧的能量,电弧很快冷却,加快电弧熄灭过程。

（7）熔断指示器。用于反映熔体的状态,即完好或已熔断。

3）熔断器的保护特性

熔体的熔断时间与熔体材料和熔断电流大小有关,如图 4-19 所示,反映熔断时间与电流大小的关系,称为熔断器安秒特性或熔断器的保护特性。

熔断器保护特性与熔断器结构有关,各类熔断器保护特性曲线不相同,但共同规律是熔断时间与电流的平方成反比,是反时限的保护特性曲线。即负载电流越大,熔断的时间越短。

4）型号表示

第二个方框是形式表示,如图 4-20 所示,其中 C—瓷插式;L—螺旋式;M—无填料式;T—有无填料式;S—快速熔断器;Z—自复式熔断器。例如,RL1 系列为螺旋式熔断器,RSO 系列为快速熔断器。

常用的熔断器有插入式熔断器、螺旋式熔断器、快速熔断器等。

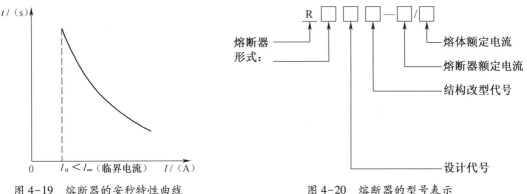

图 4-19　熔断器的安秒特性曲线　　　　图 4-20　熔断器的型号表示

5）典型熔断器

（1）RCIA 系列插入式熔断器。RCIA 系列插入式熔断器主要用于交流 50Hz、额定电压 380V 及以下的线路,作为电缆、导线及电气设备的短路保护。当过载电流超过 2 倍额定电流时,熔体能在 1h 内熔断,所以也可以起到一定程度的过载保护作用。RCIA 系列插入式熔断器的外形如图4-21所示,内部构成如图4-22所示,主要技术参数见表4-16所示。

图4-21 RCIA系列插入式熔断器的外形

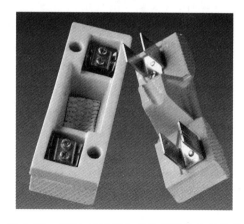

图4-22 RCIA系列插入式熔断器的内部构成

表4-16 RCIA系列插入式熔断器的主要技术参数

型号	熔断器额定电流/A	熔体额定电流等级/A	额定电压/V	极限分断能力			外形尺寸/mm		
				分断电流/A	cosφ	允许断开次数	长	宽	高
RCIA-5	5	1、2、3、5	三相380或单相220	300			50	26	43
RCIA-10	10	2、4、6、10		750	0.8		62	30	54
RCIA-15	15	12、15		1000			77	38	53
RCIA-30	30	20、25、30		2000	0.7	2	95	42	60
RCIA-60	60	40、50、60		4000			124	50	70
RCIA-100	100	80、100		5000	0.5		160	58	80
RCIA-200	200	120、150、200		10000			234	64	105

(2) RL1系列螺旋式熔断器。RL1系列螺旋式熔断器是很常用的熔断器,分断能力大、体积小、安装面积小、更换熔体方便,熔体熔断后有显示。在交流50Hz、额定电压至380V或直流440V的电路中应用广,作电气设备的短路或过载保护。

螺旋式熔断器的外形如图4-23所示,熔断器的图形符号如图4-24所示。由底座、

图4-23 螺旋式熔断器的外形

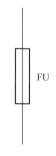

FU

图4-24 熔断器的图形符号

96

上接线端、下接线端、磁套、熔断管(熔断管内装有熔体及石英砂填料)及磁帽组成。熔断管上端有一带明显颜色的熔断指示器,当熔体熔断后,指示器自动跳出。磁帽上有一小孔镶有玻璃片,可以观察熔丝是否熔断。在熔体周围充填石英砂,由于它的导热性能好,且热容量大,在熔体熔断时大量吸收电弧的能量,使电弧迅速熄灭。RL1系列螺旋式熔断器的主要技术参数见表4-17,极限分断能力见表4-18。

表4-17 RL1系列螺旋式熔断器的主要技术参数

型号	熔断器额定电流/A	熔体额定电流等级/A	额定电压/V	外形尺寸/mm		
				长	宽	高
RL1-15	15	2、4、5、6、10、15	交流380V或直流440V	62	39	62
RL1-60	60	20、25、30、35、40、50、60		78	55	77
RL1-100	100	60、80、100		118	82	110
RL1-200	200	100、125、150、200		156	108	116

表4-18 RL1系列螺旋式熔断器的极限分断能力

熔断器额定电流/A	极限分断电流/kA		回路参数	
	交流380V(有效值)	直流440V	cosφ	T/ms
15	25	25	0.25	15~20
60				
100	50	10	0.25	
200				

(3)RM10系列无填料密封管式熔断器。RM10系列熔断器用于额定电压交流500V或直流440V的各电压等级的电网和成套配电设备中,用作短路保护或防止连续过载。RM10系列无填料密封管式熔断器的组成如图4-25所示,主要技术参数见表4-19。

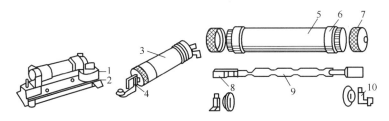

图4-25 RM10系列无填料密封管式熔断器的组成

表4-19 RM10系列熔断器的主要技术参数

型号	额定电压/V	额定电流/A	熔断体的额定电流等级/A
RM10-15	交流220、380或500直流220、440	15	6、10、15
RM10-60		60	15、20、25、35、45、60
RM10-100		100	60、80、100
RM10-200		200	100、125、160、200
RM10-350		350	200、225、260、300、350
RM10-600		600	350、430、500、600

（4）RS0 系列有填料快速熔断器。RS0 系列熔断器适用于交流 50hZ、电压至 750V 及以下的电路,作为硅整流器件及成套装置的短路及过载保护。由于硅整流器件过载能力低,故要求熔断器具有快速分断性能。常用的有 RS0、RS3、RS0A、RS3A 系列。RS0 系列有填料快速熔断器的外形如图 4-26,主要技术参数见表 4-20。

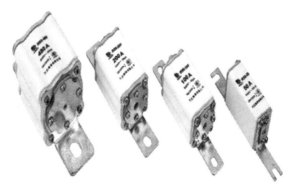

图 4-26   RS0 系列有填料快速熔断器的外形

表 4-20   RS0 系列有填料快速熔断器主要技术参数

型号	熔体额定电流/A	额定电压/V	额定耗散功率/W	重量/kg
RS0-50	30	250 500	≤15	0.2
	50	250 500		
RS0-100	80	250 500	≤35	0.27
	100	250 500		0.34
RS0-200	150	250 500	≤50	0.37
	200	500		0.47
RS0-350	200	500	≤85	0.65
	250	500 750		
	320	500 750		
	350	250		
RS0-480	480	250 500	≤100	1.08
	500		83	
	560		92	
	630		105	

（5）RT0 系列有填料封闭管式熔断器。极限分断电流大,可达 50kA,适用于交流 50Hz、额定电压交流 380V 和直流 440V 电路中,尤其适用于具有高短路电流的电力系统或配电装置中,用作电缆、导线和电气设备的短路保护及电缆、导线的过载保护。由熔体管和底座两个主要部件组成,熔体管由熔体、熔管、插刀等组成。熔断器熔管上装有红色醒目指示器,熔体熔断后立即动作,可识别故障线路。RT0 系列有填料封闭管式熔断器的主要技术参数见表 4-21。

表 4-21　RT0 系列有填料封闭管式熔断器的主要技术参数

型号	额定电流/A	熔体额定电流等级/A	极限分断电流/kA		外形尺寸/mm		
			交流 380V	直流 440V	长	宽	高
RT0-100	100	30、40、50、60、80、100	50(有效值,cosφ = 0.2～0.3)	25 (T<15ms)	180	55	85
RT0-200	200	80、100、120、150、200			200	60	95
RT0-400	400	150、200、250、300、350、400			220	70	105
RT0-600	600	350、400、450、500、550、600			260	80	125
RT0-1000	1000	700、800、900、1000			350	90	175

6）熔断器的选择

（1）一般熔断器的选择原则

① 类型选择。根据负载保护特性和短路电流选择,如电动机过载保护,容量不需很大,也不要求限流,但熔化系数适当小,宜用锌质熔体和铅锡合金熔体的熔断器;配电电路保护熔断器如短路电流大,选高分断能力熔断器,还要选有限流作用的熔断器,如 RT0 系列熔断器;故障频发场所选"可拆式"熔断器,如 RC1A、RL1、RM7、RM10 等。

② 额定电压电流。熔断器额定电压大于或等于线路工作电压;熔断器额定电流大于或等于熔体额定电流。

③ 额定电流确定与配合。确定熔体额定电流后,再确定熔断器额定电流;熔断器额定电流大于或等于熔体额定电流,有时熔断器可选大一级,还要考虑上下级配合,也就是配电系统中各级熔断器间应互相配合,下一级熔断器全部分断时间,较上一级熔断器熔体熔化的时间短。

④ 一般熔断器的维护。熔断器额定电压应大于线路电压;熔体额定电流小于或等于熔管额定电流;熔断器极限分断能力大于或等于被保护线路最大短路电流;安装时保证熔体与触刀、触刀与刀座接触良好,管式熔断器应垂直安装;安装熔体时防损伤;更换熔体时熔体型号规格一致;更换熔体或熔管时需切断电路;熔断器连接线材料和截面积或接线温升符合规定,并考虑熔断器的环境温度;封闭管式熔断器的熔管,不允许随意用其他绝缘管代替。如熔管烧焦必须换。

（2）快速熔断器的选择原则

① 熔断器选择。交流侧、直流侧、整流桥臂的接法如图 4-27 所示;接入交流侧时,对

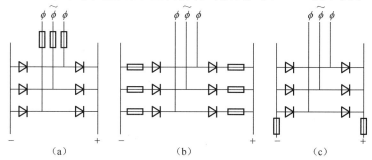

图 4-27　整流电路中快熔接法

（a）接入交流测;（b）接入整流桥侧;（c）接入直流侧。

99

输出端或整流元件都能短路保护,但不能立即判断出故障点;接入整流桥臂时,仅相应臂内整流元件短路、熔断器动作,不涉及其他臂,需熔断器多;如接入直流侧,除直流端短路故障外,不能起保护作用,同时在熔断器熔断时可能产生危及硅整流元件的过压,小容量整流装置有时用此接法。

② 快熔额定电压。在快熔分断电流瞬间,最高电弧电压达电源电压的 1.5~2 倍。

③ 注意事项。快熔结构简单、维修方便,但更换麻烦;要保证连续供电时,可选快速断路器;负载侧短路时,快熔几乎全部动作,此时可用快速断路器。常用于冶金、电解、电镀等电源整流设备中。快熔常见的故障现象、可能原因及处理方法见表4-22。

表4-22　快熔常见故障分析及处理方法

故障现象	可能原因	处理方法
快熔熔体熔断	1. 熔体电流偏大,长期过载时熔体不能及时熔断。 2. 熔体偏小,在正常负载下短时间内熔断	根据设备性质选熔体,如连续发生该现象3次以上,重新计算选熔体电流
快熔熔体非正常熔断	1. 熔断器的动静触头触片与插座、熔体与底座接触不良引起过热,熔体误熔断。 2. 熔体氧化腐蚀或安装时有机械损伤,造成熔体误熔断	1. 更换熔体时应对接触部位调整,保证接触良好。 2. 更换熔体时避免损伤

（3）一般熔断器熔体的具体选择

配电变压器低压侧,熔体额定电流 =(1~1.2)×变压器低压侧额定电流;

单台电动机,熔体额定电流 =(1.5~2.5)×电动机额定电流;

多台电动机,总熔体额定电流 =(1.5~2.5)×容量最大的电动机额定电流+其余电动机的额定电流;

降压启动电动机,熔体额定电流 =(1.5~2.0)×电动机额定电流;

直流电动机、绕线式电动机,熔体额定电流 =(1.2~1.5)×电动机额定电流;

照明电路电灯支路,熔体额定电大于等于支路上所有电灯工作电流之和;

照明电路,装于电度表出线熔体额定电流 =(0.9~1.0)×电度表额定电流>全部电灯的工作电流。

（4）快熔熔体的具体选择快熔接在交流侧或整流电路中,熔体电流 $\geqslant k_1$×最大整流电流。k_1 选择见表4-23。快熔与整流元件串联,熔体额定电流 $\geqslant 1.5$×整流元件额定电流。

（5）快熔熔体额定电流选择快熔熔体额定电流,是有效值,而所保护硅元件额定电流是平均值。熔断器接在交流侧时,熔体额定电流 I_{eR} 按下式决定:

$$I_{eR} \geqslant k_1 I_{zh,max}$$

式中　$I_{zh,max}$——可能的最大整流电流;

　　k_1——与整流电路形式决定的系数,见表4-23所示。

表 4-23　k_1 在不同整流电路时的数值

整流电路形式	单相半波	单相全波	单相桥式	三相半波	三相桥式	双星形六相
k_1 值	1.57	0.785	1.11	0.575	0.816	0.29

如熔断器与硅整流元件串接,按硅整流元件额定电流选择。因硅整流元件电流是平均值,它同有效值之比约 1∶1.5,取熔断器熔体额定电流为

$$I_{eR} \geqslant 1.5I_{eG}$$

I_{eG} 为硅整流元件的额定电流(平均值)。

当晶闸管导通角不同时,考虑电流有效值与平均值间的关系,k_1 与线路形式、晶闸管导通角有关,见表 4-24。如快熔与晶闸管串联,选择方法同不可控整流电路,按上式计算。

表 4-24　k_1 在不同整流电路及不同导通角时的数值

电路形式	180°	150°	120°	90°	60°	30°
单相半波	1.57	1.66	1.88	2.22	2.78	3.99
单相桥式	1.11	1.17	1.33	1.57	1.97	2.82
三相桥式	0.816	0.828	0.865	1.03	1.29	1.88

7. 隔离开关熔断器组

是开关与熔断器的组合,主要用于具有高短路电流、低功率因数的供配电电路中,作为手动、不频繁操作的主开关或总开关,尤其适合抽出式低压成套装置。其中 HH15 系列隔离开关熔断器组的型号表示如图 4-28 所示,隔离开关熔断器组产品的外形如图 4-29 所示。

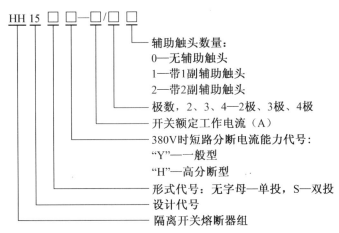

图 4-28　HH15 系列隔离开关熔断器组的型号表示

HH15 系列隔离开关熔断器组采用全封闭式结构,可靠性高,性能稳定,具有滚动插入式触头系统。两组触头系统或串联或并联,可满足电流大小不同的电路及不同工作类别的要求。触头系统使电流分别从几个滚柱通过,其结果使得每个滚柱所受到的电动反力大大减小。操作机构有储能弹簧,动触头组的运动速度与操作力的大小和操作速度无关。常用有 HH15、HH16 系列,其中 HH15 系列隔离开关熔断器组的主要技术参数见表 4-25。

图 4-29　隔离开关熔断器组产品的外形

表 4-25　HH15 系列隔离开关熔断器组的主要技术参数

规　　格		63	125	160	250	400	630
主极数		3					
额定绝缘电压/V		AC 1000					
额定工作电压/V		AC 380、660					
约定发热电流/A		80	160	160	400	400	800
约定封闭发热电流/A		63	125	160	250	400	630
（额定工作电流/功率）/（A/kW）	380V、AC-23B	80/30	160	160/90	250/132	400/200	630/333
	660V、AC-23B	85/55	160	160/150	250/220	400/375	630/560
额定熔断短路电流(有效值)/kA	380V	100					
	660V	50					
机械寿命/次		15000	15000	12000	12000	12000	3000
电寿命/次		1000	1000	300	300	300	150
最大熔体/A		160	160	160	400	400	630
刀型触头熔断体号码		00	00	00	1或2	1或2	3
辅助触头电流(380A、AC-15)/A		4	4	4	4	4	6

8. 交流接触器

交流接触器用于远距离频繁地接通和切断交流主电路及大容量控制电路,可以控制电动机、电热器、电照明等。操作频率高、使用寿命长、工作可靠、性能稳定、维护方便,同时还具有低压释放保护功能,广泛应用在电力拖动和自动控制系统中。

1）结构组成

（1）电磁机构。电磁机构由线圈、动铁芯及衔铁和静铁芯组成,将电磁能转换成机械能,产生电磁吸力带动触点动作。

（2）触点系统。包括主触点和辅助触点,主触点通断主电路,通常为三对常开触点;辅助触点控制电路,起电气联锁作用,又称联锁触点,一般常开、常闭各两对。

（3）灭弧装置。容量在 10A 以上的接触器都有灭弧装置,对于小容量的接触器,常采用双断口触点灭弧、电动力灭弧、相间弧板隔弧及陶土灭弧罩灭弧。对于大容量的接触器,常采用纵缝灭弧罩及栅片灭弧。

（4）其他部件。包括反作用弹簧、缓冲弹簧、触点压力弹簧、传动机构及外壳等。

图4-30为交流接触器的结构示意图,由电磁系统、触点系统、灭弧状置和其他部件组成。交流接触器的外形如图4-31所示。

当交流接触器正常工作时,主触点和辅助触点同时动作,常闭触点先断开,常开触点后闭合。当电源电压突然变得很低或变为零时,吸引线圈将无法使铁芯产生足够的电磁吸力,从而使主电路中所有常开触点重新断开,这就避免了电动机在异常低压情况下的不正常运行,起到欠压保护作用,交流接触器的图形符号如图4-32所示。

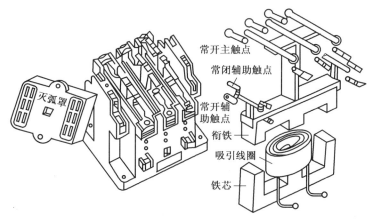

常开主触点
常闭辅助触点
常开辅助触点
衔铁
吸引线圈
铁芯
灭弧罩

图 4-30　交流接触器的结构示意图

图 4-31　交流接触器的外形

2）工作原理

线圈通电后,在铁芯中产生磁通及电磁吸力,此电磁吸力克服弹簧反力使得衔铁吸合,带动触点机构动作,常闭触点打开,常开触点闭合,互锁或接通线路。线圈失电或线圈两端电压显著降低时,电磁吸力小于弹簧反力,使得衔铁释放,触点机构复位,断开线路或解除互锁。

3）灭弧方式

（1）拉长电弧灭弧。利用触头回路产生的电动力拉长电弧,使之与陶土灭弧罩接触,

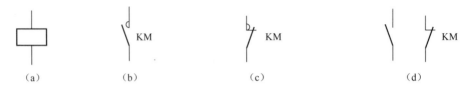

图 4- 32 交流接触器的图形符号

(a)线圈;(b)常开主触点;(c)常闭主触点;(d)常开、常闭辅助触点。

电弧冷却而熄灭,这种原理的灭弧罩,结构简单,用于小容量的交流接触器。

(2)栅片灭弧室。利用电流自然过零时近阴极效应和栅片冷却作用熄弧,栅片一般由钢板冲制,对电弧有吸引作用,喷弧距离小,过电压低,但栅片吸收电弧能量,温度较高,操作频率不高。主要用于交流接触器。

(3)串联磁吹灭弧。电弧在磁吹线圈产生的电动力作用下迅速进入灭弧室,室壁冷却而熄灭;灭弧室多由陶土制成,有宽缝、窄缝、横隔板及迷宫式,电弧热电离气体易于逸出灭弧室,热量扩散,操作频率较高;但这种灭弧方式喷弧距离大、声光效应大、过电压较高,熄灭交流电弧时,灭弧罩两侧的钢质夹板和吹弧线圈中的铁芯内存在铁损,使磁吹磁通与电流不同相,可能断开时发生电弧反吹现象。为防止电弧或电离气体自灭弧室喷出后,通过其他带电元件造成放电或短路,灭弧室外应有一定的对地距离,与相邻电器间有一定的间隔。主要用于直流接触器和重任务交流接触器。

4)CJ 系列交流接触器

在交流 50Hz,电压 380V、660V 或 1140V,电流至 630A 电路中,远距离频繁接通和断开电路及控制交流电动机,可与热继电器组成电磁起动器。常用的交流接触器有 CJ10 系列。其中 CJ20 系列接触器的型号表示如图 4- 33 所示。

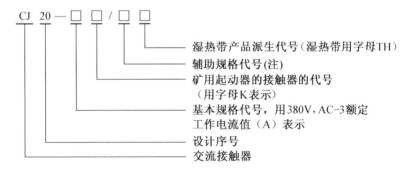

图 4-33 CJ20 系列接触器的型号表示

CJ20-10 辅助触头有 4 闭、3 闭 1 开、2 开 2 闭、1 闭 3 开、4 开等。常用有 CJ10、CJ12、CJ20 系列等,CJ10 系列交流接触器的主要技术参数见表 4-26 所示,CJ24 系列交流接触器的主要技术参数见表 4-27。

5)直流接触器

直流接触器用于远距离接通和分断直流电路以及频繁地启动、停止、反转和反接制动直流电动机,也用于频繁地接通和断开起重电磁铁、电磁阀、离合器的电磁线圈等,有立体布置和平面布置两种结构。其结构和工作原理与交流接触器的基本相同。

表 4-26 CJ10 系列交流接触器的主要技术参数

型号	额定电压/V	额定电流/A	可控制三相异步电动机的最大功率/kW			额定操作频率/(次/h)	线圈消耗功率/(VA)		机械寿命/万次	电寿命/万次
			220V	380V	550V		启动	吸持		
CJ10－5	380 500	5	1.2	2.2	2.2	600	35	6	300	60
CJ10－10		10	2.2	4	4		65	11		
CJ10－20		20	5.5	10	10		140	22		
CJ10－40		40	11	20	20		230	32		
CJ10－60		60	17	30	30		485	95		
CJ10－100		100	30	50	50		760	105		
CJ10－150		150	43	75	75		950	110		

表 4-27 CJ24 系列交流接触器的主要技术参数

型号	频率/Hz	额定绝缘电压/V	额度工作电压/V	约定发热电流/A	断续周期工作制下的额定工作电流/A	
					AC-1、AC-2、AC-3	AC-4
CJ24-100	50	3	380	100	100	40
			660		63	
CJ24-160			380	160	160	63
			660		80	
CJ24-250			380	250	250	100
			660		160	
CJ24-400			380	400	400	160
			660		250	
CJ24-630			380	630	630	250
			660		400	

（1）电磁机构。直流接触器电磁机构由铁芯、线圈和衔铁等组成,线圈中是直流电,工作时铁芯中不产生涡流,铁芯不发热,没有铁损耗,因此铁芯用整块铸铁或铸钢制成;直流接触器线圈匝数较多,为使线圈散热良好,线圈通常绕制成长而薄的圆筒状,铁芯中磁通恒定,因此铁芯极面上不需要短路环。为保证衔铁可靠地释放,常在铁芯与衔铁之间垫有非磁性垫片,减小剩磁;250A 以上的直流接触器采用串联双绕组线圈。

（2）触点系统。有主触点和辅助触点,主触点一般单极或双极,触点接通或断开的电流较大,采用滚动接触的指形触点;辅助触点通断电流较小,常采用点接触的双断点桥式触点。

（3）灭弧装置。由于直流电弧不同于交流电弧有自然过零点,直流接触器的主触点在分断较大电流时,会产生强的电弧,灭弧更困难,容易烧伤触点和延时断电,为迅速灭弧,直流接触器一般采用磁吹式灭弧装置,并装有隔板及陶土灭弧罩。

6) CZ0 系列直流接触器

控制直流电动机,吸合冲击小、噪声小,适于电动机频繁起停、换向或反接制动。额定电流至150A接触器是立体布置整体式结构。250A及以上是平面布置整体。CZ0系列直流接触器的型号表示如图4-34所示,其技术数据见表4-28。

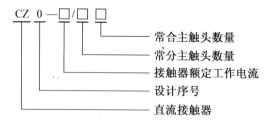

图4-34 CZ0系列直流接触器的型号表示

表4-28 CZ0系列直流接触器的主要技术数据

型号	额定电流/A	额定电压/V	主触头数量 常开	主触头数量 常闭	辅助触头数量 常闭	辅助触头数量 常闭	辅助触头额定电流/A	额定操作频率/(次/h)	操作线圈功率/W	额定控制电源电压/V
CZ0-40/20	40		2					1200	23	
CZ0-40/02				2				600	24	
CZ0-100/10	100		1		2	2	5	1200	24	220 110 48 24
CZ0-100/01				1				600	180/27	
CZ0-100/20			2					1200	33	
CZ0-150/10	150	440	1					1200	33	
CZ0-150/01				1				600	310/21	
CZ0-150/20			2					1200	41	
CZ0-250/10	250		1		5开、1闭与5闭、1开之间任意组合		10	600	220/36	220 110
CZ0-250/20			2						292/48	
CZ0-400/10	400		1						350/30	
CZ0-400/20			2						430/49	
CZ0-600/10	600		1						320/60	

7)选用与维护

(1)一般原则。

① 类型。按所控制电动机或负载电流类型,即交(直)流电动机或负载选交(直)流接触器;如主要是交流电动机,直流电动机或直流负载容量较小时,可全选交流接触器,但触头额定电流适当大一些。

② 触头额定电压和额定电流。触头额定电压≥电路电压;主触头额定电流≥电动机或负载额定电流。

③ 线圈电压等级。线圈电压等级与控制电路电压一致。

④ 辅助触头额定电流、数量和种类。满足控制电路或选叠加式接触器、增加中间继电器。

(2)按使用类别选择交流接触器。按工作条件称轻任务接触器和重任务接触器。前者如CJ10、CJ8、CJ0等,指接触器需在额定电压下接通电动机的$6I_e$;后者如CJ12系列,在

106

额定电压下通断电动机 $6I_e$。根据负载选适合的交流接触器,接触器容量电流大于等于负载电流,但不要因考虑可靠性,远大于负载电流。

三相交流电动机电流,根据电动机铭牌数据确定,如额定电压、电流、功率因数、效率、功率等选接触器。一般情况下按下式计算:

$$P = (\sqrt{3}\,U_n I_n \cos\varphi) \times \eta \times 1000$$

式中 U_n——主电路额定线电压(V);

  I_n——接触器额定电压下额定工作电流(A);

  $\cos\varphi$——电动机功率因数;

  η——电动机的效率。

对 AC380V 三相 4 极电动机,通常 $\cos\varphi$ 取 0.77~0.92,η 取 87.2%~93.5%,电机功率一般取 0.85~0.9。计算后,为取值方便,I_n 估算值在数值上有 $I_e = P_e/0.5$,或 $I_e = 2P$ 的关系,即估算电流为"电机功率的 2 倍";对纯阻性加热负载,在好值上有 $I_e = 1.5P_e$ 的关系,估算电流为"电热功率的倍半"。现场技术人员有两句口语"电机两倍""电热倍半",就是经验选择。

(3)直流接触器选用。根据 DC-1~3 类别选用,直流接触器的主要技术数据见表 4-29。

表 4-29 直流接触器的主要技术数据

接触器主电路在间断长期工作制的额定发热电流/A	25、40、100、160、250、400、600、1000、1600、2500、4000
接触器磁吹线圈额定工作电流的额定发热电流/A	1.5、2.5、5、10、16、25、40、60、100、160、250、400、600、1000、1600、2500、4000
额定工作电压/V	直流 48、110、220、440、750、1200
主电路额定绝缘电压/V	直流 60、380、660、800、1200
线圈的控制电源电压/V	直流 24、48、110、220
接触器的额定工作制	长期工作制、间断长期工作制(8h)、短时工作制
短时工作制的通断时间标准/min	10、30、60、90

(4)维护与检修。

① 外观检查。清除灰尘,用棉布蘸酒精擦油污,干布擦净或晾干;拧紧紧固件;金属外壳完好。

② 灭弧罩检修。用非金属刷清除罩内粉尘,如灭弧罩破裂即更换;栅片式灭弧罩应栅片完整,如变形严重及松脱需修复或更换。

③ 触头检修。银或银基合金触头有轻微烧损或接触面发毛、变黑时,可继续使用;若影响接触时,锉去毛刺,如触点开焊、脱落或磨损到原厚度的 1/3 时更换触头;长时间未用,先通电或手动通断数次,除去氧化膜,观察灵活性。不可用砂纸或锉刀修磨接触面;维修或更换后,应调整触头开距、超行程、触头压力及同步等。

④ 辅助触头检查。动作灵活,静触头无松动或脱落;开距及行程符合要求,如接触不良且不易修复时需更换。

⑤ 铁芯检修。用棉纱蘸汽油擦拭极面油垢;检查缓冲件齐全、位置正确;铆钉头无断裂;短路环断裂、隐裂造成严重噪声和吸力不足时,更换短路环、铁芯或接触器;中柱气隙保持 0.1~0.3mm。

⑥ 线圈检修。线圈过热,外表层老化变色,可能匝间短路。如引线头与导线开焊、线圈骨架裂纹磨损或固定不正常,及早处理、更换线圈或接触器。

⑦ 通电检查。接电源检查运动和摩擦部分灵活,在转轴与轴承间隙加润滑油;躯壳或机座固定牢靠并与安装面垂直,不得有挠曲或变形;电源连接螺钉要拧紧。

⑧ 主触头参数调整。拆卸、维修或更换零部件后重组装的接触器,对主辅触头开距、超行程重新调整;直动式交流接触器主触头开距+超行程=铁芯行程;旋转直动式主触头开距、超行程调整可增减调整垫和衔铁打开的距离,如主触头超行程小可增加瓷底板与铝基座间调整纸垫;若开距需增大时,松开调整衔铁行程限位螺母。旋转式 CJ12 系列主触头开距通过调整衔铁和磁轭,主触头超行程可调节动触头上端的调整螺钉;直流接触器主触头开距,出厂前已调整好,超行程调整可增减衔铁下端停挡的调整垫。

(5)常见故障及处理。接触器的故障现象很多,将常见故障、可能原因及处理方法列于表 4-30 所示。

表 4-30　接触器常见故障、可能原因及处理方法

故障现象	可 能 原 因	处 理 方 法
通电后不能吸合	1. 线圈无电压。 2. 有电压但低于线圈额定电压。 3. 有额定电压,而线圈本身开路。 4. 接触器运动部分的机械机构及动触头发生卡阻。 5. 转轴生锈、歪斜等	1. 测线圈电压,若无电压,检查控制回路。 2. 有电压但低于线圈额定电压,线圈通电后电磁力不能克服弹簧反作用力,检查控制电压。 3. 有额定电压,可能是线圈开路,若接线螺钉松脱应紧固,线圈断线则应更换线圈。 4. 可对机械连接结构修整,调整灭弧罩、调整触头与灭弧罩的位置。 5. 拆检清洗转轴及支承杆,调换配件,保持转轴转动灵活。或更换接触器
吸合后又断开	控制回路的触头接触不良	整修辅助触头,保证接触良好
铁芯异常响声	1. 铁芯板面频繁碰撞,沿叠片厚度方向向外扩张、不平整。 2. 短路环断裂	1. 用锉刀修整,或更换铁芯。 2. 应更换短路环
吸合不正常	1. 控制电压低于85%额定值,通电后电磁吸力不足,吸合不可靠。 2. 弹簧压力不当,弹簧反作用力过强,吸合缓慢,触头弹簧压力超程过大,铁芯不能完全闭合,弹簧压力与释放压力过大时,造成触头不能完全闭合。 3. 动静铁芯间间隙过大或可动部分卡住	1. 查控制电路电压,要达到要求。 2. 调整弹簧压力或更换弹簧。 3. 拆卸重新装配,调小间隙或清洗轴端及支撑杆,或调换配件。组装时应注意符合要求

故障现象	可能原因	处理方法
主触头过热或熔焊	1. 接触器吸合缓慢或停滞,触头接触不可靠。 2. 触头表面严重氧化灼伤,接触电阻增大,主触头过热。 3. 频繁启动设备,主触头电流冲击大。 4. 主触头长时间过载,造成过热或熔焊。 5. 负载侧有短路,吸合时短路电流通过主触头。 6. 接触器三相主触头闭合时不能同步,两相主触头受特大启动电流冲击,造成主触头熔焊。 7. 主触头本身抗熔性差。 8. 如是鼠笼电机控制主回路,热继电器电流整定值太大	1. 对弹簧压力作调整,或更换。 2. 清除主触头表面氧化层,用细锉刀轻轻锉平,保持接触良好。 3. 合理操作避免频繁启动,或选符合操作频率及通电持续率的接触器。 4. 减少拖动设备负荷,使设备在额定状态下运行,或选合适的接触器。 5. 检查短路故障。 6. 检查主触头闭合状况,调整动静触头间隙使之同步。 7. 选抗熔能力较强的银基合金主触头接触器。 8. 热继电器电流整定值=电机的额定电流
线圈断电后铁芯不能释放	1. 接触器运行久,铁芯极面变形,铁芯中间磁极面间隙消失,线圈断电后铁芯产生剩磁,交流接触器断电后不能释放。 2. 铁芯极面上油污和尘屑多。 3. 动触头弹簧压力小。 4. 接触器触头熔焊。 5. 安装不合要求。 6. 铁芯表面防锈油的粘连	1. 锉平修整铁芯接触面,保证中间磁极接触面间隙≤0.15~0.2mm。 2. 清除油污。 3. 调整弹簧压力,或更换新弹簧。 4. 减小负荷,或根据设备工作电流,重选接触器;检查是否有短路并排除;检查主触头闭合状况,调整间隙使之同步;选抗熔能力较强的银基合金主触头接触器。 5. 安装符合要求。 6. 揩净油

课堂练习

（1）交流接触器的组成有哪些? 主触头与辅助触头的功能有何不同?

（2）分析接触器的灭弧原理与方式,直流接触器与交流接触器的灭弧有何不同? 为什么直流接触器的体积比较大?

9. 电磁式继电器

继电器是根据某种输入信号的变化,接通或断开控制电路,实现自动控制和保护。在低压控制系统中采用的继电器大部分是电磁式继电器,电磁式继电器的结构及工作原理与接触器基本相同,电磁式继电器的触点电流容量不超过5A,因此,只有触头系统和电磁机构,没有灭弧系统。电磁式继电器结构示意图如图4-35所示。

1) 分类

电磁继电器按其在电路中的连接方式,可分为电流继电器、电压继电器和中间继电器等。

（1）电流继电器。电流继电器的线圈与被测电路串联,反映电路电流的变化。线圈匝数少,导线粗,线圈阻抗小。有欠电流继电器和过电流继电器两种。

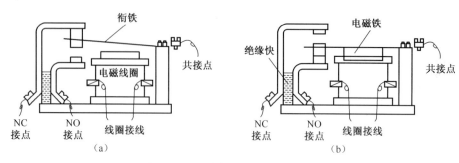

图 4-35　电磁式继电器结构示意图

(a)线圈未通电;(b)线圈通电。

（2）电压继电器。电压继电器的线圈并联在被测电路中,反映电压的变化。线圈匝数多、导线细、阻抗大。继电器根据所接线路电压值的变化,处于吸合或释放状态。根据动作电压值的整定值,分欠电压继电器和过电压继电器。

（3）中间继电器。实质上是电压继电器,将检测的电压固定作为线圈动作的工作电压。体积小,动作灵敏度高。触点对数多,触点容量额定电流5~10A,大部分产品是5A。

图 4-36 为几种常用电磁式继电器的外形,图 4-37 为几种常用电磁式继电器的图形符号。

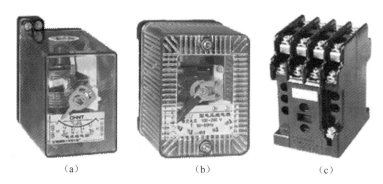

图 4-36　几种常用电磁式继电器的外形

(a)电流继电器;(b)电压继电器;(c)中间继电器。

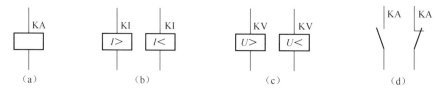

图 4-37　几种常用电磁式继电器的图形符号

(a)中间继电器线圈;(b)电流继电器线圈;(c)电压继电器线圈;(d)中间继电器常开、常闭触点。

2) 电流继电器

电流继电器按驱动方式分为电磁式电流继电器、静态电流继电器;按电流动作过电流继电器、欠电流继电器;按时性曲线分为定时限电流继电器、反时限电流继电器;按使用方面分为小型控制类继电器、二次回路保护继电器。

电磁式电流继电器为电磁式瞬动过电流继电器,广泛用于电力系统二次回路继电保护装置线路中,作为过电流启动元件。

电磁式电流继电器系,瞬时动作,磁系统有两个线圈,线圈出头接在底座端子上,用户可以根据需要串并联,因而可使继电器整定变化1倍。

继电器名牌的刻度值及额定值对于电流继电器是线圈串联,以电流安培为单位,转动刻度盘上的指针、改变游丝的反作用力矩,从而改变继电器的动作值。

电流达到整定值或大于整定值时,继电器动作,动合触点闭合,动断触点断开;当电流降低到0.8倍整定值时,继电器就返回,动合触点断开,动断触点闭合。在线圈两端施加电压,线圈中就流过电流,产生电磁效应,衔铁就会在电磁力吸引的作用下克服返回弹簧的拉力吸向铁芯,带动衔铁的动触点与静触点吸合。当线圈断电后,电磁的吸力消失,衔铁在弹簧反作用力返回原来的位置,使动触点与原来的静触点吸合,使电路导通、切断。典型的JL14系列交直流继电器技术数据见表4-31。

表4-31 典型的JL14系列交直流继电器技术数据

电流种类	型 号	吸引线圈额定电流/A	吸合电流调整范围	触点组合形式	用途
直流	JL14 - □□Z; JL14 - □□ZS	1, 1.5, 2.5, 5, 10, 15, 25, 40, 60, 300,600,1200, 1500	70%~300%I_N	3 常开;3 常闭;2 常开,1 常闭;1 常开,2 常闭	在控制电路中过电流或欠电流保护用
	JL14 - □□ZO		30%~65%I_N或释放电流在10%~20%I_N范围	1 常开,1 常闭	
交流	JL14 - □□J JL14 - □□JS		110%~400%I_N	2 常开;2 常闭;1 常开,1 常闭	
	JL14 - □□JG			1 常开,1 常闭	

3）电压继电器

电压继电器通常用于自动控制电路中,相当于用较小的电流控制较大电流的一种"自动开关",起自动调节、安全保护、转换电路等作用。主要用于发电机、变压器和输电线的继电保护装置中,作为过电压保护或低电压闭锁的启动原件。

当电路中电压达到预定值时而动作的继电器,结构与电流继电器基本相同,只是电磁铁线圈的匝数很多,使用时与电源并联。广泛应用于失压和欠压保护,所谓失压和欠压保护,就是当电源电压降低过多或暂时停电时,电路自动与电源断开;当电源电压恢复时,如不重按启动按钮,则电路不能自行接通。如果不是采用继电器控制,而是直接用闸刀开关手动控制,由于在停电时未及时拉开开关,当电源电压恢复时,电动机即接通,负载就开始工作,可能造成事故。另外还有过电压继电器,当电路电压超过一定值时,因电磁铁吸力而切断电源的继电器,用于过电压保护。

按形态可分为电磁式电压继电器和静态电压继电器;按结构类型可分凸出式固定结构、凸出式插拔式结构、嵌入式插拔结构、导轨式结构等;按电压动作类型可分为过电压继电器和欠压电压继电器;按使用方式可分为有辅助源和无辅助源电压继电器。另外还有直流电压继电器、三相电压继电器、负序电压继电器、带延时功能的电压继电器等。

电磁式电压继电器分为凸出式固定结构、凸出式插拔式结构、嵌入式插拔结构等,有透明的塑料外罩,可以观察继电器的整定值和规格。继电器系电磁式,瞬时动作,磁系统有两个线圈,可以根据需要串并联,使继电器整定范围变化1倍。

继电器铭牌的刻度值及额定值对于电流继电器是线圈串联时的电流(A);对于电压继电器是线圈并联时的电压(V)。转动刻度盘上的指针,改变游丝的反作用力矩可以改变继电器的动作值。

对于过电压继电器,电压升至整定值或大于整定值时,继电器动作,动合触点闭合,动断触点断开。当电压降低到0.8倍整定值时,继电器返回,动合触点断开,动断触点闭合,对低电压继电器;当电压降低到整定电压时,继电器动作,动合触点断开,动断触点闭合。

4) 中间继电器

用于继电保护与自动控制系统中,增加触点的数量及容量,在控制电路中传递中间信号。中间继电器的结构和原理与交流接触器基本相同,但中间继电器的触头只能通过小电流,只能用于控制电路中,触点数量比较多。

中间继电器动作电压,不大于70%额定值;返回电压不小于5%额定值;动作时间不大于0.02s;返回时间不大于0.02s;电气寿命在正常负荷下不低于1万次;直流回路功率消耗不大于4W,交流回路功率消耗不大于5VA;触点容量:在电压不超过250V、电流不超过1A的直流有感负荷中,断开容量为50W;在电压不超过250V、电流不超过3A的交流回路中为250VA,允许长期接通5A电流。典型的Z7系列中间继电器最为常用,其主要参数见表4-32。

表4-32　典型的JZ7系列中间继电器的主要参数

型　号	触点额定电压/V	触点额定电流/A	触点对数		吸引线圈电压/V（交流50Hz）	额定操作频率/（次/h）	线圈消耗功率/（VA）	
			常开	常闭			启动	吸持
JZ7 - 44	500	5	4	4	12,36,127,220,380	1200	75	12
JZ7 - 62	500	5	6	2			75	12
JZ7 - 80	500	5	8	0			75	12

5) 时间继电器

时间继电器就是利用某种原理实现触点延时动作的自动电器,经常用于时间控制原则进行控制的场合。主要有空气阻尼式、电磁阻尼式、电子式和电动式。

(1) 延时方式。通电延时—接收输入信号后延迟一定的时间,输出信号才变化。当输入信号消失后,输出瞬时复原。断电延时—接收输入信号时,瞬时产生输出信号,当输入信号消失后,延迟一定时间,输出才复原。

(2) 结构与参数。空气阻尼式时间继电器利用空气阻尼原理获得延时,由电磁系统、延时机构和触点三部分组成。空气阻尼式时间继电器的结构原理如图4-38所示。

当衔铁位于铁芯和延时机构之间时为通电延时;当铁芯位于衔铁和延时机构之间时为断电延时,只要改变电磁机构的安装方向,就可以实现不同方式的延时。

图4-39为空气阻尼式时间继电器的图形符号,图4-40为JS7系列空气阻尼式时间继电器的外形,JS7-A系列空气阻尼式时间继电器的基本技术参数见表4-33。

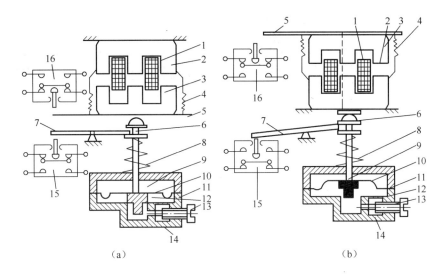

(a) （b)

图 4-38　空气阻尼式时间继电器的结构原理

(a)通电延时型;(b)断电延时型。

1—线圈;2—铁芯;3—衔铁;4—反力弹簧;5—推板;6—活塞杆;7—杠杆;8—塔形弹簧;9—弱弹簧;

10—橡皮膜;11—空气室壁;12—活塞;13—调节螺钉;14—进气孔;15,16—微动开关。

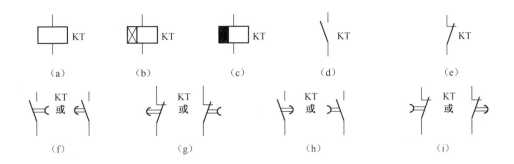

图 4-39　空气阻尼式时间继电器的图形符号

(a)线圈一般符号;(b)通电延时线圈;(c)断电延时线圈;(d)瞬时闭合常开触点;(e)瞬时断开常闭触点;

(f)延时闭合常开触点;(g)延时断开常闭触点;(h)延时断开常开触点;(i)延时闭合常闭触点。

图 4-40　JST 系列空气阻尼式时间继电器的外形

表 4-33　JS7-A 系列空气阻尼式时间继电器的基本技术参数

型　号	吸引线圈电压/V	触点额定电压/V	触点额定电流/A	延时范围/s	延时触点				瞬动触点	
					通电延时		断电延时		常开	常闭
					常开	常闭	常开	常闭		
JS7－1A	24，36，110，127，220,380,420	380	5	0.4~60 及 0.4~180	1	1	—	—	—	—
JS7－2A					1	1	—	—	1	1
JS7－3A					—	—	1	1	—	—
JS7－4A					—	—	1	1	1	1

空气阻尼式时间继电器的延时范围较宽,一般为 0.4~180s,结构简单,寿命长,价格低。但延时误差较大,无调节刻度指示,无延时精度,适用于对延时精度要求不高的场合。

（3）故障及处理。空气阻尼式时间继电器常见的故障现象、可能原因及处理方法见表 4-34。

表 4-34　空气阻尼式时间继电器的常见故障、可能原因及处理方法

故障现象	可能原因	处理方法
延时触点不动作	1. 电磁铁线圈断线。 2. 电源电压低于线圈额定电压很多	1. 更换线圈。 2. 更换线圈或调高电源电压
延时时间缩短	1. 时间继电器的气室装配不严,漏气。 2. 继电器的气室内橡皮薄膜损坏	1. 修理或调换气室。 2. 调换橡皮薄膜
延时时间变长	气室内有灰尘,气道阻塞	清除气室内灰尘,气道畅通

另外,还有一种晶体管时间继电器,延时范围宽、精度高、体积小、耐冲击、耐振动、调节方便、寿命长,应用广泛。JS20 系列晶体管时间继电器的型号表示如图 4-41 所示,晶体管时间继电器的外形如图 4-42 所示,晶体管时间继电器接线图如图 4-43 所示,某种型号的晶体管时间继电器原理如图 4-44 所示,常用的 JS14A 系列晶体管时间继电器技术数据见表 4-35。

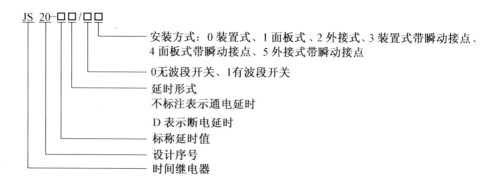

图 4-41　JS20 系列晶体管时间继电器的型号表示

图 4-42　晶体管时间继电器的外形图

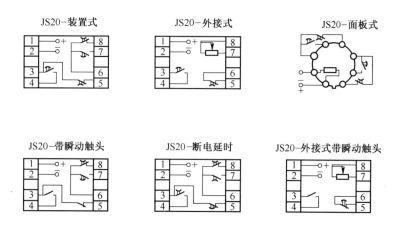

图 4-43　晶体管时间继电器接线图

　　晶体管时间继电器是由稳压电源、分压器、延时电路、触发器和执行机构继电器等组成，接通电源后，由电位器、电容组成 R、C 延时电路，充电经延迟时间后，延时电路中电容 C 的电压略高于触发器的门限电位，推动电磁继电器动作，接通或断开外电路，电路定时动作。

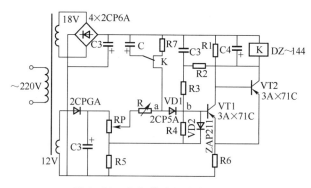

图 4-44　晶体管时间继电器原理

表 4-35　JS14A 系列晶体管时间继电器技术数据

型号	结构形式		延时范围/s	工作电压/V	触点数量		复位时间/s
					常开	常闭	
JS14A-□/□	交流	装置式	1、5、10、30、60、120、180、240、300、600、900	AC36、110、127、220;DC24	2	2	1
JS14A-□/□M		面板式			2	2	
JS14A-□/□Y		外接式			1	1	
JS14A-□/□Z	直流	装置式			2	2	
JS14A-□/□ZM		面板式			2	2	
JS14A-□/□ZY		外接式			1	1	

课堂练习

（1）中间继电器实际上就是电压继电器,将检测的电压固定后作为工作电压,中间继电器的特点是触点多,可以作为控制逻辑转换及放大功率用,请举例说明。

（2）在学习 PLC 课程时,一般的教材中 PLC 控制系统输入输出原理图中,是否可以直接驱动负载? 请说明原因,并提出具体的解决方案。

（3）时间继电器的触点有几种控制方式? 气囊式时间继电器也是常用于电路中,查阅资料,气囊式时间继电器的组成及设定精度如何?

10. 其他类型继电器

继电器的种类很多,如保护用的热继电器、温度继电器,控制用的速度继电器,还有相序继电器、信号继电器等,这里再介绍常用的继电器。

1）热继电器

（1）组成与原理。热继电器是利用电流的热效应原理,实现长期运行中电动机的过载保护和断相保护。主要由热元件、双金属片和触点三部分组成,图 4-45 为是热继电器的结构示意图。双金属片是热继电器的感测元件,由两种线膨胀系数不同的金属片组成。热元件串联在电动机定子绕组中,电动机正常工作时,热元件发热虽然使双金属片弯曲,但不能使继电器动作。当电动机过载时,流过热元件电流增大,经过一定时间后,双金属片变形推动导板使继电器触点动作,切断电动机的控制线路。当电动机出现断相时,热继电器的导板采用差动机构,如图 4-45（b）所示,其中两相电流增大,一相逐渐冷却,使热继电器的动作时间缩短,更有效保护电动机。图 4-46 为热继电器的图形符号,图 4-47 为几种常用的热继电器外形图。

常用的热继电器有 JR14,JR15,JR16,JRS1,JR20 等系列,引进产品有 T,3UP,LR1-D 等系列。JR20,JRS1 系列具有断相保护、温度补偿、整定电流值可调、手动脱扣、手动复位、动作后的信号指示灯功能。安装方式上除采用分立结构外,还增设了组合式结构,可通过导电杆与挂钩直接插接,可直接电气连接在 CJ20 接触器上。常见的 JR16 系列热继电器的主要技术参数见表 4-36。

（2）选用原则。根据所保护电动机特性、工作条件,使热继按秒特性位于电动机过载特性之下,并尽可能接近或重合,电机在短时过载和启动瞬间（5~6）I_e 时不受影响,保护电动机过载。

116

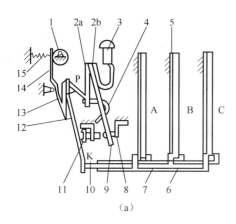
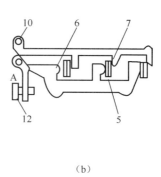

(a)   (b)

图 4-45 热继电器的结构示意图

1—电流调节轮;2a、2b—簧片;3—复位按钮;4—弓簧;5—双金属片;6—外导板;7—内导板;8—静触点;

9—动触点;10—杠杆;11—调节螺钉;12—补偿双金属片;13—推杆;14—连杆;15—压簧。

图 4-46 热继电器的图形符号

(a)热继电器的驱动器件;(b)常闭触点。

JR16系列热继电器   JRS5系列热继电器   JRS1系列热继电器

图 4-47 几种常用的热继电器外形图

① 一般情况。大多数是热继电器的整定等于电动机额定电流,也可以稍微大于电动机的额定电流。

② 电动机长期或间断长期工作。根据启动时间,选 $6I_e$ 下具有相应可返回时间的热继电器;通常 $6I_e$ 下热继可返回时间与动作时间关系是

$$t_R = (0.5 \sim 0.7) t_V$$

式中　t_N——继电器在 $6I_e$ 的可返回时间(s);

　　　t_V——继电器在 $6I_e$ 的动作时间(s)。

③ 缺相保护。对 Y 连接电动机选 3 极热继电器;△连接电动机选带断相保护热继电器。

表 4-36　JR16 系列热继电器的主要技术参数

型　号	额定电流/A	热元件规格	
		额定电流/A	电流调节范围/A
JR16 - 20/3 JR16 - 20/3D	20	0.35 0.5 0.72 1.1 1.6 2.4 3.5 5 7.2 11 16 22	0.25~0.35 0.32~0.5 0.45~0.72 0.68~1.1 1.0~1.6 1.5~2.4 2.2~3.5 3.5~5.0 6.8~11 10.0~16 14~22
JR16 - 60/3 JR16 - 60/3D	60 100	22 32 45 63	14~22 20~32 28~45 45~63
JR16 - 150/3 JR16 - 150/3D	150	63 85 120 160	40~63 53~85 75~120 100~160

④ 三相与两相。对电动机过载保护两者效果相同,但电动机断相保护时不宜选两相;多台电动机功率差别比较显著、电源电压显著不平衡、Y-△联结电源变压器一次侧断线时不选两相。

⑤ 电动机反复短时工作。当电动机启动电流 $6I_e$、启动时间 1s,满载工作、通电持续率 60% 时每小时允许操作低于 40 次;频率过高,选带速饱和电流互感器的热继电器或过流继电器。

⑥ 电动机正反转及频繁通断。不用热继电器,选埋入式半导体热敏电阻式等温度继电器。

热继电器主要用于电动机的过载保护,使用中应考虑电动机的工作环境、启动情况、负载性质等因素,不同的情况选择不同的热继电器。

(3) 具体选择。

① 热继电器结构形式的选择:Y 接法的电动机可选用两相或三相结构热继电器;△接法的电动机应选用带断相保护装置的三相结构热继电器。

② 热元件额定电流一般按下式确定:

$$I_N = (0.95 \sim 1.05)I_{mN}$$

式中　I_N——热元件整定电流;

I_{MN}——电动机的额定电流。

118

对于工作环境恶劣、启动频繁的电动机,按下式确定:

$$I_N = (1.15 \sim 1.5)I_{mN}$$

（4）热继电器的故障及处理。热继电器常见的故障现象、可能原因及处理方法,见表4-37。

表4-37　热继电器的常见故障、可能原因及处理方法

故障现象	可能原因	处理方法
热继电器误动作或动作太快	1. 整定电流偏小。 2. 操作频率过高。 3. 连接导线太细	1. 调大整定电流。 2. 调换热继电器或限定操作频率。 3. 选用标准导线
热继电器不动作	1. 整定电流偏大。 2. 热元件烧断或脱焊。 3. 导板脱出	1. 调小整定电流。 2. 更换热元件或热继电器。 3. 重新放置导板并试验动作灵活性
热元件烧断	1. 负载侧电流过大。 2. 反复。 3. 短时工作。 4. 操作频率过高	1. 排除故障调换热继电器。 2. 限定操作频率或调换合适的热继电器
主电路不通	1. 热元件烧毁。 2. 接线螺钉未压紧	1. 更换热元件或热继电器。 2. 旋紧接线螺钉
控制电路不通	1. 热继电器常闭触点接触不良或弹性消失。 2. 手动复位的热继电器动作后,未手动复位	1. 检修常闭触点。 2. 手动复位

2）速度继电器

（1）组成与原理。速度继电器是反映转速与转向变化的继电器。可以按照被控电动机的转速,控制电路接通或断开。速度继电器常与接触器相配合,实现电动机的反接制动。图4-48为速度继电器的结构示意图,图4-49为速度继电器的外形图。

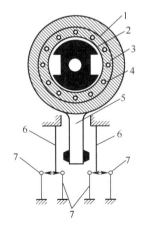

图4-48　速度继电器的结构示意图
1—转轴;2—转子;3—定子;4—绕组;
5—胶木摆杆;6—动触点;7—静触点。

图4-49　速度继电器的外形图

119

速度继电器的转轴 1 和电动机的轴通过联轴器相连,当电动机转动时,速度继电器的转子 2 随之转动,定子 3 内的绕组便切割磁感线,感应电动势、感应电流,该电流与转子磁场作用形成转矩,使定子 3 转动。当电动机的转速达到某值时,产生的转矩使定子转到一定角度,摆杆 5 推动常闭触点动作;当电动机转速低于某值或停转时,定子 3 产生的转矩减小或消失,触点在弹簧作用下复位。速度继电器的图形符号如图 4-50 所示。

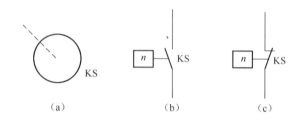

图 4- 50　速度继电器的图形符号
(a)转子;(b)常开触点;(c)常闭触点。

（2）技术参数。常用的速度继电器有 JY1 型和 JFZ0 型,一般速度继电器的动作速度为 120r/min,触点复位速度值为 l00r/min。在连续工作制中,能可靠地工作在 1000～3600r/min,允许操作频率每小时不超过 30 次。JY1、JFZ0 系列速度继电器的主要参数见表 4-38。

表 4-38　JY1、JFZ0 系列速度继电器的主要参数

型号	触点额定电压/V	触点额定电流/A	触点 数 量		额定工作转速/(r/min)	允许操作频率/次
			正转时动作	反转时动作		
JY1 JFZ0	380	2	1 常开 0 常闭	1 常开 0 常闭	100～3600 300～3600	<30

速度继电器主要根据电动机的额定转速来选择。使用时,速度继电器的转轴应与电动机同轴连接;安装接线时,正反向的触点不能接错,否则不能起到反接制动时接通和断开反向电源的作用。

（3）故障及处理。速度继电器的常见故障、可能原因及处理方法,见表 4-39。

表 4-39　速度继电器的常见故障、可能原因及处理方法

故 障 现 象	可 能 原 因	处 理 方 法
制动时速度继电器失效,电动机不能制动	1. 速度继电器胶木摆杆断裂。 2. 速度继电器常开触点接触不良。 3. 弹性动触片断裂或失去弹性	1. 调换胶木摆杆。 2. 清洗触点表面油污。 3. 调换弹性动触片

3）温度继电器

当外界温度达到给定值时而动作的继电器,为通接触感应式密封温度继电器,应用广泛温度继电器的外形如图 4-51 所示。常见的 JUC-1M 温度继电器为通接触感应式密封温度继电器,体积小、重量轻、控温精度高,通用性极强,可供航空航天、监控摄像设备、电机、电器设备及其他行业做温度控制和过热保护用。当被保护设备达到规定温度的值时,

120

继电器立即工作达到切断电源保护设备安全的目的。

图 4-51 温度继电器的外形

按温度划分,0~300℃,每隔5℃为一个等级规格。

按动作性质可以分为常开型和常闭型。

按材质可以分为电木体、塑胶体、铁壳体和陶瓷体。

课堂练习

(1) 热继电器常用于三相交流鼠龙电动机的过载保护,热继电器的保护电流如何整定?

(2) 请叙述热继电器的工作原理,如果三相交流鼠笼电动机发生过载,热继电器是否会立即动作? 如果三相交流鼠笼电动机发生过载,热继电器动作,电动机停止,立即再合上电源,电动机是否能够工作? 请分析原因。

(3) 查阅资料,简单举例说明温度继电器的应用。

11. 主令电气

主令电气是在电路中向其他元件发出命令的电气,常用的有按钮、行程开关、转换开关等。

1) 按钮

按钮通常用来接通或断开小电流的控制电路,间接控制电动机或其他电气设备的运行,结构简单,控制方便,广泛应用于低压控制电路中。

(1) 结构。按钮由按钮帽、复位弹簧、桥式触点和外壳等组成,结构示意图如图 4-52 所示,1、2 为常闭触点,3、4 为常开触点,在外力作用下,常闭触点先断开,常开触点再闭合;复位时,常开触点先断开,常闭触点再闭合。图 4-53 为按钮的外形,按钮的图形符号如图 4-54 所示。

按钮开关的结构种类很多,可分为普通揿钮式、蘑菇头式、自锁式、自复位式、旋柄式、带指示灯式、带灯符号式及钥匙式等,有单钮、双钮、三钮及不同组合形式,一般采用积木式结构,由按钮帽、复位弹簧、桥式触头和外壳等组成,通常做成复合式,有一对常闭触头和常开触头。自持式按钮,按下后即可自动保持闭合位置,断电后才能打开。

通常每一个按钮开关有两对触点。每对触点由一个常开触点和一个常闭触点组成。当按下按钮,两对触点同时动作,常闭触点断开,常开触点闭合。

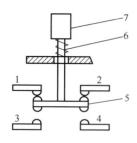

图 4-52　按钮的结构示意图

1,2—常闭触点;3,4—常开触点;5—桥式触点;
6—复位弹簧;7—按钮帽。

图 4-53　按钮的外形

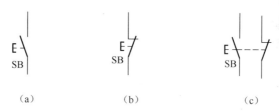

（a）　　　　　　　（b）　　　　　　　（c）

图 4-54　按钮的图形符号

（a）常开触点;（b）常闭触点;（c）复合触点

（2）功能与参数。

按用途和结构的不同,分为启动按钮、停止按钮和复合按钮等,所谓复合按钮是一个按钮的常开和常闭触点同时用到。

按使用场合、作用,通常将按钮帽做成红、绿、黑、黄、蓝、白、灰等颜色。国家标准GB 5226.1—2008 对按钮帽颜色的规定,"停止"和"急停"按钮是红色;"启动"按钮是绿色;"启动"与"停止"交替动作的按钮是黑白、白色或灰色;"点动"按钮必须是黑色;"复位"按钮是蓝色。实际电路设备中,"停止"和"急停"按钮是红色;"启动"按钮的颜色为绿色很严格,其他可以选择。

常用的按钮有 LA18、LA19、LA20、LA25 和 LAY3 等系列。表 4-39 为 LA19 系列按钮的技术参数。

表 4-40　LA19 系列按钮的技术参数

型号规格	额定电压/V		约定发热电流/A	额定工作电流		信号灯		触点对数		结构形式
	交流	直流		交流	直流	电压/V	功率/W	常开	常闭	
LA19 - 11	380	220	5	380V/ 0.8A	220V/ 0.3A			1	1	一般式
LA19 - 11D	380	220	5			6	1	1	1	带指示灯式
LA19 - 11J	380	220	5	220V/ 1.4A	110V/ 0.6A			1	1	蘑菇式
LA19 - 11DJ	380	220	5			6	1	1	1	蘑菇带灯式

（3）选择。按钮主要根据使用场合、用途、控制需要及工作状况等进行选择。

① 根据使用场合,选择控制按钮的种类,如开启式、防水式、防腐式等。

② 根据用途,选用合适的形式,如钥匙式、紧急式、带灯式等。

③ 根据控制回路的需要,确定不同的按钮数,如单钮、双钮、三钮、多钮等。

④ 根据工作状态指示和工作情况的要求,选择按钮及指示灯的颜色。

（4）故障及处理。按钮的常见故障、可能原因及处理方法见表4-41。

表4-41 按钮的常见故障可能原因及处理方法

故障现象	可能原因	处理方法
按下启动按钮时有触电感觉	1. 按钮的防护金属外壳与连接导线接触。 2. 按钮帽缝隙间有铁屑,其与导电部分形成通路	1. 检查按钮内连接导线。 2. 清理按钮及触点
按下启动按钮,不能接通电路,控制失灵	1. 接线头脱落。 2. 触点磨损松动,接触不良。 3. 动触点弹簧失效,接触不良	1. 检查启动按钮连接线。 2. 检修触点或调换按钮。 3. 重绕弹簧或调换按钮
按下停止按钮,不能断开电路	1. 接线错误。 2. 尘埃或机油等流入按钮形成短路。 3. 绝缘击穿短路	1. 更改接线。 2. 清扫按钮并相应采取密封措施。 3. 调换按钮

2）行程开关

（1）功能。作用原理与按钮类似,在电气控制系统中,位置开关实现顺序控制、定位控制和位置状态的检测,用于控制机械设备的行程及限位保护。

实际中,将行程开关安装在预先确定的位置,当安装于设备运动部件上的模块撞击行程开关时,行程开关的触点动作,实现电路切换。

行程开关可以安装在相对静止的物体如固定架、门框等,也可安装于运动的物体如行车、门等。

（2）结构。行程开关一般由操作头、触点系统和外壳组成,结构示意图如图4-55所示。操作头接受设备发出的动作信号,并传递到触点系统,触点再将操作头传递来的动作指令或信号通过本身的结构功能变成电信号,输出到有关控制回路。图4-56为行程开关的图形符号。

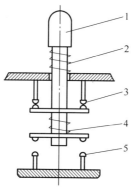

图4-55 行程开关结构示意图

1—顶杆;2—弹簧;3—常闭触点;4—触点弹簧;5—常开触点。

123

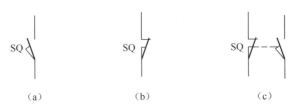

图 4-56　行程开关的图形符号

(a)常开触点;(b)常闭触点;(c)复合触点。

　　行程开关的种类很多,常用的行程开关有按钮式、单轮旋转式、双轮旋转式行程开关,它们的外形如图 4-57 所示,其中图 4-57(a)、(b)为自动复位,图 4-57(c)的触点必须依靠反向碰撞后复位。

图 4-57　行程开关的外形

(a)按钮式;(b)单轮旋转式;(c)双轮旋转式。

　　(3) 型号与参数。行程开关较为常用的有 LXW5、LX19、LXK3、LX32、LX33 等系列。LX19 系列行程开关的技术参数见表 4-42。

表 4-42　LX19 系列行程开关的技术参数

型　　号	触点数量		额定电压/A		额定电流/A	触点换接时间/s	动作行程/mm 或角度
	常开	常闭	交流	直流			
LX19 - 001							1.5~3.5mm
LX19 - 111							≤30°
LX19 - 121							
LX19 - 131	1	1	380	220	5	≤0.4	
LX19 - 212							≤60°
LX19 - 222							
LX19 - 232							

　　(4) 选择。行程开关在选用时,应根据不同的使用场合,满足额定电压、额定电流、复位方式和触点数量等方面的要求。

　　① 根据安装环境,选择行程开关的防护形式,如开启式、防护式等。

　　② 根据控制回路的电压和电流选择采用何种系统的行程开关。

③ 根据机械和行程开关的传力与位移关系选择合适的头部结构形式。

3）主令控制器

又称主令开关,主要用于电气传动装置中,按一定顺序分合触头,发出命令或其他控制线路联锁、转换。频繁接通和切断电路,常配合磁力起动器对绕线式异步电动机的启动、制动、调速及换向等远距离控制,广泛用于起重设备拖动电动机的控制系统中。

其由触头系统、操作机构、转轴、齿轮减速机构、凸轮、外壳等组成。动作原理与万能转换开关相同,由凸轮控制触头的关、合。与万能转换开关比较,触点容量较大、操纵挡位较多,外形如图 4-58 所示,某种主令控制器的型号表示如图 4-59 所示。

图 4-58　主令控制器的外形

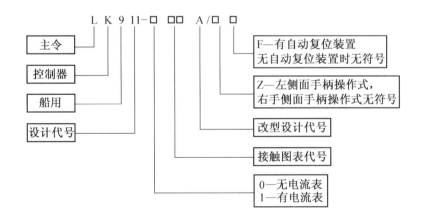

图 4-59　主令控制器的型号表示

不同形状凸轮的组合,使触头按一定顺序动作,凸轮的转角由控制器的结构决定,凸轮数量的多少取决于控制线路。主令控制器控制对象是二次电路,触头工作电流不大。

某型号的凸轮控制器接线见表 4-43。

表 4-43　某型号的凸轮控制器接线图

触头	向后						0	向前					
	6	5	4	3	2	1		1	2	3	4	5	6
—K1							×						
K2—	×	×	×										
—K3				×	×	×		×	×	×	×	×	×
K4—	×	×	×	×	×			×	×	×	×	×	×
—K5	×	×	×										
K6—				×	×	×							
—K7	×	×	×		×	×		×	×	×	×	×	×
K8—					×				×	×			
—K9	×	×								×			
K10—	×										×	×	×
—K11	×											×	×
K12—	×												×

第三部分　掌握常见低压电气元件的选用

根据前面的下达任务,通过前面的学习,我们已经了解并掌握了常用的低压电器元件的原理、特点和选用。

本部分将训练学习的效果,对于常见的电气原理图,我们不再仅仅简单的讨论工作原理,而是实现控制电路的目的,对线路中的每个低压元件,根据工作要求进行选择型号、参数,并确定工作条件。

一、电机运行控制

图 4-60 是常见的电动机的正反转控制电路,平时上课我们一般只讨论这个电路的工作过程。电路中有很多的元件,功能作用已经很清楚了,但这些元件都有具体的技术参数,如何选择产品的型号与参数,是我们掌握学习的知识的目的。

（1）电路构成。任何电路基本由三个部分构成,即主回路、控制回路和保护回路,对于简单的电路,可能没有具体的保护回路,但必须有保护环节。

所谓主回路,就是能量转移传输的电路,控制回路就是对主回路进行的控制,保护回路,是对整个电路进行的保护,保证电路安全可靠工作,如发生故障,要能够切断电路,保证安全。

（2）请分析图 4-60 中电动机的正反转控制电路的三个组成部分。

（3）请分析图 4-60 中电动机的正反转控制电路的三个组成部分的主要电气元件、作用。

（4）假设这个电路的被控对象电动机是三相异步交流电动机,工作电源电压时 380VAC,电动机的额定功率是 30kW,控制回路的工作电压也是 380VAC,请确认各个元件的技术参数,并叙述确认的过程。

① 被控对象的电流确定。首先确定被控对象的电流,就是电动机在额定工作状态时,正常的工作电流。额定工作状态指额定的工作电压、额定的负载条件下的电流。

② 主回路元件的确定。主回路中的元件有 QS、KM1、KM2,保护元件有 FR,根据电流

选择这些元件,前面的资料已经很全面。

③ 控制回路的元件有 SB1、SB2、SB3,这几个元件的选择比较简单。

④ 保护环节的元件有 FR、FU 等,也要根据前面的技术资料进行计算选择,其中 FR 的整定值如何确定?

⑤ 假设断路器 QS 用封闭式负荷开关代替,应当如何确定技术参数?

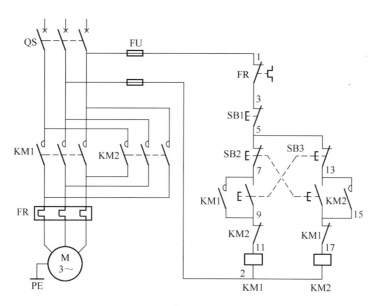

图 4-60 电动机的正反转控制电路

二、小车循环往复控制

这个控制电路是电动机正反转的具体应用,在控制电路中增加了两个行程开关 SQ1、SQ2。控制电路如图 4-61 所示。

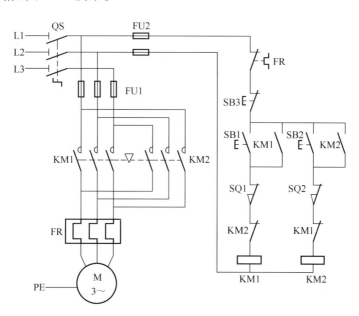

图 4-61 小车循环往复控制电路

127

（1）行程开关 SQ1、SQ2 安装在工作平台的两个极限位置,结合行程开关的工作原理,请分析这个电路的工作过程。

假设这个电路的被控对象电动机是三相异步交流电动机,工作电源电压时 380VAC,控制回路的工作电压也是 380VAC,电动机的额定功率是 3kW,请确认各个元件的技术参数,并叙述确认的过程。

（2）用行程开关控制往复运动,实际上技术控制电机的正反转,但电动机的频繁正反转造成转子电流较大,可能影响电动机的寿命,如何采取保护措施?

（3）假设控制电路的电源电压是 220VAC,则控制回路如何实现? 元件的技术参数如何确定?

（4）假设此电路频繁工作,FR 的整定值如何确定?

任务2 熟悉常用的低压成套电气设备

第一部分 任务内容下达

前面已经介绍了常用的低压电器元件的基本知识,在本任务中,我们将根据低压电器元件的技术条件,构成实际的电气控制设备或装置,这类装置必须符合相关的标准,因此引入了新的内容即低压成套电气设备。

低压成套电气设备在工厂企业应用非常广泛,即电源来自具体的供电设备。这部分的内容紧密结合生产实际,通过学习将直接了解工厂企业的设备供电条件。

前面的任务中介绍了工厂用电容量的计算、输配电线路等知识,电能的传输与分配最终由成套电气设备才能实现。在本任务中,我们要学习常用的低压成套电气设备知识、技术条件和选用方式,了解并掌握基本的设备维护知识。

第二部分 任务分析及知识介绍

一、认识常用低压成套电气设备

所谓的成套电气设备,是指由一个或多个开关电器和相应的控制、保护、测量、调节装置,以及所有内部的电气、机械的相互连接和结构部件组成的成套配电装置,称为成套电气设备。成套电气设备分为低压成套电气设备和高压成套电气设备。

由一个或多个低压开关电器和相应的控制、保护、测量、信号、调节装置,以及所有内部的电气、机械的相互连接和结构部件组成的成套配电装置,称为低压成套开关设备。

低压成套电气设备广泛应用于发电厂、变电站、企业及各类电力用户的低压配电系统中,作为照明、配电、和电动机控制中心、无功补偿等的电能转换、分配、控制、保护和检测。低压开关柜适用于发电厂、石油、化工、冶金、纺织、高层建筑等行业,作为输电、配电及电能转换之用。产品符合 IEC 439,GB 7251.1—2005《低压成套开关设备》的规定,我国规定,从 2003 年 5 月 1 日开始,低压元器件及成套开关设备必须通过国家 CCC 认证(3C 认证),才能生产、销售,实际上由于当时国内的具体情况,2003 年 8 月 1 日开始,低压元器件及成套开关设备必须通过国家 CCC 认证。

国家标准 GB 7251.1—2005《低压成套开关设备》已经被 GB 7251.1—2013 替代,考虑到学习产品的特性知识，本任务继续按照标准 GB 7251.1—2005 介绍。

本任务的实施，就是要学习并掌握电能的传输是由成套设备完成的知识，而成套设备是由低压电气元件按照功能、规范构成的。

二、认识标准的概念

1. 关于标准

任何产品必须按照标准生产，成套电气设备由一个或多个开关电器和相应的控制、保护、测量、调节装置，以及所有内部的电气、机械的相互连接和结构部件组成的成套配电装置，构成了新的产品，具备自身的功能特点、性能参数，因此，必须符合相应的标准。标准是知识产权的重要内容。

所谓标准，国家标准 GB 3935.1—83 标准化基本术语有定义："标准是对重复性事物和概念所做的统一规定。它以科学、技术和实践经验的综合成果为基础，经有关方面协商一致，由主管机构批准，以特定形式发布，作为共同遵守的准则和依据。"该定义包含以下几个方面的含义。

1）标准的本质属性是一种"统一规定"

这种统一规定是作为有关各方"共同遵守的准则和依据"。《中华人民共和国标准化法》规定，我国标准分强制性标准和推荐性标准。强制性标准必须严格执行，全国统一，如食品标准和药品标准，以 GB/Q 为代号。推荐性标准国家鼓励企业自愿采用，大部分工业产品属于推荐性标准范畴，以 GB/T 为代号。但推荐性标准如经协商，并计入合同或企业向用户作出明示担保，有关各方必须执行。

2）标准制定的对象是重复性事物和概念

"重复性"指同一事物或概念反复多次出现的性质。如批量生产的产品在生产过程中重复投入、重复加工、重复检验等；同一类技术管理活动中反复出现同一概念的术语、符号、代号等被反复利用等。只有当事物或概念具有重复出现的特性并处于相对稳定时才有制定标准的必要，使标准作为今后实践的依据，以最大限度地减少不必要的重复劳动，又能扩大"标准"重复利用范围。

3）标准产生的客观基础是"科学、技术和实践经验的综合成果"

标准既是科学技术成果，又是实践经验的总结，并且这些成果和经验都是经过分析、比较、综合和验证基础上规范化，制定出来的标准才能具有科学性。

4）制定标准过程要经多方协商一致

制定标准，要考虑区域范围、行业特点等因素，要发扬技术民主，与有关方面充分协商一致，做到"三稿定标"，即征求意见稿、送审稿、报批稿。如制定产品标准不仅要有生产部门参加，还应有用户、科研、检验等部门参加共同讨论研究，"协商一致"，制定出来的标准才具有权威性、科学性和适用性。

5）标准文件有特定格式和制定颁布的程序

标准的编写、印刷、幅面格式和编号、发布的统一，既可保证标准的质量，又便于资料管理，体现了标准文件的严肃性。所以，标准必须"由主管机构批准，以特定形式发布"。标准从制定到批准发布的一整套工作程序和审批制度，是使标准本身具有法规特性的表现。

2. 关于标准化

GB 3935.1 对标准化的定义是："在经济、技术、科学及管理等社会实践中，对重复性

事物和概念通过制定、发布和实施标准,达到统一,以获得最佳秩序和社会效益。"含义如下:

(1)标准化是一项活动过程,这个过程是由三个关联的环节组成,即制定、发布和实施标准。标准化三个环节的过程需符合《中华人民共和国标准化法》。

(2)这个活动过程是永无止境的循环上升过程。即制定标准,实施标准,在实施中随着科学技术进步对原标准适时进行总结、修订,再实施。每循环一周,标准就上升到一个新水平,充实新内容,产生新效果。

(3)这个活动过程在广度上是一个不断扩展的过程。如过去只制定产品标准、技术标准,现在又要制定管理标准、工作标准。

(4)标准化的目的是"获得最佳秩序和社会效益"。最佳秩序和社会效益可以体现在多方面,如在生产技术管理和各项管理工作中。

3. 关于标准的层次

标准的制定分三个层次,即国家标准、行业标准和企业标准,其中国家标准是对产品或服务的全国性使用的标准;行业标准是在没有国家标准的前提下,在某个行业使用的标准,如机械行业、船舶行业标准等;在没有国家标准、行业标准时,企业根据产品及服务需要,可以制定企业标准。企业标准必须得到相应的质量技术学原部门批准备案后,方可实施。

另外,根据地区的同类产品和服务特点,可以制定地方标准。

4. 关于电气标准

电器产品很多,必须符合相应的标准,如 GB 7251 标准是低压成套电气设备标准,这里就是按此标准内容,介绍低压成套电气设备的有关知识。

三、低压成套开关设备的分类

低压成套开关设备种类繁多,使用场所广泛,在整个低压电网的各级配电系统中都要用到低压成套开关设备。现在简单介绍一下低压成套开关设备类型。

1. 按供电系统的要求和使用的场所分类

1)一级配电设备

一级配电设备统称为动力配电中心(PC),俗称为低压开关柜,也叫低压配电屏。它们集中安装在变电所,把电能分配给不同地点的下级配电设备。这一级设备紧靠降压变压器,故电气参数要求较高,输出电路容量也较大。

2)二级配电设备

二级配电设备是动力配电柜和电动机控制中心(MCC)的统称。这类设备安装在用电比较集中、负荷比较大的场所,如生产车间、建筑物等场所,对这些场所进行统一配电,即把上一级配电设备某一电路的电能分配给就近的负荷。动力配电柜使用在负荷比较分散、回路较少的场合。MCC 用于负荷集中、回路较多的场合。这级设备应对负荷提供控制、测量和保护。

3)末级配电设备

末级配电设备是照明配电箱和动力配电箱的统称。远离供电中心,是分散的小容量配电设备,对小容量用电设备进行控制、保护和监测。

2. 按 GB 7251 标准要求生产的产品分类

GB 7251 标准包括 GB/T 725.1、GB/T 7251.2、GB/T 7251.3、和 GB/T 7251.4 四个部

分的产品分类。

（1）按结构分。①屏类。开启式、固定面板式。②柜类。固定安装式、抽出式、箱组式。③箱类。动力箱、照明箱、补偿箱。

（2）按功能分。配电用包括进线、联络、出线；电动机控制用；无功功率补偿用、照明用、计量用。

（3）按 GB/T 7251.1 标准要求生产的各种直流开关柜。

（4）按 GB/T 7251.2 标准要求生产的各种母线槽、照明箱、插座箱。

（5）按 GB/T 7251.3 标准要求生产的各种计量箱、照明箱、插座箱。

（6）按 GB/T 7251.4 标准要求生产的各种户外建筑工地用成套设备，分可移动式的或可运输式的。包括进线及计量用成套设备、主配电用成套设备、配电用成套设备、变压器成套设备、终端配电用成套设备、插座式成套设备等。

以上的低压电器成套产品中，符合 GB/T 7251.1、GB/T 7251.2、GB/T 7251.3 标准类的产品必须由专业人员才能操作，GB/T 7251.4 标准类的产品可以由非专业人员操作。

3. 按结构特征和用途分类

1）固定面板式开关柜

固定面板式开关柜常称开关板或配电屏，是一种有面板遮栏的开启式开关柜，正面有防护作用，背面和侧面开放，仍能触及带电部分，防护等级低，只能用于对供电连续和可靠性要求较低的工矿企业变电所。

2）封闭式开关柜

封闭式开关柜指除安装面外，其他所有侧面都被封闭起来的一种低压开关柜。这种开关柜的开关、保护和监测控制等电器元件，均安装在一个用钢材或绝缘材料制成的封闭外壳内，可靠墙或离墙安装。柜内每条回路之间可以不加隔离措施，也可以采用接地的金属板或绝缘板进行隔离。

3）抽出式开关柜

通常称为抽屉柜，采用钢板制成封闭外壳，进出线回路的电器元件都安装在可抽出的抽屉中，构成能完成某一类供电任务的功能单元。功能单元与母线或电缆之间，用接地的金属板或塑料制成的隔板隔开，形成母线、功能单元和电缆三个区域。每个功能单元之间也有隔离措施。抽出式开关柜有较高的可靠性、安全性和互换性，它们适用于对供电可靠性要求较高的低压供配电系统中作为集中控制的配电中心。

4）动力、照明配电箱

动力、照明配电箱多为封闭式垂直安装。因使用场合不同，外壳防护等级也不同。主要作为用电现场的配电装置。

四、低压成套开关设备的型号与参数

低压成套开关的种类很多，型号也很多，为便于了解产品的特点，介绍低压成套开关设备的型号与参数。

1. 低压开关柜的型号组成

我国新系列低压开关柜的型号由 6 位拼音字母或数字表示，组成含义如下：

□□□□-□-□
1 2 3 4 5 6

第1位:分类代号,产品类型名称,P—开启式低压开关柜,G—封闭式低压开关柜。

第2位:柜体的型式特征,G—固定式,C—抽出式,H—固定和抽出式混合安装。

第3位:用途代号,L(或D)—动力系统用,K—控制系统用;这一位也可作为统一设计标志,如"S"表示森源电气系统;

第4位:设计序号,对于某类产品的序列编号。

第5位:主回路方案编号,低压成套电气设备的主回路接线方案有有几十种,甚至上百种。

第6位:辅助加路方案编号,控制回路及保护回路的接线方案固定后,并进行编号。

GGD低压固定式开关柜见图4-63所示,GCK抽出式开关柜见图4-64所示,GCS低压抽出式开关柜见图4-65所示,MNS低压抽出式开关柜见图4-66所示。

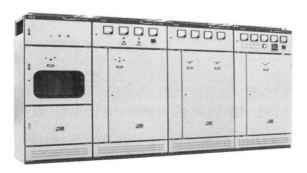

图4-62 GGD—低压固定式开关柜

图4-63 GCK—抽出式开关柜

图4-64 GCS低压抽出式开关柜

图4-65 MNS低压抽出式开关柜

2. 配电箱的型号

配电箱结构简单,体积尺寸较电器柜稍微小,也属于成套电气设备的范畴,我国配电箱的型号表示如图4-66所示。其中XL-21动力柜如图4-67所示,是现场最常用的动力柜。

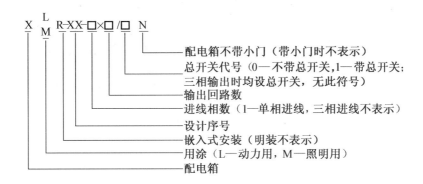

图 4-66 配电箱的型号表示

3. 母线槽、配电箱

除了上面按照标准分类介绍的成套柜外,还有母线槽、计量箱、照明箱和插座箱等。其中母线槽的外形如图 4-68 所示,照明箱如图 4-69 所示,计量箱如图 4-70 所示,插座箱如图 4-71 所示。

图 4-67　XL-21 动力柜

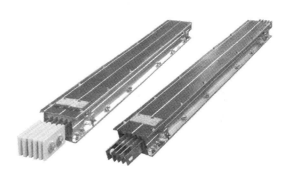

图 4-68　母线槽的外形

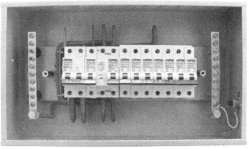

图 4-69　照明箱

133

图 4-70　计量箱

图 4-71　插座箱

4. 低压开关柜的主要技术参数

作为具体的产品设备,低压开关柜有许多描述其产品特性的参数,这里介绍几个主要技术参数。

1）额定电压

额定电压包括主回路和辅助回路的额定电压,主回路的额定电压又分为额定工作电压和额定绝缘电压。额定工作电压表示开关设备所在电网的最高电压。额定绝缘电压是指在规定条件下,用来度量电器及其部件的不同电位部分的绝缘强度、电气间隙和爬电距离的标准电压值。低压开关柜主回路额定工作电压有 220V、380V、660V 三个等级。我国目前煤矿也开始逐步采用 1140V 的电压等级。

2）额定频率

我国电网的频率是 50Hz。

3）额定电流

额定电流分为两种,一种是水平母线额定电流,这是指低压开关柜中受电母线的工作电流,也是本柜总的工作电流;另一种为垂直母线额定电流,指低压开关柜中作为分支母线也称为即馈电母线的工作电流,理论上讲,柜内所有的馈电母线的工作电流之和应当等于水平母线电流,因此馈电母线电流小于水平母线电流。抽屉单元额定电流一般较小。

根据我国的标准,水平母线额定电流有 630A、800A、1000A、1250A、1600A、2000A、2500A、3150A、4000A、5000A；垂直母线额定电流有 400A、630A、800A、1000A、1600A、2000A。

4）额定短路开断电流

额定短路开断电流是指低压开关柜中开关电器的分断短路电流的能力。

5）母线额定峰值耐受电流和额定短时耐受电流

该电流表示母线的动、热稳定性能。

母线额定短时耐受电流(1s):15kA、30kA、50kA、80kA、100kA；母线额定峰值耐受电流:30kA、63kA、105kA、176kA、220kA。

6）防护等级

防护等级是指外壳防止外界固体异物进入壳内触及带电部分或运动部件,以及防止水进入壳内的防护能力。一般应达到 IP30,要求高的有 IP43、IP54 等。

防护等级用IP表示,IP等级是针对电气设备外壳对异物侵入的防护等级,来源是国际电工委员会的标准IEC 60529,这个标准在2004年也被美国采用国家标准。

标准中针对电气设备外壳对异物的防护,IP等级的格式为IP□□,□□为两个阿拉伯数字,第一标记数字表示接触保护和外来物保护等级,第二标记数字表示防水保护等级。

（1）防尘等级。

0,无防护。无特殊的防护。

1,防止大于50mm之物体侵入。防止人体因不慎碰到灯具内部零件,防止直径大于50mm之物体侵入,可以理解为防止人的拳头进入框体。

2,防止大于12mm之物体侵入。防止手指碰到灯具内部零件,可以理解为防止人伸展的手掌进入框体。

3,防止大于2.5mm之物全侵入。防止直径大于2.5mm的电线或物体侵入,可以理解为防止平口螺丝刀进入框体。

4,防止大于1.0mm之物体侵入。防止直径大于1.0mm的蚊蝇、昆虫或物体侵入,可以理解为防止大头针进入框体。

5,防尘。无法完全防止灰尘侵入,但侵入灰尘量不会影响灯具正常运作。

6,防尘。完全防止灰尘侵入。

（2）防水等级。

0,无防护。无特殊的防护。

1,防止滴水侵入。防止垂直滴下之水滴。

2,倾斜15°时仍防止滴水侵入。当灯具倾斜15°时,仍可防止滴水。

3,防止喷射的水侵入。防止雨水或垂直夹角小于50°方向所喷射之水。

4,防止飞溅的水侵入。防止各方向飞溅而来的水侵入。

5,防止大浪的水侵入。防止大浪或喷水孔急速喷出的水侵入。

6,防止大浪的水侵入。灯具侵入水中在一定时间或水压条件下,仍可确保灯具正常运作。

7,防止侵水的水侵入。灯具无期限地沉没水中,在一定水压的条件下,即可确保灯具正常运作。

8,防止沉没的影响。

5. GCS型低压开关柜的主要技术参数

俗称抽屉柜,即各个独立单元安装在抽屉内,是常用的低压成套电气设备,主要技术参数见表4-44。

表4-44　GCS型低压开关柜的主要技术参数

项　　目		数　　据
额定电压/V	主回路	380(660)
	辅助回路	AC220,AC380,DC110,DC220
额定绝缘电压/V		690(1000)
额定频率/Hz		50

(续)

项 目		数 据
额定电流/A	水平母线	≤4000
	垂直母线	1000
母线额定短时耐受电流(1s)/kA		50,80
母线额定峰值耐受电流(0.1s)/kA		105,176
防护等级		IP30,IP40

课堂练习

(1)理解低压成套电气设备的构成。

(2)如何理解标准?产品标准有哪几个层次?

(3)低压成套电气设备的依据标准是什么?请有兴趣的同学查阅 GB/T 7251.1 的基本内容。

(4)低压成套电气产品的型号构成有哪些?叙述典型的低压成套电气产品的型号与名称。

(5)电气成套设备的防护标准有哪些内容?

第三部分　掌握典型的低压电气成套设备

我们学习了常用的低压成套电气设备,基本了解了企业现场和设备现场的用电设备,应当能够根据设备的用电要求,提出成套设备的基本技术方案,学会选择常用成套设备的型号与技术参数。

(1)某企业为方便员工的电动车充电,预计充电插头共 50 个,每 5 个插座设计成一个插座箱,请查阅电动车的充电要求、电流、电压参数,根据标准规范进行设计开关箱、插座箱。

(2)GCS 型低压抽出式开关柜,俗称抽屉柜,即各个独立单元安装在抽屉内,是常用的低压成套电气设备,主要技术参数见表 4-43。请查阅资料,分析具体的技术要求。

任务 3　认识低压开关柜的主回路

第一部分　任务下达

我们在学习电路的基本知识时,已经知道,任何具体的电路都包括三个部分,即主电路、控制电路和保护电路,对于简单的电路,尽管没有具体的保护电路,但也必须有保护环节。

在电器设备或电力系统中,直接承担电能的交换或控制任务的电路称为主电路。

控制电路是在电力拖动中,能使这些电器按我们的要求动作的线路,这部分线路就是控制电路;控制电路包括外部输入信号部分、各种开关、电源及各电器的线圈、触点等。不同的控制功能,有相应的控制电路。

保护电路的作用,是保证电路的正常工作。

电气成套设备在电路系统而言,也必须包含主电路、控制电路和保护电路。

电气成套设备就是根据用电要求,将符合技术条件的具体元件按照标准构成装置,主电路是重要的组成部分,本任务中,我们将学习、了解、掌握低压开关柜的主回路。

一、概述

前面介绍过,低压开关柜就由低压元件、电线或铜排、柜体组成。注意,这里所说的柜体,是按照产品的特点、要求,有具体的标准尺寸、外形,根据产品的型号确定的。低压开关柜也包括主电路、控制电路及保护电路。通常我们称主回路为一次电路,称控制回路为二次电路。所谓一次电路是指用来传输和分配电能的电路,它通过连接导体连接所需的各种一次设备而构成。一次电路又叫主电路、主回路、一次线路、主接线等。二次电路是指对一次设备进行控制、保护、测量和指示的电路。

主回路由一次电器元件连接而成。辅助回路指除主回路外的所有控制、测量、信号和调节回路在内的导电回路。

低压成套开关设备种类较多,用途各异,因此主回路类型很多,而且差别也较大。同一型号的成套开关设备主回路方案几十种至上百种。

二、低压开关柜的各种主回路

每种型号的低压开关柜,都由受电柜即进线柜、计量柜、联络柜、双电源互投柜、馈电柜和电动机控制中心(MCC)、无功补偿柜等组成。

其中进线柜用于电能传输的电缆或母线进接线的柜体;计量柜用于电能使用中计量的柜体;联络柜用于两路电源交换的柜体;双电源互投柜可以从字面理解;馈电柜是送给用电设备的柜体。以上的柜体根据功能,都设计成规定的接线方案,构成相应的低压开关柜,便于选择、安装、互换和维护。

如国内统一设计的 GCK 型开关柜(电动机控制柜)的主回路方案共 40 种,其中电源进线方案 2 种,母联方式 1 种,电动机可逆控制方案 4 种,电动机不可逆控制方案 13 种,电动机 Y－△ 变换 5 种,电动机变速控制 3 种,还有照明电路 3 种,馈电方案 8 种,以及无功补偿 1 种。我们以 GCS 抽出式低压开关柜为例,对低压开关柜的各种主回路进行介绍。

1. 受电柜主回路

图 4-72、图 4-73、图 4-74 为几种受电柜的主回路,其中图 4-73 是采用高于柜顶的架空线路进线;图 4-74 是采用位于柜顶的下侧进线,既可左边进线,也可右边进线;图 4-75 是采用电缆进线,电缆终端接有一个零序电流互感器,作为电缆线路的单相接地保护。全部是采用抽屉式结构的万能式低压断路器 AH 系列或进口 F 系列、M 系列等作为控制和保护电器;电流互感器用于电流测量或电能计量。

2. 馈电柜主回路

图 4-75 为几种馈电柜的主回路。主开关既可采用断路器(抽屉式结构如图 4-75(a)和(c)所示,也可采用刀熔开关,固定安装式如图 4-75(b)所示;它们均采用电缆出线,电缆终端接有一个零序电流互感器,作为电缆线路的单相接地保护。

3. 零序电流互感器

零序电流互感器在电力系统产生零序接地电流时与继电保护装置或信号配合使用,

使装置元件动作,实现保护或监控。

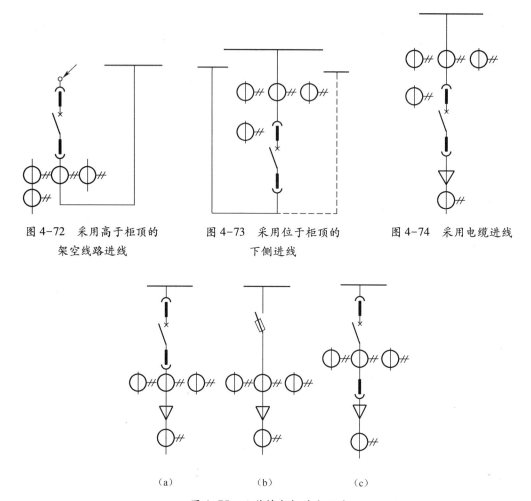

图 4-72 采用高于柜顶的　　　图 4-73 采用位于柜顶的　　　图 4-74 采用电缆进线
　　　　架空线路进线　　　　　　　　　下侧进线

（a）　　　　　　　　（b）　　　　　　　　（c）

图 4-75 几种馈电柜的主回路
（a）和（c）主开关采用断路器；（b）主开关采用刀熔开关。

　　常用的零序电流互感器 HS-LJK、HS-LXK 系列零序电流互感器是电缆型,绝缘性能好、灵敏度高、线性度好、运行可靠、安装方便。性能优,使用范围广泛,适用于电磁型继电保护,还适用于电子和微机保护装置。用户可根据系统的运行方式,中性点有效接地或中性点非有效接地的不同,选用相适应的零序电流互感器。当电路中发生触电或漏电故障时,互感器二次侧输出零序电流,使所接二次线路上的设备保护动作,如切断电源、报警等。

　　零序电流保护具体应用可在三相线路上各装一个电流互感器 CT,或让三相导线一起穿过一零序 CT,也可在中性线 N 上安装一个零序 CT,利用这些 CT 检测三相的电流矢量和,即零序电流 I_O,$I_A + I_B + I_C = I_O$,当线路上所接的三相负荷完全平衡时,$I_O = 0$;当线路上所接的三相负荷不平衡,则 $I_O = I_N$,此时零序电流为不平衡电流 I_N;当某一相发生接地故障时,必然产生一个单相接地故障电流 I_d,此时检测到的零序电流 $I_O = I_N + I_d$,是三相不平衡电流与单相接地电流的矢量和。

138

4. 双电源切换柜主回路

图 4-76 为双电源切换柜的主回路。双电源切换也叫双电源互投。一些重要的生产场合及重要的用电单位,为了提高低压配电系统的供电可靠性,一般使用两个电源,一个作为工作电源,另一个作为备用电源。当工作电源故障或停电检修时,投入备用电源。备用电源的投入根据负荷的重要性以及允许停电的时间,可采用手动投入或自动投入方式,对供电可靠性要求高的采用双电源自动互投。

图 4-76(a)为手动投入方式的双电源切换柜主回路。图中右边为两个电源的进线,一个采用柜上部母线排进线,一个采用柜下部母线排进线,切换开关采用双投式刀开关。

图 4-76(b)为自动投入方式的双电源切换柜主回路。两个电源均通过电缆引入到母线排,切换开关采用接触器。自动投入方式必须有相应的控制电路,以控制接触器的自动接通。当工作电源出现故障时,该回路上的断路器跳闸,启动控制装置,自动将另一个电源上的开关合上。

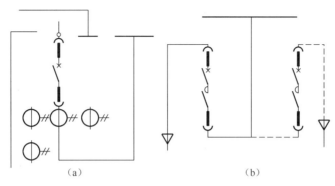

图 4-76　双电源切换柜的主回路

(a)手动切换;(b)自动切换

5. 母联柜主回路

母联柜是母线联络开关柜的简称,当变电所低压母线采用单母线分段制时,必须采用开关来连接两段母线,使母线既可以分段运行,也可以将两段母线连接起来成为单母线运行。分段开关在简单和要求不高的情况下可采用刀开关;如果要求设母线保护和备用电源自投,则采用低压断路器,如图 4-77 所示。其中图 4-77(a)为采用断路器的母联柜的主回路,断路器连接两段母线,虚线表示这种开关柜还可以左联母线。图 4-77(b)为母线转接用的开关柜的主回路,并非母联柜。将它画出是表达一个含义:不管低压开关柜还是高压开关柜,都需要有各种各样的主回路方案供用户选择,并不是每台柜子中都有开关,例如 GCS 型低压开关柜有只装限流电抗器的柜子、只装电压互感器的柜子。

6. 电动机不可逆控制柜主回路

低压成套开关设备中有专门用来作为电动机集中控制的电动机控制中心,简称为 MCC 柜。各种型号的低压开关柜也有用于电动机控制的方案。

图 4-78 为两种方案的电动机不可逆控制柜的主回路。配电电器包括刀熔开关或断路器、控制电器如接触器、保护电器如热继电器全部装在抽屉结构中。接触器用于控制电动机的启动和停止,热继电器作为电动机的过负荷保护,短路保护则由刀熔开关或断路器完成。

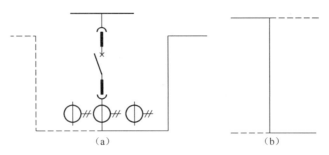

图 4-77 母联柜和母线转接柜

(a)母联柜;(b)母线转接柜。

7. 电动机可逆控制柜主回路

电动机可逆控制就是控制电动机的正反转。对于三相交流电动机,如果调换任意两相的接线,就会改变电动机运转的方向。图 4-79 为几种电动机可逆控制柜的主回路。每种回路中都有两台接触器,合上不同的接触器,电动机的运转方向就会改变。除零序电流互感器装在电缆终端头上外,其他所有的一次电器元件均装在抽屉部件中,配电电器可用断路器、刀熔开关或熔断器,都具有短路保护功能,有的还做电动机过负荷保护用。

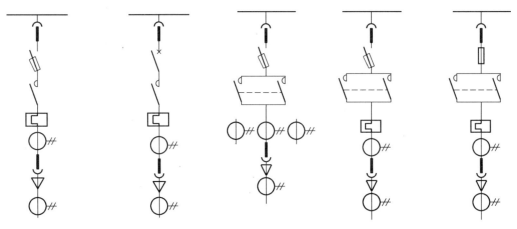

图 4-78 两种方案的电动机
不可逆控制柜的主回路

图 4-79 几种电动机可逆控制柜的主回路

另外还有常用的无功补偿柜主回路、电动机 Y-△ 起动控制电路,此处不再作介绍。有兴趣的读者可以查阅技术手册。

课堂练习

(1)如何理解低压成套电气设备的主回路接线方案?

(2)根据图 4-76 双电源切换柜的主回路接线方案,请识别图中的元件名称、功能、原理,并分析主回路的工作过程。

(3)图 4-79 为电动机可逆控制柜的主回路,请识别图中的元件名称、功能、原理,并将主回路的方案图设计成相应的电动机正反转原理图。

(4)请叙述零序电流互感器的功能。

第三部分　了解主电路的性能

成套电气设备有多种技术方案。对于某功能。如双电源切换柜的主回路如图 4-76 所示。当变电所低压母线采用单母线分段制时,必须采用开关来连接两段母线,使母线既可分段运行,也可将两段母线连接起来成为单母线运行。分段开关在简单和要求不高的情况下可采用刀开关;如果要求设母线保护和备用电源自投,则采用低压断路器。

1. 人工换投

根据图 4-76 所示的系统组成,请分析人工换投的特点与要求。

2. 备用电源自投

一般企业的用电要求有两路电源,当一路电源断电后,另一路电源自动切换投上。根据图 4-76(b)的系统组成,请分析自动切换的工作过程。

3. 进一步的分析

我们学习了传感器知识、控制理论知识、电路知识等,如果要实现自动切换的工作过程,从原理上考虑,应当如何解决?

任务 4　了解典型的低压成套设备产品

第一部分　任务内容下达

低压开关柜产品基本固定,前面已经做了型号介绍,每一种产品有各自的技术特点。本任务中,我们介绍常用的低压开关柜产品,通过这些产品的技术性能,可以了解产品的选型、安装与使用。

我国最早开发的低压开关柜有 BDL 、BSL 型固定式开关柜,1984 年鉴定的有 PGL1、PGL2 型低压开关柜,被广泛采用。可以满足容量 1000kVA 及以下的配电系统需要。现在,我国在吸收国外产品优点的基础上,开发了多种低压开关柜,下面介绍常用的几种低压开关柜。

第二部分　任务分析及知识介绍

一、标准 GB 7251. 1—2005 介绍

前面我们介绍过标准,低压开关柜产品主要依据标准就是 GB 7251. 1—2005《低压成套开关设备和控制设备》。

标准 GB 7251. 1—2005 适用于额定电压为交流不超过 1000V、频率不超过 1000Hz、额定电压为直流不超过 1500V 的低压成套开关设备和控制设备,包括型式试验的成套设备和部分型式试验的成套设备。

此标准适用于在使用中与发电、输电、配电和电能转换的设备以及控制电能消耗的设备配套使用的成套设备。同时适用于那些为特殊使用条件而设计的成套设备,如船舶、机车车辆、机床、起重机械使用的成套设备或在易爆环境中使用的成套设备及民用即非专业人员使用的设备等,只要它们符合有关的规定要求即可。本标准不适用于单独的器件及自成一体的组件,诸如电机起动器、刀熔开关、电子设备等,以上设备应符合它们各自的相

关标准。标准的目的是为低压成套开关设备和控制设备规定定义,并阐明其使用条件、结构要求、技术性能和试验。

二、型式试验

所谓型式试验是为验证产品能否满足技术规范的全部要求所进行的试验,或者认为就是确定产品型号的试验,是新产品鉴定中不可缺少的一个环节。

只有通过型式试验的产品才能正式投入生产,然而,对产品认证来说,一般不对再设计的新产品进行认证。为了达到认证目的而进行的型式试验,是对一个或多个具有代表性的样品利用试验手段进行合格性评定。对于通用产品来说,型式试验的依据是产品标准。对于特种设备来说,型式试验是取得制造许可的前提,试验依据是型式试验规程或型式试验细则。试验所需样品的数量由认证机构确定,试验样品从制造厂的最终产品中随机抽取。试验在被认可的有资质的独立检验机构进行,对个别特殊的检验项目,如果检验机构缺少所需的检验设备,可在独立检验机构或认证机构的监督下使用制造厂的检验设备进行。

按照标准规定,低压电气成套设备必须经过型式试验的认可,才能正式投入生产、进入市场。低压电气成套设备的型式试验主要依据标准,就是 GB/T 7251《低压成套开关设备和控制设备》。

三、GGD 型固定式低压开关柜

1. 概述

按照前面的型号定义,GGD 型属于封闭式固定低压开关柜。适用于发电厂、变电所、工矿企业等电力用户,在交流 50Hz、额定工作电压 380V、额定工作电流至 3150A、主变压器容量为 2000kVA 以下的配电系统中,作为动力、照明及配电设备的电能转换、分配与控制之用。

GGD 型开关柜分断能力高,动热稳定性好,电气方案灵活、组合方便,结构新颖,防护等级高。符合 GB 7251 和 IEC 60439 等标准。

2. 结构特点

柜体采用通用柜的形式,构架用 8MF 冷弯型局部焊接组装而成。通用柜的零部件按模数原理设计,并有以 20mm 为模数的安装孔。柜体设计充分考虑了散热问题,柜体上下两端均有不同数量的散热槽孔,运行时柜内电器元件发热的热量经上端槽孔排出,而冷空气从下端槽孔不断补充进柜,达到散热目的。柜门用转轴式活动绞链与构架相连,便于安装、拆卸。装有电器元件的仪表门用多股软铜线与构架相连,整个柜子构成完整的接地保护电路。柜体面漆选用聚酯烘漆,附着力强,质感好。柜体防护等级为 IP30,用户也可根据使用环境在 IP20~IP40 范围选择。GGD 型固定式低压开关柜内部结构如图 4-80 所示,GGD 内部元件构成如图 4-81 所示。

3. 理解几个电气参数的含义

1)额定开断电流

表征断路器开断能力的参数,在额定电压下,断路器或开关能保证可靠开断的最大电流,称为额定开断电流,其单位用断路器触头分离瞬间短路电流周期分量有效值的千安数表示,当断路器在低于额定电压的电网中工作时,开断电流可以增大,但受灭弧室机械强度的限制,开断电流有一最大值,称为极限开断电流。

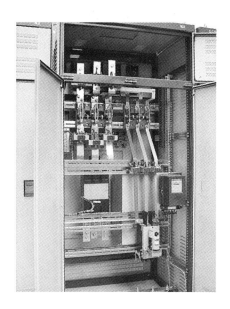

图 4-80　GGD 型固定式低压开关柜内部结构

方案编号	13			14			15			16			17			18		
一次线路图																		
用途	馈电			馈电			馈电			馈电			馈电			馈电		
型号规格	A	B	C	A	B	C	A	B	C	A	B	C	A	B	C	A	B	C
HD13BX-600/31							2			2			2			2		
HD13BX-400/31	2						2						2			2		
HD13BX-200/31					2													
DW15-630/3[ ]													1					
DW15-400/3[ ]																1		
DZ20-200/3[ ]	2						4											
DZ20-100/3[ ]		2			2			4										
RTO-[ ]										6	6	6	12	12	12	3	3	
LMZ1-0.66[ ]/5	2	2		6	6		4	4										
(LMZ3-0.66[ ]/5)										2	2	2	4	4	4	4		
LJ-[ ]										2	2	2	4	4		2	2	
柜宽（mm）	800	600		800	600		800	800		800	800	800	800	800	800	800	800	
柜深（mm）	600	600		600	600		600	600		600	600	600	600	600	600	600	600	

图 4-81　GGD 内部元件构成

2）额定短路开断电流

指开关绝限断开电流的最大能力，辟如开关上表明额定短路开断电流 20kA，表示 20kA 内的短路跳闸触头灭弧热元件动作等有效，超过这个绝限跳闸接头灭弧热元件动作不保证，会产生拉弧。

3）额定短时耐受电流

在规定使用和性能条件下，在规定短时间内，开关设备和控制设备在合闸位置能够承载的电流有效值;额定短时耐受电流的标准值应当从 GB 762 中规定的 R_{10} 系列中选取,并应该等于开关设备和控制设备的短路额定值;此处的 R_{10} 系列指 $\sqrt[10]{10}$ 的系数。

4）额定短时耐受电流

在规定使用和性能条件下,开关设备和控制设备在合闸位置能够承载的额定短时耐受电流第一个大半波的电流峰值;额定峰值耐受电流应该等于 2.5 倍额定短时耐受电流。注意,安装系统的特性,可能需要高于 2.5 倍额定短时耐受电流的数值。

5）爬电距离

沿绝缘表面测得的两个导电部件之间,在不同使用条件下,由于导体周围绝缘材料被电极化,导致绝缘材料呈现带电现象,此带电区的半径即为爬电距离,可以形象地看作蚂蚁从一个带电体走到另一个带电体必须经过最短的路程。爬电距离,在具体的电气设备中有参数规定。

6）电气间隙

指两相邻导体或一个导体与相邻电机壳表面的沿空气测量的最短距离。在电气上,最小爬电距离的要求和两导电部件间的电压、电器所处环境的污染等级有关。

对最小爬电距离做出限制,是为了防止在两导电体之间,通过绝缘材料表面可能出现的污染物出现爬电现象。爬电距离在运用中,所要安装的带电两导体之间的最短绝缘距离要大于允许的最小爬电距离;在确定电气间隙和爬电距离时,应考虑额定电压、污染状况、绝缘材料、表面形状、位置方向、承受电压时间长短等条件和环境因素。

爬电距离和电气间隙是两个概念,不可以相互替代,电气间隙的大小取决于工作电压的峰值,电网过电压等级对其影响较大;爬电距离取决于工作电压的有效值,绝缘材料对其影响较大。两个条件必须同时满足,爬电距离任何时候都不可以小于电气间隙,当然对于两个带电体,无法设计出爬电距离小于电气间隙。

7）基本模数

配电柜抽屉柜或固定分隔柜用模数来表示可供安装的空间,一个基本模数（1E）为 25mm 或 20mm,通常分为 8E、16E、24E、36E、72E 等,不同功率、不同形式的回路所占用空间不一样,即占用的模数不一样,可自由组合,但不超过 72E;采用模数的结构,开关柜体完全按照标准化生产。

4. 电气性能

1）主要技术技术参数

GGD 型固定式低压开关柜的主要技术技术参数见表 4-44,表中有 GGD1、GGD2、GGD3 三种型号的产品,每一种型号有 A、B、C 三种额定电流规格,其中括弧内的参数是不常用的规格。

2）主回路方案

GGD 型开关柜的主回路一般有 129 个方案,共 298 个规格,不包括辅助回路的功能变化及控制电压的变化而派生的方案和规格,其中 GGD1 型有 49 个方案,123 个规格;GG2 型有 53 个方案,107 个规格;GGD3 型有 27 个方案,68 个规格;主回路增加了发电厂需要的方案,额定电流增加至 3150A,适合 2000kVA 及以下的配电变压器选用。此外,为适应无功功率补偿的需要,设计了 GGJ1 型、GCTJ2 型补偿柜,其主回路方案有 4 个,共 12 个规格。

表 4-45　GGD 型固定式低压开关柜的主要技术参数

型号	额定电压/V	额定电流/A		额定短路开断电流/kA	额定短时耐受电流(1s)/kA	额定峰值耐受电流/kA
GGD1	380	A	1000	15	15	30
		B	600(630)			
		C	400			
GGD2	380	A	1500(1600)	30	30	63
		B	600(630)			
		C	400			
GGD3	380	A	3150	50	50	105
		B	2500			
		C	2000			

3）辅助回路方案

辅助回路的设计分供用电方案和发电厂方案两部分,柜内有足够的空间安装二次元件,同时还研制了专用的 LMZ3D 型电流互感器,满足发电厂和特殊用户附设继电保护时的需要。

4）主母线

主母线一般是铜材料,考虑到价格比和以铝代铜的可行性,额定电流在 1500A 及以下时采用铝母线,额定电流大于 1500A 时采用铜母线,母线的搭接面采用搪锡工艺处理;主要应考虑到母线导电的集肤效应,所谓集肤效应,就是当导体中有交流电或者交变电磁场时,导体内部的电流分布不均匀,电流集中在导体的"皮肤"部分,电流集中在导体外表的薄层,越靠近导体表面,电流密度越大,导线内部实际上电流较小,结果使导体的电阻增加,损耗功率增加。

5）一次电器元件的选择

一次回路中的电器元件称为一次电器元件,主开关电器选用 ME、DZ20、DW15 等型号;专门设计了 HD13BX 型和 HS13BX 型旋转操作式刀开关,以满足 GGD 型开关柜独特结构的需要;可根据用户的需要选用性能更优良的新型电器元件,GGD 型开关柜具有良好的安装灵活性,一般不会因更新电器元件造成制造和安装困难;为进一步提高主回路的动稳定能力,设计了 GGD 型开关柜专用的 ZMJ 型组合式母线和绝缘支撑件;母线夹由高强度、高阻燃性合金材料热塑成型。绝缘支撑是套筒式模压结构,成本低、强度高,爬电距离满足要求。

四、GCK 型抽屉式低压开关柜

1. 概述

GCK 系列是电动机控制中心用抽出式封闭开关柜,目前有 GCK、GCK1、GCK1(1A)等型号。GCK 系列开关柜有动力配电中心或者简称为 PC 柜、电动机控制中心或者简称为 MCC 柜和电容器补偿柜三类。PC 柜包括进线柜、母联柜、馈电柜等。GCK 系列开关柜适用于交流 50/60Hz, 额定工作电压交流 380V、额定绝缘电压 660V, 额定工作电流 4000A 及以下的电力系统中, 用作配电、动力、照明、无功功率补偿、电动机控制中心。

2. 结构特点

柜体为组合装配式结构, 再按需要加上门、挡板、隔板、抽屉、安装支架以及母线和电器组件等, 组成一台完整的柜子。

1) 柜体

主结构骨架采用异型钢材, 采用角板定位、螺栓连接。柜体骨架零部件的成型尺寸、开孔尺寸、功能单元也就是抽屉间隔均以 $E = 20mm$ 为基本模数, 便于装配组合。柜体共分水平母线区、垂直母线区、电缆区和功能单元区 4 个相互隔离的区域。功能单元在设备区内分别安装在各自的小室内。柜体上部设置水平母线, 将成列的柜体连接成一个电气系统。同一柜体的功能单元连在垂直母线上。GCK 内部柜体结构如图 4-82 所示, 典型的 GCK 内部单元结构如图 4-83 所示。

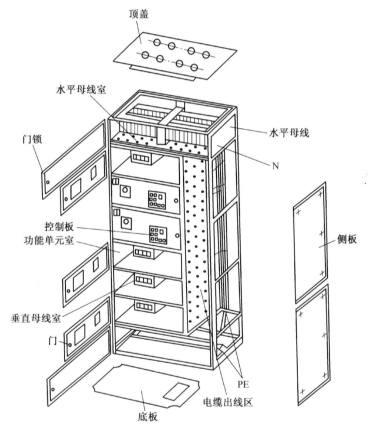

图 4-82　GCK 内部柜体结构示意图

2) 功能单元

PC 柜组件室高度为 1800mm, 每柜可安装 1 台或 2 台 ME 型抽出式断路器。MCC 柜的功能单元区总高度为 1800mm, 功能单元即抽屉的高度为 300mm、450mm 和 600mm。相同的抽屉单元具有互换性; 功能单元隔室采用金属隔板隔开。隔室中的活门能随着抽屉的推进和拉出自动打开与封闭, 因此在隔室中不会触及柜子后部 (母线区) 的垂直母线。

146

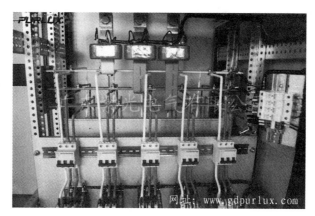

图 4-83　典型的 GCK 内部单元结构

功能单元隔室的门由主开关的操作机构对抽屉进行机械联锁,因此当主开关在合闸位置时,门打不开。

抽屉有三个位置,分别用符号表示:"■"表示连接位置;"↘┆"表示试验位置;"○"表示分离位置;功能单元中的开关操作手柄、按钮等装在功能单元正面。功能单元背面装有主回路一次触头、辅助回路二次插头及接地插头。接地插头可保证抽屉在分离、试验和连接位置时保护导体的连续性。

3. 电气性能

1) 主要技术参数

GCK 型抽屉式低压开关柜的主要技术参数,见表 4-46。

表 4-46　GCK 型抽屉式低压开关柜的主要技术参数

项　　目	参　　数
额定绝缘电压	660V、750V
额定工作电压	380V、660V
电源频率	50/60Hz
额定电流	水平母线 1600～3150A,垂直母线 400～800A
额定短时耐受电流	水平母线 80kA(有效值,1s),垂直母线 50kA(有效值,1s)
额定峰值耐受电流	水平母线 175kA,垂直母线 110kA
功能单元(抽屉)分断能力	50kA(有效值)
外壳防护等级	IP30 或 IP40
控制电动机容量	0.4～155kW
馈电容量	16～630A
操作方式	就地、远方、自动

2) 主回路方案

主回路方案共 40 种,其中电源进线方案 2 种,母联方式 1 种,电动机可逆控制方案 4 种,电动机不可逆控制方案 13 种,电动机 Y-△变换 5 种,电动机变速控制 3 种,照明电路 3 种,馈电方案 8 种,无功功率补偿 1 种。各种主回路方案及一次电器元件型号规格可以查阅技术手册。

五、GCS 型抽屉式低压开关柜

1. 概述

GCS 型抽屉式低压开关柜被广大电力用户中选用广泛,实际上是国产化的抽屉柜,适用于发电厂、石油、化工、冶金、纺织、高层建筑等行业的配电系统。在大型发电厂、石化系统等自动化程度高、要求与计算机接口的场所,作为额定电压为 380V 或 660V、额定电流为 4000A 及以下的发、供电系统中的配电、电动机集中控制、无功功率补偿使用。典型 GCS 的内部元件构成如图 4-84 所示,GCS 的尺寸如图 4-85 所示和图 4-86 所示。

方案号	05						06						
主回路方案图 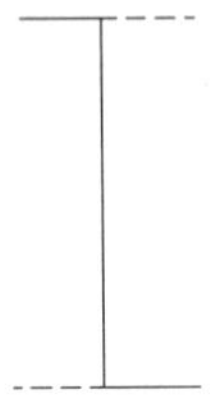 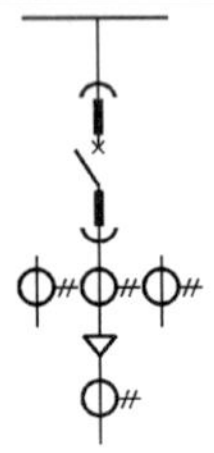													
用　途	母线转接						馈　电						
规格序号							A	B	C				
额定电流/A							1600	1000	630				
一次电器元件 AH-16B							1						
AH-10B								1					
AH-6B									1				
SDL-□							(1)	(1)	(1)				
SDH-□□							1(3)	1(3)					

方案号	07						08						
主回路方案图 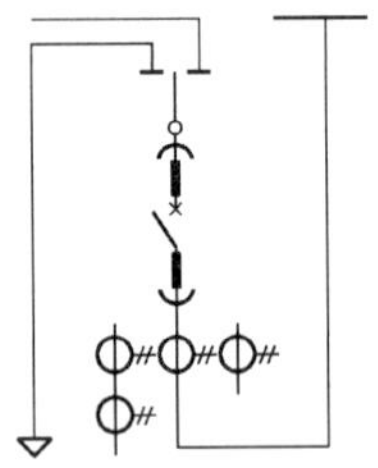 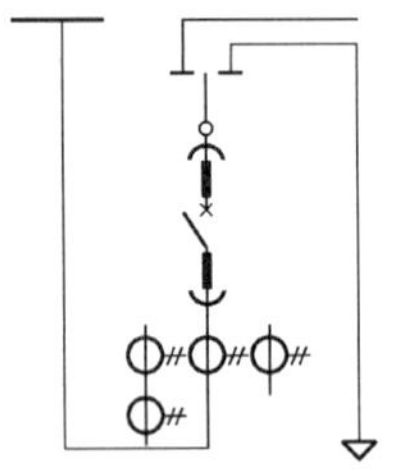													
用　途	双电源手动切换						双电源手动切换						
规格序号	A	B					A	B					
额定电流/A	1000	630					1000	630					
一次电器元件 H-10B	1						1						
AH-6B		1						1					
QPS-1000	1						1						
QPS-630		1						1					
SDH-□□	3(4)	3(4)					3(4)	3(4)					

图 4-84　典型 GCS 的内部元件构成

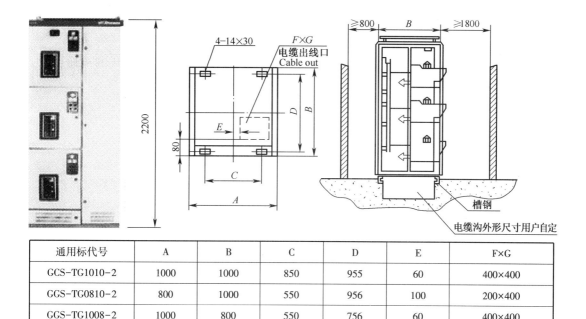

通用标代号	A	B	C	D	E	F×G
GCS-TG1010-2	1000	1000	850	955	60	400×400
GGS-TG0810-2	800	1000	550	956	100	200×400
GCS-TG1008-2	1000	800	550	756	60	400×400
GCS-TG0808-2	800	800	650	755	160	200×400

图 4-85　GCS 的尺寸(一)

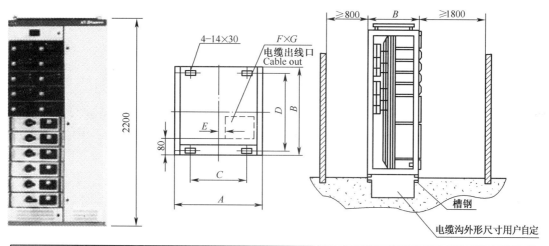

通用标代号	A	B	C	D	E	F×G
GCS-TG1006-1	1000	600	850	550	60	400×350
GCS-TG0806-1	800	600	650	550	160	200×350

图 4-86　GCS 的尺寸(二)

2. 结构特点

1) 柜体

主构架采用 8MF 开口型钢,型钢的侧面有模数为 20mm 和 100mm 的 $\phi9.2mm$ 的安装孔;主构架装配形式设计有全组装式结构和部分焊接式结构,供用户选择;柜体空间划分功能能单元室、母线室和电缆。各隔室相互隔离;水平母线采用柜后平置式排列方式,可以增强母线抗电动力的能力,是使开关柜的主回路具备高短路强度能力的基本措施;电缆隔

149

室的设计使电缆上下进出均十分方便。GCS 型开关柜通用柜体的尺寸系列见表 4-47。

表 4-47　GCS 型开关柜通用柜体的尺寸系列　　（单位:mm）

高（H）	2200									
宽（W）	400		600		800			1000		
深（D）	800	1000	800	1000	600	800	1000	600	800	1000

2）功能单元

抽屉层高的模数为 160mm,分为 1/2 单元、1 单元、1.5 单元、2 单元、3 单元 5 个尺寸系列,单元回路额定电流在 400A 及以下;抽屉改变仅在高度尺寸上变化,宽度、深度尺寸不变,相同功能的抽屉具有互换性;每台 MCC 柜最多能安装 11 个 1 单元的抽屉或 22 个 1/2 单元的抽屉;抽屉进出线根据电流大小采用不同片数的同一规格片式结构的接插件;1/2 单元抽屉与电缆室的转接采用背板式 ZJ-2 型接插件;单元抽屉与电缆室的转接按电流分挡采用相同尺棒式或管式结构 ZJ-1 型接插件;抽屉面板具有分、合、试验、抽出等位置的明显标志;抽屉单元设有机械联锁装置。

3. 电气部分

1）主要电器元件

电源进线及馈线单元断路器主选 AH 系列,也可选用其他性能更先进的或进口 DW45、M 系列、F 系列;抽屉单元如电动机控制中心、部分馈电单元断路器,主选性能好、结构紧凑、短飞弧或无飞弧的 CM1、FM1、TG、TM30 系列塑壳式断路器,部分选用 NZM-100A 系列;刀开关或熔断器式刀开关选 Q 系列。可靠性高,并可实现机械联锁;熔断器主选 NT 系列。

2）电气性能

GCS 型开关柜的主要电气技术参数参见表 4-48。转接件的热容量高,降低了由于转接件的温升给接插件、电缆头、隔板带来的附加温升;功能单元之间、隔室之间的分隔清晰、可靠,不会因某一单元的故障影响其他单元的工作,使故障限制在最小范围内;母线平置式排列使开关柜的动、热稳定性好,能承受 80/176kA 的短路电流冲击;MCC 柜单柜的回路数最多可达 22 个,充分考虑了大单机容量发电厂、石化系统等行业电机集中控制的需要;开关柜与外部电缆的连接在电缆隔室中完成,电缆可以上下进出。零序电流互感器安装在电缆室内,安装维护方便;同一电源配电系统可以通过限流电抗器匹配限制短路电流,稳定母线电压在一定的数值,还可降低对电器元件短路强度的要求;抽屉单元有足够数量的二次接插件(1 单元以上为 32 对,1/2 单元为 20 对),可满足计算机接口和自控回路对接点数量的要求。

表 4-48　GCS 型开关柜的主要电气技术参数

项　　　目		技术参数
额定电压/V	主回路	380 或 660
	辅助回路	220AC、380AC、110DC、220DC
额定绝缘电压/V		690 或 1000
额定频率/Hz		50

项　　目		技术参数
额定电流/A	水平母线	≤4000
	垂直母线	1000
防护等级		IP30、IP40

六、MNS 型抽屉式低压开关柜

1. 概述

是按照 ABB 公司技术制造的产品,适用于交流 50/60Hz、额定工作电压 660V 及以下的低压配电系统。适用于发电厂、变电站、石油化工、冶金轧钢、轻工纺织等企业和住宅小区、高层建筑等场所,用作交流 50/60Hz,额定工作电压 660V 及以下的电力系统的配电设备的电能转换、分配及控制。

2. 结构特点

基本框架为组装式结构,柜架的全部结构件都经过镀锌处理,通过自攻锁紧螺钉或8.8级六角头螺钉紧固,互相连接成基本柜架。再按主回路方案变化需要,加上相应的门、封板、隔板、安装支架以及母线、功能单元等零部件,组装成一台完整的低压开关柜。开关柜内零部件尺寸、隔室尺寸实行模数化(模数单位 $E=25$mm)。MNS 型低压开关柜的外形尺寸见表 4-49。

表 4-49　MNS 型低压开关柜的外形尺寸　　　（单位:mm）

H(高)	B(宽)	B_1	B_2	T(深)	T_1	T_2
2200	600			1000	750	250
2200	800			1000	750	250
2200	1000			1000	750	250
2200	1000	600	400	600	400	250
2200	1000	600	400	1000	750	250
2200	1000	600	400	1000	400	600
2200	1000	600	400	1000	400	200

3. 动力配电中心(PC 柜)

1) PC 柜内分成四个隔室

水平母线隔室,在柜的后部;功能单元隔室,在柜前上部或柜前左部;电缆隔室在柜前下部或柜前右部;控制回路隔室,在柜前上部。

隔离措施是水平母线隔室与功能单元隔室、电缆隔室之间用三聚氰胺酚醛夹心板或钢板分隔。控制回路隔室与功能单元隔室之间用阻燃型聚氨酯发泡塑料模制罩壳分隔。左边的功能单元隔室与右边的电缆隔室之间用钢板分隔。

2) 万能式断路器的安装

柜内安装的万能式断路器能在关门状态下,实现柜外手动操作,还能观察断路器的分、合闭状态,并根据操作机构与门的位置关系,判断出断路器在试验位置还是在工作位置。

3) 仪表安装

主回路和辅助回路之间采用分隔措施,仪表、信号灯和按钮等组成的辅助回路安装于塑料板上,板后用一个由阻燃型聚氨酯发泡塑料做成的罩壳与主回路隔离。

4. 抽出式电动机控制中心

(1) 抽出式 MCC 柜内分成三个隔室,即柜后部的水平母线隔室、柜前部左边的功能单元隔室和柜前部右边的电缆隔室。水平母线隔室与功能单元隔室之间用阻燃型发泡塑料制成的功能壁分隔。电缆室与水平母线隔室、功能单元隔室之间用钢板分隔。

(2) 抽出式 MCC 柜有单面操作和双面操作两种结构,分别称为单面柜和双面柜。

(3) 抽出式 MCC 柜有五种标准尺寸的抽屉,分别是 8E/4、8E/2、8E、16E 和 24E。其中,8E/4 和 8E/2 两种抽屉的结构是用模制的阻燃型塑料件和铝合金型材组成。

(4) 五种标准尺寸的抽屉,一般有 16 个二次隔离触头引出。如果需要,除 8E/4 抽屉外,其他四种抽屉可增加到 32 个触头。每个静触头的接线端头同时可接 3 根导线。

(5) 具有机械联锁装置,只有当主回路和辅助回路全部断开的情况下才可以移动抽屉。机械联锁装置使抽屉具有移动位置、分断位置和分离位置,并用相应的符号标出。机械联锁装置上的操作手柄和主断路器的操作手柄能同时被三把锁锁住。

5. 可移式 MCC 柜

可移式 MCC 柜的柜体结构与抽出式 MCC 柜基本相同,不同点在于:

(1) 功能单元设计成可移式结构,功能单元与垂直母线的连接采用一次隔离触头,即使与其连接的电路是带电的,也可以从设备中完整地取出和放回该功能单元,另一端为固定式结构。

(2) 可移式 MCC 柜的功能单元分为 3E、6E、8E、24E、32E 和 40E 功能单元隔室,总高度也是 72E。

6. 抽屉单元

MNS 型开关柜的抽屉有 8E/4、8E/2、8E、16E 和 24E 五种。抽屉也具有机械联锁装置。8E/4、8E/2 抽屉共有五个位置:连接位置(合闸位置)、分断位置、试验位置、移动位置和分离位置,分别用图 4-87 所示的符号表示。

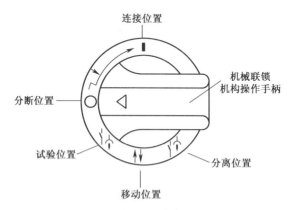

图 4-87　抽屉操作手柄示意图

在连接位置,主回路和辅助回路都接通;在分断位置,主回路和辅助回路断开;在试验位置,主回路断开,辅助回路接通;在移动位置,主回路和辅助回路都断开,抽屉可以推进或拉出。抽屉拉出 30mm 并锁定在这个位置上,一、二次隔离触头全部断开,这就是分离位置。可见,在连接位置、分断位置和试验位置,抽屉均处于锁紧状态,只有在移动位置

152

时,抽屉才可以移动。这两种抽屉主开关和联锁机构组成一体。图 4-88 中从分断位置到连接位置的箭头的含义是:先将操作手柄向里推进,再顺时针从分断位置旋到连接位置。分断时从连接位置转向分断位置,手柄自动弹出。

7. 母线系统

(1)水平母线安装于柜后独立的母线隔室中,有两个可供选择的安装位置,即柜高 1/3 或 2/3 处。母线可按需要装于上部或下部,也可以上下两组同时安装,两组母线可单独使用,也可以并联使用。每相母线由 2 根、4 根或 8 根母线并联,母线截面积有 10mm×30mm、10mm×60mm 和 10mm×80mm 等几种。

(2)垂直母线为 50mm×30mm×5mm 的 L 型铜母线,它被嵌装于用阻燃型塑料制成的功能壁中,带电部分的防护等级为 IP20。

(3)中性线(N 线)母线和保护接地线(PE 线)母线平行地安装在功能单元隔室下部和垂直安装电缆室中。N 线和 PE 线之间如用绝缘子相隔,则 N 线和 PE 线分别使用;两者之间如用导线短接,即成 PEN 线。

8. 保护接地系统

保护电路由单独装设并贯穿于整个排列长度的 PE 线(或 PEN 线)和可导电的金属结构件两部分组成。金属结构件除外表的门和封板外,其余都经过镀锌处理。在结构件的连接处都经过精心设计,可通过一定的短路电流。

9. 主要技术参数

MNS 型开关柜的主要技术参数见表 4-50,由于主回路方案很多,有近百种方案,有些方案只是有少量的变化。

表 4-50　MNS 型开关柜的主要技术参数

项　目	技术参数
额定绝缘电压/V	660
额定工作电压/V	380、660
额定电流	水平母线或称为主母线的最大为 5000A,垂直母线或称为配电母线的最大为 1000A
额定短时耐受电流(1s,有效值)	主母线 30~100kA,垂直母线 30~100kA
额定峰值耐受电流	主母线 63~250kA(最大值);垂直母线标准型 90kA(最大值)
防护等级	IP30、IP40、IP54

课堂练习

(1)电气成套设备中主要的技术参数有哪些?

(2)选择一个典型的成套设备如 GGD、GCS 或 GCK,详细分析技术参数。

第三部分　掌握低压成套设备的简单应用

1. 电机运行控制的成套设计

如图 4-88 所示是常见的电动机的正反转控制电路。电路中有很多的元件,这些元件的功能作用,已经很清楚了,这些元件都有具体技术参数的选择,我们也已经掌握了。这里,我们要在掌握电气技术参数的基础上,满足电路工作的要求,将电路设计成成套装置,符合相应的标准。

（1）请分析图 4-88 电动机的正反转控制电路的主电路、控制电路及保护电路三个组成部分的功能。

（2）请分析图 4-88 电动机的正反转控制电路的三个组成部分的主要电气元件、作用。

（4）假设这个电路的被控对象电动机是三相异步交流电动机,工作电源电压时 380VAC,电动机的额定功率是 30kW,控制回路的工作电压也是 380VAC,请确认各个元件的技术参数,并叙述确认的过程。

① 被控对象的电流确定。首先确定被控对象的电流,就是电动机在额定工作状态时,正常的工作电流。额定工作状态指额定的工作电压、额定的负载条件下的电流。

② 主回路元件的确定。主回路中的元件有 QS、KM1、KM2,保护元件有 FR,根据电流选择这些元件,前面的资料已经很全面。

③ 控制回路的元件有 SB1、SB2、SB3,这几个元件的选择比较简单。

④ 保护环节的元件有 FR、FU 等,也要根据前面的技术资料进行计算选择,其中 FR 的整定值如何确定?

⑤ 假设断路器 QS 用封闭式负荷开关代替,应当如何确定技术参数?

2. 根据以上确定的技术参数,假设控制框采用

XL-21 系列,请选用 XL-21 的相应外形尺寸及设计内部元件布置。

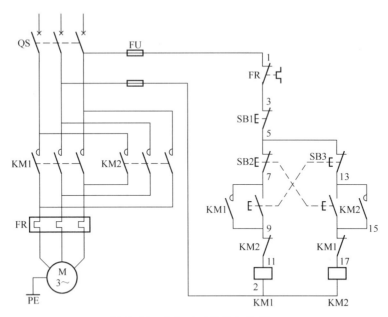

图 4-88　电机正反转运行控制

3. 设计要求

（1）成套设备应当符合 GB/T7251 的要求,此为总体原则。

（2）主要元件 KM1、KM2、FR、FU 等布置在柜体内,按照规范,一般是热继电器布置在接触器的下方,熔断器布置在合理的位置。

（3）为操作的方便性,按钮布置在动力柜的正面面板上,注意操作的方便性。

154

项目五 掌握电力变压器的技术性能

本项目有两个任务,包括电力变压器的基本原理和掌握电力变压器的选用、维护知识等。电力变压器的种类很多,电力变压器用于供配电线路中的升压或降压,本项目适当增加了电力变压器的产品知识,应了解并掌握电力变压器的基本原理、功能,了解电力变压器的运行和维护知识,能够保证电力变压器的正常工作。

任务1 了解电力变压器的原理、结构、连接组别

第一部分 任务内容下达

变压器的种类很多,如控制变压器、电焊机变压器、电炉变压器、电力变压器、同步变压器、触发变压器、电源变压器等。

电力变压器在供配电系统中实现电能输送、电压变换,满足不同电压等级负荷要求,常用三相油浸式电力变压器和环氧树脂浇注干式变压器。

电力变压器按调压方式分为无载调压和有载调压,工厂变电所中大多采用无载调压方式的变压器。

按绕组绝缘方式及冷却方式分为油浸式、干式和充气式等。工厂变电所中大多采用油浸自冷式变压器。

按用途分为普通式、全封闭式和防雷式,工厂变电所中大多采用普通式变压器。

电力变压器是一种静止的电气设备,将某一数值的交流电压(电流)变成频率相同的另一种或几种数值不同的电压(电流)的设备。

本任务中,我们只介绍电力变压器。电力变压器在供配电系统中是主要的设备。我们要了解并掌握电力变压器的基本原理、结构、技术参数等知识,了解常用的电力变压器性能,能够选择变压器;了解电力变压器的使用与设备维护知识。

第二部分 任务分析及知识介绍

一、电力变压器的原理

电力变压器主要用在变电所中,具有变换电压、变换电流和变换功率的作用,方便电能的传输、分配和使用。在远距离输电时,当输送功率和功率因数一定时,电压越大,电能损耗越小、成本越低,所以远距离输电时常采用高压输电。变电所中的电力变压器主要用来向用电设备供电的配电变压器,大多采三相油浸自冷式电力变压器和环氧树脂浇注的干式电力变压器。干式电力变压器一般安装在地下变电所或箱式变电所中,适用于居民社区、楼宇大厦等场所。电力变压器的外形及主要组成如图5-1所示。

当一次绕组通以交流电时,就产生交变的磁通,交变的磁通通过铁芯导磁作用,就在二次绕组中感应出交流电动势。二次感应电动势的高低与一二次绕组匝数的多少有关,即电压大小与匝数成正比,主要作用是传输电能,因此,额定容量是主要参数。

额定容量是一个表现功率的惯用值,表征传输电能的大小,以 kVA 或 MVA 表示,当对变压器施加额定电压时,根据它来确定在规定条件下不超过温升限值的额定电流。比较节能的电力变压器是非晶合金铁芯配电变压器,最大优点是空载损耗值特低,但一次性设备投入可能较高。最终能否确保空载损耗值,是整个设计过程中所要考虑的核心问题。当在产品结构布置时,除要考虑非晶合金铁芯本身不受外力的作用外,同时在计算时还需精确合理选取非晶合金的特性参数。

关于非晶合金铁芯电力变压器的知识,后面将有介绍。

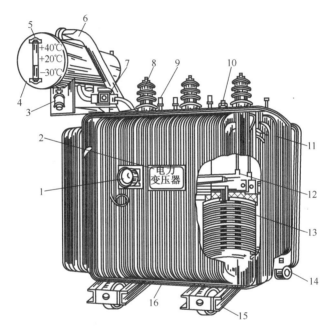

图 5-1　电力变压器的外形及主要组成

1—信号温度计;2—铭牌;3—吸湿器;4—油枕;5—油标;6—安全气道;
7—气体继电器;8—高压套管;9—低压套管;10—分接开关;11—油箱;
12—铁芯;13—绕组;14—放油阀;15—小车;16—接地端子。

1. 电压变换

电力变压器的原绕组接交流电压 u_1,副绕组开路不接负载时的运行状态称为空载运行,如图 5-2 所示。这时副绕组中的电流 $i_2 = 0$,开路电压用 u_{20} 表示。原绕组中通过的电流为空载电流 i_{10},各量参考方向如图 5-2 所示。图中 N_1 为原绕组的匝数,N_2 为副绕组的匝数。

由于副绕组开路,原绕组中的空载电流 i_{10} 就是励磁电流,会产生磁通势 $i_{10} N_1$,此磁通势在铁芯中产生的主磁通 Φ 通过闭合铁芯,在原绕组和副绕组中分别产生感应电动势 e_1 和 e_2。e_1 及 e_2 与 Φ 的参考方向之间符合右手螺旋定则时,由法拉第电磁感应定律,可得

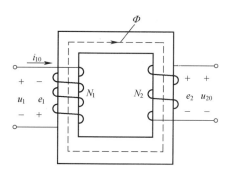

图 5-2 变压器的空载运行

$$e_1 = -N_1 \frac{\mathrm{d}\Phi}{\mathrm{d}t} \text{ 和 } e_2 = -N_2 \frac{\mathrm{d}\Phi}{\mathrm{d}t}$$

假设主磁通按照正弦规律变化,可推导出 e_1 和 e_2 的有效值分别为

$$E_1 = 4.44fN_1\Phi_\mathrm{m} \text{ 和 } E_2 = 4.44fN_2\Phi_\mathrm{m}$$

式中　f——交流电源的频率;

Φ_m——主磁通 Φ 的最大值。

由于铁芯线圈电阻 R 上的电压降 iR 和漏磁通电动势都很小,可忽略不计,因此,原、副绕组中的电动势 e_1 和 e_2 的有效值近似等于原、副绕组上电压的有效值,即

$$U_1 \approx E_1 \text{ 和 } U_{20} \approx E_2$$

所以

$$\frac{U_1}{U_{20}} \approx \frac{E_1}{E_2} = \frac{N_1}{N_2} = K_\mathrm{u}$$

由上式可见,变压器空载运行时,原、副绕组上电压之比等于匝数比,这个比值 K_u 称为变压器的电压比,或称为变比。

变压器可以把某一交流电压变换为同频率的另一电压,这就是变压器的电压变换作用。当 $K_\mathrm{u}>1$ 时,称为降压变压器;当 $K_\mathrm{u}<1$ 时,称为升压变压器。

2. 电流变换

如果变压器的副绕组接上负载,副绕组中将产生电流 i_2。这时,原绕组的电流将由空载电流 i_{10} 增大为 i_1,如图 5-3 所示。由副绕组电流 i_2 产生的磁通势 i_2N_2 也要在铁芯中产生磁通,此时变压器铁芯中的主磁通应由原、副绕组的磁通势共同产生。

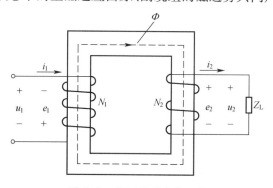

图 5-3 变压器的负载运行

在原绕组的外加电压即电源电压 U_1 和频率 f 不变情况下，主磁通 Φ_m 基本保持不变。因此，有负载时产生主磁通的原、副绕组的合成磁通势（$i_1N_1+i_2N_2$）应和空载时的磁通势 i_0N_1 基本相等，即

$$i_1N_1 + i_2N_2 = i_{10}N_1$$

如用向量表示，则为

$$\dot{I}_1N_1 + \dot{I}_2N_2 = \dot{I}_{10}N_1$$

上式称为变压器的磁通势平衡方程式。由于原绕组空载电流较小，约为额定电流的 10%，所以 $\dot{I}_{10}N_1$ 与 $\dot{I}_1N_1$ 相比，可忽略不计，即

$$\dot{I}_1N_1 \approx -\dot{I}_2N_2$$

上式中的负号表示两侧绕组磁动势相位相反，若只考虑数值关系，原、副绕组电流有效值的关系为

$$\frac{I_1}{I_2} \approx \frac{N_2}{N_1} = \frac{1}{K_u}$$

此式说明如果是降压变压器，高压侧电流小，绕组导线细；低压侧电流大，绕组导线粗。

图 5-2 和图 5-3 所示中只有一相绕组，是单相变压器；而在电力系统中几乎都是三相变压器，一般都是三铁芯双绕组或三绕组电力变压器。

课堂练习

（1）认识电力变压器的原理。

（2）变压器的种类很多，基本原理相同。查阅资料，说明电力变压器与控制变压器的异同点。

（3）单相变压器与三相变压器有什么区别？

二、电力变压器的结构

1. 电力变压器的类型

电力变压器按照不同的条件可以分为不同的类别。

（1）按功能分为升压变压器和降压变压器，工厂变电所一般采用降压变压器，也称配电变压器。

（2）按容量系列分为 R8 容量系列和 R10 容量系列，我国老的变压器容量等级采用 R8 容量系列，R10 容量系列根据 IEC 推荐，容量等级按照倍数递增。

R8 系列就是按照 $\sqrt[3]{10} = 1.33$ 的倍数取整递增，旧的变压器按照这个等级系列。如 100kVA、135kVA、180kVA、240kVA、560kVA、750kVA、1000kVA 等。

R10 系列就是按照 $\sqrt[10]{10} = 1.26$ 的倍数取整递增，R10 系列严密，便于合理选用。我国目前变压器标准容量采取此系列，如 100kVA、125kVA、160kVA、200kVA、250kVA、315kVA、400kVA、500kVA、630kVA、800kVA、1000kVA 等。

（3）按相数分为单相和三相两大类，工厂变电所大多采用三相电力变压器。

（4）按调压方式分为无载调压和有载调压两类，工厂变电所大多采用无载调压变压器。

（5）按绕组结构分为单绕组自耦变压器、双绕组变压器和三绕组变压器。工厂变电所大多采用双绕组变压器。

（6）按绕组绝缘及冷却方式分为油浸式、干式和充气式等，其中油浸式变压器又分为油浸自冷式、油浸风冷式、油浸水冷式和强迫油循环冷却式等。工厂变电所大多采用油浸自冷式变压器。

（7）按绕组的材料分为铜绕组变压器和铝绕组变压器，相同功率的铜绕组变压器比铝绕组变压器的体积大，现在低功耗的铜绕组变压器得到了越来越广泛的应用。

2. 三相油浸式电力变压器的结构

三相油浸式电力变压器的典型结构如图 5-1 所示。电力变压器的型号表示如图 5-4 所示。常见的油浸式电力变压器的产品外形如图 5-5 所示。

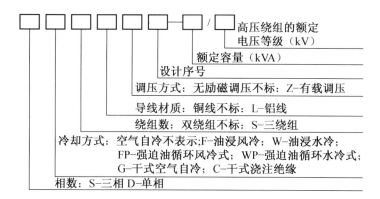

图 5-4　电力变压器的型号表示

图 5-5　油浸式电力变压器的产品外形

例如，S9-800/10 型，表示为三相铜绕组油浸式电力变压器，性能水平为 S9 系列，额定容量为 800kVA，高压绕组电压等级是 10kV。注意，目前 S7 系列的电力变压器属于耗能产品，已经强制淘汰。

另外，在电力变压器的型号中，B 表示箔绕线圈，H 表示非晶合金铁芯，M 表示密封式。

电力变压器基本由铁芯、绕组、油箱、高压套管和低压套管、油枕、气体继电器、分接开关和其他部件组成。

1）铁芯

变压器由铁芯和绕组组成,铁芯构成变压器的磁路部分,绕组构成变压器的电路部分。铁芯一般选择 0.35mm 或 0.5mm 厚的冷轧硅钢片,采用铁柱和铁轭交错重叠而成。一般配电变压器多采用同心式绕组,将原、副绕组绕成两个直径不同的同心圆筒,低压绕组套在内侧靠近铁芯,高压绕组套在外侧。

变压器在运行中,必须将铁芯及各金属零部件可靠地接地,与油箱同处于地电位。铁芯及固定铁芯的金属结构、零部件均处在强电场中,在电场作用下,具有较高的对地电位,如果不接地,就与接地的夹件及油箱之间有电位差产生,易引发放电和短路故障,短路回路中将有环流产生,使铁芯局部过热。

在绕组周围铁芯及各零部件几何位置不同,感应电势不同,若不接地,也会存在持续性的微量放电。持续的微量放电及局部放电可能逐步使绝缘击穿。因此,通常将铁芯任一片及金属构件经油箱接地。

硅钢片间绝缘是限制涡流的产生,绝缘电阻值很小,不均匀的电场、磁场产生高压电荷可以通过硅钢片从接地处流向大地。

铁芯不允许多点接地,多点接地会通过接地点形成回路在铁芯中造成局部短路,产生涡流,铁芯发热,严重时可能造成铁芯绝缘损坏,导致变压器烧毁。变压器的铁芯产品如图 5-6 所示,变压器的绕组及绕线机如图 5-7 所示,铁芯截面的典型形状如图 5-8 所示。

图 5-6　变压器的铁芯产品

图 5-7　变压器的绕组及绕线机

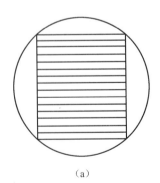

（a）

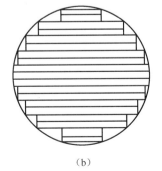

（b）

图 5-8　铁芯截面的典型形状

160

2）绕组

是变压器的电路部分，用绝缘的铜或铝导线绕制。绕制线圈的导线必须包扎绝缘，常用纸包绝缘，也有用漆包线直接绕制。电力变压器绕组采用同心式结构，同心式的高、低压绕组同心地套在铁芯柱上，一般情况下，将低压绕组放在靠近铁芯处，将高压绕组放在外面。

高压绕组与低压绕组之间，以及低压绕组与铁芯柱之间都留有绝缘间隙和散热通道（油道或气道），用绝缘纸筒隔开。绝缘距离的大小，取决于绕组的电压等级和散热通道所需要的间隙。当低压绕组放在靠近铁芯柱时，因低压绕组与铁芯柱所需的绝缘距离小，绕组尺寸也缩小，变压器的体积减小。

3）油箱

油箱由箱体、箱盖、散热装置、放油阀组成，主要用来盛油、装铁芯和绕组及散热。变压器油有循环冷却和散热作用，也有绝缘作用。绕组与箱体有一定的距离，通过油箱内的油绝缘。变压器容量不同，油箱的结构也不同。小容量的变压器，用平板油箱便足以散热；中等容量变压器用排管式油箱来散热；2000kVA 以上的大容量变压器需要在油箱壁上装设专门的散热器。变压器的油箱外形如图 5-9 所示。大型电力变压器一般采用强迫油循环冷却方式，在变压器本体外专门装设一套由潜油泵、冷却器等组成的冷却装置。

4）高压套管和低压套管

高压套管和低压套管都是绝缘套管，变压器绕组的引出线必须穿过绝缘套管，使引出线之间、引出线与变压器外壳之间绝缘并固定引出线。电压越高，对电气绝缘的要求越高。低压套管一般在瓷套中间穿过一铜杆，高压套管在瓷套和导杆之间要加上几层绝缘套。

5）油枕

油枕也称储油罐，当变压器油的体积随着油的温度变化膨胀或缩小时，油枕起着调节油量（储油、补油）的作用，保证变压器的油箱充满油，减轻油氧化和受潮程度，从而增强油的绝缘性能。油枕的体积为变压器总油量的 2%～10%，一般做成圆形。为了准确监测油位的变化，在油枕的侧面会安装一个油位计（或油标管）。变压器油枕有波纹式、胶囊式和隔膜式。变压器的油枕外形如图 5-10 所示。

图 5-9　变压器的油箱外形

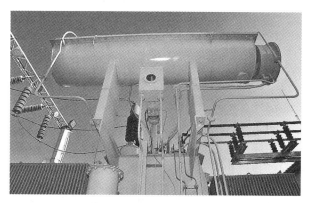

图 5-10　变压器的油枕外形

6）气体继电器

容量在 800kVA 及以上的油浸式电力变压器才安装气体继电器,用于在变压器内部发生故障时的瓦斯保护,安装在油箱与油枕的连接管上。当变压器内部发生小故障时,气体继电器发出信号,提示故障;当变压器内部发生严重故障时,气体继电器切除故障变压器,防止事故扩大。

7）吸湿器

吸湿器内装干燥剂如硅胶,用来吸收油枕排出或吸入的空气中的水分,保证变压器油的良好绝缘性能。为了显示硅胶的受潮状态,一般采用变色硅胶。

8）防爆管

又称安全阀或安全气道,主要用来防止油箱发生爆炸事故。容量在 800kVA 及以上的油浸式电力变压器,一般均装有防爆管。防爆管安装在油箱的上盖上,由一个喇叭形的管子与大气相通,管口用薄膜玻璃板或酚醛纸板封住。当油箱内部发生短路故障时,变压器油箱内的油急剧分解成大量的瓦斯气体,变压器内的压力急剧增大,这时防爆管的出口被冲开,释放压力,使油箱不至于发生爆炸。

9）分接开关

主要用来改变变压器绕组的匝数,调节变压器的输出电压。变压器某种型号的分接开关外形如图 5-11 所示。

图 5-11　变压器某种型号的分接开关外形

3. 三相干式电力变压器的结构

一般工厂变电所采用的中、小型变压器多为油浸自冷式,干式变压器常用在宾馆、楼宇、大厦等场所,安装在地下变配电所内和箱式变电所内。高层楼宇中,油浸式电力变压器不能适应使用环境,必须选用干式变压器。目前,干式电力变压器已经使用得很广泛。

干式变压器指铁芯和绕组不浸渍在绝缘油中的变压器,不是依靠变压器油冷却,而是依靠空气对流进行冷却。

图 5-12 为环氧树脂浇注绝缘的三相干式电力变压器的结构,高低压绕组各自用环氧树脂浇注,并同轴套在铁芯柱上;高低压绕组间有冷却气道,使绕组散热;三相绕组间的连线也由环氧树脂浇注而成,因此其所有带电部分都不暴露在外。目前我国生产的干式变压器有 SC 系列和 SG 系列。典型的三相干式电力变压器产品外形,如图 5-13 所示。

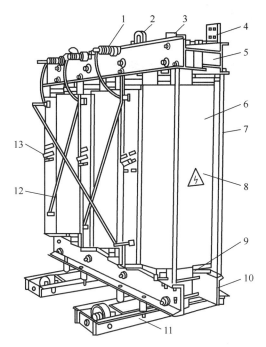

图 5-12　环氧树脂浇注绝缘的三相干式电力变压器的结构

1—高压出线套管和接线端子；2—吊环；3—上夹件；4—低压出线接线端子；5—铭牌；
6—环氧树脂浇注绝缘绕组；7—上下夹件拉杆；8—警示标牌；9—铁芯；10—下夹件；
11—小车；12—三相高压绕组间的连接导体；13—高压分接头连接片。

图 5-13　典型的三相干式电力变压器产品外形

课堂练习

（1）电力变压器主要由哪些部件组成？功能是什么？

（2）电力变压器的分接开关有什么功能？是否可以带电操作？

（3）请叙述干式电力变压器的特点，有条件的前提下，观察实际的干式电力变压器，在使用时应当注意哪些问题？

163

4. 电力变压器的连接组别

三相变压器的连接组别是指变压器一、二次侧绕组所采用的连接方式类型及相应的一、二次侧对应线电压的相位关系。高压绕组分别用符号 Y、D、Z 表示;中压和低压绕组分别用 y、d、z 表示;有中性点引出时分别用 YN、ZN 和 yn、zn 表示。变压器按高压、中压和低压绕组连接的顺序组合起来就是绕组的连接组。加上时钟法表示高低压侧相量关系就是连接组别。常用的连接组别有 Yyn0、Dyn11、Yzn11、Yd11、YNd11 等。

1)配电变压器的连接组别

对于 6~10kV 配电变压器,二次侧电压为 380/220V,有 Yyn0、Dyn11 两种常用的连接组别。

变压器 Yyn0 连接组别的示意图如图 5-14 所示。其一次线电压和对应二次线电压的相位关系如同时钟在零点(12 点)时分针与时针的位置一样,图中一、二次绕组上标有".."的端子为对应"同名端",表示线圈的绕制方向。

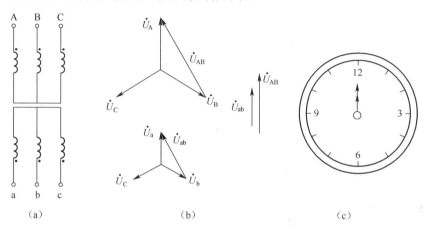

(a)　　　　　　　　　(b)　　　　　　　　　(c)

图 5-14　变压器 Yyn0 连接组别的示意图

(a)一、二次绕组接线;(b)一、二次电压相量;(c)时钟表示。

变压器 Yyn0 连接组别的三相电力变压器用于三相四线制配电系统中,供电给动力和照明的混合负载。一次绕组采用星形连接,二次绕组为带中性线的星形连接。在 TN 和 TT 系统中由单相不平衡电流引起的中性线电流不超过二次绕组额定电流的 25%,且任一相的电流在满载都不超过额定电流时可选用 Yyn0 连接组别的变压器。

变压器 Dyn11 连接组别的示意图如图 5-15 所示。一次线电压和对应二次线电压的相位关系如同分针与时针的位置一样。

Dyn11 连接组别的一次绕组是三角形连接,有利于抑制高次谐波电流;二次绕组为带中性线的星形连接,中性线电流允许达到相电流的 75%,因此其承受单相不平衡电流的能力远远大于 Yyn0 连接组别的变压器。对于现代供电系统中单相负荷急剧增加的情况,尤其在 TN 和 TT 系统中,在 Dyn11 连接的变压器得到推广应用。

2)防雷变压器的连接组别

防雷变压器通常采用 Yzn11 连接组别如图 5-16 所示。一次绕组采用星形连接,二次绕组分成两个匝数相同的绕组,并采用曲折形(Z 形)连接。

正常工作时,一次线电压,二次线电压,由图 5-16(b)可以看出,与同相,滞后。在时

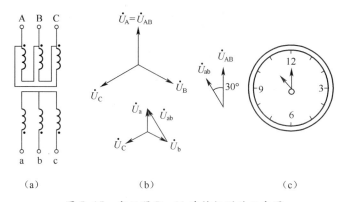

（a）   （b）   （c）

图 5-15　变压器 Dyn11 连接组别的示意图

（a）一、二次绕组接线；（b）一、二次电压相量；（c）时钟表示。

钟上，12 个小时相当于 360°，因此，1 个小时相当于 30°，因此防雷变压器的连接组号，即连接组别为 Yzn11。

当雷电沿着一次侧侵入时，二次侧两个同匝数绕组产生的感应电动势相互抵消，所以在二次侧不会出现过电压。同理，如果雷电沿着二次侧侵入，在一次侧也不会出现过电压。因此，Yzn11 连接的变压器有利于防雷，适用于多雷地区。

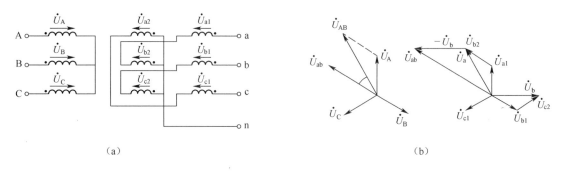

（a）   （b）

图 5-16　防雷变压器 Yzn11 连接组别

（a）一、二次绕组接线；（b）一、二次电压相量。

3）所有连接

连接组别表明一次、二次各相绕组的联结方式及一、二次电压相位关系。三相变压器三相绕组间有 Y 连接、凵连接等。因联结方式不同，变压器一次侧相电压与二次侧对应相的相电压之间有相位差，均是 30°倍数，用时钟的时钟点表示。电力变压器的连接组别如图 5-17 所示。有兴趣者可根据三相变压器三相绕组间有 Y 连接、凵连接，按照变压器一次侧相电压与二次侧对应相的相电压之间的 30°倍数相位差，设计连接方式，与图 5-17 进行验证。

课堂练习

（1）电力变压器的连接组别有哪些？

（2）分析电力变压器的连接组别，具体叙述 Y/凵-11 的连接原理。

165

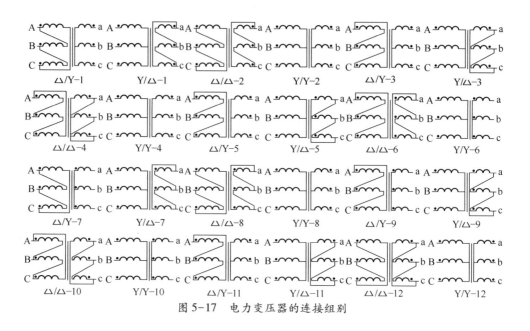

图 5-17　电力变压器的连接组别

第三部分　掌握电力变压器的知识并选用

前面已经介绍,工厂供电的主要内容通过供电设备实现,电力变压器是供配电系统的重要设备,掌握电力变压器的知识并能够具体应用,是学习的重要内容和基本要求。因此,我们对干式电力变压器做一个简单的知识介绍,便于学习。油浸电力变压器已经使用多年,近年来干式电力变压器发展迅速,应用很广;另外,随着材料技术的进步,非晶合金变压器也开始使用。

一、了解干式电力变压器的发展概况

目前,干式电力变压器的使用场合越来越广,应当了解并掌握干式电力变压器的知识。这里介绍干式电力变压器的一些专业知识。《2013—2017 年中国干式变压器行业市场需求预测与投资战略规划分析报告》中介绍,我国至今已成为世界上干变产销量最大的国家。目前国外各种高低压电器产品,占据着国内的一些重要市场,唯独干式变压器从 20 世纪末以后,几乎再没有从国外进口,在国内的重点项目和重大工程中,基本全是我国自行生产的产品,有些单台设备的容量已经很大。

我国为改善供电质量,对城乡电网建设投入很大,城网建设步伐加速。根据技术测算及统计,每增加 1kW 的发电量,需增加 11kVA 的变压器总容量,其中配电变压器占全部变压器总容量的 1/3~1/2。据估计,干式配电变压器占全部配电变压器的 1/5~1/4,按照历史经验和变压器电压等级结构变化,配电变压器比例在 40% 左右。因此,工厂或其他供电改造或增加供电容量,干式电力变压器不可缺少。

近 20 年来,国外干变迅猛发展,国内也基本处于相同的发展状态,尤其是在配电变压器中,干变所占比例越来越大。据统计,在欧美等发达国家中,已占到配变的 40%~50%。

自 1989 年后,干式变压器产量增长显著,每年大致增长 20% 左右,增速很快。

二、干式电力变压器的特点

(1) 安全,防火,无污染,可直接运行于负荷中心。

（2）采用先进技术，机械强度高，抗短路能力强，局部放电小，热稳定性好，可靠性高，使用寿命长。

（3）低损耗，低噪声，节能效果明显，免维护。

（4）散热性能好，过负载能力强，强迫风冷时可提高容量运行。

（5）防潮性能好，适应高湿度和其他恶劣环境中运行。

（6）干式变压器可配备完善的温度检测和保护系统，如采用智能信号温控系统，自动检测和巡回显示三相绕组的工作温度，可自动启动、停止风机，并有报警、跳闸等功能设置。

（7）体积小，重量轻，占地空间少，安装费用低。

采用优质冷轧晶粒取向硅钢片，铁芯硅钢片采用45°全斜接缝，使磁通沿着硅钢片接缝方向通过。绕组形式有缠绕、环氧树脂加石英砂填充浇注、玻璃纤维增强环氧树脂浇注（薄绝缘结构）、多股玻璃丝浸渍环氧树脂缠绕式。高压绕组一般采用多层圆筒式或多层分段式结构。

干式电力变压器的铁芯形式包括以下三种。

（1）开启式。开启式是常用的形式，器身与大气直接接触，适应于比较干燥而洁净的室内，环境温度20℃时，相对湿度不应超过85%，一般有空气自冷和风冷两种冷却方式。风冷即采用强风冷却。

（2）封闭式。器身处在封闭的外壳内，与大气不直接接触，这种器身主要用于矿用，属于防爆型。由于密封，散热条件差。

（3）浇注式。用环氧树脂或其他树脂浇注作为主绝缘，结构简单、体积小，适用于较小容量的变压器。

干式变压器自然空冷时，变压器可在额定容量下长期连续运行。强迫风冷时，变压器输出容量可提高50%。适用于断续过负荷运行，或应急事故过负荷运行；由于过负荷时负载损耗和阻抗电压增幅较大，处于非经济运行状态，故不应使其处于长时间连续过负荷运行。

三、主要技术参数与使用

1. 技术参数与工作环境

使用频率：50/60Hz；空载电流<4%；耐压强度：2000V/min 无击穿；绝缘等级 F 级，特殊等级可定制；绝缘电阻≥2MΩ；连接方式：Y/Y 、△/Y0 、Y0/△，自耦式（可选）；线圈允许温升为 100K；自然风冷或温控自动散热；噪声≤30dB。

环境温度 0~40℃，相对湿度低于70%；海拔高度不超过 2500m；避免遭受雨水、湿气、高温、高热或直接日照。散热通风孔与周边物体应有不小于 40cm 的距离；防止工作在腐蚀性液体或气体、尘埃、导电纤维或金属细屑较多的场所；防止工作在振动或电磁干扰场所；避免长期倒置存放和运输，不能受强烈的撞击。

2. 接线方式

（1）短接变压器的"输入"与"输出"接线端子用兆欧表测试其与地线的绝缘电阻，1000V 兆欧表测量时，阻值应大于 2MΩ。

（2）变压器输入、输出电源线截面配线应满足其电流值大小的要求；按照 2~2.5A/mm^2 电流密度配置为宜。

（3）输入、输出三相电源线应按变压器接线板母线颜色黄、绿、红分别接 A 相、B 相、

C 相,零线接变压器的中性零线,接地线、变压器外壳以及变压器中心点相连接。我们所说的地线与零线都是从变压器中性点引出。

（4）先空载通电,观察测试输入输出电压符合要求。同时观察机器内部是否有异响、打火、异味等非正常现象,若有异常,应立即断开输入电源。

（5）当空载测试完成且正常后,方可接入负载。

3. 干式电力变压器的温度控制

干式变压器的安全运行和使用寿命,很大程度上取决于变压器绕组绝缘的安全可靠。绕组温度超过绝缘耐受温度使绝缘破坏,是导致变压器不能正常工作的主要原因之一,因此对变压器运行温度的监测及其报警控制十分重要。

1）风机自动控制

通过预埋在低压绕组最热处的 Pt100 热敏测温电阻检测温度。变压器负荷增大,运行温度上升,当绕组温度达 110℃时,控制系统自动启动风机冷却;当绕组温度低至 90℃时,系统自动停止风机。

2）超温报警、跳闸

通过预埋在低压绕组中的 PTC 非线性热敏测温电阻采集绕组或铁芯温度信号。当变压器绕组温度升高,若达到 155℃时,系统输出超温报警信号;若温度上升达 170℃,变压器已不能继续运行,向二次保护回路发出超温跳闸信号,切断变压器。

3）温度显示系统

通过预埋在低压绕组中的 Pt100 热敏电阻测取温度变化值,直接显示各相绕组温度,可以显示三相巡检及温度最大值,并可记录历史最高温度,根据需要可以传输至远距离的计算机。

4）防护方式

通常选用 IP20 防护外壳,防固体异物及鼠、蛇、猫、鸟等小动物进入,保证安全。若需将变压器安装在户外,可选用 IP23 防护外壳,除上述 IP20 防护功能外,更可防止与垂直线成 60°角以内的水滴入。但 IP23 外壳封闭,变压器的散热效果下降,变压器冷却能力受到一定的影响,选用时要适当降低运行容量。

四、变压器的选择

1. 根据使用环境选择

（1）在正常介质条件下,可选用油浸式变压器或干式变压器,如工矿企业、农村的独立或附建变电所、小区独立变电所等,可选择 S8、S9、S10、SC（B）9、SC（B）10 等系列的变压器。

（2）在多层或高层主体建筑内,宜选用不燃或难燃型变压器,如 SC（B）9、SC（B）10、SCZ（B）9、SCZ（B）10 等。

（3）在多尘或有腐蚀性气体严重影响变压器安全运行的场所,应选封闭型或密封型变压器,如 BS9、S9、S10、SH12-M 等。

（4）不带可燃性油的高、低配电装置和非油浸的配电变压器,可设置在同一房间内,此时变压器应带 IP2X 保护外壳,以策安全。

2. 根据用电负荷选择

（1）配电变压器的容量,根据具体的用电特点与用电性质,综合各种用电设备的设施容量,计算负荷,一般不计消防负荷,补偿后的视在容量是选择变压器容量和台数的依据。一般变压器的负荷率在85%左右。此法较简便,可作估算容量。

(2)标准 GB/T 17468—1998《电力变压器选用导则》中,推荐配电变压器的容量选择,应根据 GB/T 17211—1998《干式电力变压器负载导则》及计算负荷来确定容量,上述两种标准提供了计算机程序和正常周期负载图来确定配电变压器容量。注意,GB/T 17468—2008 标准已经代替了 GB/T 17468—1998。

根据现场经验,具体利用过载能力的方式,选择计算变压器容量时可适当减小,充分考虑炼钢、轧钢、焊接等设备短时冲击过负荷的可能性,尽量利用干式变压器的较强过载能力而减小变压器容量;对某些不均匀负荷的场所,如夜间照明等为主的居民区、文化娱乐设施及空调和白天照明为主的商场等,可充分利用过载能力,适当减小变压器容量,使主运行时间处于满载或短时过载。

五、非晶态合金变压器介绍

1. 非晶态合金材料及特性

日常生活中的材料一般有晶态材料和非晶态材料。所谓晶态材料,是指材料内部的原子排列遵循一定的规律;反之,内部原子排列处于无规则状态,则为非晶态材料,一般的金属内部原子排列有序,属于晶态材料。金属在熔化后,内部原子处于活跃状态。当金属冷却,随着温度的下降,原子再慢慢地按照一定的晶态规律有序地排列,形成晶体。如果冷却过程很快,原子来不及重新排列就凝固了,由此就产生了非晶态合金,制备非晶态合金采用的是一种快速凝固的工艺。将处于熔融状态的高温液体喷射到高速旋转的冷却辊上,合金液在很短时间内(如千分之一秒)将1300℃的合金液降到室温,形成非晶带材。

非晶态合金与晶态合金相比,在物理性能、化学性能和力学性能方面有显著的变化。如铁基非晶合金,具有高饱和磁感应强度和低损耗的特点。因为这样的特性,非晶态合金材料在众多领域中具备了广阔的应用空间。例如,用于航空航天领域,可以减轻电源、设备重量,增加有效载荷。用于民用电力、电子设备,可大大缩小电源体积,提高效率,增强抗干扰能力。微型铁芯可大量应用于变压器,非晶条带用来制造超级市场和图书馆防盗系统的传感器标签。

2. 非晶态合金变压器

非晶带材一个非常具有前景的应用领域是非晶变压器。非晶合金铁芯变压器是用新型导磁材料—非晶合金制作铁芯而成的变压器,比硅钢片作铁芯变压器的空载损耗,也就是变压器次级开路时,初级测得的功率损耗下降80%左右,空载电流变压器次级开路时,初级仍有一定的电流,此电流称为空载电流,可以下降约85%,是目前节能效果较理想的配电变压器,特别适用于农村电网和发展中地区等配变利用率较低的地方。我国的一些变压器生产企业从美国引进非晶合金变压器的专有技术后,通过消化吸收,自主创新开发了适合中国电网运行的非晶合金变压器系列产品。

非晶合金铁芯配电变压器的最大优点是,空载损耗值特别低,最终能否确保空载损耗值,是整个设计过程中所要考虑的核心问题。当在产品结构布置时,除要考虑非晶合金铁芯本身不受外力的作用外,同时在计算时还需精确合理选取非晶合金的特性参数。

3. 变压器非晶合金结构特点

用导磁性能突出的非晶合金，作为制造变压器的铁芯材料，能获得很低的损耗值。但它具有具体特性。

在电气性能上，为减少铁芯片的剪切量，整台产品铁芯由四个单独的铁芯框并列组成，并且每相绕组套在磁路独立的两框上。每个框内的磁通除基波磁通外，还有三次谐波磁通的存在，一个绕组中的两个卷铁芯框内，其三次谐波磁通正好在相位上相反，数值上相等，因此，每一组绕组内的三次谐波磁通向量和为零。如一次侧 D 接法，有三次谐波电流的回路，在感应出的二次侧电压波形上，就不会有三次谐波电压的分量。

因此，三相非晶合金配电变压器采用的最合理结构量，铁芯由四个单独铁芯框在同一平面内组成三相五柱式，须经退火处理，并带有交叉铁轭接缝，截面形状呈长方形；绕组为长方形截面，可单独绕制成型，双层或多层矩形层式；油箱为全密封免维护的波纹结构。

目前广泛采用的新 S9 型配电变压器，铁芯采用的导磁材料一般为 30Z140 高导磁冷轧硅钢片，饱和磁密比非晶合金高，产品设计时所选取磁通密度为 1.65～1.75T。这是非晶合金铁芯配电变压器比新 S9 型配电变压器空载损耗低的一个主要原因。通过采用新材料，降低配电变压器的空载损耗值，是有效的途径。

三相非晶合金铁芯配电变压器与新 S9 型配电变压器相比，年节约电能量相当可观。以 800kVA 为例，ΔP_0 为 1.05kW；两种型式配电变压器的负载损耗值相同，则 $\Delta P_k = 0$，可计算出一台产品每年可减少的电能损耗为

$$\Delta W_s = 8760(1.05 + 0.62 \times 0) = 9198 \text{kW} \cdot \text{h}$$

可知，三相非晶合金铁芯配电变压器系列产品的节能效果明显。由于油箱设计成全密封式结构，变压器内油与外界空气不接触，防止油的氧化，延长使用寿命，节约维护费用。

非晶合金变压器若能完全替代新 S9 系列配变，同时，因总体节能效果明显，减少消耗总容量。但是，非晶合金变压器的制造成本较高，也影响了使用单位的选择，长期收益明显。非晶合金变压器产品外形如图 5-18 所示。

图 5-18　非晶合金变压器产品外形

任务2 电力变压器的运行与维护

第一部分 任务下达

电力变压器是供配电系统中的重要设备,安全运行十分重要,与其他设备相比,有自身的特殊性。电力变压器同时具备电力和设备特点,通过本任务的学习,应当掌握电力变压器的运行与维护知识,了解并能够掌握电力变压器的一般故障处理知识。

第二部分 任务分析与知识介绍

一、电力变压器的运行

1. 电力变压器运行前的检查

(1)电力变压器投入运行前,要进行全面、严格的常规外观检查,包括铭牌、标志、警示符号、接线桩头等。

(2)检查试验合格证。如果变压器的试验合格证签发日期超过3个月,应重新测试绝缘电阻,阻值应大于允许值且不小于原试验值的70%。

(3)变压器本体无缺陷,瓷瓶无裂纹和破损;外表清洁,无遗留杂物;各连接处应连接紧固;密封处无渗漏现象。

(4)分接开关切换在符合电网和用户要求的位置上,引线适当,接头接触良好,各种配套设备齐全。注意,必须在切断负载后,才能操作分接开关。

(5)变压器外壳与低压侧的中性点接地良好;基础牢固稳定,变压器滚轮与基础上轨道接触良好,制动可靠。

(6)冷却装置、温度计及其他测量装置应完整。

(7)变压器的油位应在当时温度的油位线上,符合说明书的要求,不宜过高和过低。

(8)变压器瓦斯继电器应完好,并检查其动作,符合规定的要求;防爆管内无存油,玻璃完好。

(9)防雷保护齐全,接地电阻合格。

2. 电力变压器的运行规则

1)变压器运行允许温度

变压器运行允许温度是根据变压器所使用绝缘材料的耐热程度而规定的最高温度。普通油浸式电力变压器的绝缘等级为A级,运行过程中由于不同部分的温度不一样,所以为了方便监测变压器运行时各部分的温度,规定以变压器油箱内上层油温来确定变压器的允许温度。

采用A级绝缘的变压器,在正常运行时,当周围温度为40℃时,规定变压器的上层油温最高不超过85℃。试验表明,变压器上层油温如果超过85℃,油的氧化速度会加快,变压器的绝缘性能和冷却效果会降低。

变压器的耐热程度用绝缘等级表示,绝缘等级具体指所用绝缘材料的耐热等级,分A、E、B、F、H级。绝缘温度等级A级、E级、B级、F级、H级最高允许温度为105℃、120℃、130℃、155℃、180℃;绕组温升限值为60K、75K、80K、100K、125K;性能参考温度为 80℃、95℃、100℃、120℃、145℃。

2）变压器运行允许温升

变压器运行允许温度与周围空气最高温度之差为变压器运行允许温升。由于变压器的结构，内部各部分温度差别比较大，所以，只监视变压器上层油温不超过允许值是不行的，只有上层油温及温升都不超过说明书规定的允许值时，才能保证变压器安全运行。对于采用 A 级绝缘的变压器，当周围温度为40℃时，上层油的允许温升为55℃，绕组的允许温升为65℃。

3）变压器并联运行的条件

将两台或两台以上的变压器的一次绕组并接在电源上，二次绕组也并接在一起向负载供电，这种运行方式称为变压器的并联运行。

用电企业中，不是任何时间的用电负荷都一样，可能变化较大。如果将一台变压器的容量按照最大负荷选择，可能在低负荷时造成浪费。因此，可以根据实际情况，选择两台变压器，用电负荷大时，两台变压器并联运行，用电负荷较小时，可以只运行其中的一台变压器。

两台或多台变压器并联运行时，必须满足下列条件。

（1）所有并联变压器的额定一次电压和二次电压必须相等。所有并联变压器的电压比必须相同，允许差值范围为±5%。如果电压比不同，会在二次绕组的回路中产生环流，因为变压器内阻很小，产生的环流很大，可能会导致绕组过热甚至烧毁。

（2）所有并联变压器的阻抗电压必须相等。由于并联变压器的负荷按阻抗电压值成反比分配，如果其中一个阻抗电压不同，将会导致阻抗电压较小的变压器过负荷甚至烧毁。所有并联变压器的阻抗电压允许的差值范围为±10%。

（3）所有并联变压器的连接组别必须相同。也就是说，所有并联变压器的一次电压和二次电压的相序与相位都必须对应相同，否则不能并联运行。假设两台变压器并联运行，一台为 Yyn0 连接，另一台为 Dyn11，则二次侧电压将会出现相位差，在两台变压器的二次绕组间产生电位差，这一电位差将在两台变压器的二次侧产生一个很大的环流，有可能烧毁变压器的绕组。

另外，并联运行的变压器容量应尽可能相同或相近，如果容量相差悬殊，运行会很不方便，容易造成小容量的变压器过负荷严重而烧毁，一般并联运行的变压器最大容量与最小容量之比不超过 3∶1。

4）变压器的过负荷能力

变压器的过负荷能力指在较短时间内所输出的最大容量。在不损坏变压器绕组的绝缘性能和不降低变压器使用寿命的条件下，变压器的输出容量可能大于变压器的额定容量。变压器容量的确定除考虑正常负荷外，还应考虑到变压器的过负荷能力和经济运行条件。

（1）电力变压器的额定容量和实际容量。电力变压器的额定容量指在规定的温度条件下，室外安装时，在规定的使用年限所能连续输出的最大视在功率。变压器的使用年限一般是 20 年。

根据国家标准 GB 1094—1996《电力变压器》的规定，变压器正常使用的最高年平均气温为+20℃，最高温度为40℃，最热月平均温度为30℃。如果变压器安装地点的年平均

气温每升高 1℃,变压器的容量减少 1%,因此变压器的实际容量为

$$S_T = K_\theta S_{N,T} = \left(1 - \frac{\theta_{0av} - 20}{100}\right) S_{N,T}$$

式中　K_θ——温度修正系数;

$S_{N,T}$——变压器的额定容量;

$\theta_{0,av\,20℃}$——变压器安装地点的年平均气温。

一般所说的平均气温指室外温度,而室内温度一般按高于室外温度 8℃ 考虑,因此,变压器的容量还要减少 8%。因此室内变压器的实际容量为

$$S'_T = \left(0.92 - \frac{\theta_{0av} - 20}{100}\right) S_{N,T}$$

(2)变压器的正常过负荷能力。变压器由于昼夜负荷变化和季节性负荷差异而允许的变压器过负荷,称为正常过负荷。这种过负荷系数的总数,对室外变压器不超过 30%,对室内变压器不超过 20%;变压器的正常过负荷时间是指在不影响寿命、不损坏变压器的各部分绝缘的情况下允许过负荷的持续时间。自然冷却或风冷油浸式电力变压器的过负荷允许时间见表 5-1。

表 5-1　自然冷却或风冷油浸式电力变压器的过负荷允许时间

过负荷允许时间 h_{min} 过负荷倍数	过负荷前上层油温升(℃)					
	18	24	30	36	42	48
1.05	5:50	5:25	4:50	4:00	3:00	1:30
1.1	3:50	3:25	2:50	2:10	1:25	0:10
1.15	2:50	2:25	1:50	1:20	0:35	
1.20	2:05	1:40	1:15	0:45		
1.25	1:35	1:15	0:50	0:25		
1.30	1:10	0:50	0:30			
1.35	0:55	0:35	0:15			
1.40	0:40	0:25				
1.45	0:25	0:10				
1.50	0:15					

(3)变压器的事故过负荷能力。当电力系统或工厂变电所发生事故时,为保证对重要设备连续供电,允许电力变压器短时间较大幅度过负荷运行,称为事故过负荷。油浸自冷式电力变压器事故过负荷运行的时间不超过表 5-2 所规定的时间。

表 5-2　油浸自冷式电力变压器事故过负荷允许值

过负荷百分比/%	30	45	60	75	100	200
过负荷时间/min	120	80	45	20	10	1.5

5)电力变压器运行中的检查

为保证变压器能安全可靠地运行,运行值班人员对运行中的变压器应做定期巡回检查,严格监视其运行数据。油浸式电力变压器运行时应该检查如下项目。

(1)变压器的上层油温以及高、低绕组温度的现场表计指示与控制盘的表计或显示屏显示应相同,考查各温度是否正常,是否接近或超过最高允许限额。

（2）变压器油枕上的油位是否正常，各油位表不应积污或破损，内部无结露。

（3）变压器油流量表指示是否正常，变压器油质颜色是否剧烈变深，本体各个部位不应有漏油和渗油现象。

（4）变压器的电磁噪声和以往比较应无异常变化。本体及附件不应振动，各部件温度正常。

（5）冷却系统的运转是否正常；对于强迫油循环风冷的变压器，是否有个别风扇停止运转；运转的风扇电动机有无过热现象，有无异常声音和异常振动；油泵是否运行正常；变压器冷却器控制装置内各个开关是否在运行规定的位置上。

（6）变压器外壳接地，铁芯接地及各点接地装置应当完好；变压器箱盖上的绝缘件，如套管、瓷瓶等，不能有破损、裂纹及放电的痕迹等不正常现象；充油套管的油位指示应当正常。

（7）变压器一次回路各接头接触良好，不能有发热现象。

（8）氢气监测装置指示应当无异常。

（9）变压器消防水回路完好，压力正常。

（10）吸湿器的干燥剂不能失效，必须定期检查，进行更换和干燥处理。

课堂练习

（1）电力变压器在运行前应当检查哪些内容？

（2）电力变压器运行的允许温升和绝缘等级之间有何关系？

（3）电力变压器在运行过程中应检查哪些方面？

二、电力变压器的维护

1. 电力变压器的日常维护规则

（1）设备维护人员须按规定路线及点检部位每天巡检 1 次，认真检查变压器各部位温度、颜色和声音，如发现异常应及时处理。

① 检查温控器显示器是否完好，并且显示正常。

② 检查变压器外部及电缆、母线连接处应当清洁，没有放电、灼痕，接头无打火、烧伤过热或脱焊现象。

③ 变压器的声音无异常情况。正常运行中的变压器，应发出连续而均匀的"嗡嗡"电磁声。若发现响声异常，应判定部位，进一步检查原因。

④ 接地标志清晰，工作接地和保护接地良好、可靠。

⑤ 检查变压器吸湿器内的干燥剂没有达到吸潮至饱和状态，若至饱和状态应及时更换。

⑥ 周围应当无危及变压器安全运行的杂物、漏雨等异常现象。对于安装在室外的变压器，如遇有大风、大雪、大雾和雷雨及气温突然变化等天气，应对变压器进行特殊监测和检查。

（2）大修后投入的变压器每小时检查一次，需持续 3 天。

（3）变压器应在铭牌规定电压、电流范围内运行。

（4）要按规定，对变压器定期清扫积灰，保持清洁。清灰步骤如下：停变压器低压侧出线开关，并将出线开关柜摇至试验位置；停变压器高压侧手车断路器，并将高压手车摇至试验位置;合接地刀闸,并确认接地刀闸处于接地状态;停变压器室内负荷开关;验电,并确认挂牌;开始清灰,必须二人进行。

2. 变压器的常见故障分析

变压器在运行过程中,由于受到长期发热、负荷冲击、电磁振动、气体腐蚀等因素的影响,总会发生一些部件的变形、紧固件的松动、绝缘介质老化等问题。初期时可以通过维护保养来改善和纠正这些问题,如没有及时更换或检修,就会出现故障。按变压器发生故障的原因,可分为磁路故障和电路故障。磁路故障一般指铁芯、铁轭及夹件间发生的故障。常见的有硅钢片短路、穿心螺栓及铁轭夹紧件与铁芯之间的绝缘损坏以及铁芯接地不良引起的放电等。电路故障主要指绕组和引线故障等,常见的有线圈的绝缘老化、受潮,切换器接触不良,材料质量及制造工艺不良,过电压冲击及二次系统短路引起的故障等。

1)变压器故障的分析方法

(1)直观法。变压器的控制屏上一般装有监测仪表,容量在500kVA以上的都装有保护装置,如气体继电器、差动保护继电器和过电流保护装置等。通过这些仪表和保护装置可以准确地反映变压器的工作状态,及时发现故障。

(2)试验法。很多故障不能够完全通过直观法来判断,必须进行试验测量,结合直观法的判断,正确判断故障的性质和部位。

① 测绝缘电阻。用2500V的绝缘电阻表测量绕组之间和绕组对地的绝缘电阻,若其值为零,则绕组之间和绕组对地可能有击穿现象。

② 测绕组的直流电阻。如果分接开关置于不同分接位置时,测得的直流电阻值相差很大,可能是分接开关接触不良或触点有污垢等;测得的低压侧相电阻与三相电阻平均值之比超过4%,或者线电阻与三相电阻平均值之比超过2%,则可能是匝间短路或引线与套管的导管间接触不良;测得一次侧电阻极大,则为高压绕组断路或分接开关损坏;二次侧三相电阻误差很大,则可能是引线铜皮与绝缘子导管断开或接触不良。

2)变压器的常见故障分析

变压器常见的故障现象、可能原因及处理方法见表5-3。

表5-3　变压器常见的故障现象、产生原因及处理方法

故障现象	可能原因	检查处理方法
铁芯片局部短路或熔毁	1. 铁芯片间绝缘严重损坏; 2. 铁芯或铁轭螺栓绝缘损坏; 3. 接地方法不当	1. 用直流伏安法测片间绝缘电阻,找出故障点并修理; 2. 调整损坏的绝缘胶纸管; 3. 改正接地错误
运行中有异常响声	1. 铁芯片间绝缘损坏; 2. 铁芯的紧固件松动; 3. 外加电压过高; 4. 过载运行	1. 吊出铁芯检查片间绝缘电阻,进行涂漆处理; 2. 紧固松动的螺栓; 3. 调整外加电压; 4. 减轻负载

故障现象	可能原因	检查处理方法
绕组匝间短路、层间短路或相间短路	1. 绕组绝缘损坏； 2. 长期过载运行或发生短路； 3. 铁芯有毛刺,使绕组绝缘受损 4. 引线间或套管间短路	1. 吊出铁芯,修理或调换线圈； 2. 减小负载或排除短路故障后修理绕组； 3. 修理铁芯,修复绕组绝缘； 4. 用绝缘电阻表测试并排除故障
高、低压绕组间或对地击穿	1. 变压器受大气过电压的作用； 2. 绝缘油受潮； 3. 主绝缘因老化而有破裂、折断等缺陷	1. 调换绕组； 2. 干燥处理绝缘油； 3. 用绝缘电阻表测试绝缘电阻,必要时更换
变压器漏油	1. 变压器油箱的焊接有裂纹； 2. 密封垫老化或损坏； 3. 密封垫不正,压力不均； 4. 密封填料处理不好,硬化或断裂	1. 吊出铁芯,将油放掉,进行补焊； 2. 调换密封垫； 3. 放正垫圈,重新紧固； 4. 调换填料
油温突然升高	1. 过负载运行； 2. 接头螺钉松动； 3. 线圈短路； 4. 缺油或油质不好	1. 减小负载； 2. 停止运行,检查各接头,加以紧固； 3. 停止运行,吊出铁芯,检修绕组； 4. 加油或调换全部油
油色变黑、油面过低	1. 长期过载,油温过高； 2. 有水漏入或有潮气侵入； 3. 油箱漏油	1. 减小负载； 2. 找出漏水处或检查吸潮剂是否生效； 3. 修补漏油处,加入新油
气体继电器动作	1. 信号指示未跳闸； 2. 信号指示开关未跳闸	1. 变压器内进入空气,造成气体继电器误动作,查出原因加以排除； 2. 变压器内部发生故障,查出故障加以处理
变压器着火	1. 高、低压绕组层间短路； 2. 严重过载； 3. 铁芯绝缘体损坏或穿心螺栓绝缘损坏； 4. 套管破裂,油在闪络时流出来,引起盖顶着火	1. 吊出铁芯,局部处理或重绕线圈； 2. 减小负载； 3. 吊出铁芯,重新涂漆或调换穿心螺栓； 4. 调换套管
分接开关触头灼伤	1. 弹簧压力不够,接触不可靠； 2. 动静触头不对位,接触不可靠； 3. 短路使触头过热	测量直流电阻,吊出机身检查处理

3. 干变的日常检查与防护

检查无异常声音及振动；有无局部过热,有害气体腐蚀等使绝缘表面爬电痕迹和碳化现象等造成的变色；变压器的风冷装置运转正常；高、低压接头应无过热、电缆头应无漏电、爬电现象；绕组的温升应根据变压器采用的绝缘材料等级,监视温升不得超过规定值；支持瓷瓶应无裂纹、放电痕迹；检查绕组压件是否松动；室内通风、铁芯风道应无灰尘及杂物堵塞,铁芯无生锈或腐蚀现象等。

176

干式变压器微机保护装置是用于测量、控制、保护、通信一体化的一种经济型保护;针对配网终端高压配电室量身定做,以三段式无方向电流保护为核心,配备电网参数的监视及采集功能,可省掉电流表、电压表、功率表、频率表、电度表等,通过通信口将测量数据及保护信息远传上位机,方便实现配网自动化;装置根据配网供电的特性在装置内集成了备用电源自投功能,可灵活实现进线备投及母分备投功能。

干式变压器微机保护装置用于干式变压器的保护,采用先进的 DSP 和表面贴装技术及灵活的现场总线 CAN 技术,满足变电站不同电压等级的要求,可以实现变电站的协调化、数字式及智能化,可完成变电站的保护、测量、控制、调节、信号、故障录波、电度采集、小电流接地选线、低周减载等功能,使产品的技术要求、功能、内部接线更加规范化。采用分布式保护测控装置,可集中组屏或分散安装,也可根据用户需要任意改变配置,满足不同方案要求。

课堂练习

(1)如果你负责变压器的验收,新采购的变压器应当如何验收?

(2)如果一个企业的供电容量为 1000kVA,由于生产任务的变化,导致用电容量变化较大,请做出供电方案中的变压器供电方式,并叙述应当注意的事项。

(3)电力变压器在运行中温升太高,有哪些原因? 如何判断?

三、掌握典型电力变压器的运行与维护

我们已经学习了电力变压器的原理、型号、运行维护知识,在实际工作中,应当结合具体的用电情况,掌握选择变压器的基本知识。以变电所选择主变压器为例,介绍选择过程。

1. 变电所主变压器的选择原则

(1)优先选择 S9、S11 等系列的低能耗变压器。

(2)在有多灰尘、有腐蚀气体或有严重影响变压器安全运行的场所,应当优先选用封闭式电力变压器,如 BSL1 型等。

(3)在高层建筑、地下建筑、化工场所等,对消防有较高的要求,应尽量采用干式变压器,如 SC、SCZ、SG3、SG10、SC6 等系列。

(4)在当网电压波动较大的场所,需要改善供电质量,应采用有载调压电力变压器,如 SZ7、SFSZ、SGZ3 等系列。

2. 变电所主变压器的选择台数

(1)应当满足用电负荷对供电可靠性的要求,有大量一、二级负荷的变电所应当采用两台变压器,当一台变压器检修时,另一台变压器继续对一、二级负荷供电,只有二级而无一级负荷的变电所可以只采用一台变压器,但必须在低压侧铺设与其他变压器相连的联络线作为备用电源。

(2)对季节性负荷或昼夜负荷变动较大而且要求采用经济运行方式的变电所,可以考虑用两台变压器。

(3)以上两种情况外,一般车间变电所基本采用一台变压器,但是负荷集中而且容量相当大的变电所,尽管是三级负荷,也可以使用两台或两台以上的变压器,这种情况很少见。

（4）在确定变电所主变的变压器台数时，还应当适当考虑负荷的发展，并根据实际留有一定的发展余量。

3. 变电所变压器容量的选择

（1）只有一台主变时主变容量 $S_{N.T}$ 应当满足全部用电设备总计算负荷 S_{30} 的需要，也就是

$$S_{N.T} \geqslant S_{30}$$

（2）装有两台主变的变电所。每台变压器的容量 $S_{N.T}$ 应当同时满足以下条件：

① 任何一台变压器运行时，应满足总计算负荷（60%～70%）S_{30} 的需求，也就是要满足以下要求：

$$S_{N.T} \geqslant (0.6 \sim 0.7)S_{30}$$

② 任何一台变压器单独运行时，应当满足全部一、二级负荷 $S_{30(I+II)}$ 的需要，即满足条件：

$$S_{N.T} \geqslant S_{30(I+II)}$$

（3）车间变电所主变单台容量的选择。车间变电所主变的单台容量一方面会受到低压断路器断流能力和短路稳定度的限制，另外还应当考虑变压器应当尽量接近车间的负荷中心。因此，实际选择时，变压器的容量一般不要大于 1250kVA。

对于居民小区的变电所变压器，一般采用的保护比较简单，因此，单台变压器的容量不要大于 630kVA。

（4）选择单台变压器容量应考虑余量。需要指出，变电所主变压器和容量的最终确定，应当结合变电所主变压器主接线方案的选择，通过综合对几种方案的技术经济指标比较后，确定最有效方案。

以上介绍了车间变电站（或称为变电所）的选择方法，只是简单地说明过程，可以了解最基本的思路。下面，通过一个例子说明。

某变电所电压等级 10/0.4kV，总计算负荷为 1400kVA，其中一、二级负荷为 730kVA，确定主变压器的台数和容量。

前面已经介绍，根据一、二级负荷情况，应当选择两台主变压器，每台变压器的容量应当负荷以下的条件：

$$S_{N.T} \geqslant (0.6 \sim 0.7)S_{30}$$

也就是 $S_{N.T} \geqslant (0.6 \sim 0.7) \times 1400kVA$

$$= (840 \sim 980)kVA$$

而且要满足 $S_{N.T} \geqslant 730kVA$。

因此，初步确定选择两台 1000kVA 的主变压器，具体型号为 S9-1000/10。

以上，只是简单的选择过程，在具体选择时还要考虑更多的因素，因此，建议查阅专业技术资料。

课堂练习

（1）电力变压器在运行中，应当要做哪些测试？

（2）如何预防电力变压器的铁芯多点接地和故障接地？

（3）电力变压器在运行中哪些部分可能过热？

项目六 掌握高压电器元件及成套设备性能

本项目包括四个任务,首先介绍了常用的高压电器元件的特点、性能,能够选用;根据相应标准,要求认识常用的高压成套电气设备的标准、性能与技术参数;深入了解高压成套产品的典型主回路及辅助回路,熟悉常用的高压成套电气设备产品。

任务1 选用高压电器元件

第一部分 任务内容下达

本书所称高压电器元件指除低压以外的、包括俗称的中压及高压电器元件。通过本任务的学习,认识高压电流互感器、电压互感器、高压断路器等高压元件,掌握典型高压元件的工作原理,了解主要技术参数,认识元件的型号;根据供电线路的具体技术条件,能够选用典型的高压元件;掌握常用高压元件的使用方法、维护,能够诊断使用中的故障,提出解决的措施。

第二部分 任务分析与知识介绍

由于高压电器元件的种类很多,如高压互感器、断路器、负荷开关、隔离开关、熔断器等,每一种产品有许多型号,新产品不断出现,我们选择典型的高压电气元件,介绍相应的知识。

一、认识高压互感器

1. 高压互感器的作用

高压互感器包括高压电流互感器和高压电压互感器,电流互感器与电压互感器合称互感器。电流互感器是将高压侧大电流变换成低压侧小电流的装置;电压互感器是将高电压变换成低电压的装置。

互感器的功能主要是用于电量的测量和继电保护。因为用电气仪表不可能直接测量大电流和高电压,利用互感器可将高电压和大电流变换到标准范围内,同时也将仪表、继电器等二次设备与主电路绝缘,可防止因继电器等二次设备的故障而影响到主电路,提高电路的安全可靠性,保证人身安全。

在电路中承担电能传输功能的部分,称为一次电路或一次回路;对主回路承担控制、保护、信号等功能的部分,称为二次电路或二次回路。通过互感器构成的二次回路,可以构成实现控制、调节、信号、保护等功能。

普通电流互感器结构原理电流互感器的结构比较简单,由相互绝缘的一次绕组、二次绕组、铁芯以及构架、壳体、接线端子等组成。其工作原理与变压器基本相同,一次绕组的

匝数 N_1 较少,直接串联于电源线路中,一次负荷电流通过一次绕组时,产生的交变磁通感应产生按比例减小的二次电流;二次绕组的匝数 N_2 较多,与仪表、继电器、变送器等电流线圈的二次负荷(Z)串联形成闭合回路,由于一次绕组与二次绕组有相等的安培匝数,$I_1N_1 = I_2N_2$,电流互感器额定电流比电流互感器实际运行中负荷阻抗很小,二次绕组接近于短路状态,相当于一个短路运行的变压器。

2. 互感器的结构及工作原理

1)电流互感器的结构与工作原理

电流互感器是利用电磁感应原理制造的电气元件,基本构造与变压器相似,可以认为是一种特殊的变压器,主要由铁芯、一二次绕组、接线端子及绝缘支持物等组成,原理示意图如图 6-1 所示,电流互感器的产品外形如图 6-2 所示,高压电流互感器的产品外形如图 6-3 所示,电流互感器的型号表示如图 6-4 所示。

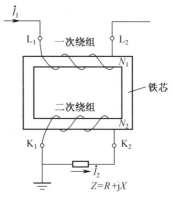

图 6-1 双绕组电流互感器的原理示意图

图 6-2 电流互感器的产品外形　　　图 6-3 高压电流互感器的产品外形

根据图 6-4 所示,型号 LQJ-10 表示线圈式树脂浇注电流互感器,额定电压为 10kV。LFCD-10/400 表示瓷绝缘多匝穿墙式电流互感器,用于差动保护,额定电压 10kV,变流比为 400/5。LMZJ-0.5 表示母线式低压电流互感器,额定电压为 0.5kV。

电流互感器的铁芯由硅钢片或各种镍合金钢片叠装构成,磁通路径对测量的准确度影响很大。

一次绕组串联在电力系统的线路中,流过高电压、大电流的被测电流 I_1,匝数 N_1 较少,导线截面和绝缘等级根据流过电流大小和电压的高低确定。当然,这些电流的大小及电压的高低,在符合产品具体技术条件的前提下,也要符合相应的标准。

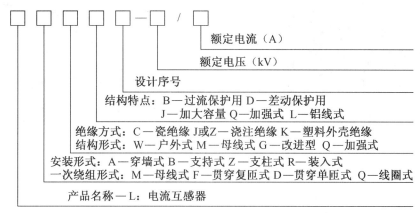

图 6-4 电流互感器的型号表示

二次绕组与仪表和继电保护装置的线圈相连,二次额定电流 I_2 一般为 5A,也有特殊要求的如 1A;匝数 N_2 较多,导线截面小。

运行中的电流互感器一次绕组内通过的电流决定于线路的负载电流,与二次负荷无关;二次绕组中流过的电流大小与一次侧电流有关。同时,由于二次绕组所接负载是仪表和继电保护装置的线圈,阻抗都很小,所以电流互感器正常运行于短路状态,相当于一个短路运行的变压器。

电流互感器的工作原理与变压器大致相同,而不同的是变压器铁芯内的主磁通是由一次绕组加上交流电压的电流产生,而电流互感器铁芯内的主磁通是由一次绕组内通过的交流电流产生。铁芯中的交变主磁通在电流互感器的二次绕组内感应出二次电动势和二次电流。电流互感器的一次电流 I_1 与二次电流 I_2 之间的关系为

$$I_1 \approx (N_2/N_1)I_1 \approx K_i I_2$$

式中 N_1——电流互感器一次绕组的匝数;

  N_2——电流互感器二次绕组的匝数;

  K_i——电流互感器的变流比,一般为额定的一次电流和二次电流之比,即 $K_i = I_{1N}/I_{2N}$。

2)电压互感器的结构和工作原理

电压互感器的结构与普通变压器类似,主要由铁芯,一、二次绕组,接线端子及绝缘支持物等组成,如图 6-5 所示,电压互感器的产品外形如图 6-6 所示,高压电压互感器的产品外形如图 6-7 所示。

电压互感器的铁芯是由硅钢片叠装构成,是电压互感器磁路的主要部件,在一、二次绕组间产生电磁联系,将电压进行变换。

一次绕组并联在电力系统的线电压或相电

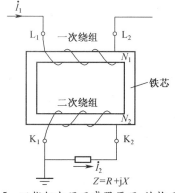

图 6-5 双绕组电压互感器原理、结构示意图

181

压上,匝数 N_1 较多,绝缘等级与供电系统一致;二次绕组与仪表和继电保护装置的电压线圈相连,二次额定电压 U_2 为 100V、$\frac{100}{\sqrt{3}}$V 或 $\frac{100}{3}$V,匝数 N_2 较小。

图 6-6　电压互感器的产品外形　　　　图 6-7　高压电压互感器的产品外形

电压互感器工作原理与普通变压器相同。由于电压互感器二次侧所接的负载是仪表和继电保护装置的电压线圈,阻抗很大,电流很小,因此电压互感器运行时相当于一个空载运行的降压变压器,二次电压等于二次电动势,取决于一次电压值的大小。

电压互感器的一次电压 U_1 与二次电压 U_2 之间的关系为

$$U_1 = (N_1/N_2)U_2 \approx K_u U_2$$

式中　N_1、N_2——电压互感器一次和二次绕组的匝数;

　　　K_u——电压互感器的变压比,一般是额定的一次电压和二次电压之比,即

　　　$K_u = U_{1N}/U_{2N}$。

3) 高压互感器技术参数

高压电流互感器产品的基本参数已经标准化,额定电压 10kV;额定频率 50Hz;额定一次电流为 5A、10A、15A、20A、30A、40A、50A、75A、100A、150A、200A、300A、400A、500A、600A、800A、1000A。

额定二次电流一般是 5A,或少数特殊的是 1A。

对于具体的高压电流互感器,有更多的技术参数,如线圈绕制方式、外形、安装形式、绝缘方式等。常用的高压电流互感器产品如图 6-8 所示。电压互感器的型号表示如图 6-9 所示。例如 JDJJ-35 表示单相油浸式接地保护用电压互感器,电压等级 35kV;JSJW-10 表示三相三线圈五铁芯柱油浸式电压互感器,电压等级为 10kV。

(1) 普通电流互感器。普通电流互感器的结构与原理如图 6-10 所示,结构简单,由相互绝缘的一次绕组、二次绕组、铁芯及构架、壳体、接线端子等组成。工作原理与变压器基本相同,一次绕组的匝数 N_1 较少,直接串联于电源线路中,一次负荷电流通过一次绕组时,产生交变磁通感应产生按比例减小的二次电流;二次绕组的匝数 N_2 较多,与仪表、继电器、变送器等电流线圈的二次负荷 Z 串联形成闭合回路,由于一次绕组与二次绕组有相等的安培匝数,$I_1N_1 = I_2N_2$,电流互感器额定电流比电流互感器实际运行中负荷阻抗很小,二次绕组接近于短路状态,相当于一个短路运行的变压器。

(2) 穿芯式电流互感器。穿芯式电流互感器本身结构不设一次绕组,负荷电流导线由 L_1 至 L_2 穿过由硅钢片擀卷制成的圆形或其他形状的铁芯起一次绕组作用。多穿芯式

图 6-8　常用的高压电流互感器产品

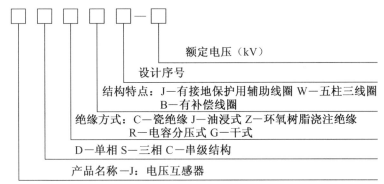

额定电压（kV）

设计序号

结构特点：J—有接地保护用辅助线圈　W—五柱三线圈
　　　　　B—有补偿线圈

绝缘方式：C—瓷绝缘　J—油浸式　Z—环氧树脂浇注绝缘
　　　　　R—电容分压式　G—干式

D—单相　S—三相　C—串级结构

产品名称—J：电压互感器

图 6-9　电压互感器的型号表示

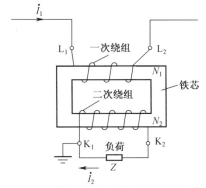

图 6-10　普通电流互感器的结构与原理

　　电流互感器结构原理图如图 6-11 所示。二次绕组直接均匀地缠绕在圆形铁芯上，与仪表、继电器、变送器等电流线圈的二次负荷串联形成闭合回路。由于穿芯式电流互感器不设一次绕组，其变比根据一次绕组穿过互感器铁芯中的匝数确定，穿心匝数越多，变比越小；反之，穿芯匝数越少，变比越大。穿芯式电流互感器的产品外形如图 6-12 所示。

　　（3）多抽头电流互感器。多抽头电流互感器的原理图如图 6-13 所示，这种电流互感器的一次绕组不变，二次绕组中增加一些抽头，获得多个变比。具有一个铁芯和一个匝数固定的一次绕组，二次绕组用绝缘铜线绕在套装于铁芯上的绝缘筒上，将不同变比的二次绕组抽头引出接到接线端子,就形成了多个变比。此种电流互感器可以根据负荷电流变比,调换二次接线端子改变变比,不需更换电流互感器。

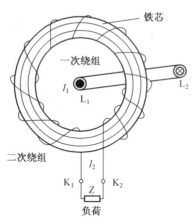

图 6-11　多穿芯式电流互感器结构原理图

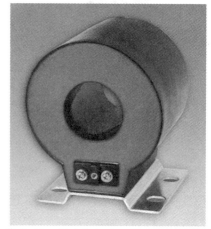

图 6-12　穿芯式电流互感器的产品外形

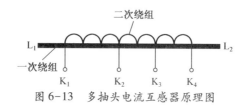

图 6-13　多抽头电流互感器原理图

（4）不同变比电流互感器。原理图如图 6-14 所示,这种电流互感器有同一个铁芯和一次绕组,而二次绕组分为两个匝数不同、各自独立的绕组,满足同一负荷电流时不同变比、不同准确度等级需要。同一负荷时,为保证电能计量准确,变比较小,可以满足负荷电流在一次额定值的 2/3 左右;准确度等级高一些,如 $1K_1$、$1K_2$ 为 200/5、0.2 级。而用电设备的继电保护,考虑到故障电流的保护系数较大,则要求变比较大一些,准确度等级可以稍低一点,如 $2K_1$、$2K_2$ 为 300/5、1 级。

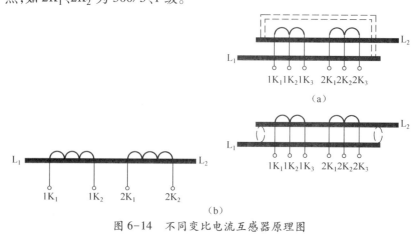

图 6-14　不同变比电流互感器原理图
（a）一次串联（两匝）;（b）一次并联（一匝）。

（5）一次绕组可调、二次多绕组的电流互感器。这种电流互感器变比量程多、可以变

184

更,多见于高压电流互感器。一次绕组分为两段,分别穿过互感器的铁芯,二次绕组分为两个带抽头、不同准确度等级的独立绕组。一次绕组与装置在互感器外侧的连接片连接,通过变更连接片的位置,使一次绕组形成串联或并联接线,改变一次绕组的匝数,获得不同变比。带抽头的二次绕组自身分为两个不同变比和不同准确度等级的绕组,随着一次绕组连接片位置的变更,一次绕组匝数相应改变,变比随之改变,就形成了多量程的变比。带抽头的二次独立绕组的不同变比和不同准确度等级,可以应用于电能计量、指示仪表、变送器、继电保护等。

课堂练习

(1) 我们所说的互感器包括哪些?

(2) 请分别叙述电流互感器和电压互感器的特点与作用。

(3) 根据前面的介绍,电流互感器的技术参数有什么特点?

(4) 电流互感器种类介绍。

(5) 分别根据电流互感器和电压互感器的型号表示,查阅一些产品型号,分析产品的技术特性。

3. 互感器的类型

1) 电流互感器

(1) 按一次绕组匝数分,有单匝式(包括母线式、心柱式、套管式)和多匝式(包括线圈式、线环式、串级式);按一次电压分,有高压和低压两大类。

(2) 按用途分,有测量用和保护用两大类。

(3) 按精度等级分,测量用有 0.1、0.2、0.5、1.0、3.0、5.0 级,保护用有 5P 和 10P 两级。

高压电流互感器常由两个不同准确度等级的铁芯和两个二次绕组构成,分别接测量仪表和继电器,满足测量和继电保护的要求。电气测量对电流互感器准确度要求较高,且要求在短路时仪表受的冲击小,因比测量用电流互感器的铁芯在一次电路短路时应易饱和,限制二次电流的增长。而继电保护用电流互感器的铁芯则在一次电流短路时不应饱和,使二次电流能与一次短路电流成正比增长,以适应保护灵敏度的要求。

图 6-15 为户内高压 LQJ-10 型电流互感器的外形图,LQJ-10 型电流互感器产品外形如图 6-17 所示,有两个铁芯和两个二次绕组,分别为 0.5 级和 3 级,0.5 级用于测量,3 级用于继电保护。

图 6-16 为户内低压 LMZJ1-0.5 型电流互感器的外形图,不含一次绕组,穿过铁芯的母线就是一次绕组,相当于 1 匝,用于 500V 及以下的配电装置中。LMZJ1-0.5 型电流互感器产品外形如图 6-18 所示。

这两种电流互感器都是环氧树脂或不饱和树脂浇注绝缘,与油浸式和干式电流互感器相比,尺寸小、性能好、安全可靠,应用广。

2) 电压互感器

电压互感器按相数分,有单相和三相两类;按绝缘及冷却方式分,有干式(含环氧树脂浇注式)和油浸式两类。图 6-19 为应用广泛的单相三绕组、环氧树脂浇注绝缘的户内 JDZJ-10 型电压互感器外形尺寸图,110kV 串级式电压互感器结构如图 6-20 所示。

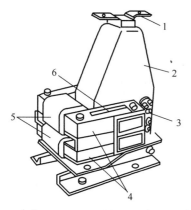

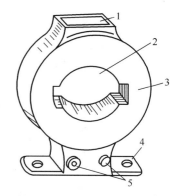

图 6-15 高压 LQJ-10 型电流互感器的外形图
1——次接线端子;2——次绕组(树脂浇注);
3—二次接线端子;4—铁芯;
5—二次绕组,警告语"二次侧不得开路"
外绕二次绕组,树脂浇注。

图 6-16 低压 LMZJl-0.5 型电流互感器的外形图
1—铭牌;2——次母线穿孔;3—铁芯;
4—安装板;5—二次接线端子。

图 6-17 LQJ-10 型电流互感器产品外形

图 6-18 LMZJ1-0.5 型电流互感器产品外形

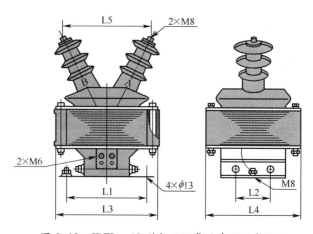

图 6-19 JDZJ - 10 型电压互感器外形尺寸图

图 6-20　110kV 串级式电压互感器结构

1—储油柜;2—瓷油箱;3—上柱绕组;4—隔板;
5—铁芯;6—下柱绕组;7—支撑绝缘板;8—底座。

4. 电流互感器的技术数据

1）变流比

电流互感器的变流比,指一次绕组的额定电流与二次绕组额定电流之比。用 K 表示

$$K = I_{1N}/I_{2N}$$

电流互感器二次绕组的额定电流一般为 5A,因此,变流比取决于一次绕组的额定电流。电流互感器的一次额定电流常有 5～2500A。在 10kV 电力系统中,用户配电装置的电流互感器一次额定电流使用规格范围一般在 15～1500A。

2）误差和准确度级次

电流互感器的测量误差分两种,一种是变比误差;简称比差;另一种为相角误差,简称角差。

变比误差 d 的计算公式

$$\Delta I\% = (KI_2 - I_{1N})/I_{1N}$$

式中　K——电流互感器的变比;

I_{1N}——电流互感器的一次额定电流;

I_2——电流互感器二次电流的实测值。

电流互感器的相角误差,指二次电流的相量 U_2 与一次电流相量 U_1 间的夹角 δ,相角误差的单位是"分"。

我们规定,当二次电流相量超前一次电流相量时,δ 取正值;当二次电流相量滞后一次电流相量时,δ 取负值。正常运行下的电流互感器相角差很小。电流互感器的两种误差与下列因素有关。

（1）与电流互感器一次侧电流有关,当一次电流为额定电流的 100%～120% 时,误差最小。

（2）与励磁安匝数（$I_0 \times N_1$）的大小有关,安匝数加大,则误差增大。

（3）与二次侧负载阻抗大小有关,阻抗加大,则误差增大。

（4）与二次侧负载感抗有关,感抗加大,即 $\cos\varphi_2$ 减小,比差将增大,而角差将相对减

小。电流互感器的准确度级次是以电流互感器最大变比误差和相角差来区分,在数值上就是变比误差的百分值。测量用电流互感器的精度等级和误差限值见表6-1;稳态保护用电流互感器的准确等级和误差限值见表6-2。

表6-1　测量用电流互感器的精度等级和误差限值

精度级次	一次电流为额定电流的百分数/%	误差限值		二次负荷变化范围
		电流误差/±%	相位差/±角分	
0.2	10	0.5	20	$(0.25 \sim 1)S_{N2}$
	20	0.35	15	
	100~120	0.2	10	
0.5	10	1	60	
	20	0.75	45	
	100~120	0.5	30	
1	10	2	120	
	20	1.5	90	
	100~120	1	60	
3	50~120	3	不规定	$(0.5 \sim 1)S_{N2}$

表6-2　稳态保护用电流互感器的准确等级和误差限值

准确级	电流误差/±%	相位差/±角分	复合误差/%
	在额定一次电流下		在额定准确限值一次电流下
5P	1.0	60	5.0
10P	3.0	—	10.0

用于电度计量的电流互感器,精度应高于0.5级,用于电流测量的电流互感器精度应高于1.0级,非主要回路可用3级,继电保护采用P级。

3)电流互感器的10%误差曲线

电流互感器的误差与励磁电流,与I_0有直接关系,当系统发生短路时,一次电流成倍增长,使电流互感器铁芯产生磁饱和,励磁电流急剧增加引起电流互感器的误差迅速增加,为保证继电保护装置在短路故障时能可靠地动作,要求保护用的电流互感器能比较准确地反映一次电流的状况。因此,对于保护用的电流互感器有最大允许误差值的要求,即变比误差低于10%,角差小于7°。

所谓10%倍数指一次电流增加到一般规定的6~15倍时,如电流误差达到10%,此时一次电流倍数 n 称为10%倍数。10%倍数越大,电流互感器性能越好。

影响电流互感器的另一个主要因素是二次负载阻抗。二次阻抗增大,二次电流减小,去磁匝数减少,导致励磁电流增大,误差增大。为了使一次电流和二次阻抗相互制约保证误差在10%的范围内,电流互感器产品给出了10%误差曲线,即电流误差10%时,一次电流对额定电流的倍数和二次阻抗的关系曲线,如图6-21所示。利用10%误差曲线,可方便得求出与保护计算用一次电流倍数相适应的最大允许二次负载阻抗。

4)额定容量

额定容量 S_{2N} 指电流互感器在额定二次电流 I_{2N} 和额定二次阻抗 Z_{2N} 下运行时,二次绕组的输出容量,即 $S_{2N} = I_{2N}^2 Z_{2N}$。电流互感器的二次电流为标准值,因此,额定容量常

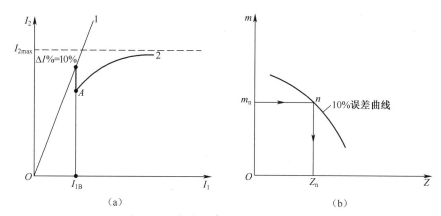

图 6-21　电流互感器的 10%误差曲线

(a)电流互感器的二次电流 I_2 与一次电流 I_1 之间的关系;(b)10%误差曲线。

用额定阻抗表示。同时,由于电流互感器的误差与二次阻抗有关,因此,同一台电流互感器使用在不同的精度等级时,会有不同的额定容量。

5)热稳定及动稳定倍数

表示电流互感器承受短路电流的热作用和电动力作用的能力。主要有以下几个指标。

(1)热稳定电流。电流互感器承受短路电流在 1s 内无损坏的最大一次电流有效值。

(2)热稳定倍数。热稳定电流与电流互感器一次侧额定电流之比值。

(3)动稳定电流。一次侧线路发生短路时,电流互感器承受电动力作用无机械损坏的最大一次电流的峰值,一般动稳定电流为热稳定电流的 2.55 倍。

动稳定倍数,指动稳定电流与电流互感器一次侧额定电流的比值。

5. 电压互感器的技术参数

1)变压比

电压互感器的变压比,指一次绕组的额定电压与二次绕组额定电压之比,用 K 表示。

$$K = \frac{U_{1N}}{U_{2N}}$$

式中　U_{1N}——一次绕组的额定电压;

　　　U_{2N}——二次绕组的额定电压。

2)误差和准确度等级

电压互感器的测量误差分两种,一种是变比误差,也称电压比误差;另一种是角误差。理想的电压互感器,一次与二次电压比等于匝数之比,相位也应完全相同。但是,电压互感器产品存在励磁电流和线圈阻抗的影响,会产生电压数值误差和相位角误差。

电压互感器的变比差 $\Delta U \%$ 为

$$\Delta U\% = \frac{KU_2 - U_{1N}}{U_{1N}} \times 100\%$$

式中　K——电压互感器的变比,一次额定电压与二次额定电压之比;

　　　U_{1N}——电压互感器的一次额定电压值;

　　　U_2——次电压实际测量值。

所谓角误差指电压的相量 $\dot{U}_2$ 旋转 180° 后与一次电压相量 $\dot{U}_1$ 间的夹角 δ。当 $\dot{U}_2$ 超前于 $\dot{U}_1$ 时,规定为正角差,反之为负角差。电压互感器的准确度等级,以最大变比误差和角误差来区分,见表 6-3。准确度等级就是变比误差的百分值级次。

表 6-3　电压互感器的准确等级和误差限值

准确级	误差限值		一次电压变化范围	频率、功率因数及二次负荷变化范围
	电压误差/ ±%	相位差/ ±角分		
0.2	0.2	10		
0.5	0.5	20	$(0.8 \sim 1.2)U_{1N}$	$(0.25 \sim 1)S_{N2}$
1	1.0	40		$\cos\phi_2 = 0.8$
3	3.0	不规定		$f = f_N$
3P	3.0	120	$(0.05 \sim 1)U_{1N}$	
6P	6.0	240		

电压互感器的误差与二次负载大小有关,所以同一电压互感器对应不同的二次负载容量时,在铭牌上标注几种准确度等级,所标定的最高准确度等级,称为标准等级。

3）容量

电压互感器的误差与二次负载大小有关,因此,在同一电压互感器对应不同的准确度,有不同的容量。通常额定容量对应于最高准确等级的容量。电压互感器最大容量按在最高工作电压下长期允许的发热条件确定。

6. 电流互感器的连接形式

实际使用中,电流互感器有单相按线、三相星形接线、两相 V 形接线和两相电流差接线等接线方式。

1）星形接线

这种三相式接线用三只电流互感器和三只电流继电器,电流互感器的二次绕组和继电器线圈分别接成星形接线,彼此导线相连,如图 6-22 所示,接线系数 $K_w = 1$。

这种接线方式对各种故障都起作用,当故障电流相同时,对所有故障都同样灵敏,对相间短路动作可靠,至少有两个继电器动作,但需要三只电流互感器和三只继电器,四根连接导线,多适用于大接地电流系统中作相间短路和单相接地短路保护,工业企业供电系统中较少应用。

2）两相不完全星形接线

这种两相式接线称 V 形接法,由两只电流互感器和两只电流继电器构成。两只电流互感器接成不完全星形接线,两只电流继电器接在相线上,如图 6-23 所示。

正常运行及三相短路时,公共线通过电流为 $\dot{I}_0 = \dot{I}_a + \dot{I}_c = -\dot{I}_b$。如两只互感器接于 A 相和 C 相,A 相、C 相短路时,两只继电器均动作;当 A 相、B 相或 B、C 相短路时,只有一个继电器动作;在中性点直接接地系统中,当 B 相发生接地故障时,保护装置不动作。这种接线保护不了所有单相接地故障和某些两相短路,但只用两只电流互感器和两只电流继电器,较经济,在工业企业供电系统中广泛应用于中性点不接地系统,作为相间短路保护用。

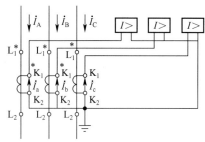

图 6-22 三相式完全星形接线

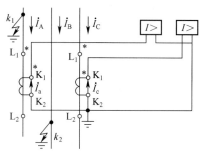

图 6-23 两相式不完全星形接线

3）两相电流差式接线

图 6-24 为两相电流差式接线图,这种接线方式,流过电流继电器的电流是两只电流互感器的二次电流的相量差 $\dot{I}_R = \dot{I}_a - \dot{I}_c$,对于不同形式的故障,流过继电器的电流不同。

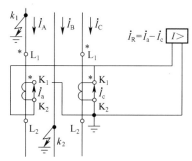

图 6-24 两相式电流差式接线图

在正常运行及三相短路时,流经电流继电器的电流是电流互感器二次绕组电流的 $\sqrt{3}$ 倍,此时接线系数 $K_w = \sqrt{3}$。当装有电流互感器的 A、C 两相短路时,流经电流继电器的电流为电流互感器二次绕组的 2 倍,接线系数 $K_w = 2$。

当装有电流互感器的一相(A 相或 C 相)与未装电流互感器的 B 相短路时,流经电流继电器的电流等于电流互感器二次绕组的电流,接线系数 $K_w = 1$。

当未装电流互感器的一相发生单相接地短路或某种两相接地(K_1 与 K_2 点)短路时,继电器不能反映其故障电流,因此不动作。

这种接线成本低,但对不同形式短路故障,灵敏度不同。适用于中性点不接地系统中的变压器、电动机及线路的相间保护。

7. 电压互感器的连接方式

1）一台单相电压互感器的接线

如图 6-25（a）所示,在三相电路中,接一台单相电压互感器,只能测两相之间的线电压或用来接电压表、频率表、电压继电器等。电压互感器一次侧 A、X 端接电源加熔丝保护,二次侧 a、x 接用电仪表或继电器,加装熔丝保护,二次侧绕组 x 端接地。

2）两台单相电压互感器 V/V 形接线

两台单相电压互感器接成 V/V 形接线可称为不完全星形接线,如图 6-25（b）所示,适用于中性点不接地系统或中性点经消弧电抗器接地系统,测量三相线电压。接线简单,一次绕组中无接地点,减少了系统中的对地励磁电流,也避免产生内部过电压,此种接线只能得到线电压,所以不能测量相对地电压,也不能做绝缘监察和接地保护用。

3)三台单相电压互感器 Y_0 / Y_0 形接线

如图6-25(c)所示,采用三台单相电压互感器,一次绕组中性点接地,可以满足仪表和电压继电器取用线电压和相电压的要求,也可装设用于绝缘监察用电压表。

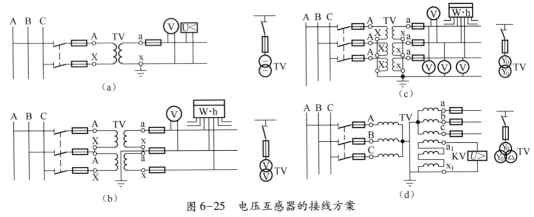

图6-25 电压互感器的接线方案
(a)单相电压互感器;(b)两相单相接 V/V 形;(c)三个单相接 Y_0/Y_0 形;
(d)三个单相三绕组或一个三相五心柱三绕组电压互感器接 $Y_0/ Y_0/\triangle$ 形。

4)三相五柱式电压互感器或三台单相三绕组电压互感器 $Y_0/Y_0/\triangle$ 接线

如图6-25(d)所示,此接法在 10kV 中性点不接地电力系统中广泛应用,能测量线电压、相电压,三个辅助绕组可连接成开口三角形,当一次系统中任何一相接地时,开口三角两端将产生 95~105V 电压,可接入电压继电器以供一次系统的接地保护使用。两套二次绕组中,Y_0 形按线的二次绕组称为基本二次绕组,接仪表、继电器及绝缘监察电压表;开口三角形的绕组,称为二次辅助绕组,接绝缘监察用的电压继电器。在系统正常运行时,开口三角形 a_1、x_1 两端的电压接近于零;当系统发生一相接地时,开口三角形 a_1、x_1 两端出现上述的零序电压,电压继电器吸合动作,发出接地预告信号。

上述每种接法原理图的右侧,是该接法的单线表达图。

课堂练习

(1)电压互感器和电流互感器各有哪些特点?

(2)分别叙述电压互感器和电流互感器的接线方式。

(3)以电流互感器为例叙述测量精度的含义。

(4)既然互感器是一种测量元件,在工作时也有容量,请叙述电压互感器和电流互感器的容量含义。

8. 电流互感器使用注意事项

1)电流互感器的二次侧不得开路

正常运行时,电流互感器的一、二次绕组建立的磁势处于平衡状态。磁路中的磁通量比较小,则二次绕组的端电压即对地电压很低,接近于短路状态。一旦二次回路出现开路故障,二次电流的去磁作用立即失去,一次电流就完全变成励磁电流,此电流将会增大数十倍,使磁路中的磁通突然增大产生铁芯严重饱和。这时,在二次绕组两端会感应出尖顶波的高电压,甚至万伏以上,对二次设备和安全造成威胁。因此,电流互感器在运行时一般采取以下措施。

(1) 二次回路不可开路。电流互感器二次回路不允许装设熔断器、开关类的电气元件。

(2) 二次回路不可切换。电流互感器二次回路一般允许切换;但当必须切换时,应有可靠的防止措施,即不允许造成开路。

(3) 继电保护与测量仪表一般不合用。当必须合用时,测量仪表要经过中间变流器接入。

(4) 对于已安装而尚不使用的电流互感器,必须将二次绕组的端子短接并接地;电流互感器二次回路的端子应使用试验端子。

(5) 二次回路接线可靠。电流互感器二次回路的连接导线必须牢固、可靠,并保证有足够的机械强度。

2) 电流互感器的二次侧有一端必须接地

电流互感器二次侧一端接地,以防止一、二次绕组间的绝缘击穿时,一次侧的高电压窜入二次侧,危及人身和设备的安全。

3) 连接时要注意端子的极性

按规定,我国互感器和变压器的绕组端子,均采用“减极性”标号法。所谓“减极性”标号法,就是互感器按接线时,一次绕组接上电压 U_1,二次绕组感应出电压 U_2。这时,将一对同名端短接,在另一对同名端测出的电压 $U = |U_1 - U_2|$。

用“减极性”法所确定的“同名端”,实际上就是“同极性端”,即在同一瞬间,两个同名端同为高电位或同为低电位。

按规定,电流互感器的一次绕组端子标以 L_1、L_2,二次绕组端子标以 K_1、K_2,L_1 与 K_1 为同名端、L_2 与 K_2 为同名端。如果一次电流 I_1 从 L_1 流向 L_2,则二次电流 I_2 应从 K_2 流向 K_1。

在安装电流互感器时,一定要注意端子的极性。如图 6-25 中 C 相电流互感器的 K_1、K_2 如接反了,则公共线中的电流就不是相电流,而是相电流的 $\sqrt{3}$ 倍,就可能烧坏电流表。

9. 电压互感器使用注意事项

1) 电压互感器二次侧不得短路

电压互感器的基本原理相当于变压器,正常运行时,电压互感器二次绕组接近于空载状态。从电压互感器二次向一次回路看,内阻抗很小,若二次回路短路,会出现过电流,将损坏二次绕组,危及人身安全。所以一次侧装设熔断器,也必须在二次侧装设熔断器或自动开关,作为二次侧的短路保护。

2) 电压互感器的二次侧有一端必须接地

这与电流互感器的二次侧接地的目的相同,为防止一、二次绕组的绝缘击穿时,一次侧的高电压窜入二次侧,危及人身和设备安全。

3) 注意电压互感器的端子极性

单相电压互感器的一次绕组端子标以 A、X,二次绕组端子标以 a、x,端子 A 与 a、X 与 x 为“同名端”或“同极性端”。

三相电压互感器,按照相序,一次绕组端子分别标以 A、X、B、Y、C、Z,二次绕组端子标以 a、x、b、y、c、z,端子 A 与 a、X 与 x、B 与 b、Y 与 y、C 与 c、Z 与 z 各自为"同名端"或"同极性端"。

10. 电压互感器运行异常及处理

1）二次侧熔丝熔断

先判断是哪种设备的电压互感器故障,退出可能误动的保护装置,再判断是二次侧熔丝哪一相熔断。

在电压互感器二次侧熔丝下端,用万用表分别测量两相之间电压是 100V。如上端是 100V,下端低于 100V,则是二次侧熔丝熔断。通过对两相之间上下端交叉测量可判断哪一相熔丝熔断,并更换。

如测量熔丝上端电压没有 100V,可能是电压互感器隔离开关辅助接点接触不良或一次侧熔丝熔断。通过对电压互感器隔离开关辅助接点两相之间,上下端交叉测量判断是电压互感器隔离开关辅助接点接触不良还是一次侧熔丝熔断。对电压互感器隔离开关辅助接点接触不良,应调整;对电压互感器一次侧熔丝熔断,应当拉开电压互感器隔离开关更换。

2）一次侧熔断器熔断

与二次侧熔丝熔断一样,要注意电压互感器一次侧熔断器座在装上高压熔断器后,弹片是否有松动现象。

3）冒烟损坏

如果在冒烟前一次侧熔断器一直没有熔断,而二次侧熔丝多次熔断,且冒烟不严重无绝缘损伤特征,在冒烟时一次侧熔断器也未熔断,可判断为二次绕组间短路引起冒烟;在二次绕组冒烟而没有影响到一次绝缘损坏之前,立即退出保护、自动装置,取下二次侧熔断器,拉开一次侧重隔离开关,停用电压互感器。

对充油式电压互感器,如果在冒烟时还伴有较浓臭味,电压互感器内部有不正常噪声、绕组与外壳或引线与外壳之间有火花放电、冒烟前一次侧熔断器熔断 2~3 次等某一种现象时,应判断为一次侧绝缘损伤。

4）铁磁谐振

选择励磁特性好的电压互感器或改用电容式电压互感器。在同一个 10kV 配电系统中,尽量减少电压互感器台数。在三相电压互感器一次侧中性点串接单相电压互感器或在电压互感器二次侧开口三角处接入阻尼电阻。在母线上接入电容器,使容抗与感抗的比值小于 0.01;也可以在系统中性点装设消弧线圈;还可采用自动调谐原理的接地补偿装置,采用过补、全补和欠补的运行方式等,解决铁磁谐振问题。

11. 电流互感器运行异常现象及处理

1）运行异常现象

在运行中发生二次回路开路时,会使三相电流表指示不一致、功率表指示降低、计量表计转速缓慢或不转;如果连接螺丝松动、接线不牢固,还可能有打火现象。

2）电流互感器异常运行的检查处理

发现有二次回路开路时,应根据现象判断是属于测量回路还是保护回路。在处理时要尽量减小一次负荷电流以降低二次回路电压。操作时必须站在绝缘垫上,戴好绝缘手套,使用绝缘工具。操作中应仔细、谨慎。处理前应解除可能引起误动的保护,并尽快在互感器就近的电流端子上用可靠的短接线将其二次侧短路后检查处理开路点。在短接时发现有火花,则短接是有效的,故障点就在短接点以下回路中,否则可能短接无效,故障点仍在短接点以前回路中。

对查出的故障,如接线端子等外部元件松动、接触不良等可直接处理;若开路点在其本体的接线端子上,应采取相应措施。

12. 典型互感器的技术参数

1) 典型电流互感器

LZZBJ9-10 型电流互感器为树脂浇注绝缘、全封闭户内产品,尺寸小、重量轻,支柱式结构,树脂全封闭浇注,耐污染及潮湿,可用于热带地区。不需特别维护,定期清除表面积攒的污物。可以任何位置、任意方向安装。用于交流 50Hz、10kV 及以下线路中,用作测量电流、电能计量和继电保护。产品外形如图 6-26 所示,主要技术参数见表 6-4 。

图 6-26　LZZBJ9-10 型电流互感器产品外形

表 6-4　LZZBJ9-10 型电流互感器的主要技术参数

额定一次电流/A	额定二次电流/A	准确级次组合	准确级相应额定容量/VA			工频耐压/kV
			0.2(S)	0.5	10P	
5~500	1 或 5	0.2/0.2	10	15	15	10
		0.2/0.5				
		0.5/0.5				
		10P/10P				
		0.2/10P				
750~1000		0.5/10P	15	20	20	
		0.2/0.2/10P				
		0.5/0.5/10P				
		0.2/0.5/10P				

2) 典型电压互感器

JSZV1-6R、JSZV1-3R 型电压互感器为户内式环氧树脂浇注全封闭式产品,用于 50Hz 或 60Hz、额定电压 10kV 及以下的电力系统中,作电压、电能测量和继电保护,产品外形如图 6-27 所示,JSZV1-6R 型电压互感器的主要技术参数见表 6-5。

图 6-27　JSZV1-3R 型电压互感器产品外形

表 6-5　JSZV1-6R 型电压互感器的主要技术参数

产品型号	额定电压比	准确级及额定输出/VA				极限输出/VA	额定绝缘水平	熔断器型号
		0.2	0.5	0.2/0.2	0.5/0.5			
JSZV1-3R JSZV1-6R	3/0.1	30	80			800	12/42/75	XRNP□-12 0.3A
	6/0.1							
	10/0.1			20/60	60/60			

课堂练习

（1）电流互感器的接线有哪些注意事项？电压互感器的接线有哪些注意事项？

（2）电流互感器和电压互感器在使用时,应当注意的主要问题有哪些？

13. 电流互感器的安装位置与过电压保护（＊）

本部分可以作为阅读材料。

1）安装位置

在成套开关柜中,电流互感器的安装位置很重要。对发电机出线零序电流互感器,安装位置应紧靠发电机的出口。对发电机出口用于调节自动励磁的电流互感器、发电机出线侧电流互感器检测故障电流的安装,不再叙述。

对馈线柜,若电流互感器装于母线侧,断路器可保护负载侧插接头故障,此时电流互感器故障就是公用母线的故障,而且维修时要对母线停电后才能维护,影响供电。如果电流互感器装于负荷侧,如电流互感器故障,只是本回路范围内的故障,只要断开本开关柜的断路器并采取安全措施,对电流互感器维修,只影响本回路供电。若电流互感器装于母线与断路器之间,如果这段线路发生短路事故,电流互感器可检测到短路电流信号,断路器跳闸,但由于短路点在断路器的电源侧,即使馈线断路器跳闸也不行。因此,最常见的是电流互感器装于负载侧。

对单母线单电源进线开关柜,电流互感器安装于母线与断路器之间,如图 4-28 所

196

示,减小了保护范围。在 K 点发生短路,TA 无法检测短路故障,进线断路器不会动作,只能是上一级断路器切除故障,如果上一级断路器不是放射式供电,则会影响系统中其他用户的供电。

两路电源分别向两段母线供电,中间加母联开关及电流互感器,一旦此电流互感器故障,只是所在母线故障,不能通过联络开关使该段母线恢复供电。

若用于变压器的差动保护,电流互感器装于母线侧有利,如图 6-29 所示范围可扩大至断路器内部。用 TA1 与 TA2 对变压器 T 差动保护,电流互感器装于母线侧,断路器在差动保护范围。注意,断路器 QF 发生故障,差动保护动作时,QF 能否切除故障,可能不确定。

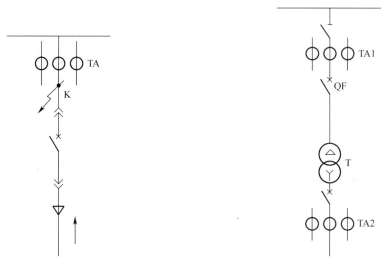

图 6-28　单进线电流互感器装于母线与断路器之间　　　图 6-29　断路器故障在差动保护范围内

如图 6-30 所示,零序电流互感器应安装于 A 位置而不装在 B。因为此零序电流互感器检测发电机定子绕组的接地故障,保护定子绕组单相接地。尽管 A 点与 B 点单相接

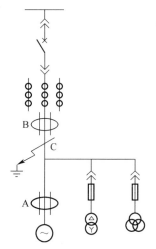

图 6-30　发电机定子绕组单相接地保护

197

地电流基本一样,但在 B 点位置,零序电流互感器无法判别是发电机内部发生定子绕组单相接地,还是 C 点发生单相接地短路或者电压互感器一次侧回路发生单相接地故障。对中高压系统,装断路器就必须用电流互感器配套,但断路器作负荷开关使用时,不再配套电流互感器。

2)过电压保护

如前所述,当电流互感器二次侧开路时,由于二次侧无去磁电流,铁芯中磁通处于过饱和状态,电流互感器一次电流不受二次电流影响,造成铁芯过饱和而发热;二次侧开路电压异常升高,存在危险,使电流动作保护失灵。

当一次侧出现异常电流如雷电流、电容充放电电流等瞬时过电流时,也造成二次电压升高,但此时的二次电压升高不很危险,因为二次电压是铁芯磁通感应产生,互感器铁芯磁通瞬时饱和,二次电压不会过大。

最简单的二次侧过电压保护可以两端并联压敏电阻。当电压超过一定值时,压敏电阻放电;过电压消失后,压敏电阻恢复绝缘,但压敏电阻放电电压的选择,较困难。电流互感器正常工作时,两端电压约十几伏,开路时,二次电压随变比不同而不同,因此选择恰当的放电电压值的压敏电阻至关重要,所选压敏电阻静态漏电流足够小,泄漏电流不影响二次回路仪表的正常工作。

由于压敏电阻在过电压被击穿时,只能瞬时放电,而二次侧开路造成的过电压是持续过电压,若击穿电流长时间流过氧化锌压敏电阻,就不可能再恢复绝缘,绝缘损坏不可逆转。如果要重复利用,必须在压敏电阻瞬时放电后,立即自动短接。目前有专供电流互感器。

课堂练习

(1)查阅典型互感器的技术资料,如型号、安装方式、参数、结构等。
(2)互感器的常见故障及处理方法,互感器的日常维护包括哪些?

二、认识高压断路器

1. 高压断路器的种类、型号和技术数据

1)断路器的种类

高压断路器种类很多,按灭弧介质和灭弧方式,一般可分为少油断路器、压缩空气断路器、SF_6 断路器及真空断路器,结构特点、技术性能、运行维护等见表6-6。

表6-6 高压断路器的分类及特点

类别	结构特点	技术性能	运行维护
少油断路器	油主要用作灭弧介质。对地绝缘主要是固体介质,结构简单。可配电磁操动机构、液压操动机构或弹簧操动机构;积木式结构,可制成各种电压等级的产品	开断电流大,对 35kV 以下可用加并联回路提高额定电流;35kV以上为积木式结构;全开断时间短;增加压油活塞装置加强机械油吹后,可开断空载长线	易维护;噪声低;油量少;易劣化,需一套油处理装置
压缩空气断路器	结构较复杂,工艺和材料要求高;以压缩空气作灭弧介质和操动介质及弧隙绝缘介质;操动机构与断路器合为一体;体积小、重量轻	额定电流和开断能力较大,适于开断大容量电路;动作快,开断时间短	噪声较大,维修周期长,无火灾危险,需一套压缩空气装置作为气源;价格较高

类别	结构特点	技术性能	运行维护
SF$_6$断路器	结构简单,工艺及密封要求严格,对材料要求高;体积小、重量轻,有室外敞开式和室内落地罐式,多用于 GIS 封闭式组合电器	额定电流和开断电流很大;开断性能好,适于各种工况开断;SF$_6$气体灭弧、绝缘性能好,断口电压可较高;断口开距小	噪声低、维护量小;不检修间隔期长;断路器成本较高;运行稳定,安全可靠,寿命长
真空断路器	体积小、重量轻;灭弧室工艺及材料要求高;以真空作绝缘和灭弧介质;触头不易氧化	可连续多次操作,开断性能好;灭弧迅速、动作时间短;开断电流及断口电压不能很高。所谓真空指绝对压力低于 101.3kPa,断路器中要求真空度 133.3×10^{-4} Pa 以下	运行维护简单,灭弧室不需检修,无火灾及爆炸危险;噪声低

注意,本书后面提到的电磁操动机构、液压操动机构或弹簧操动机构,将简称电操、液操或弹操机构。

2）断路器的型号

高压断路器的型号是由字母和数字组成,型号表示如图 6-31 所示。

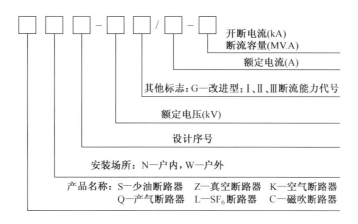

图 6-31　高压断路器的型号表示

3）断路器的技术数据

（1）额定电压 U_N。指额定线电压,应与标准线路电压适应,并标于断路器的铭牌上,对 110kV 及以下的高压断路器,最高工作电压为额定电压的 1.15 倍。

（2）额定电流 I_N。断路器可以长期通过的最大电流。额定电流一般有 200A、400A、600A、1000A、1500A、2000A 等几种。

（3）额定开断电流 I_{NK}。由断路器灭弧能力所决定的能可靠开断的最大电流有效值。额定开断电流应大于所控设备的最大短路电流。

（4）额定断流容量 S_{Nd}。额定开断电流 I_{NK} 和额定电压 U_N 乘积的 $\sqrt{3}$ 倍,即

$$S_{Nd} = \sqrt{3}\, U_N I_{Nk}$$

（5）极限通过电流。断路器在冲击短路电流作用下,所承受电动力的能力,以电流峰值标出。

（6）热稳定电流。某规定时间内允许通过的最大电流有效值,表明断路器承受短路电流热效应的能力,它与持续时间一同标出。

（7）合闸时间。自发出合闸信号起,到断路器触点接通时为止所经过的时间。要求断路器的实际合闸时间不大于厂家要求的合闸时间。

（8）固有跳闸时间。自发出跳闸信号到断路器三相触点均分离的最短时间。要求实际跳闸时间不大于厂家要求的跳闸时间。断路器的实际开断时间等于开关固有跳闸时间加上熄弧时间。

2. 高压开关的电弧及灭弧

开关设备接通或断开电路时,触头间出现强烈白光的现象称为弧光放电,这种白光称电弧,是一种极强烈的电游离现象,弧光强、温度高,具有导电性。电弧延长了切断电路的时间,而且电弧的高温可能烧损开关的触头,造成电路的弧光短路,可引起火灾和爆炸。强烈的弧光还损伤人的视力,严重的可能使人眼失明。开关设备的结构要保证操作时电弧能迅速地熄灭。因此,要了解开关电器的结构和工作原理,了解开关电弧的形成与熄灭。

1）电弧的产生

电弧燃烧是电流存在的一种方式,电弧内存在着大量的带电质点,带电质点的产生与维持需有四个过程。

（1）热电子发射。开关触头分断电流时,随着触头接触面积的减小,接触电阻增大,触头表面会出现炽热的光斑,使触头表面分子中的外层电子吸收足够的热能而发射到触头间隙中去,形成自由电子,这种电子发射叫作热电子发射。

（2）强电场发射。开关触头分断时,电场强度很大,在强电场作用下,触头表面的电子可能进入触头间隙,也形成自由电子,这种电子发射叫作强电场发射。

（3）碰撞游离。已产生的自由电子在强电场作用下向阳极高速移动,移动中碰撞到中性质点,中性质点可能获得足够的能量而游离成带电的正离子和新的自由电子,即碰撞游离。碰撞游离的结果,使得触头间正离子和自由电子大量增加,介质绝缘强度急剧下降,间隙被击穿形成电弧。

（4）高热游离。电弧稳定燃烧,电弧的表面温度达 $3000 \sim 4000℃$,弧心温度高达 $10000℃$ 。此高温下中性质点热运动加剧,具备很大的动能,当相互碰撞时,可生成大量的正离子和自由电子,进一步加强了电弧中的游离,这种由热运动产生的游离称为热游离。电弧温度越高,热游离越显著。

几种方式综合作用的结果,使电弧产生并得以维持。

2）电弧的熄灭

在电弧中不但存在着中性质点的游离,同时也存在着带电质点的去游离。要使电弧熄灭,必须使触头间电弧中的去游离大于游离(带电质点产生的速率)。带电质点的去游离主要是复合和扩散。

（1）复合。指带电质点在碰撞的过程中重新组合为中性质点,复合的速率与带电质点浓度、电弧温度、弧隙电场强度等因素有关,通常是电子附着在中性气体质点上,形成负离子,然后再与正离子复合。

（2）扩散。指电弧与周围介质之间存在着温度差与离子浓度差，带电质点就会向周围介质中运动，扩散的速度与电弧及周围介质间温差、电弧及周围介质间离子的浓度差、截面面积等因素有关。

（3）交流电弧的熄灭。交流电弧电流过零时，电弧将暂时熄灭；电弧熄灭的瞬间，弧隙温度骤降，去游离（主要为复合）大大增强；对于低压开关，可利用交流电流过零时电弧暂熄灭的特点，在1~2个周期内使电弧熄灭；对于具有较完善灭弧结构的高压断路器，交流电弧的熄灭仅需几个周期的时间，而真空断路器只需半个周期的时间，即电流第一次过零时就能使电弧熄灭。

3）开关电器中常用的灭弧方法

（1）拉长电弧法。电弧必须由一定电压才能维持，迅速拉长电弧，会使电弧单位长度的电压骤降，离子的复合迅速增强，加速电弧的熄灭。高压开关中装设强有力的断路弹簧，加快触头的分断速度，迅速拉长电弧。这种灭弧方法是开关电器中最基本的灭弧法。

利用外力（如油流、气流或电磁力）吹动电弧，在电弧拉长时加速冷却，降低电弧中电场强度，加速带电质点的复合与扩散，加速电弧的熄灭。吹弧的方式有气吹、电动力吹和磁力吹等。吹弧的方向有横吹与纵吹之分，如图6-32所示。目前广泛使用的油断路器、SF₆断路器及低压断路器中都利用了吹弧灭弧法灭弧。图6-33为低压刀开关利用迅速拉开时其本身回路所产生的电动力吹动电弧，使之加速拉长进行灭弧。有的开关采用专门的磁吹线圈来吹动电弧，如图6-34所示。或利用铁磁物质如钢片来吸弧，如图6-35所示。

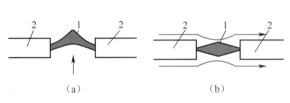

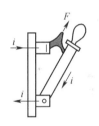

图6-32　吹弧方向

（a）横吹；（b）纵吹。

1—电弧；2—触头。

图6-33　电动力吹弧

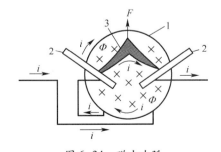

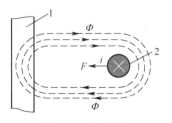

图6-34　磁力吹弧

1—磁吹线圈；2—灭弧触头；3—电弧。

图6-35　铁磁吸弧

1—钢片；2—电弧。

（2）冷却灭弧法。降低电弧的温度，可减弱电弧中的热游离，使带电质点的复合增强，加速电弧的熄灭。如某些熔断器中填充的石英砂就具有降低弧温的作用。

（3）长弧切短灭弧法。利用金属栅片将长弧切割成若干短弧,而短电弧的电压降主要降落在阴、阳极区内,如果栅片的片数足够多,使得各段维持电弧燃烧所需的最低电压降的总和大于外加电压时,电弧就自行熄灭,如图6-36所示。低压断路器的钢灭弧栅即利用此法灭弧,同时钢片对电弧还具有冷却降温的作用。

（4）粗弧分细灭弧法。将粗大的电弧分成若干细小平行的电弧,使电弧与周围介质的接触面增大,降低电弧温度,从而使电弧中带电质点的复合与扩散增强,加速电弧的熄灭。

（5）狭沟灭弧法。使电弧在固体介质所形成的狭沟中燃烧,狭沟内体积小压力大,在固体表面带电质点强烈复合。由于周围介质的温度很低,电弧去游离增强,加速电弧的熄灭。如用陶瓷制成的灭弧栅,即采用狭沟灭弧的原理,如图6-37所示。大功率接触器一般采用此灭弧法。

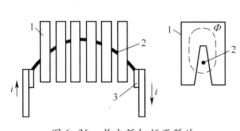 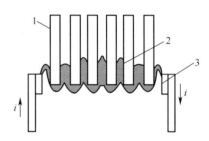

图6-36　长电弧切短灭弧法
1—灭弧栅片;2—电弧;3—触头。

图6-37　狭沟灭弧法
1—灭弧栅片;2—电弧;3—触头。

（6）真空灭弧法。真空有很高的绝缘性能,如果将开关触头装在真空容器内,则电流过零时电弧就能立即熄灭而不致复燃,真空断路器即是依此原理灭弧。

此外还有利用特殊的气体如SF_6灭弧。目前广泛使用的各种高、低压开关设备,就是综合利用上述原理进行灭弧。

课堂练习

（1）高压开关在通断时产生电弧,请叙述电弧产生的过程。

（2）灭弧有哪些方法?请举例说明。

（3）开关分直流和交流,请思考直流开关与交流开关的特点,哪种开关的灭弧更困难?

3. 断路器的结构及工作原理

1）少油断路器

少油断路器是目前最常用的一种断路器,用绝缘油作为触点间的绝缘和灭弧介质,导电部分之间对地绝缘,利用气体和固体绝缘材料来实现。用油量少、结构简单、坚固、体积小,使用安全,广泛用于配电装置中。

我国生产的少油式断路器,有户内少油式即SN系列、户外少油式即SW系列两类。目前企业变配电所系统中广泛应用的SN10-10型户内式少油断路器,是我国目前10kV等级的主要产品。

（1）SN10-10型少油断路器的结构。SN10-10型少油断路器为三相分装式,主要由框架、油箱、传动机构等组成。外形结构如图6-38所示,产品外形如图6-39所示,框架上装有分闸弹簧、分闸限位器、合闸缓冲橡皮垫、固定油箱用的六个支持瓷瓶及轴承、轴承支持主轴及其拐臂、绝缘拉杆等传动装置。

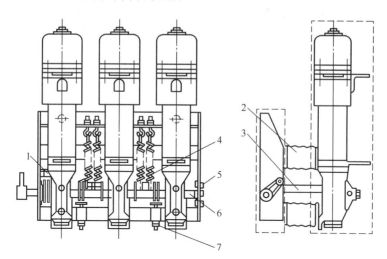

图 6-38　SN10-10Ⅰ、Ⅱ高压少油断路器的外形结构

1—分闸限位器;2—支持绝缘子;3—绝缘拉杆;4—分闸弹簧;5—轴承;6—主轴;7—合闸缓冲器。

图 6-39　SN10 型少油断路器的产品外形

图 6-40 为 SN10-10 型少油断路器的一相剖视图。图中断路器三相中的某一相分别通过 11、12 固定在底架上。

当断路器处于合闸位置时,电流经接线座 3,静触点 5,动触点(导电杆)7,中间滚动触点 8,流过下接线座 9,形成导电回路。

分闸时,在分闸弹簧 15 的作用下,主轴 10 转动,经四连杆机构传到断路器各相的转轴,将导电杆 7 向下拉,动、静触点分开,触点间产生的电弧在灭弧室 6 中熄灭。电弧分解和蒸发的气体和油蒸汽上升到空气室处膨胀,经双层离心旋转式油分离器 2 冷却,气体从上帽顶部两个排气孔排出。导电杆分闸到终了时,油缓冲器活塞插入导电杆下部钢管中进行分闸缓冲。

合闸时,导电杆向上运动,在接近合闸位置时,合闸缓冲弹簧被压缩,进行合闸缓冲。分闸时,合闸缓冲弹簧释放能量,有利于提高导电杆与静触点的分离速度。

(2)少油断路器的灭弧。断路器的灭弧室结构如图 6-41 所示,跳闸时,导电杆 1 向

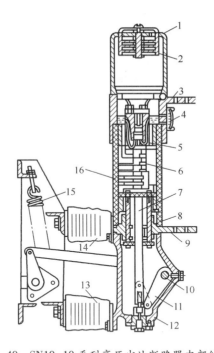

图 6-40　SN10-10 系列高压少油断路器内部结构

1—上帽及油气分离器;2—上接线座;3—油标;4—静触座;5—灭弧室;6—动触点(导电杆);

7—中间滚动触点;8—下接线座;9—转轴;10—基座;11—下支柱绝缘子;12—上支柱绝缘子;

13—断路弹簧;14—绝缘筒;15—吸弧铁片;16—逆止阀。

下运动。当导电杆离开静触点 2 时,便产生电弧,使绝缘油分解,形成封闭气泡,使静触点 2 周围的油压剧增,使静触点座内的钢球 3 上升,堵住中心孔。此时电弧在相当于封闭的空间内燃烧,使灭弧室内的压力迅速上升。当导电杆在继续向下运动,相继打开一、二、三道横吹口 4 及下面的纵吹口时,油气混合体强烈地横吹电弧,同时导电杆向下运动,在灭弧室内形成附加油流射向电弧。由于这种机械油吹和上述纵横吹的综合作用,使电弧在很短时间内迅速消灭。

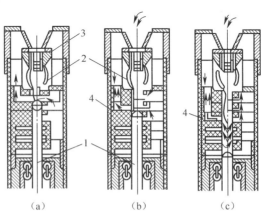

(a)　　　　　　(b)　　　　　　(c)

图 6-41　断路器的灭弧室结构

(a)导电杆离开静触头产生电弧;(b)导电杆继续往下产生横吹灭弧;(c)导电杆继续往下产生纵、横吹灭弧。

1—导电杆;2—静触点;3—钢球;4—横吹口。

2）真空断路器

真空断路器是以气体分子极少、不易游离且绝缘强度高的真空间作为灭弧介质的断路器。某型号真空断路器的产品外形如图6-43所示。

（1）真空断路器结构及工作原理。真空断路器的产品外形见图6-42所示。基本结构如图6-44所示，主要由真空灭弧室（真空管）、支持框架和操作机构等组成。真空灭弧室是真空断路器的主要元件，灭弧室有一个密封的玻璃圆筒，密封所有灭弧元件，筒内装有一对圆形平板式对接触点。静触点固定并密封在圆筒的一端；另一个为动触点，借助于不锈钢波纹管密封在圆筒的另一端。围绕着触点的金属蔽罩由密封在圆筒壁内的金属法兰支持。

图6-42　某型号真空断路器的产品外形

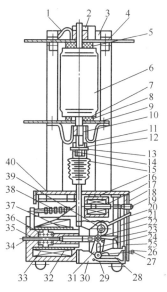

图6-43　ZN5-10系列真空断路器结构示意图

1—软连接；2—导电夹；3—绝缘支架；4—上压板；5—橡皮垫；6—真空灭弧室；7—导套；8—橡皮垫；9—下压板；10—下导电夹；11—下软连接；12—连接头；13—带孔销；14—弹簧；15—绝缘子；16—分闸电磁铁；17—分闸铁芯；18—拉杆；19—按钮；20—合闸后柄；21—分闸摇臂；22—滚子；23—掣子；24—轴销；25—弹簧；26—滚子；27—调节螺钉；28—掣子；29—弹簧；30—支座；31—杠杆；32—合闸铁芯；33—圆筒；34—拉杆；35—静铁芯；36—弹簧；37—合闸线圈；38—分闸弹簧；39—主轴；40—底座。

10~15kV电压下，触点间开距10~12mm，灭弧室的额定真空度为10^{-7}mmHg。真空灭弧室中用屏蔽罩，吸收电子、离子和金属蒸汽，防止金属蒸汽与玻璃内壁接触，可能降低绝缘性能。注意，屏蔽罩对熄弧效果影响很大。

动、静触点由合金材料制成，用磁吹对接式触点接触面，四周开有三条螺旋槽的吹面，中部是一圆台状的接触面。触点分断时，最初在圆台接触面上产生电弧，使电流流向呈"n"形，在此电流形成的磁场作用下，驱使电弧沿接触面作圆周运动，以免电弧固定在某一点面而烧毁触点。电弧过零时，弧柱中的离子、电子迅速扩散冷却、吸附而复合，真空空间的电强度得以很快恢复，电弧不能重燃而熄灭。真空灭弧室如图6-44所示。

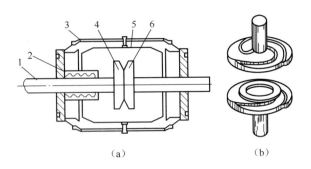

图 6-44 真空灭弧室

(a)原理结构;(b)内螺槽触头。

1—动触杆;2—波纹管;3—外壳;4—动触点;5—屏蔽罩;6—静触点。

（2）真空断路器的特点。

① 触点开距小,10kV 级触点开距约 12mm,灭弧室小,操作功率小,动作快,速度一般为 0.6~2m/s。

② 燃弧时间短。最大燃弧时间小于 1.5 个周波,且与开断电流大小无关。

③ 使用寿命。开断电流时触点烧蚀轻微,使用寿命长。

④ 操作性。适用于频繁操作,特别适于开断电容性电流。

⑤ 特点。体积小,重量轻,操作噪声小,防火防爆。

真空断路器可连续多次操作、开断性能好、灭弧迅速、运行维护简单,且灭弧室不需检修、无爆炸危险及噪声低,在 35 kV 及以下变电所中广泛应用。但真空断路器在分断感性负载时会产生截流过电压,使用时一般加装氧化锌避雷器或 R-C 吸收装置。

3）典型真空断路器的技术参数

ZN21A-12 系列户内高压交流真空断路器,三相 50Hz、10kV 电力系统中,用于工厂、电厂和变电所输配电系统的保护与控制,产品外形如图 6-45 所示,技术参数见表 6-7。整体式弹操机构,机械特性优良,底盘手车灵巧,滚动式轨道严谨,机械联锁装置防误操作。全绝缘防护,配置瓷质真空灭弧室。

图 6-45 ZN21A-12 系列户内高压交流真空断路器产品外形

表 6-7 ZN21A-12 系列户内高压交流真空断路器技术参数

项　目		单位	参　数			
额定电压		kV	12			
额定频率		Hz	50(60)			
绝缘水平	1min 工作耐受电压	kV	42			
	雷电冲击耐受电压(全波)	kV	75			
额定电流		A	630、1250	630、1250、1600	1250、1600、2000、2500	3150
额定短路开断电流		kA	20-25	31.5	40	40/50
额定峰值耐受电流		kA	50/63	80	100	100/125
4s 短时耐受电流		kA	20/25	31.5	40	40/50
额定短路电流开断次数		次	50		30	
机械寿命		次	20000			
1250A/31.5kA 开合电容组试验		A	单个电容器组开合 630A,背靠背 400A			
合闸时间		s	≤0.1			
分闸时间		s	≤0.05			
储能电动机额定输入功率/储能时间		W/s	75/10			
额定分合闸操作电压/电流		V/A	AC220/1、110/2,DC220/0.77、110/1.55			
灭弧室类型			玻璃泡或瓷泡			
主触臂触头类型			梅花式			
额定操作顺序			分-0.3s-合分-180s-合分(≤31.5kA)、分-180s-合分-180s-合分(≤40kA)			

4)真空断路器的维护

典型户外真空断路器产品 ZW7-40.5 的安装维护,一般涉及平均分闸速度,合闸弹跳时间,合、分闸不同期性等。

(1)平均分闸速度。理论认为,断路器的分闸速度越快越好,可以使首开相在电流趋近于零之前的 2~3ms 时开断故障电流。如首开相不能开断而将延续至下一相,原来首开相就变为后开相,燃弧时间加长,开断难度增加,甚至使开断失败;但分闸速度太快,分闸反弹力大,可能产生振动,容易产生重燃,要综合考虑分闸速度。分闸速度主要取决于合闸时动触头弹簧和分闸弹簧的储能大小。为提高分闸速度,可以增加分闸弹簧的储能量或增加合闸弹簧的压缩量,这需要提高操动机构的输出功和整机的机械强度。根据经验,

10kV 真空断路器比较合适的分闸速度为 0.95~1.2m/s。

（2）合闸弹跳时间。合闸弹跳时间是断路器在触头刚接触开始计起，随后产生分离，可能又触又离，到稳定接触之间的时间。国外标准中此参数也没有明确，1989 年我国行业管理部门提出平均分闸速度合闸弹跳时间不大于 2ms，主要是合闸弹跳瞬间会引起电力系统或设备产生 LC 高频振荡，振荡产生过电压可能造成电气设备的绝缘损伤，关合时动静触头之间可能产生熔焊。

（3）合、分闸不同期性。合闸的不同期性太大容易引起合闸的弹跳，可能使后开相管子燃弧时间加长，降低开断能力。合闸与分闸的不同期性一般同时存在，应尽量调节好，产品中合分闸不同期性应小于 2ms。

（4）合、分闸时间。指从操动线圈的端子得电开始，至三极触头全部合上或分离止的时间间隔。合、分闸线圈按短时工作制作设计，合闸线圈的通电时间小于 100ms，分闸线圈的小于 60ms。出厂时，断路器产品的分、合闸时间已调好。

（5）回路电阻。是表征导电回路的连接是否良好的参数，各类型产品规定一定范围。若回路电阻超过规定值时，可能是导电回路接触不良，在接触不良处的局部温升增高，甚至引起恶性循环造成氧化烧损。因此，大电流运行的断路器需加倍注意。回路电阻的测量，应当符合 GB 763《交流高压电器在长期工作时发热》。

为满足真空灭弧室对机械参量的要求，保证真空断路器电气机械性能，确保运行可靠性，真空断路器的机械特性应稳定、良好。影响产品性能的机械特性参数，包括开距、接触压力、接触行程、平均合闸速度、分闸速度、回路电阻、触电系统等，不再具体介绍，其中，断路器的分闸速度应当越快越好。

真空断路器的故障、原因及分析见表 6-8，分闸失灵的故障、原因及分析见表 6-9，弹簧操作机构合闸储能回路故障见表 6-10，隐性故障、原因及分析见表 6-11。

表 6-8　真空断路器的故障、原因及分析

故障现象	故障危害	原因分析	处理方法	预防措施
真空断路器在真空内开断电流并灭弧，真空断路器本身无法定性定量监测真空度，真空度降低故障为隐性故障，危险程度远远大于显性故障	真空度降低将严重影响真空断路器开断过电流的能力，导致断路器使用寿命急剧下降，严重时引起开关爆炸	1. 真空泡材质或制作工艺缺陷，真空泡有漏点； 2. 真空泡内波形管材质或制作工艺缺陷，多次操作后出现漏点； 3. 分体式真空断路器，如电操机构操作时，操作连杆距离较大，直接影响开关的同期、弹跳、超行程等，真空度降低的速度加快	断路器定期停电检修时，使用真空测试仪，定性测试真空泡的真空度，确保真空泡的真空度；真空度降低时，必须更换真空泡，并做行程、同期、弹跳等试验	真空断路器必须选成熟产品；选用本体与操作机构一体的真空断路器；巡视时应注意断路器真空泡外部不能有放电，如有，则真空泡应及时停电更换；检修人员停电检修时，必须进行同期、弹跳、行程、超行程等特性测试，确保断路器工作状态良好

表 6-9　真空断路器分闸失灵的故障、原因及分析

故障现象	故障危害	原因分析	处理方法	预防措施
1. 断路器远方遥控不能分闸； 2. 就地手动不能分闸； 3. 事故时继电保护动作，但断路器不能分闸	如分闸失灵发生在事故时，将导致事故越级，扩大事故范围	1. 分闸操作回路断线； 2. 分闸线圈断线； 3. 操作电源电压低； 4. 分闸线圈电阻增加，分闸力下降； 5. 分闸顶杆变形，存在卡涩；分闸顶杆变形严重，分闸时卡死	1. 检查分闸回路接线； 2. 检查分闸线圈接线； 3. 测量分闸线圈电阻值； 4. 检查分闸顶杆，不变形； 5. 检查操作电压； 6. 改铜质分闸顶杆为钢质，避免变形	若发现分、合闸指示灯不亮，及时检查分、合闸回路接线；停电检修时应测量分闸线圈的电阻，检查分闸顶杆是否变形；如分闸顶杆为铜材质应更换为钢质；必须进行低电压分合闸试验，保证断路器性能可靠

表 6-10　弹簧操作机构合闸储能回路故障

故障现象	故障危害	原因分析	处理方法	预防措施
1. 合闸后无法分闸操作； 2. 储能电机运转不停止，甚至导致电机线圈过热损坏	合闸储能不到位时，若线路发生事故，而断路器拒分闸，将会导致事故越级、扩大事故范围；如储能电机损坏，则真空开关无法分合闸	1. 行程开关安装位置偏下，合闸弹簧尚未储能完毕，行程开关触点已动作，切断了电机电源，弹簧所储能量不足以分闸操作； 2. 行程开关安装位置偏上，合闸弹簧储能完毕后，行程开关触点还未动作，储能电机仍处于工作状态； 3. 行程开关损坏，储能电机不能停止运转	1. 调整行程开关位置，电机准确断电； 2. 如行程开关损坏，及时更换	运行人员在倒闸操作时，应注意观察合闸储能指示灯，判断合闸储能情况；检修人员在检修工作结束后，应就地2次分、合闸操作，确定断路器处于良好状态

表 6-11　真空断路器的隐性故障、原因及分析

故障现象	故障危害	原因分析	处理方法	预防措施
隐性故障，必须通过特性测试仪的测量才能得出有关数据	如果不同期或弹跳大，会严重影响真空断路器开断过电流的能力，影响断路器的寿命，严重时引起断路器爆炸。此故障为隐性故障，危险程度更大	1. 断路器本体力学性能较差，多次操作后因机械导致不同期、弹跳数值偏大； 2. 分体式断路器因操作杆距大，各相之间可能存在偏差，导致不同期、弹跳数值偏大	1. 保证行程、超行程时，调整三相绝缘拉杆的长度，使同期、弹跳测试数据在合格范围内； 2. 如通过调整无法实现，更换数据不合格相的真空泡，并重新调整合格	分体式真空断路器存在诸多故障隐患，在更换断路器时应使用一体式真空断路器；定期检修工作时必须使用特性测试仪进行有关特性测试

课堂练习

（1）请叙述真空断路器的作用和特点。

（2）高压断路器有哪些特点？

（3）高压断路器的维护应当包含哪些方面？

4. 六氟化硫断路器

1）SF_6 断路器的结构

利用 SF_6 用作断路器的灭弧介质，灭弧能力比空气高近百倍；用作断路器的绝缘介质，绝缘能力比空气高近 3 倍。SF_6 断路器是 SF_6 气体作为灭弧和绝缘介质的气吹断路器。灭弧过程中，SF_6 气体不排入大气，而是在封闭系统中反复使用。

户外 SF_6 断路器的结构形式有瓷柱式和罐式两种。瓷柱式的灭弧室置于高电位的瓷套中，系列性好；罐式的灭弧室置于接地的金属罐中，易于加装电流互感器，能和隔离开关、接地开关等组成复合式开关设备。某型号的 SF_6 断路器产品外形如图 6-46 所示，10kV 户内 SF_6 断路器的结构如图 6-47 所示。

图 6-46　某型号的 SF_6 断路器产品外形

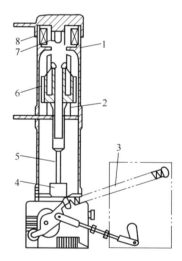

图 6-47　10kV 户内 SF_6 断路器的结构

1—环形电极；2—中间触头；3—分闸弹簧；4—吸附剂；
5—绝缘操作杆；6—动触点；7—静触点；8—吹弧线圈

2）SF_6 断路器的灭弧原理

灭弧室一般为单压式和旋弧式。单压式 SF_6 断路器的灭弧结构有定喷口和动喷口两种，前者称定灭弧开距，后者称变灭弧开距，如图 6-48 所示。定喷口灭弧结构的开距较短，断口电场较均匀，电弧能量较少，利于增大开断能力，但吹弧时间短促，压缩气体利用率较差。动喷口灭弧方式的气吹时间较为充足，开距较大，在提高单元灭弧室的工作电压方面，优点明显。

新型单压式 SF_6 断路器普遍采用双向吹弧原理，利用电弧热堵塞效应提高上游区气体密度和吹弧气流速度，增大开断能力；改善断口电场分布，提高灭弧断口承受电压的能力，减少超高压断路器的断口数目和零部件数目。有些断路器装设了较大容量的并联电容器，限制瞬态恢复电压起始的陡度，改善近区故障开断条件；采用新型耐弧喷口和触点

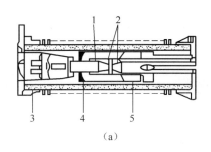
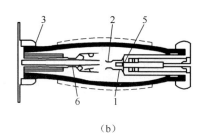

（a）　　　　　　　　　　　　　　（b）

图 6-48　单压式 SF₆ 断路器的灭弧结构图

（a）定喷口灭弧室；（b）动喷口灭弧室。

1—动触点；2—喷口；3—吸附器；4—压气缸；5—压气活塞；6—静触点。

结构，进一步改善开断性能，增加寿命、简化了结构，提高可靠性。

为缩短开断时间，断路器除采用大功率液压机构外，还应用了气压缸和压气活塞能相向运动的灭弧室、带有抽吸装置的灭弧室等。

旋转式 SF₆ 断路器的开断过程中，电弧的一个弧根迅速地由静触点转移到圆筒电板上。磁吹线圈中流过电流后，便产生轴向吹弧磁场。电弧将绕轴线高速旋转，直至熄灭。

3）典型 SF₆ 断路器的型号、参数

SF₆ 断路器的型号、技术参数含义如图 6-49 所示。如 LW3－12 系列户外高压交流 SF₆ 断路器，三相 50Hz 户外高压电器设备，用于中小型变电站 10kV 侧出口断路器或主开关，也适用于单台电压 12kV 高压电器设备的控制和保护。Ⅰ 型配电动机储能弹操，Ⅱ 型配手操。Ⅰ、Ⅱ 型断路器可配隔离开关。隔离开关额定电流 ≤630A。主要技术参数见表 6-12。

三相共箱式结构，三相横穿于圆形箱体，通过瓷套固定在箱体上，断路器和机构为整体结构，通过主轴直接相连。由外壳、瓷套、电流互感器、灭弧室、吸附剂、瓶盖、机构等组成。箱体用优质钢材焊接，精加工、密封，防高温、耐潮湿与凝露。

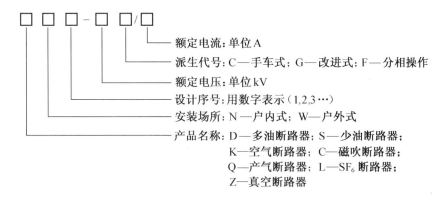

图 6-49　SF₆ 断路器的型号、技术参数含义

表 6-12　LW3－12 系列户外高压交流 SF₆ 断路器主要技术参数

项　　目	单位	参　　数
额定电压	kV	12
额定电流	A	400、600

项　　目			单位	参　　数
额定绝缘水平(20℃时, 0.25MPaSF₆气压)	1min 工频耐受电压	干试	kV	42
		湿试		34
	雷电冲击耐受电压(峰值)			75
额定短路开断电流				6.3、8、12.5、16
额定短路关合电流(峰值)			kA	16、20、31.5、40
额定峰值耐受电流				
4s 短时耐受电流				6.3、8、12.5、16
额定操作顺序	Ⅰ型电动弹簧操作机构			分-180s-合分-180s-合分
	Ⅱ型电动弹簧操作机构			分-0.5s-合分-180s-合分
零表压下绝缘水平(20℃时, SF₆气压为 0MPa)	1min 工频耐受电压		kV	30
	1min 反相耐受电压			30
	5min 最高相电压			9
零表压下开断电流			A	630
额定 SF₆气压工作压力			MPa	0.35(20℃时)
最低 SF₆气压工作压力				0.25(20℃时)
断路器中 SF₆气体年漏气率			%	≤1
出厂时断路器中 SF₆气体含水量(体积分数)			%	≤150×10⁻⁴
额定短路开断电流次数			次	30
机械寿命			次	3000
储能电动机额定电压			V	AC/DC220
操作机构操作电压			V	
断路器总重量			kg	135
过电流脱扣器额定电流			A	5

4）典型 SF₆断路器的维护

（1）检修前，先将断路器分闸，切断操作电源，释放操作机构的能量，回收 SF₆ 气体，必须用真空泵抽出残存气体，使断路器内真空度低于 133.33Pa。

（2）断路器内充入合适压力的 99.99%以上纯度的氮气，然后放空，反复两次，尽量减少内部残留的 SF₆ 气体。

（3）解体检修时，环境相对湿度低于 80%，工作场所干燥、清洁、通风；检修人员穿尼龙工作衣帽、戴防毒口罩、风镜，使用乳胶薄膜手套；工作场所禁吸烟，工作间隙禁洗手。

（4）断路器解体中发现容器内有白色粉末状的分解物时，用吸尘器或柔软卫生纸拭净，收集在密封的容器中，再深埋，防止扩散。切不可用压缩空气清除。

（5）断路器的金属部件可用清洗剂或汽油清洗，绝缘件用无水酒精或丙酮清洗。密封件不能用汽油或氯仿清洗，应全部换用新件。

（6）断路器容器内的吸附剂应在解体检修时更换，换下的吸附剂应妥善处理防止污染扩散。新换上的吸附剂应先在 200～300℃的烘箱中烘燥处理 12h 以上，自然冷却后立即装入断路器,尽量减少在空气中的暴露时间。吸附剂的装入量为充入断路器的 SF_6 气体质量的 1/10。

（7）断路器解体后如不及时装复,应将绝缘件放置在烘箱或烘间内以保持干燥。

课堂练习

（1）查阅资料,针对典型的 SF_6 断路器产品,说明由哪些主要部件组成?

（2）SF_6 断路器最主要的特点有哪些?

（3）SF_6 断路器的维护包括哪些主要方面?

三、认识高压熔断器

1. 熔断器的工作原理

熔断器主要由金属熔体、支持熔体的触头和熔管等组成。为提高灭弧能力,有些熔断器熔管中装有石英砂等物质。

熔断器是最简单和最早使用的保护电器,保护电路中的电气设备,在短路或过负荷时使用电设备免受损坏。结构简单、价格低廉、维护方便、使用灵活,但容量小,保护特性差,仅使用在 35kV 及以下电压等级的小容量装置中,主要保护小功率辐射形电网和小容量变电所等电路。目前在 1kV 及以下的装置中,熔断器用得最多。

熔断器正常工作时,通过熔体的电流较小,尽管温度会上升,不会熔断,电路可靠接通;一旦电路发生过负荷或短路,电流增大,熔体温度超过其熔点而熔化,将电路切断,防止故障的蔓延。几种高压熔断器产品外形如图 6-50 所示。

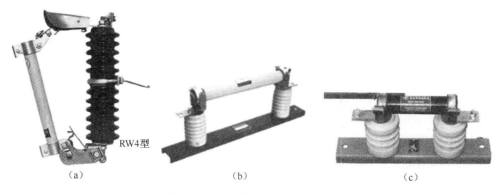

图 6-50 几种高压熔断器产品外形

熔断器的核心部件是熔体。铅、锌材料熔点低、电阻率大,熔体截面较大,熔体熔化时会产生大量的金属蒸汽,电弧不易熄灭,这类熔体只用在 500V 及以下的低压熔断器中。高压熔断器的熔体材料选用铜、银等,熔点高、电阻率小,熔体截面也较小,利于电弧的熄灭,但在通过小而持续时间长的过负荷电流时,熔体不易熔断。通常在铜丝或银丝的表面焊上小锡球或小铅球,锡、铅的熔点低,过负荷时小锡、铅球受热先熔化,包围铜或银熔丝,铜、银和锡、铅分子互相渗透而形成熔点较低的合金,使铜、银熔丝能在较低的温度下熔断,即所谓的"冶金效应"。当熔体发热,温度到锡或铅的熔点时,锡或铅先熔化渗入铜或银的内部,形成合金,电阻增大,发热加剧,同时熔点降低,先在小锡球或小铅球处熔断,形成电弧,此法称为冶金效应法,也称金属溶剂法。

2. 高压熔断器的型号及类型

高压熔断器的型号表示如图 6-51 所示。高压熔断器按照安装地点分为户内式和户外式两大类。如 RW4-10 为户外 10kV 跌落式熔断器;RN2 和 RN1 均为户内封闭填料式熔断器。高压熔断器型号由字母和数字组成,R 表示熔断器;W 表示户外式;N 表示户内式;2、4 等表示设计序号;6、10 和 35 代表额定电压(kV)。

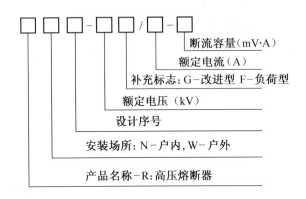

图 6-51　高压熔断器的型号表示

3. 熔断器的技术参数

1）额定电压

熔断器的额定电压指其运行的标准电压。熔断器的额定电压不能小于所在电网的额定电压。而且,对于限流式熔断器,应该等于电网的额定电压。

2）熔断器的额定电流

熔断器壳体的载流部分和接触部分所允许的长期工作电流称为熔断器的额定电流。

3）熔体的额定电流

长期通过熔体而熔体不会熔断的最大电流称为熔体的额定电流,通常小于或等于熔断器的额定电流。

4）熔断器的极限断路电流

熔断器的极限断路电流指熔断器所能分断的最大电流。

5）熔断器的保护特性

熔断器的保护特性也称熔断器的安秒特性,表示切断电流的时间与通过熔断器电流之间的关系特性曲线。熔断器的保护特性曲线必须处于被保护设备的热特性之下,才能起到保护作用。熔断器的保护特性曲线如图 6-52 所示,该曲线一般由熔断器产品的生产厂家提供。

4. 高压熔断器产品

1）户内高压熔断器

户内式高压熔断器有 RN2 和 RN1 两种,RN1 型适用于 3~35kV 的电力线路和电气设备的保护,也能起负荷保护作用,熔体在正常时通过主电路的负荷电流,结构尺寸较大;RN2 型专用于保护 3~35kV 的电压互感器,熔体额定电流一般为 0.5A,结构尺寸较小。RN2 和 RN1 结构相同,熔体装在充满石英砂的密封瓷管内,如图 6-53。图 6-54 为 RN1 型熔断器及熔管。熔管两端有黄铜端盖,管内装有熔体,并在管内充满石英砂填料,两端焊上顶盖,并密封。

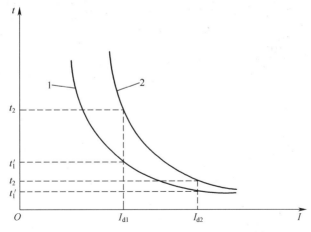

图 6-52　熔断器的保护特性曲线

I_{d1}—第一点短路电流；I_{d2}—第二点短路电流；曲线 1—熔断器的保护特性；曲线 2—被保护设备热特性曲线。

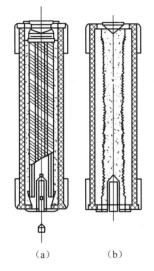

图 6-53　充石英砂的高压熔断器结构

（a）熔体绕于陶瓷芯；（b）具有螺旋形熔体。

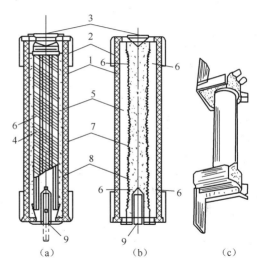

图 6-54　RN1 型熔断器及熔管

1—瓷管；2—管罩；3—管盖；4—瓷芯；5—熔体；
6—锡球或铅球；7—石英砂；8—钢指示熔体；9—指示器。

熔体用几根镀银铜丝的熔丝并联，熔断时能产生几根并行的细小电弧，增大电弧与填料的接触面积，去游离加强，提高灭弧能力，加速电弧熄灭。为降低熔体的熔化温度，采用冶金效应法，在铜丝上焊有小锡球。熔断器装设指示器，当短路电流或过负荷电流流过时，工作熔体先熔断，而后指示熔体随之熔断，指示器被弹簧推出，如图 6-54 中的 9 所示。

RN 系列户内高压管式熔断器断流能力很强，在短路电流未达最大值之前就完全熔断，属限流作用的熔断器。

2）RW4 型户外高压熔断器

图 6-55 为 RW4 型跌落式熔断器的基本结构，产品外形如图 6-56 所示。该熔断器用于 10kV 及以下配电线路或配电变压器。图示为正常工作状态，通过固定安装板安装在线路中，上、下接线端与上、下静触点固定于绝缘瓶上，下动触点套在下静触点中，可转

动。熔管的动触点借助熔体张力拉紧后,推入上静触点内锁紧,成闭合状态,熔断器处于合闸状态。

　　线路故障时,熔体熔断,熔管下端触点失去张力而转动下翻,使锁紧机构释放熔管,在触点弹力及熔管自重作用下,回转跌落,造成明显的可见断口。

　　这种熔断器是靠消弧管产生气吹弧和迅速拉长电弧而熄灭,还采用"逐级排气"的结构,熔管上端有管帽,在正常运行时封闭,可防雨水滴入。分断小的故障电流时,由于上端封闭形成单端排气(纵吹),使管内保持较大压力,利于熄灭小故障电流而产生电弧;而在分断大电流时,由于电弧使消弧管产生大量气体,气压增加快,上端管帽被冲开,而形成两端排气,以免造成熔断器机械破坏,有效地解决自产气电器分断大、小电流的矛盾。

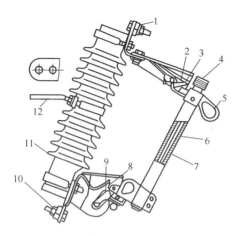 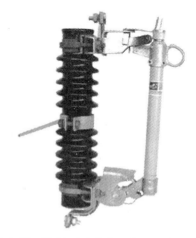

图6-55　RW4型跌落式熔断器的基本结构　　　　图6-56　RW4型跌落式熔断器的产品外形

1—上接线端;2—上静触点;3—上动触点;4—管帽;

5—操作环;6—熔管;7—熔丝;8—下动触点;

9—下静触点;10—下接线端;11—绝缘瓷瓶;12-固定安装板。

　　3) RW7-12系列户外高压交流跌落式熔断器

　　RW7-12系列户外高压交流跌落式熔断器,作三相50Hz、12kV输电线路及电力变压器过载或短路保护。主要技术参数见表6-13,外形安装尺寸如图6-57所示,产品外形如图6-58所示。由单柱式瓷件及导电系统和熔断件系统组成。合闸前,熔丝将熔断件系统上下活动关节闭锁;合闸时,载熔件上触头扣入上槽形静触头内,上下静触头因合闸行程产生接触压力处于正常合闸位置。当熔丝熔断时,电弧的作用使消弧管产生气体。当电流过零时,由于气吹和去游离作用熄灭电弧。此时,熔断件系统在上下静触头弹性力和自重力的作用下自行跌落,形成明显的断口间隙,使电路断开。绝缘子为中空瓷套。金属件与绝缘子的联合采用机械卡装结构,有利于装配调整。金属件多为冲压件构成。

表6-13　RW7-12系列户外高压交流跌落式熔断器主要技术参数

额定电压/kV	额定电流/A	额定开断容量/mVA
12	50	10~75
	100	30~100

216

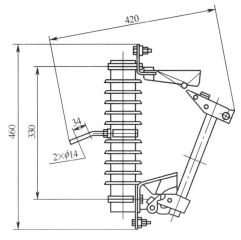

图 6-57　RW7-12 户外高压交流跌落式　　　　图 6-58　RW7-12 户外高压交流跌落式

熔断器外形安装尺寸　　　　　　　　　　　熔断器产品外形

6. 典型高压熔断器的维护

1）高压熔断器的故障

10kV 线路系统中和配电变压器用的熔断器不能正确动作,熔断器就失去了保护功能,线路中发生短路停电范围扩大,越级到变电所 10kV 出线总断路器跳闸,造成全线路停电。

（1）产品工艺粗糙。制造质量差,触头弹簧弹性不足,触头接触不良产生火花过热。

（2）熔管转动轴粗糙不灵活。熔管角度达不到规程要求,配备的熔管尺寸达不到规程要求,熔管过长将鸭嘴顶死,造成熔体熔断后熔管不能迅速跌落,及时将电弧切断、熄灭,造成熔管烧毁或爆炸;熔管尺寸短,合闸困难,触头接触不良,产生电火花。

（3）熔断器额定断开容量小。其下限值小于被保护系统的三相短路容量,目前 10kV 户外跌落式熔断器分三种型号,即 50A、100A、200A,其中 200A 跌落式熔断器的遮断能力上限是 200mVA,下限是 20mVA,根据遮断容量的能力,短路故障时熔体熔断后不能及时灭弧,也容易使熔管烧毁或爆炸。

（4）尺寸不匹配。有些开关熔管尺寸与熔断器固定接触部分尺寸不匹配,极易松动,运行中一旦遇到外力、振动或大风,便会自行误动而跌落。

2）措施

（1）熔断器的选择。10kV 跌落式熔断器适用于无导电粉尘、无腐蚀性气体及易燃、易爆等的环境,户外场所的年温差在 ±40℃ 范围内,所选熔断器的额定电压必须与被保护设备（线路）的额定电压匹配,熔断器额定电流大于或等于熔体的额定电流;还应按被保护系统三相短路容量,对熔断器校核,保证被保护系统三相短路容量小于熔断器额定断容量的上限、大于额定断开容量的下限;如超越上限则可能电流过大,产气过多而使熔管爆炸,若低于下限则有可能电流过小,产气不足而无法熄灭电弧,引起熔管烧毁、爆炸等;选择跌落式熔断器额定容量时,既要考虑上限开断电流与最大短路电流相匹配,还要考虑下限开断容量与最小短路电流的关系;跌落式高压熔断器做配电变压器内部故障的保护,保护范围是低压熔断器变压器侧到高压熔断器变压器侧,又做低压熔断器的后备保护,应以低压出口两相短路作为短路电流最小值来选择其下限开断容量。

（2）熔丝的选择。保证配电变压器内部或高低压出线套管发生短路时能迅速熔断，实际中的选择原则是，配电变压器容量低于 160kVA，熔丝按变压器额定电流的 2~3 倍；配电变压器容量 160kVA 及以上，按 1.5~2 倍选择。熔丝的选择还必须考虑熔丝的熔断特性与上级保护时间相配合，这是决定采用熔丝保护能否生效的关键问题；配电线路的速断保护动作时间很短，约 0.1s。根据熔丝特性曲线，在 0.1s 内使熔丝熔断的电流应大于额定电流的 20 倍。这些是保证熔丝与首端断路器配合的必要条件。

3）熔断器的安装

（1）安装时应将熔体拉紧，即熔体受拉力约 24.5N，否则容易引起触头发热。

（2）熔断器安装在横担上应牢固可靠，不允许任何的晃动或摇晃。

（3）熔管应向下 15°~30° 的倾角，能使熔体熔断时熔管依靠自身重量迅速跌落。

（4）熔断器应安装在离地面垂直距离高于 4.5m 的横担上，若安装在配电变压器上方，应与配变的最外轮廓边界有 0.5m 以上的水平距离，以防万一熔管掉落引发其他事故。

（5）熔管长度应调整适中，要求合闸后鸭嘴舌头能扣住触头长度的 2/3 以上，以免在运行中发生自行跌落的误动作，熔管亦不可顶死鸭嘴，以防止熔体熔断后熔管不能及时跌落。

（6）所使用的熔体必须是符合标准的产品，具有一定的机械强度，一般要求熔体最少承受拉力 147N。

（7）10kV 跌落式熔断器要求相间距离大于 60cm。

四、认识高压负荷开关

1. 概述

高压负荷开关能够带负荷分、合电路，结构简单、动作可靠、成本低。但高压负荷开关不能切断短路电流和过载电流。常用的高压负荷开产品外形如图 6-59 所示，高压负荷开关型号表示及含义如图 6-60 所示。

图 6-59　常用的高压负荷开产品外形

户内型负荷开关的灭弧装置为有机玻璃等固体产气材料。开关本身根据负荷电流的通、断容量设计，而不是根据短路电流设计制造，所以只能拉、合电气设备或线路的负荷电流、过负荷电流，不能拉断短路电流，适用于小容量电路作为手动控制设备。

户内型负荷开关具有明显的断开点，在断开电源后又具有隔离开关的作用。与户内

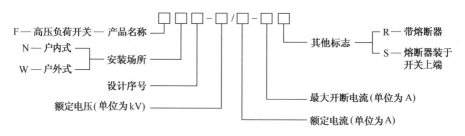

图 6-60　高压负荷开关型号表示及含义

型负荷开关配合使用的 RN1 型高压熔断器作为保护元件,切断电路中的过载电流和短路电流,具有控制电器型保护电器的功能。

　　户外型负荷开关也俗称柱上油开关,没有明显断开点,三相触点装置于同一油桶内,依靠油介质灭弧,每相有两个串联的断点,不装专门灭弧室。触点分开时产生两个串联的电弧,在油的作用下电弧熄灭。

　　负荷开关主要在 10~35kV 配电系统中,用作分、合电路。近年来伴随 SF_6 断路器与真空断路器的发展,也有 SF_6 负荷开关和真空负荷开关产品。

2. 结构及工作原理

　　高压负荷开关类型很多,这里介绍一种应用最多的 FN3-10RT 户内压气式高压负荷开关。

1) 结构

　　图 6-61 为 FN3-10RT 户内压气式高压负荷开关的外形结构。上半部为负荷开关本身,外形很像一般的隔离开关,是在隔离开关基础上加一个简单的灭弧装置。负荷开关上端绝缘子是简单的灭弧室,起支持绝缘子的作用,内部是一个气缸,装有由操作机构主轴传动的活塞,类似打气筒的作用。绝缘子上部装有绝缘喷嘴和弧静触点。

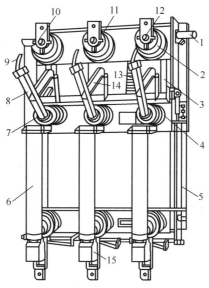

图 6-61　FN3-10RT 户内压气式高压负荷开关的外形结构

1—主轴;2—上绝缘子兼气缸;3—连杆;4—下绝缘子;5—框架;6—RN1 型高压熔断器;7—下触座;8—闸刀;
9—弧动触点;10—绝缘喷嘴(内有弧静触点);11—主静触点;12—上触座;13—断路弹簧;14—绝缘拉杆;15—热脱扣器。

2）工作原理

负荷开关分闸时，通过操作机构，使主轴转动 90°，在分闸储能弹簧迅速收缩复原的爆发力作用下，主轴转动完成非常快，主轴转动带动传动机构，使绝缘拉杆迅速向上运动，使弧触点的静、动触点迅速分断，是主轴分闸转动的联动动作的一部分，同时另一部分主轴转动使活塞连杆向上运动，使气缸内的空气被压缩，缸内压力增大，当弧触点分断产生电弧时，气缸内的压缩空气从喷口迅速喷出，电弧被迅速熄灭，燃弧持续时间低于 0.03s。

应注意，运行中的负荷开关应定期巡视，检查和停电检修，检修周期应根据分断电流大小及分合次数来确定，操作任务频繁易造成弧触点和喷口的烧蚀，轻者应检修，严重的应及时更换，防止发生故障。

3. 典型负荷开关的技术参数

FKN12A-12 系列高压负荷开关是最新的改进压气式负荷开关，作三相环网或终端供电的市区配电站和工业用电设备，主体结构完全相同时，分负荷开关、负荷开关-熔断器组合开关、三工位隔离开关。其中负荷开关分带接地开关、不带接地开关。配置在 HXGN-12 型户内交流封闭开关设备及箱变中，组成接线方案，满足控制、保护、计量等要求。主要技术参数见表 6-14。开断转移电流达 1300A，有爬距 260mm 的钟形绝缘罩，所有导电

表 6-14　FKN12A-12 系列户内高压交流负荷开关主要技术参数

项　目		单位	参数	
			Fkn12-12D/630	FN12-12D. R/125
额定电压		kV	12	12
额定功率		Hz	50	50
额定电流		A	630	125
额定雷电冲击耐受电压（峰值）	相间、对地	kV	75	75
	隔离断口		85	85
额定短时 1min 工频耐受电压	相间、对地		42	42
	隔离断口		48	48
额定短路耐受（热稳定）电流		kA	20(4s)	
额定峰值耐受（热稳定）电流			50	
额定短路关合电流			50	
额定开断电流	有功负载电流	A	630	
	闭环开断电流		630	
	空载变压器容量	kVA	1600	
	电缆充电电流		10	
额定转移电流		A	1300	
额定短路开断电流		kA	31.5	
机械寿命		次	3000	
电气寿命		次	500	
电操机构操作电压		V	AC110V、220V、50/60Hz，DC110V，220V	
并联脱扣操作电压				

体固定在一个绝缘框架中,绝缘体为高强度、不燃烧的不饱和聚酯 SMC 材料,电寿命长、转移电流高、稳定可靠、操作方便、绝缘水平高;有手动和电操;FKN12A-12 系列高压负荷开关产品外形如图 6-62 所示。

图 6-62　FKN12A-12 系列高压负荷开关产品外形

4. 典型负荷开关的安装

（1）负荷开关的跳扣往下固定,不顶住凸轮,再缓慢分闸、合闸操作,应灵活、无卡阻现象;检查弧动触头与喷嘴间不存在过多的摩擦。

（2）在分、合闸位置,检查缓冲拐臂应均敲在缓冲器上;可调节操作机构中扇形板的不同连接孔,或调节操作机构与负荷开关之间的拉杆长度。

（3）将负荷开关的跳扣返回,开关处于合闸位置,检查闸刀的下边缘与主静触头的标志线对齐。可以调节六角偏心螺钉满足要求。

（4）三相弧动触头不同时接触偏差≤2mm,调节六角偏心螺钉满足要求。

（5）负荷开关在断开位置,上静触头端面距离 182mm±3mm,可增减油缓冲器中的垫片。

5. 典型负荷开关的日常维护

（1）只能通断规定的负荷电流,不允许短路操作。

（2）操作频繁,应注意检查并预防紧固件松动,对活动部位加润滑剂,动作灵活防锈。

（3）操作一定次数后,灭弧能力下降或不能灭弧,应定期检查。辅助开关使用一段时间后,可将其动、静触点的电源极性交换。

（4）与熔断器组合使用时,选择高压熔断器,应考虑故障电流大于当负荷开关开断能力时,保证先断熔体,然后负荷开关才能分闸,故障电流小于当负荷开关开断能力时,应由负荷开关开断,熔体不熔断。

（5）刀闸接触无过热现象,绝缘子、拉杆表面无灰层、裂纹、缺损、闪烁痕迹。对油浸式负荷开关,检查油面,少油时及时加油,防止操作引起爆炸。

（6）如用真空负荷开关控制高压电机或较大容量变压器时,须 RC 吸收电路。R、C 数要适当。

典型负荷开关的常见故障处理,与隔离开关相似的处理办法,见隔离开关部分。

221

五、认识隔离开关

1. 隔离开关用途

隔离开关是一个最简单的高压开关，类似低压闸刀开关，在实际中也称为闸刀。GN型隔离开关产品外形如图 6-63 所示。

图 6-63　GN 型隔离开关产品外形

隔离开关没有专门的灭弧装置，不能开断负荷电流和短路电流。配电装置中，隔离开关主要用途有以下几个。

（1）保证装置中检修工作的安全，在需要检修的部分和其他带电部分，用隔离开关构成明显可见的空气绝缘间隔。

（2）在双母线或带旁路母线的主接线中，可利用隔离开关作为操作电器，进行母线切换或代替出线操作，但此时必须遵循"等电位原则"。

（3）由于隔离开关能拉长电弧，具有一定的开断电路能力，但应谨慎操作，开断的电流值不得超过电气运行规程允许的数值，否则会造成严重的"带负荷拉隔离开关"的误操作事故。所以，隔离开关可以通断电压互感器回路；接通或切断在系统没有接地故障时变压器中性点的接地线；接通或切断规程允许的小电感电流或小电容电流回路，如空载变压器、空载母线、空载线路。

隔离开关可通断小电流电路，如通断电压互感器和避雷器；通断 35kV、长度 10km 以内的空载输电线路；通断 10kV、长度 5km 以内的空载输电线路；通断变压器中性点的接地线，但当中性点有灭弧线圈时，只有在系统没有故障时才能通断；通断断路器的旁路电流；通断励磁电流 ≤60A 的空载变压器，包括 10kV、容量 ≤320kVA 或 35kV、容量 ≤1000kVA 或 10kV、容量 ≤3200kVA 的油浸变压器。

2. 隔离开关的类型及型号含义

1）隔离开关的类型

隔离开关的型号含义如图 6-64 所示。按绝缘支柱的数目可分为单柱式、双柱式和三柱式三种；按闸刀的运行方式可分为水平旋转式、垂直旋转式、摆动式和插入式四种；按装设地点可分为户内式和户外式两种；按是否带接地闸刀可分为有接地闸刀和无接地闸刀两种；按极数多少可分为单极式和三极式两种；按配用的操作机构可分为手动、电动和气动等。

2）户内式隔离开关

图 6-65 为 GN8-10 型隔离开关。GN8-10 型开关每相导电部分通过一个支柱绝缘子和一个套管绝缘子三相平行安装部分由闸刀和静触点组成。每相闸刀中间均有拉杆绝

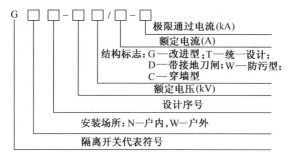

图 6-64　隔离开关的型号含义

缘子,拉杆绝缘子与安装在底架上的主轴相连。主轴通过拐臂与连杆和操作机构相连。

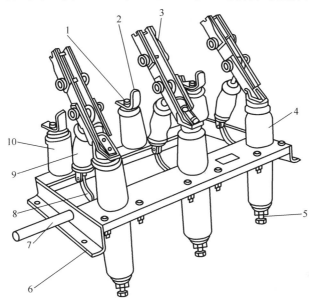

图 6-65　GN8-101600 隔离开关

1—上接线端子;2—静触点;3—闸刀;4—套管绝缘子;5—下接线端子;6—框架;
7—转轴;8—拐臂;9—升降绝缘子;10—支柱绝缘子。

3）户外式隔离开关

图 6-66 为 GW5-35 型户外式隔离开关的外形图,由底座、支座绝缘子、导电回路等部分组成,两绝缘子呈"V"形,交角 50°,借助连杆组成三极联动的隔离开关。底座部分有

图 6-66　GW 型户外式隔离开关的外形图

223

两个轴承,用以旋转棒式支柱绝缘子,两轴承座间用齿轮啮合,即操作任一柱,另一柱可随之同步旋转,达到分断、关合目的。

户外式隔离开关的工作条件比较恶劣,绝缘要求较高,应保证在冰雪、雨水、风、灰尘、严寒和酷暑等条件下可靠地工作,还具有较高的机械强度,因为隔离开关可能在触点结冰时操作,这就要求隔离开关触点在操作时有破冰作用。

3. GN 及 GW 型典型隔离开关的技术参数

GN19-40.5 系列隔离开关,三相 50Hz、35kV 线路中,做有电压无负载时接通或隔离电源,技术参数见表 6-15。每相导电部分通过两个支柱绝缘子固定在底架上,三相平行安装。导电部分由刀和触头组成,每相刀中间均安装省力机构。拉杆绝缘子一端与省力机构连接,另一端与安装在底架上的主轴相连。主轴上焊有一停挡,保证刀"分""合"时到达终点位置。主轴一端通过拐臂和客户自备的连杆与手动机构连接,手动机构借助自备的连动杆接至自备的辅助开关一起联动。GN19-40.5 系列外形尺寸如图 6-67 和图 6-68 所示。使用注意事项:

(1)安装高度,转轴至地面 2.5~10m,手动机构安装位置 1~1.3m,为手柄转轴中心至地面距离,机构装在隔离开关左或右边。

(2)可安装在墙壁或金属架上,水平或垂直安装。

(3)确定安装位置时,开关在分合闸时,带电部分对地缘距离≥300mm;

(4)固定隔离开关定于墙上螺栓 M16,进入砖墙深度≥90mm,水泥墙深度≥75mm。

表 6-15　GN19-40.5 系列户内高压交流隔离开关主要技术参数

项目	单位	参数	项目		单位	参数
额定电压	kV	40.5	雷电冲击耐受电压(峰值)	对地、相间	kV	185
额定电流	A	2000~3150		断口		215
4s 热稳定电流	kA	50	1min 工频耐受电压(有效值)	对地、相间		95
动稳定电流		125		断口		115
污秽等级		Ⅱ				

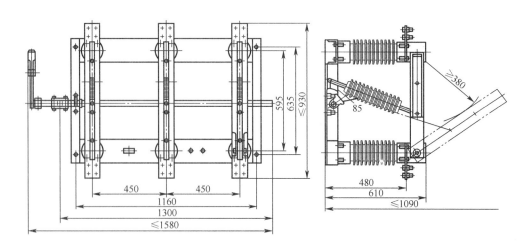

图 6-67　GN19-40.5(w)/2000 型外形尺寸

224

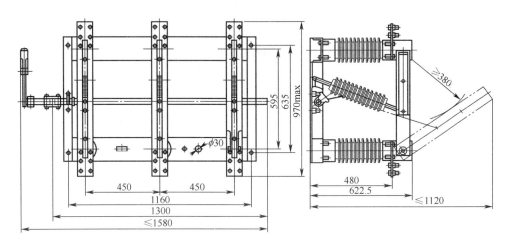

图 6-68 GN19-40.5(w)/3150 型外形尺寸

4. 隔离开关的安装

(1) 高压隔离开关相间距离与设计要求之差≤5mm,相间连杆在同一水平线。

(2) 支柱绝缘子应垂直于底座,连接牢固;同一绝缘子柱各绝缘子中心线在同一垂直线;同相各绝缘子柱的中心线在同一平面内。

(3) 各支柱绝缘子间应连接牢固,触头相互对准,接触良好;均压环安装牢固。

(4) 操作机构安装位置正确,固定牢固,操作灵活;定位螺钉调整适当并固定,所有转动部分涂润滑油。

(5) 慢慢合上高压隔离开关,观察闸刀对准中心落下。室内高压隔离开关合闸后,有 3~5mm 备用行程,三相同步。合上开关,用 0.05mm 塞尺检查接触紧密程度,线接触不应塞进;面接触塞入 4~6mm。

5. 隔离开关的操作

(1) 手动合上时迅速果断,在合闸行程结束时不能用力太猛。

(2) 使用隔离开关切断小容量变压器空载电流,切断一定长度的架空线、电缆线的充电电流,解环操作时,会产生电弧,应迅速拉开隔离开关。

(3) 禁止带负荷操作,操作隔离开关前应检查断路器的合分位置;合闸后应保证接触紧密;拉闸时应保证每相已断开;操作后应将隔离开关的操作把手锁牢。

(4) 如发现在操作时带负荷误合隔离开关,即使合错或在合闸时发生电弧,也不准拉开隔离开关,如拉开隔离开关将造成三相弧短路。如发生错拉开隔离开关时,在刀片刚离开固定触头时,应立即合上可消除电弧。如隔离开关刀片已离开固定触头,则不能将误拉的隔离开关再合上。

6. 隔离开关的巡视检查

(1) 监视隔离开关电流不能超额定值,温度不高于 70℃,接头与触点接触良好,无过热。

(2) 检查隔离开关的绝缘子,完整无裂纹、无放电痕迹和异常声。

(3) 隔离开关本体与操作机构无损伤,各部件紧固、位置正确,电操箱密封良好。

(4) 运行保持不偏斜、不振动、不锈蚀、不过热、不打火、不污秽、不疲劳、不断裂、不烧

225

伤、不变形。在分闸位置,安全距离足够,定位锁到位。带接地开关的隔离开关接地良好,刀片与接触嘴良好接触,闭锁正确。带闭锁装置的隔离开关不可解锁操作,闭锁装置失灵时,重新核对操作指令,检查断路器位置等,确保不带载合拉隔离开关。

（5）合接地开关前,须确保（知）各侧电源断开,再次验明后操作。

（6）在运行或定期检查中,发现防误装置存在缺陷,及时处理。

7. 常见故障与处理

高压隔离开关常见的故障与处理方法见表6-16。

表6-16　高压隔离开关常见故障及处理方法

故障现象	原因及处理
接触部分发热	1. 压紧弹簧或螺钉松,检查并调整,或更换弹簧。 2. 接触面氧化,电阻大,用细砂纸研磨,减小接触电阻。 3. 刀片与静接触面积过小或过负荷运行,更换容量大的隔离开关或降低负荷
绝缘子松动、表面闪烁	1. 表面脏,停电清扫,在绝缘子表面涂上防污涂料。 2. 胶合剂膨胀、收缩,更换绝缘子或重新胶合
刀片弯曲	接触面中心线应在同一直线,调整刀片、瓷柱位置,并紧固松动的部件
不能分闸	传动机构卡住、接触部位卡住或结冰,确定原因后,搬动操作手柄,不可强行拉动
不能合闸	1. 轴销脱落、铸件断裂或电气故障,可能造成刀杆与操作机构脱节,应固定轴销、更换损坏部件、消除电气故障。如故障时不处理,可用绝缘棒操作,或保证安全时用扳手转动每相的转轴 2. 传动机构松动,接触面不在同一直线,应调整松动部件到在同一直线
自动掉落合闸	机械闭锁装置失灵,检修或更换

课堂练习

（1）隔离开关、负荷开关、断路器各有哪些特点? 它们都是开关,最主要的不同点有哪些?

（2）断路器的操作有哪些要求?

（3）如果在电力系统中没有断路器,如何用其他开关和保护元件实现断路器的功能?

六、认识绝缘子、母线

1. 绝缘子

绝缘子用于支持和固定载流导体,并使其与地绝缘,或使不同相的导体彼此绝缘。因此,绝缘子应具有足够的绝缘强度和机械强度,并能耐热、耐潮、耐振动。绝缘子分为电站绝缘子、电器绝缘子和线路绝缘子三种。

电站绝缘子可用来支持和固定发电厂与变电所中屋内、外配电装置的硬母线,使各相母线间及各相对地绝缘。电站绝缘子可分为支持绝缘子和套管绝缘子两种。套管绝缘子用于母线在屋内穿过墙壁和天花板,以及由屋外向屋内引线。

按使用环境电站绝缘子又可分为户内和户外两种,户外式绝缘子有较大的伞群,增大沿面放电距离,并能在雨天阻断水流,使绝缘子能在恶劣的气候环境中可靠地工作;户外支持绝缘子在易受灰尘或有害绝缘的环境中,应采用特殊结构的防污绝缘子。户内绝缘子一般无伞群,如图6-69所示,穿墙套管绝缘子的型号含义如图6-70所示。例如

CWC10/1000 型表示为额定电流 1000A、额定电压 10kV,抗弯破坏负荷等级 C 级的户外式穿墙套管。

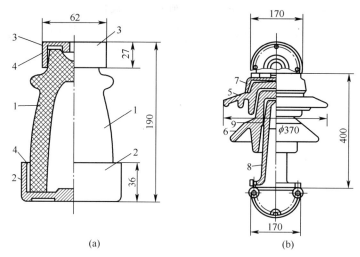

图 6-69 ZA-10Y 型、ZPC1-35 型绝缘子结构图

(a)户内绝缘子;(b)户外绝缘子。

1—瓷体;2—铸铁底座;3—铸铁帽;4—水泥胶合剂;5、6—瓷件;7—铸铁帽;8—具有法兰盘的装脚;9—水泥胶合剂。

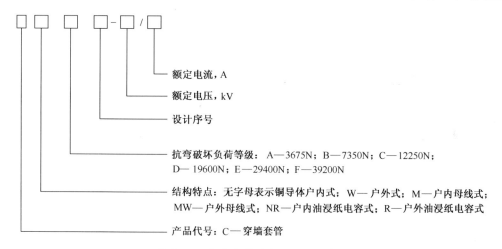

图 6-70 穿墙套管绝缘子的型号含义

2. 母线

　　各级电压配电装置的汇流排、各种电器之间的连接以及发电机、变压器等电气设备与相应配电装置汇流排之间的连接,大都采用矩形或圆形裸导线、管形裸导线或绞线,统称母线。母线用于汇集、分配和传送电能,在运行时通过巨大的电功率,当母线发生短路时,在短路电流的作用下更加发热,同时还要承受很大电动力的作用,因此选用母线材料截面形状和截面积必须经计算比较,达到安全经济的目的。

　　矩形母线散热面大,冷却条件好。由于集肤效应,同一截面的矩形母线比圆形母线允许通过电流大,35kV 及以下户内配电装置大都采用矩形母线;在强电场作用下,矩形母线四角电场集中引起电晕现象,圆形母线无电场集中现象,而且随直径增大,表面电场强度

227

愈小，在 35kV 以上的高电压配电装置中多采用圆形母线或管形母线。

1）母线的种类

（1）铜母线。电阻率低，抗腐蚀性强，机械强度大，是很好的母线材料，但价格较高，多用在持续工作电流大，位置特别狭窄或污秽对铝有严重腐蚀而对铜腐蚀较轻的场所。

（2）铝母线。电阻率较大，为铜的 1.7~2 倍，质量轻，为铜的 30%，价格较低，因此母线一般都采用铝质材料。

（3）铝合金母线。有铝锰合金和铝镁合金两种，形状均为管形。铝锰合金母线载流量大，但强度较差，采用一定的补偿措施后可广泛使用；铝镁合金母线机械强度大，但载流量小，但焊接困难，使用范围较小。

（4）钢母线。机械强度大，价格低，但电阻率较大，为铜的 6~8 倍。用于交流电时，有很大的磁滞和涡流损耗，故仅适用工作电流不大于 300~400A 的小容量电路中。

软母线常用多股钢芯铝绞线，硬母线多用铝排和铜排，管型母线多用铝合金。各种母线产品如图 6-71 所示。

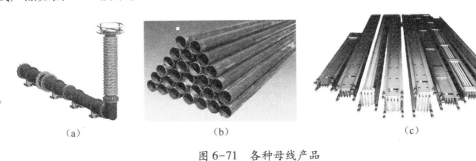

（a）　　　　　　　　　（b）　　　　　　　　　（c）

图 6-71　各种母线产品

（a）绝缘输电管道母线；（b）管型母线；（c）并列使用的矩形母线。

2）母线的固定

母线固定在支持绝缘子的端帽或设备接线端子上的方法主要有直接用螺栓固定、用螺栓和盖板固定、用母线固定金具固定三种；单片母线多采用前两种方法，多片母线应采用后一种方法。

母线安装前，先安装支持绝缘子，如有母线固定金具，先安装好金具后再安装母线，不应使其所支持的母线受到额外应力。

母线与设备接线端子的连接，通常多为套管接线端子，在紧固螺栓时，不应使接线端子受到额外应力，连接后也不应使设备端子受到额外应力，否则要考虑改变母线长短或支持绝缘子位置，不应勉强安装。母线敷设好后不能使支持绝缘子受到任何额外的机械应力，为了调整方便，线段中间的支持绝缘子固定螺栓在母线放置好后才紧固。

矩形母线用金具固定在支柱绝缘子上，如图 6-72 所示。为减少由于涡流和磁滞引起母线金具发热，在 1000A 以上的大电流母线金具上面的夹板 5 用非磁性材料制成，其他零件则采用镀锌铁体。

为使母线在温度变化时能纵向自由伸缩，以免支柱绝缘子受到很大应力，在螺栓上套以间隔钢管，母线与上夹板保持空隙 1.5~2mm。当矩形母线长度超过 20m，矩形铜母线或铝母线长度超过 30~35m 时，在母线上应装设伸缩补偿器，如图 6-73 所示，螺栓不拧紧，仅起导向作用。伸缩补偿器采用的材料应与母线相同，薄片数目应与母线截面相适应。

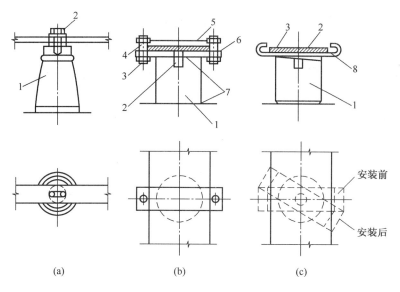

图 6-72　母线的同定方法

（a）用螺栓固定；（b）用母线夹固定；（c）用母线卡子固定。

1—支持绝缘子；2—螺栓；3—铝母线；4—间隔钢管；5—非磁性夹板；

6—钢板母线夹；7—红钢纸柏板；8—母线卡子。

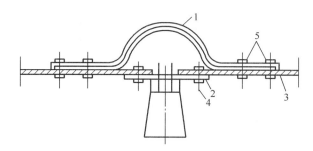

图 6-73　伸缩补偿器

1—补偿器；2—盖板；3—母线；4—螺栓；5—固定螺栓。

3）母线的涂色

母线着色可以增加热辐射能力，利于母线散热，着色后的母线的电流可适当提高，着色后，既防氧化，也是识别直流极性和交流相别的需要。

直流装置，正极涂红色，负极涂蓝色；交流装置，A 相涂黄色，B 相涂绿色，C 相涂红色；中性线，不接地的中线涂白色，接地中性线涂紫色。

为了容易发现接头缺陷和良好接触效果，所有接头部位均不着色。在不造成损坏的前提下，不用油漆涂色，也可以用色标贴纸。

课堂练习

（1）请叙述绝缘子的作用、种类。

（2）母线的种类有哪些？各有何特点？

（3）母线的涂色有何作用？

第三部分　掌握典型高压电器元件的选择与维护

前面我们学习了常见的高压电器元件的作用、结构、型号、技术参数、选用和一般的维护方法,实际使用中,这些高压电器元件将有具体的技术问题、故障解决方法等,应当能够掌握。下面我们选择典型的高压电器元件产品,紧密结合实际应用中出现的问题,以问答形式,进一步拓展知识。可作为阅读资料,也可作为技术资料。

1. 高压断路器新安装或检修后投入运行应具备的条件(＊)

(1)断路器的验收必须严格执行国家、电力行业和企业标准、产品技术条件,不符合不能验收投运。

(2)新装及检修后的断路器须严格按照国家标准 GB 50150—2006《电气装置安装工程电气设备交接试验标准》试验与检查,对重要技术指标必须复查,不合格不准投运。

(3)新装及大修后的 252kV 及以上电压等级断路器,相间和各断口间的不同期,必须用满足精度要求的仪器测量,符合产品技术要求。现场不能测量的参数,制造厂提供保证。

(4)分、合闸速度特性是检修调试断路器的重要质量标准,直接影响开断和关合性能,断路器在新装和大修后必须测量分、合闸速度特性,符合技术要求;SF_6 断路器的机构检修参照少油断路器机构检修工艺,运行 5 年左右做一次机械特性检查。

(5)新安装的国产油断路器,安装前应解体检查;国产 SF_6 断路器的液压和气动机构应解体检查;如制造厂承诺允许不解体检查,可不解体。

(6)断路器接地金属外壳接地标志明显,接地螺栓 M12 及以上,接触良好;断路器主回路外露的接触处或其他部位,有监视运行温度状态措施如示温蜡片等。

(7)断路器应有运行编号和名称,断路器外露带电部分的相位标志明显;断路器分、合闸指示器易观察且指示正确;断路器的铭牌清楚,基本参数齐全。

(8)真空断路器配有限制操作过电压的保护装置。SF_6 断路器应装有密度继电器、SF_6 气体补气接口和抽气接口;油断路器要有易于观察的油位指示器和明显的上、下限油位监视线。压缩空气继电器应具有监视充气压力的压力表和压力释放器。

2. 高压断路器正常运行的巡视周期的定义以及巡视检查的项目(＊)

1)正常运行巡视周期

新设备投运 72h 后即可转入正常巡视;有人值守的变电站每天巡视不少于 1 次;无人值守的变电站由供电企业巡视,每月不少于 2 次。

2)正常运行巡视

(1)真空断路器巡视。断路器的分、合闸位置指示正确,与实际运行工况相符;支持绝缘子无裂痕及放电异声;真空灭弧室无异常;接地完好;引线接触部位无过热。

(2)空气断路器巡视。断路器分、合闸位置指示正确,与实际运行工况相符;维持断路器内壁正压的通风指示正常;配气箱压力表指示正常,箱内及连接管道和断路器本体无漏气声;绝缘子、瓷套无裂损、无裂痕及放电痕迹;运行中断路器的供气阀在开启位置,工作母管、高压罐定期排污;各载流部分、出线端子无过热;灭弧室排气孔的挡板应关闭,无积水;接地良好。

(3)油断路器巡视。分、合闸位置指示正确,与实际运行工况相符;主触点接触良好不过热,主触点外露的少油断路器示温蜡片不熔化,变色漆完好;多油断路器外壳温度与环境温度基本相当,内部无异常声响;本体和套管的油位在正常,油色透明;无渗、漏油痕迹,放油阀关闭紧密;套管、绝缘子无裂痕,无放电声和电晕;引线的连接部位接触良好,无过热;排气装置、隔栅、接地均良好;防雨罩无异物堵塞;巡视断路器环境条件,户外断路器栅栏要完好,配电室通风、照明良好。

(4) SF$_6$断路器巡视。每日定时记录 SF$_6$气体压力和温度;断路器各部分及管道无异声及异味,管道夹头正常;套管无裂痕、无放电声和电晕;引线连接部位无过热;断路器分、合位置指示正确,与实际运行工况相符;落地式 SF$_6$断路器的防爆膜无异状;接地良好。

3. 高压断路器拒分的原因及处理办法(＊)

发生故障时,保护装置动作,断路器拒分,发生远后备保护装置动作,发生越级跳闸,扩大停电范围,应迅速查明原因及时处理。

1)断路器分闸线圈故障

(1)分闸线圈断线。一般控制回路设有断路器运行监视回路的位置指示灯,分闸线圈断线时红灯不亮。

(2)分闸线圈匝间短路。分闸线圈发生较少匝数之间短路,分闸时因分闸线圈铁芯磁通势可能下降使断路器拒分,严重时短路点发热可能烧坏线圈;较多匝数之间短路,红灯亮度还略有增加,分闸时控制回路熔体可能熔断。

(3)分闸线圈最低动作电压整定过高。分闸线圈动作电压在额定电压的 30%~65%时可靠分闸,不可随便提高最低动作电压,否则拒分,可能使分闸线圈烧毁。

(4)分闸线圈烧毁。断路器控制回路一般有跳跃闭锁装置,闭锁继电器防止发生跳跃现象,无论控制开关还是保护装置跳闸,电源电压加到分闸线圈时,与串联的闭锁继电器电流线圈也被激励,自保持触点闭合自保,至断路器分断后,串联在分闸线圈回路的断路器辅助触点才断开,确保可靠分闸;断开断路器辅助触点是为分闸线圈实现短时通电,若在此时因故发生断路器辅助触点不能正常断开,无法切断自保回路,分闸线圈可能烧毁;实际运行中,断路器辅助触点不能正常断开的原因很多,如由于操动机构卡死,辅助触点断不开,对具有"防跳"功能的断路器控制电源,只要断路器辅助触点不能正常断开,分闸线圈都会被烧毁;分闸操作次数过多,使分闸线圈温度高也是烧毁分闸线圈的原因,尽量避免频繁操作。

2)断路器分闸线圈失电压或欠电压故障

(1)控制回路熔体熔断。除熔体选择、安装、运行自身原因外,因控制回路中电压线圈匝间短路、分压元件被短路、发生电源正负两极两点接地短路等,都会导致熔体熔断;操动机构控制回路因熔体熔断,操动机构不能分闸。查熔体熔断原因或更换熔体。

(2)分闸线圈回路断路或触点接触不良。分闸线圈回路的元件连接线断线、松脱、触点接触不良、继电保护失灵、出口触点不能闭合、断路器辅助触点闭合不好等,分闸线圈不能通电分闸。逐段检查,如辅助触点接触不良,调整辅助开关拐臂与连杆的角度、拉杆与连杆的长度,并符合要求,更换锈蚀和损坏的触点片。

(3)电源电压过低。因直流电压低于分闸线圈的额定电压,使分闸时有动作却不能分闸。调整直流电源电压适合分闸,当电源调整后,在断路器分闸位置时测量分闸线圈电压降,大于电源电压的 90%。

(4)控制回路两点接地故障。当保护动作或操作控制开关分闸时,可能造成继电器或分闸线圈电流分流,造成断路器拒分,引起电源短路,熔断器熔断,可能烧坏继电器触点。发现直流系统接地故障后,分析、判断,分路查找分段处理,依次区分控制系统或信号系统接地;查信号和照明回路;查控制回路和保护回路;取熔断器的顺序,正极接地时,先断(+)后断(-);恢复熔断器时,先投(-)后投(+)。

3)断路器分闸铁芯故障

(1)电磁操动机构分闸铁芯上移后不复位故障。断路器电磁操动机构分闸前就已经上移且上移后不复位,即铁芯没有回正常位置,分闸时分闸铁芯行程不够,使得作用于连板的冲击力不足,断路器拒分。可能是断路器运行过程中,因振动等原因铁芯上移;分闸过程中控制回路电压偏低或操作不到位,分闸铁芯有上移但没有完成分闸;分闸铁芯有较大的剩磁,铁芯与铁杆产生较大的电磁力,铁芯被吸住,铁芯上移后不能复位;分闸线圈电流过大,分闸线圈的电磁力使铁芯慢慢上移且不能复位。将铁芯改用不锈钢或将铁顶杆改黄铜杆,不产生剩磁;检查分闸线圈,找出断路器运行中分闸线圈不正常带电的原因,也可降低分闸线圈的运行分压;分闸铁芯顶杆冲击间隙大于25mm,间隙过小分闸时无冲击力。

(2)分闸铁芯卡涩。可能是铁芯的铜套变形,或铁芯与铜套间有油垢阻塞,查分闸线圈内铜套有无严重磨损开裂,铜套内应无灰尘、油泥等,转动和起落分闸铁芯不应卡涩。

4. 高压断路器拒合的原因及处理办法(＊)

1)断路器控制回路故障

(1)合闸接触器失电压或欠电压。因直流电源故障,控制回路熔体熔断,合闸接触器回路各元件连接线断线、接头或元件触点接触不良,断路器辅助触点闭合不好,短接合闸接触器的两点接地。

(2)合闸接触器故障。接触器线圈断线,接触器铁芯被卡住或弹簧反作用力过大,接触器触点无法闭合,断路器拒合。先判断故障类型,再根据断路故障部位确定故障范围,找出断路点。合闸控制回路长、元器多,为不影响其他控制回路的正常工作,须带电检查,采用对地电位法分段、电压法检查断路故障点。接触器铁芯被卡或弹簧反作用力过大时,查电磁线圈通电后的电磁力能否足以克服弹簧的反作用力,如线圈问题即更换;如弹簧压力过大,调整压力或更换;查接触器铁芯是否被卡,拆检、清洗、修整或调换配件。

2)合闸回路故障

(1)合闸线圈失压或欠压。合闸电源故障,合闸回路熔体熔断、断线或接触不良,合闸接触器触点未闭合,使合闸线圈失电压或欠电压,断路器拒合。

(2)合闸线圈断线、匝间短路或绝缘损坏。处理方法见控制回路两点接地故障。

(3)合闸线圈烧毁。断路器合闸线圈的额定电流按短时通电设计,合闸母线熔断器等级过大、机械操动机构调整不当,合闸中合闸线圈通电时间长,合闸线圈将烧毁。

(4)断路器频繁操作。合闸线圈频繁大电流冲击,线圈过热可能烧毁。

3)合闸铁芯动作失灵

(1)合闸铁芯未动作。合闸铁芯严重卡塞,合闸铁芯动作失灵。

(2)合闸铁芯动作但不能合闸。因安装调试不当,导致合闸铁芯动作失灵,合闸线圈内套筒安装不正或变形,影响合闸铁芯的冲击行程,或合闸线圈铁芯顶杆太短、定位螺栓松动等使铁芯顶杆松动变位;操动机构安装不当,机构在分闸后卡住未复位。如铁芯动作行程不够,应重新安装,手动操作试验,观察铁芯的冲击行程并调整;对铁芯顶杆松动变位故障,调整滚轴与支持架间1~1.5mm间隙;对操动机构卡住未复位故障,查各轴及连板有无卡阻,如双连板机构与轴孔是否一致、轴销有无变形、连板轴孔是否被开口销卡塞等,做相应处理;直流母线电压过高时,对长期带电的继电器、指示灯等易损坏,增加分、合闸线圈电流,使电磁铁铁芯磁通饱和,引起铁芯过热;直流母线电压过低时,可能断路器、保护的动作不可靠,引起分、合闸线圈中电流增加而过热或烧毁。

5. 预防高压断路器常见故障的措施(＊)

1) 预防高压断路器误动

(1) 加强对操动机构的维护检查。机构箱门关闭严密,箱体防水、防尘和防小动物,保持内部干燥清洁,机构箱通风、防潮,防线圈、端子排等受潮、结露、生锈。液断路器的最高工作电压较额定电压约高 15%;330kV 及以上断路器的最高工作电压较额定电压约高 10%。

(2) 额定电流。表征断路器通过长期电流能力的参数,即允许连续长期通过的最大电流。

(3) 额定开断电流。表征断路器开断能力的参数,额定电压下,断路器能保证可靠开断的最大电流为额定开断电流,用断路器触头分离瞬间短路电流周期分量有效值的千安数表示,当断路器在低于额定电压的电网中运行时,开断电流可以增大,但受灭弧室机械强度的限制,开断电流有一最大值,为极限开断电流。

(4) 动稳定电流。表征断路器通过短时电流能力的参数,反映断路器承受短路电流电动力的能力;断路器在合闸状态下或关合瞬间,允许的电流最大峰值称动稳定电流或极限通过电流;断路器通过动稳定电流时,不能因电动力作用而损坏。

(5) 关合电流。表征断路器关合电流能力的参数,断路器接通时,电路中可能有短路故障,此时断路器关合的短路电流很大,因短路电流电动力减弱了合闸的操作力,还因短路电流使触头未接触前击穿产生电弧,触头熔焊造成断路器损伤,断路器能可靠关合的电流最大峰值称额定关合电流,额定关合电流和动稳定电流在数值上相等,是额定开断电流的 2.55 倍。

(6) 热稳定电流及持续时间。热稳定电流反映断路器承受短路电流热效应的能力,指断路器处于合闸状态一定的持续时间内,所允许通过电流的最大周期分量有效值,断路器不应因短时发热而损坏,国家标准规定,断路器额定热稳定电流等于额定开断电流。

(7) 合闸时间与分闸时间。各种类型断路器的分、合闸时间不同,合闸时间指从断路器操动机构合闸线圈接通到主触头接触这段时间;断路器分闸时间包括固有分闸时间和熄弧时间,固有分闸时间指从操动机构分闸线圈接通到触头分离的时间,熄弧时间指从触头分离到各相电弧熄灭为止的时间。

(8) 操作循环。架空线路短路故障一般是暂时的,短路电流切断后,故障消失,因此,断路器能承受一次以上的合断或关合后立即开断的动作能力。按一定时间间隔多次分合操作称操作循环。我国规定断路器的额定操作循环,分—t—合分—t—合分,非自动重合闸操作循环:分—t—合分—t—合分(或合分—t—合分),t 表示无电流间隔时间,即断路器断开故障电路从电弧熄灭到电路重新自动接通的时间,标准时间 0.3s 或 0.5s;t—运行人员强送电时间,标准时间 180s。

6. SF_6断路器气体泄漏的处理(＊)

1）SF_6断路器的检漏方法

这是SF_6断路器重要的调试项目,保证SF_6断路器的正常运行,分定性检漏和定量检漏。

（1）定性检漏。声光报警、定位方便、现场实用,一般将高灵敏度探头安置在被测设备规定的易漏部位。

① 简易定性法。用一般的检测仪,对所有组装的密封面、管道连接处及其他怀疑有油气的地方检测,方法简单,查找明显的局部泄漏。

② 压力下降法。用精密压力表测量SF_6气体压力,隔数天或几十天复测,结合温度换算、横向比较,判断压力下降。

③ 分割定位法。适用于三相SF_6气路连通的断路器,将SF_6气体系统分割成几部分后再检漏,提高检测有效性。

④ 局部蓄积法。较常用,用塑料布将测量部位包扎,经数小时后,再用检测仪测量塑料布内是否有泄漏的SF_6气体。

（2）定量检漏。有挂瓶检漏法和局部包扎法,前者用塑料袋将被测断路器部件或整台断路器罩起来,经过数十小时测量塑料袋内的SF_6气体浓度,再计算漏气率;后者在SF_6断路器充气24h后,定量测量判断标准,年漏气率小于1%。

2）SF_6断路器气体泄漏及处理

（1）SF_6断路器气体泄漏原因。

① 密封不严。因安装质量或振动等,密封面紧固螺栓松动;密封圈老化,密封圈寿命8～10年;密封面加工方法不合适,要保证表面粗糙度约25μm,考虑安全因素,粗糙度极限小于5μm;尘埃落入密封面,大于20μm的尘埃落入密封面引起气体泄漏,严防尘埃落入密封面。

② 焊缝渗漏。主要原因是焊缝未完全熔透,如检查不严格,导致漏气。

③ 压力表渗漏。压力表质量不高或连接不佳,特别是接头处密封垫损伤,可能引起渗漏。

④ 瓷套管破损。运输和安装中,瓷套管破损导致漏气;瓷套管与法兰胶合处胶合不良、瓷套管与胶垫连接处的胶垫老化、位置未放正等,导致漏气。

⑤ 产品质量。泄漏和潮气侵入同时发生,存在微小空隙,SF_6气体泄漏。

（2）处理。

① 周期检测漏气点。确定漏气点后,根据原因采取措施,如紧固螺栓或更换密封件、避免尘埃侵入等,必要时大修。

② 认真焊接,严格检查。熔透型焊缝法是解决焊缝渗漏的办法;应连续熔焊,分层堆焊或必须停顿的位置,将焊渣打磨干净再继续焊接,确保焊缝内无夹渣;操作人员具备压力容器焊接技术等级合格证,严格执行标准、规范程序。

③ 更换。渗漏的压力表和破损的瓷套管等,及时更换。

3）SF_6断路器漏气的预防

新装或检修SF_6断路器必须严格执行SF_6气体和气体绝缘金属封闭开关设备标准;室内安装运行的气体绝缘金属封闭开关设备GIS,应设置氧量仪和SF_6浓度报警仪,人进入设备区前先通风 15min 以上;SF₆断路器发生泄漏或爆炸时,按安全防护规定事故处理;运行中 SF₆气体微量水分或漏气率不合格时,应及时处理,SF₆气体应回收,不得直接外排;密度继电器及气压表应定期校验;SF₆断路器按规定定期检测微水含量和泄漏。

4)防止 SF₆气体分解物危害人体

SF₆气体分解物逸入 GIS 室时,人撤出室内,并投入通风通风;故障 30min 后才可进现场,并穿防护服、戴防毒面罩;若不允许 SF₆气体分解物直接排入大气,用带小苏打溶液的装置过滤后再排入大气;处理固体分解物时,需用配过滤器的吸尘器;在事故 30min~4h 内,进现场时必须穿防护服、戴防毒面罩,4h 后可脱下;进入 GIS 设备内部清理时仍要穿防护服、戴防毒面罩;凡用过的抹布、防护服、清洁袋、过滤器、吸附剂、苏打粉等,均应用塑料袋装好收在金属容器里深埋,不允许焚烧;防毒面罩、橡胶手套、靴子等,需用小苏打溶液洗干净、再用清水洗净;人员身体的裸露部分,用小苏打溶液冲洗,再用肥皂洗净擦干。

7. SF6 断路器在运行中可能出现的故障处理方法(＊)

1)断路器本体漏气

找出漏气原因再处理。当 SF₆气体正常渗漏至密度继电器发信号时,可按 SF₆气体压力温度曲线补气,达到额定压力;可在带电运行状态下补气。

2)SF₆气体压力下降或零表压时

立即退出运行,分析原因,如焊接件质量、焊缝漏、铸件表面有针孔或砂眼、密封圈老化或密封部位螺栓松动、气体管路连接处漏气;压力表或密度继电器漏气等,找出漏气原因后在制造厂协助下检修;当运行中断路器严重泄漏时,人需接近设备时,注意从上风方向接近,必要时戴防毒面具、穿防护衣,并注意与带电设备的安全距离。

3)拒合或合闸速度偏低分析及处理

合闸铁芯行程小、吸合到底时,定位件与滚轮不能解扣,调整铁芯行程;连续短时合闸操作,线圈发热,合闸力降低;辅助开关未转换或接触不良,调整、检查辅助开关触头,是否有烧伤,如有应更换。合闸弹簧永久形变,合闸力不足;合闸线圈断线或烧坏应更换;合闸铁芯卡住应检查并调整至灵活;扇形板未复位或与半轴间隙小于 1mm,分闸不到位或调整不当,应重新调整;扇形板与半轴的扣接量过小,应调整至 2~4mm;扇形板与半轴扣接处有破损应更换;合闸定位件或凸轮滚轮硬度低,发生变形应更换;机构或本体卡阻,应检查或解体;分闸回路窜电,合闸中,分闸线圈有电流,电压超过 30%额定操作电压,分闸铁芯顶起,检查二次回路接线;电源压降大,合闸线圈端电压达不到规定值,调整电源并加粗引线;控制回路没有接通。

4)拒分或分闸速度低

半轴与扇形板调整不当,扣接量调整至 2~4mm;辅助开关未转换或接触不良,应调整、检查辅助开关的触点,如烧伤应更换;分闸铁芯未完全复位或卡滞,查分闸电磁铁装配;分闸线圈断线或烧坏应更换;分闸回路参数配合不当,分闸线圈端电压达不到规定数值,应重新调整;控制回路没有接通,应检查并处理;机构或本体卡阻,影响分闸速度,可慢分或解体检查,重新装配;分闸弹簧预拉伸长度达不到要求,适当调整预拉伸长度;分闸弹簧失效,分闸力不足,应更换分闸弹簧。

5)合闸弹簧不储能或储能不到位

控制电动机的自动空气开关在"分"位置,应关合;检查控制回路,有接错、断路、接触不良等应处理;接触器触点接触不良,应调整;行程开关切断过早,应调整,并检查行程开关触点,如有故障应更换;检查机构储能部分有无卡阻、配合不良、零部件破损等,如有应排除;水分超标时更换吸附剂,抽真空、干燥或更换 SF_6 气体。

8. 电力系统中高压隔离开关的作用(＊)

1)隔离

将所需要检修的电力设备与带电的电网隔离,检修时显发现电路的断开点,保证安全;有时为更安全,隔离开关上还可加装一接地装置如接地闸刀,隔离开关开断以后,接地装置立即与被检修设备连接的一个触动接地。

2)换接

主要指换接线路和母线,当需要将负荷由Ⅰ母线移到Ⅱ母线时,不需开断断路器,只需先将Ⅱ母线上相应的隔离开关闭合,再将Ⅰ母线上相应的隔离开关断开。当需检修断路器时,可将该断路器的旁母隔离开关合上,然后断开该断路器在Ⅰ母线和Ⅱ母线上的隔离开关。这样,可无需中断供电而将断路器与带电的电网隔离,同样,断路器检修后,也可无需停电而将其投入电网运行。

3)关合和开断

隔离开关只能关合和开断空载电力设备如空载电压互感器、避雷器等。

9. 高压隔离开关的运行维护及使用操作注意事项(＊)

隔离开关在变电站运行中,严禁用隔离开关拉、合负荷电流。

1)高压隔离开关的运行维护

(1)高压隔离开关的正常运行。在规定额定电压、额定电流下长期正常运行;电力系统发生单相接地时要有足够的绝缘强度;满负荷运行时长期发热应能满足热稳定要求;系统发生短路故障时,在短路电流冲击下,不破坏热稳定和动稳定,热稳定指在短路电流通过时发热不超过允许值,动稳定指短路电流冲击产生的电动力不会损坏设备、几何位置不发生变化。

(2)高压隔离开关的巡视检查。绝缘子清洁、无裂痕、不破损、无放电痕迹,绝缘子与法兰黏合处无松散及起层;接触良好、不偏斜、不振动、不打火,触头不污脏、不发热、不锈蚀、无烧痕,弹簧和软线不疲劳、不锈蚀、不断裂;隔离开关拉开断口的空间距离符合规程,触头罩无异物;机构连锁、闭锁装置良好、联动切换辅助触头位置正确、接触良好,传动机构外露的金属部件无明显锈蚀;转轴、齿轮、框架、连杆、拐臂、十字头、销子等零部件无开焊、变形、锈蚀等;载流回路及引线端子无过热;接地良好。

2)使用及操作注意事项

(1)运行前。隔离开关与断路器、接地开关配合使用时,有机械或电气连锁,保证操作程序正确;架的接地螺栓大于12mm,接地软铜线截面积大于 $50mm^2$;常在摩擦部位涂润滑脂;示分闸信号在主刀开关达到80%断开距离时发出,合闸信号在主刀开关可靠接触后才能发出;投入运行前,检查隔离开关的接触情况和动作的一致性。

(2)操作中。合闸时,先确认与隔离开关连接的断路器等开关设备处于分闸位置,合隔离开关应果断迅速,合闸结束时用力不宜过大,避免发生冲击,保证主刀开关与静触点接触良好;单极隔离开关,合闸时应先合两边相,后合中间相;拉闸时先拉中间相,后拉两边相;合、拉闸都必须用绝缘棒操作。三极隔离开关用手动操动机构实现分合闸;分闸时先确认断路器等开关设备处于分闸位置,缓慢操作,待主刀开关离开静触点时迅速拉开;操作完毕后应保证隔离开关处于断开位置,并保持操动机构锁牢;用隔离开关切断变压器的空载电流、架空线路和电缆线路的充电电流、环路电流和小负荷电流时,分闸操作迅速,达到快速有效的灭弧;送电时先合电源侧的隔离开关,后合负荷侧的隔离开关;停电时应先拉负荷侧的隔离开关,后拉电源侧的隔离开关;停、送电必须严格按照操作程序操作。

（3）检修后隔离开关送电前的检查。操作隔离开关前,检查传动机构转动应灵活、辅助触点动作正确可靠;隔离开关部件没有损伤、裂纹等,固定及连接螺栓应紧固,开口销完好;刀片静触头接触良好,表面清洁,涂有中性凡士林;对带接地刀的隔离开关,检查接地刀片与主刀片的机械连锁可靠,动作正确,即主刀闭合时接地刀应能打开;主刀断开时接地刀应能闭合;隔离开关的定位装置或电磁锁安装牢固、动作准确可靠;检查所调整的技术数据,符合技术要求。

10. 高压负荷开关的安装、使用与运行维护

1）高压负荷开关的安装要求

户内型负荷开关应垂直安装,户外型负荷开关要求水平安装时,静触点在上;负荷开关静触点侧接电源,动触点侧接负载;初始安装好后须认真细致反复调试,分、合闸过程达到三相同期,先后最大距离差小于3mm;在合闸位置,动刀片与静触点的接触长度与动刀片宽度相同,即刀片全部切入;保证不能撞击瓷绝缘,静触点两个侧边都与动刀片接触,并保证适当的夹紧力,不能单边接触;在分闸位置,动、静触点间有一定的隔离距离;带有高压熔断器的负荷开关,熔断器安装要保证熔管与熔座接触良好,熔断指示器朝下,以便巡视检查;负荷开关传动机构和配装的操动机构应完好,分、合闸操作灵活、不抗劲,操动机构的定位销在分、合的位置,能确保负荷开关状态到位;负荷开关与接地开关配套使用时,应装设连锁并确保可靠。

2）负荷开关的使用

负荷开关出厂时都经过装配、严格调整和试验,使用时不必再拆开调整;使用时应做几次空载分闸操作,确认操动机构和触点系统无误,投入运行;使用中检查负荷电流在额定值范围内、无过负荷;负荷开关只能断开和闭合规定的负荷电流,不允许在短路情况下操作;当负荷开关与高压熔断器配合使用时,继电保护应整定,当故障电流大于负荷开关的分断能力时,必须保证熔断器先熔断、负荷开关后分断;当故障电流小于负荷开关的分断能力时,负荷开关断开,熔断器不动作。

3）负荷开关的运行维护

（1）巡视检查。有关仪表指示应正常,如负荷开关的回路上装有电流表,可知开关的工作负荷状态;如负荷开关回路上有一指示母线电压的电压表,可知开关的工作电压状态;运行中的负荷开关应无异常声响,如滋火声、放电声、过大的振动声等;运行中的负荷开关应无异常气味,如有绝缘漆或塑料护套挥发出的气味,可能与母线连接负荷开关在连接点附近过热;连接点应无腐蚀、无过热变色现象;动、静触点工作状态到位,合闸位置时应接触良好,切、合深度适当;分闸位置时分开的垂直距离应符合要求;灭弧装置、喷嘴无异常;绝缘子完好,无闪络放电痕迹;传动机构、操动机构的零部件完整、连接件紧固,操动机构的分合指示应与负荷开关的实际工作位置一致。

（2）巡视维护。投入运行前,将绝缘子擦拭干净,检查无裂纹和损坏,绝缘良好;检查

并拧紧紧固件,以防多次操作后松动;负荷开关的操作比较频繁,运行中保持各传动部件润滑良好、防止生锈,检查连接螺栓无松动;检查操动机构无卡住、呆滞,合闸时三相触点同期接触、中心无偏移现象;分闸时刀开关张开角度大于58°,断开时有明显可见的断点;定期检查灭弧室应完好,灭弧能力降低甚至不能灭弧,及时更换;负荷开关操作次数到规定的限度时应检修;对油浸式负荷开关要检查油面,缺油时及时加油,防操作时引起爆炸。

任务2　选用高压电器成套设备

第一部分　任务内容下达

高压电器成套设备与前面的任务低压电器成套设备相对应,高压电器成套设备与低压电器成套设备一样,是工厂供电的载体。传统教材对工厂或车间电力传输及分配的设备,介绍很少。

本次任务中将介绍常用的高压电器成套设备,将要求学生了解并掌握常用的高压电器成套设备知识,包括型号、选用、安装、维护等,同时介绍高压成套设备的一些标准知识。掌握本任务的知识点,将可以直接与实际结合,尽快适应专业岗位,能够使用和维护高压电器成套设备。

第二部分　任务分析及知识介绍

根据任务,我们应当学习并掌握常见的或典型的高压电器成套设备的型号、标准、组成及技术参数等,了解并掌握具体高压电器成套设备的单元构成,了解高压电器成套设备标准性、互换性的特点。

一、认识高压电器成套设备的类型

1. 类型概况

通常将高压电器成套设备俗称高压开关柜,符合国家标准 GB 3906—2006《3.6～40.5kV 电压交流金属封闭开关设备》要求,由高压断路器、负荷开关、接触器、高压熔断器、隔离开关、接地开关、互感器及站用变压器,以及控制、测量、保护、调节装置、内部连接件、辅件、外壳和支持件等组成的成套配电装置。这种装置的内部空间以空气或复合绝缘材料作为介质,用作接受和分配电网的三相电能。

目前常用的高压开关柜按主要元件是固定安装和移动手车安装,分为固定式和移开式,移开式也称手车式。固定式开关柜不能误认为柜体为固定安装,是指柜内元件固定。按柜体结构分铠装式、间隔式及箱式。所谓金属铠装柜,实际上是主回路元件分别置于由接地金属板封闭的专用间隔内,按功能不同,分别置于不同的间隔内,这种柜型被称为金属铠装式开关柜。间隔式主要元件装于间隔内,此间隔由一个或多个非金属隔板组成。经逐年演化变迁,间隔式与铠装式已无根本区别,为加强介电能力,有的金属铠装隔内的安装板换成绝缘板。箱式结构开关柜的金属间隔比铠装式少,有的只有金属封闭外壳,也算是一个箱体。

早时用的高压开关柜一般半封闭式,这种高压开关柜中离地面2.5m以下的各组件安装在接地金属外壳内,2.5m及以上的母线或隔离开关无金属外壳封闭。半封闭式高压开关柜母线外露,柜内元件也不隔开。图 6-74 为我国 20 世纪 70～80 年代广泛使用的

GG-1A(F)-07S型半封闭式高压开关柜的结构。半封闭式高压开关柜的结构简单、成本低、柜内空间大,曾广泛应用,目前仍在运行。但运行安全性能差,正逐步淘汰。

目前的高压开关柜均为金属封闭式,将高压断路器、负荷开关、熔断器、隔离开关、接地开关、避雷器、互感器以及控制、测量、保护等装置和内部连接件、绝缘支持件和辅助件固定连接后安装在一个或几个接地的金属封隔室内。金属封闭式高压开关柜以大气绝缘或复合绝缘作为柜内电气设备的外绝缘,柜中的主要组成部分安放在由隔板相互隔开的各小室(称为隔室)内,隔室间的电路连接是套管或类似方式。图6-75为GZS1-12型金属封闭式高压开关柜的结构。

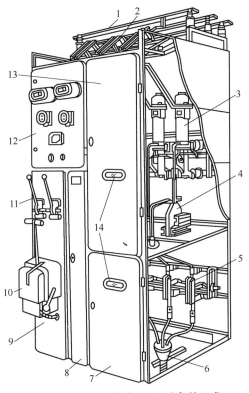

图6-74　GG-1A(F)-07S型半封闭式
高压开关柜的结构

1—母线;2—母线隔离开关;3—少油断路器;4—电流
互感器;5—线路隔离开关;6—电缆头;7—下检修门;
8—端子箱门;9—操作板;10—断路手动操作机构;
11—隔离开关的操作机构手柄;12—仪表继电器屏;
13—上检修门;14—观察窗

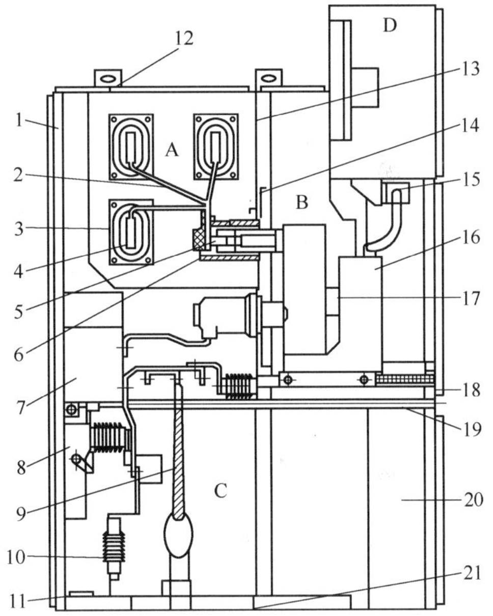

图6-75　GZS1-12型金属封闭式高压开关柜的结构
A—母线室;B—手车室;C—电缆室;D—继电器仪表室。
1—外壳;2—分支母线;3—母线套管;4—主母线;5—静触
头装置;6—静触头盒;7—电流互感器;8—接地开关;9—电
缆;10—避雷器;11—加热器;12—泄压装置;13—可卸式隔
板;14—活门;15—二次插头;16—断路器手车;17—断路
器;18—可抽出式水平隔板;19—接地开关操作轴;20—控
制力线槽底板;21—接地母线

2. 分类

1) 按柜内整体结构分类

(1) 铠装式。用K表示,铠装式高压开关柜中的主要组成部分如断路器、电源侧的进线母线、馈电线路的电缆接线处、继电器等,安装在由接地的金属隔板相互隔开的各自小室内,如KYN型、KGN型。

(2) 间隔式。用J表示,某些组件分设于单独的隔室内,与铠装式高压开关柜一样,但用一个或多个非金属隔板,隔板防护等级应达到IP2X~IP5X,如JYN型。

（3）箱式。用 X 表示，除上述两种以外的金属封闭式高压开关柜统称为箱式金属封闭式高压开关柜。隔室数量少于铠装式和间隔式甚至不分隔室，一般只有金属封闭的外壳，如 XGN 型。

高压开关柜中，间隔式和铠装式均有隔室，间隔式的隔室一般用绝缘板，铠装式的隔室用金属板。用金属板可将故障电弧限制在产生的隔室内，若电弧接触到金属隔板，可通过接地母线引入地内；在间隔式隔室内，电弧有可能烧穿绝缘隔板，进入其他隔室甚至窜入其他柜体，全部柜子将燃烧，后果严重。

箱式柜的结构简单、尺寸小，但安全性、运行可靠性远不如铠装式和间隔式。

2）按柜内主要电器元件固定的特点分类

（1）固定式。用 G 表示，柜内所有电器元件固定安装，结构简单，价格较低。

（2）移开式。用 Y 表示，通常称手车式，柜内主要电器元件如断路器、电压互感器、避雷器等，安装在可移开的小车上，小车中的电器与柜内电路通过插入式触头连接。移开式开关柜由柜体和可移开部件（简称小车）两部分组成，根据功能，分为断路器小车、电压互感器小车、隔离小车和计量小车等。移开式开关柜检修方便、恢复供电时间短。当小车上的电器元件严重故障或损坏时，可方便地将小车拉出柜体检修，也可换上备用小车，推入柜体内继续工作，提高维修工效，缩短停电时间。

移开式开关柜又分为落地式和中置式(Z)两种型式。落地移开式开关柜的小车本身落地，在地面上推入或拉出，如图 6-76 所示的 KYN12-10 型高压开关柜；中置式小车装于柜子中部，小车装卸需专用装载车。中置式小车的推拉在门封闭情况下进行，操作安全；中置式开关柜的柜体下部分空间较大，电缆安装与检修方便，还可安置电压互感器和避雷器等，充分利用空间。目前移开式高压开关柜大多采用中置式。

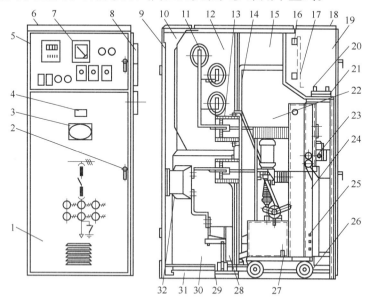

图 6-76　KYN12-10 型高压开关柜

1—手车室门；2—门锁；3—观察窗；4—铭牌；5—铰链；6—装饰条；7—继电器仪表室门；8—母线支撑套管；9—电缆室门；10—电缆室排气通道；11—主母线；12—母线室；13—一次隔离触头盒；14—金属活门；15—手车室排气通道；16—减振器；17—继电器安装板；18—小母线室；19—继电器仪表室；20—端子排；21—二次插头；22—手车室；23—手车推进机构；24—断路器手车；25—识别装置；26—手车导轨；27—手车接地触头；28—接地开关；29—接地开关联锁机构；30—电缆室；31—电缆室底盖板；32—电流互感器。

3）按母线组数分类

可分为单母线式和双母线式。6~35kV 供配电系统的主接线大都采用单母线,即6~35kV 开关柜基本上都是单母线柜。为提高可靠性,6~35kV 供配电系统的主接线也可采用双母线或单母线带旁路母线,这要求开关柜中有两组主母线,因而母线室的空间较大。

4）按主电器元件的种类分类

（1）通用型高压开关柜。以空气为主绝缘介质,主电器元件为断路器的成套金属封闭开关设备,即断路器柜。

（2）F-C 回路开关柜。主电器元件采用高压限流熔断器（Fuse）、高压接触器（Contactor）组合电器。

（3）环网柜。主电器元件采用负荷开关或负荷开关-熔断器组合电器,常用于环网供电系统,故通常称为环网柜。

5）按安装场所分类

分为户内式和户外式,户外式开关柜的技术特点是封闭式、防水渗透、防尘。

6）按柜内主绝缘介质分类

分为大气绝缘柜和气体绝缘柜。以大气绝缘的金属封闭开关设备由于受到大气绝缘性能限制,占地面积和空间都较大。20 世纪 80 年代出现了用绝缘性能优良的 SF_6 气体代替大气作为绝缘的全封闭式金属封闭开关设备。其中 12~40.5kV 的 SF_6 气体绝缘金属封闭开关设备采用柜形箱式结构,称为箱式气体绝缘金属封闭开关设备,简称为充气式开关柜。

3. 高压开关设备的特点

1）固定式开关柜的特点

（1）接头接线可靠。固定式开关柜节省了活动插接头,接头部分皆为固定接线,接触紧密。当额定电流大时,优先考虑选用固定柜设备。

（2）结构简单。柜内可以按照回路,做成单元,成套的过程实际上就是单元之间的有机组合。

（3）价格低。去掉了手车结构及接插系统,安装及所用附件大大简化,降低了成本。

（4）增加隔离开关。因采用固定安装,就缺少了插拔式隔离触头,这样固定式开关柜因为检修必然会装设隔离开关。尽管隔离开关结构简单,但故障率高,若长期不操作可能卡涩,操作用力过大也可能造成绝缘子的开裂,有时使联锁装置机械元件遭受损坏或变形。对于固定式开关柜,需要经常对隔离开关的转动部件、接触部件、操动机构、联锁装置进行检查与润滑,并定期操作试验,严防触头卡涩,接触不到位及相关瓷绝缘子出现裂纹。

（5）增加"五防"功能。"五防"具体内容,在后面介绍。由于固定式开关柜主回路元件安装分散,必须采用机械联锁。机械联锁形成整体有一定难度,需要调整恰当。在运行中,如果元件位置或形状稍有改变,重新调整机械联锁装置有一定的难度。对固定式开关柜来说,采用联锁满足"五防"要求,保证柜子的"五防"联锁非常可靠,不会产生误操作的现象。

但固定式开关柜的维修不方便,维修时,一般要拆下故障元器件,增加维修工作量。

2）移开式高压柜的特点

（1）优点。移开式开关柜柜体小、结构紧凑、安装占地面积小、便于维护,对用电要求较高。

（2）缺陷。

① 载流效果不良。由于柜内主回路接头过多，且有活动插接头，造成柜内发热严重且散热不良，不过大多数情况下实际负载电流远未达到断路器的额定电流值，不会产生严重问题，但载流大时，载流事故凸显，且插接头隐蔽于触头盒内，早期事故不易发觉。

② 故障率较高。移开式结构柜体，要求加工精度高，断路器动触头与静触头对中准确，才能避免造成接触不良，发热严重，绝缘破坏，导致短路事故。

3）中置式开关柜的特点

移开式开关柜中若移动手车置于柜体中部，又称中置式手车开关柜。对电压 12kV 的移开式开关柜，已绝大多数采用中置式。12kV 中置式开关柜明显的优点，即下部还可装一个手车，如将电压互感器手车置于下部空间内，采用中置式为双手车柜的制造创造了有利条件。即使柜子下部不装任何元件，也可作为维修人员维修电缆室内元件的空间。普通中置式手车开关柜下部可加装一台无主回路出线的手车，如果是特殊柜体，一台柜中装两台标准手车。另外，当电缆室元件较多、出线回路多时，柜体前下部又可做电缆室，对电缆室安装元件或电缆进行分流。

对 40.5kV 移开式中压柜，就不再使用中置式，因为断路器手车尺寸大，质量重，放置柜子中间，柜子重心抬高，稳度降低。采用了断路器手车柜子中部布置，下部剩余空间已经很小，既不能再加一台手车，也不能提供空间给维修人员。对 40.5kV 开关柜，如果一定采用中置式布置，也只能当断路器手车体积很小时才能采用，如真空固体绝缘断路器体积小，有可能采用中置式。当采用中置式时，要增加搬运手车，即使断路器手车中置，节省下的下部空间也有限而无法利用。

课堂练习

（1）铠装型和间隔性电气成套设备有何特点？

（2）高压电气成套设备如何分类？

（3）中置柜有明显的特点，是否所有电压等级的高压成套设备都适合中置柜的结构？请说明原因。

二、高压开关柜的型号与参数

1. 高压开关柜的型号

我国目前使用的高压开关柜系列型号由如下 8 位格式表示，含义如下：

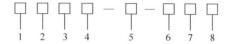

第 1 个□，高压开关柜，K—铠装式，J—间隔式，X—箱式；

第 2 个□，型式特征，G—固定式，Y—移开式（用字母 Z 表示中置式）；

第 3 个□，安装场所，N—户内式，W—户外式；

第 4 个□，设计序号，由 1~3 位数字或字母组成；

第 5 个□，额定电压，单位为 kV，可以在这一位后括号中说明主开关的类型，如用 Z 表示真空断路器，F 表示负荷开关；

第 6 个□，主回路方案编号；

第7个□,断路器操动机构,D—电磁式,T—弹簧式;

第8个□,环境代号,TH—湿热带,TA—干热带,G—高海拔,Q—全工况。

例如KYN1-12表示铠装式小车户内式高压开关柜,额定电压为12kV。表6-17所示列出了常用的高压开关柜部分产品型号。

表6-17　常用的高压开关柜的部分产品型号

类型	主　要　型　号
通用柜、铠装式、移开式	KYN1-12,KYN2-12(VC),KYN6-12(WKC),KYN23-12(Z),KYN18A-12(Z),KYN18B-12(Z),KYN18C-12(Z),KYN19-10,KYN27-12(Z),KYN28A-12,KYN18B-12,KYN54-12(VE),KYN29A-12(Z),KYN55-12(PV双层),KYN10-40.5,KYN41-40.5,GZS1-12
通用柜、间隔式、移开式	JYN2-12,JYN2D-12,JYN6-12,JYN7-12,JYN□-27.5,JYN1-40.5
通用柜、铠装式、固定式	KGN□-12
通用柜、箱式、固定式	XGN2-12,XGN15-12,XGN66-12,XGN17-40.5,XGN□-40.5,XGN12-24,XGN2-12Q(Z)
F-C柜	KYN1-12,JYN2-12,KYN3-12,KYN3C-12,KYN8-7.2,KYN14-7.2,KYN19-12,KYN23-12(Z),KYN24-7.2,8BK30
环网柜	HXGN-12,XGN18-12(ZS8),HXGN2-12,HXGX6-12,HXGN15-12,XGN35-12(F),XGN35-12(FR)

2. 高压开关柜的主要技术参数

（1）额定电压,常用的高压等级有10kV、35kV及更高的电压。

（2）额定绝缘水平,用1min工频耐受电压(有效值)和雷电冲击耐受电压(峰值)表示。

（3）额定功率,我国的标准是50Hz。

（4）额定电流,指柜内母线的最大工作电流。

（5）额定短时耐受电流,指柜内母线及主回路的热稳定电流,应同时指出"额定短路持续时间"通常为4s。

（6）额定峰值耐受电流,指柜内母线及主回路的动稳定电流。

（7）防护等级。

KYN12-12型高压开关柜的主要技术参数见表6-18,表中1min工频耐受电压、雷电冲击耐受电压的技术指标,是常见的技术参数。

表6-18　KYN12-12型高压开关柜的主要技术参数

项　目		数　据		
额定电压/kV		3.6	7.2	12
额定绝缘电压/kV	1min工频耐受电压(有效值)	42	42	42
	雷电冲击耐受电压(峰值)	75	75	75
额定频率/Hz		50		
额定电流/A		630,1000	1250,1600	2000,3000,3150
额定短时耐受电流(1s,rms)/kA		20,31.5	31.5,40	40
额定峰值耐受电流(0.1s)/kA		50	50,80	100
防护等级		IP4X(柜门打开时为IP2X)		

1min 工频耐受电压,指工频电压耐压试验操作,将 50Hz 交流电电压(有效值是指峰值的 0.707 倍)施加在试验器件两个需要绝缘的电接点上 1min,泄漏电流不超标,认为符合耐压试验的要求。

雷电冲击耐受电压,指设备需要防雷,但并不是增加绝缘耐压值来防止被击穿,防雷是一个静电导除的过程。雷电发生时给设备感应出极高的静电电压,时间极短,可能达微秒。雷电冲击耐压电压是人工模拟雷电流波形和峰值检验设备绝缘耐受雷电冲击电压的能力,只是测量模拟的过程。

三、高压柜的"五防"要求

1. "五防"的内容

不论是手车柜还是固定柜,高压开关柜都必须具备"五防"功能,才能投入运行。其中,对固定式开关柜,"五防"功能如下:

防止带负荷拉、合隔离开关;防止接地开关处于闭合位置时闭合断路器、负荷开关、接触器;防止断路器、负荷开关、接触器在闭合位置合接地开关;防止误分断路器、负荷开关、接触器;防止误入带电隔室。

这五个要求,主要是隔离开关、断路器包括负荷开关、接触器,与接地开关及柜门四者之间的联锁关系,即断路器处于闭合位置时不能拉隔离开关,断路器处于闭合位置时不能合接地开关,接地开关处于闭合位置或隔离开关处于断开位置时不能合断路器。

不能误分断路器的问题,与前三条比较,严格程度较轻,如果对其误分操作,不会发生短路故障。因此,本条要求也宽松,即可以用提示性的方法,而不强求机械或电磁闭锁的方法来实现。可以有多种提示,如用标牌提示,也可在手动控制回路串入钥匙开关,在分、合闸操作时,要先领取操作柜上的分、合闸钥匙,但对于无储能或无电动操作、全靠手动操作的负荷开关,可用提示性语言、提示标牌防止误分,不能单人操作,要有持操作票的监护人员陪同。

2. "五防"的实现

实现"五防"主要依靠机械联锁,一般有四种方式,即机械联锁、电磁联锁、程序锁和微机程序联锁。建议首先采用机械联锁,因为简单、可靠、成本低。如果机械联锁解决不了或因采用机械联锁造成机构过于复杂,再考虑电磁联锁。

对于 KYN28-12 及 HMS40.5 手车式开关柜,采用机械联锁主要靠接地开关操作手柄,即接地开关处于合闸位置,手车无法进入工作位置,电缆室门可以打开,手车在工作位置,接地开关也无法合闸,电缆室的门也无法打开。

当手车式开关柜没有接地开关时,通过电缆室的带电传感器,带动带电显示器,由带电显示器控制电磁锁,从而控制手车柜门的开闭。当然,只靠带电显示器操作控制电磁锁容量绝对不够,必须外接电源。

四、高压开关柜的基本结构

1. 固定式高压开关柜的基本结构

典型产品 XGN-12 户内箱型固定式高压开关柜采用金属封闭箱型结构,柜体骨架用角钢焊接制成,柜内分为断路器室、母线室、电缆室、继电器仪表室。室与室之间用钢板隔开。真空断路器的下接线端子与电流互感器连接,电流互感器与下隔离开关的接线端子连接。断路器上接线端子与上隔离开关的接线端子相连接。断路器室设有压力释放通道,若产生内部故障电弧,气体可通过排气通道将压力释放。XGN-12户内箱型固定式高压开关柜产品外形如图6-77所示。

2. 移开式高压开关柜的基本结构

常用产品KYN28A-12铠装移开式高压开关柜的结构,手车是中置式结构。手车室内安装有轨道和导向装置,供手车推进和拉出。在一次回路静触头的前端装有活门机构,保障人员的安全。手车载柜体内有工作位置、试验位置和断开位置,当手车需要移出柜体检查和维护时,利用专用装载车就可方便地取出。手车中装设有接地装置,能与柜体接地导体可靠地连接。手车室底盘上装有丝杆螺母推进机构、联锁机构等。丝杆螺母推进机构可轻便地使手车在"断开""试验"和"工作"位置之间移动,联锁机构保证手车及其他部件的操作必须按规定的操作程序操作才能得以进行。KYN28A-12铠装移开式高压开关柜产品外形如图6-78所示。

图6-77　XGN-12户内箱型固定式
高压开关柜产品外形

图6-78　KYN28A-12铠装移开式
高压开关柜产品外形

3. 高压开关柜的主要组成部件

1）功能单元

高压开关柜的一部分,包括共同完成一种功能的所有主回路及其他回路的原件。功能单元可以根据预定的功能区分,如进线单元、馈线单元等。

2）外壳

在规定的防护等级下,保护内部设备不受外界的影响,防止人体和物体接近带电部分与触及运动部分。

3）隔室

隔室可以用内装的主要元件命名,如断路器隔室、母线隔室等。隔室之间互相连接所必需的开孔,应采用套管或类似的方式封闭。另外还有充气隔室,用于充气式高压开关柜的隔室型式。

4）元件

高压开关柜的主回路和接地回路中完成规定功能的主要组成部分,如断路器、负荷开关、接触器、隔离开关、接地开关、熔断器、互感器、套管、母线等。

5）隔板

高压开关柜的一部分,将一个隔室与另一个隔室隔开。高压开关柜的组成部件很多,只介绍一些主要的部件。

课堂练习

（1）叙述高压电气成套设备的用途、特点和适用标准。

（2）请认真理解高压电气成套设备的型号组成，并查阅资料，以某典型产品为例，分析技术参数的特点。

第三部分　了解高压成套设备的基本技术要求

根据本任务的知识点，应当了解高压成套设备的基本技术要求，掌握一些技术特性。此处对"五防"要求进行的技术讨论，可以作为阅读资料，开拓技术思维。

1. 手车室门是否要联锁（*）

对"五防"要求的具体理解，技术人员的看法不同。有的技术人员要求手车室门必须参与联锁，理由是一个带电间隔，在带电时不能打开手车室的门；也有技术人员认为，开关柜手车室门完全没必要联锁，无论手车处于工作位置还是试验隔离位置，手车本身的面板已将带电体隔离，防护等级达到 IP20，可防止人身触及带电体。

实际上无论手车处于接通还是断开，手车置于手车室还是移出柜外，手车室上触头盒或下触头盒总带电。当手车在工作位置，带电部分被手车面板遮挡；手车在试验/隔离位置时，带电部分由手车面板及活动挡板将带电部分遮挡。防护等级高于 IP20，因此，手车式开关柜中的手车室不必与门联锁。但如果参与联锁，万一短路，电弧不会喷出柜外。如手车室门不参与联锁，当手车拉出开关柜后，只有活动挡板隔离带电体，活动挡板必须可靠，且缝隙不得大于 IP20。

2. 不能带电合接地开关

对不能带电合接地开关都无异议，但在合接地开关时确保不带电，还有不同看法。高压真空断路器开关柜常见馈电主接线系统如图 6-79 所示，馈电水平母线经断路器向负载供电，出线侧装接地开关，正常情况只要求断路器手车与接地开关联锁，此线路对用户均无问题，但对供电部门的变电站则增加另外要求，即使是馈电回路，当断路器断开，手车拉至

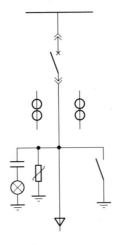

图 6-79　高压真空断路器开关柜常见馈电主接线系统

246

隔离/试验位置或移至柜外,也不能盲目合接地开关,因为电力系统是联网的,有返送电的可能,要另加联锁。另加联锁的方式可采用带电显示器带动电磁锁来控制接地开关的合闸。

对手车式开关柜,"五防"中的隔离开关换成手车的隔离插头即可,手车开关柜的"五防"要求具体为:

(1)断路器合闸后,不能推拉手车,这相当于固定柜中防止带负荷拉合隔离开关。

(2)接地开关处于分闸位置时,才能将断路器手车移至工作位置,这相当于固定柜中防止在接地开关处于闭合位置时合断路器。

(3)只有当断路器手车处于试验/断开位置时,才能合接地开关,这相当于固定柜中防止断路器在闭合位置合接地开关。

(4)对于防误入带电隔室,手车式开关柜与固定式开关柜是一致的。

(5)防止误分断路器,也与固定柜一致。

3. 电磁锁的可靠性

与机械连锁装置比较,要考虑电磁锁的可靠性。普通电磁锁机械强度不够,如直接对操作传动机构联锁,误操作时可将电磁锁机械损坏,操作人员可能没有发现。因此,用作联锁的电磁锁,应选用符合要求的高强度电磁锁。按控制对象不同,电磁锁分为电控锁、刀闸锁、接地锁、柜门锁等。

4. 严禁带电合接地开关

有的技术人员对严禁带电合接地开关持不同看法,认为快速接地开关与隔离开关不一样。目前手车柜接地开关均为弹簧储能式的快速接地开关,有接通及通过短路电流的能力,能满足所在电路通过短路电流时动热稳定性要求,但与断路器的特性不同。接地开关与隔离开关的相同点是不能切断负荷电流,也不能通断短路电流。尽管快速接地开关有接通短路能力,但若接到短路点,就是事故,可能人为造成上级断路器切断一次短路事故,不但造成停电事故,也对上级断路器形成影响,如果上级断路器拒动或保护选择性配合不好,会引起更上一级断路器动作。另外,接地开关闭合于短路上,也会给接地开关本身带来损害,接地开关闭合短路的能力,一般只能2~3次。

因此,不能带电合接地开关,是必要的、合理的。

5. 开关柜的其他联锁问题

高压电器成套设备制造厂尚未解决接地开关与柜门彻底联锁的问题。目前只有断路器移出柜外或处于试验位置才能合接地开关,断路器在工作位置无法闭合接地开关。接地开关打开时,柜门无法打开,只有接地开关闭合后才能打开柜门;但没有解决柜门打开时无法断开接地开关的问题。因柜门打开,人如钻入柜内,误将接地开关断开,接地开关的接地刀片在断开过程中有强大冲击力,易伤及柜内人员,维修人员也失去了线路的保护接地,处于危险状态。联锁机构应当具备紧急解锁装置,联锁故障时,可紧急解锁装置。

任务3 了解并掌握典型高压电气成套设备产品

第一部分 任务下达

通过前面的基本知识讲解,我们掌握了高压电气成套设备的一些知识,了解了高压成套设备的基本技术性能和特点。在企业配电中,有高压、低压电气成套设备和电力变压器,才能构成配电系统,是完成配电任务的载体,因此,我们要掌握典型的要高压电气成套设备并会选用。

第二部分　任务分析及知识介绍

高压开关柜产品的型号、技术性能很多,不同的生产厂家的柜子类型也不同,本任务中,我们简单介绍典型的高压开关柜。

一、HXGN21-12 型环网柜

1. 概述

环网供电系统如图 6-80 所示,将负荷开关柜、负荷开关-熔断器组合电器柜组合常用于环网供电系统,故通常称为环网柜,或称为环网供电单元。HXGN21-12 型环网柜就是常用的高压成套电气产品,环网供电柜如图 6-81 所示。

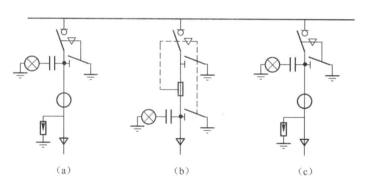

图 6-80　环网供电系统

(a)环缆进出间隔;(b)变压器回路间隔;(c)环缆进出间隔。

图 6-81　HXGN21-12 型
环网柜外形

环网柜 HXGN21-12 产品通常一个环网供电单元至少由三个间隔组成,两个环缆进出间隔和一个变压器回路间隔。环网供电单元的结构有整体型和组合式两种形式。

整体型,一般将 3 个或 4 个间隔装在一个柜体中,体积较小,但不利于扩建改造;组合式,由几台环网柜组合在一起,体积较大,但可加装计量、分段等小型柜,便于扩建改造。最简化的环网供电系统其高压配电设备由三个间隔组成,即两个环缆进出间隔(负荷开关柜)、一个变压器回路间隔(负荷开关-熔断器组合电器柜)。

环网柜按柜内主绝缘介质可分为空气绝缘柜和 SF_6 绝缘柜。空气绝缘柜与普通开关柜一样,是一种封闭式的开关柜,柜内主绝缘为空气,主开关可用产气式、压气式、SF_6 和真空负荷开关。SF_6 绝缘环网柜是一种密封柜,柜内充有 0.03~0.05MPa 的干燥 SF_6 气体,作为主绝缘介质。柜内主开关用真空或 SF_6 气体负荷开关,其中以 SF_6 气体负荷开关居多。

负荷开关有正装和侧装两种,产气式和压气式负荷开关常为侧装;真空负荷开关通常

是柜内正面安装,正面操作。柜中主要电器元件包括带隔离的负荷开关、接地开关(或三工位负荷开关)、熔断器、电流互感器、避雷器、高压带电显示装置等。隔离开关、负荷开关、接地开关与柜门之间均有可靠的机械联锁,进线侧常设有电磁锁,强制闭锁。HXGN21-12固定式交流金属封闭环网开关设备(简称环网柜)的型号表示如图6-82所示。HXGN21-12环网柜适于额定电压12kV,50Hz的环网供电系统、双电源辐射供电系统及单电源配电系统,作为变压器、电容器、电缆、架空线等电力设备的控制和保护装置。亦适于箱式变电站,用作高压配电部分。

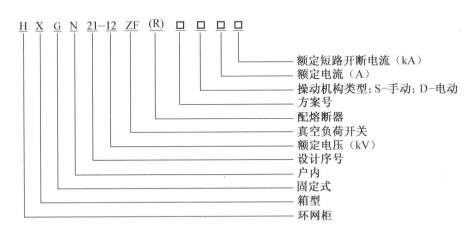

图6-82　箱型固定式环网开关设备的型号表示

2. 结构特点及技术参数

HXGN21-12型环网柜结构示意图如图6-83所示,主要技术参数见表6-19。柜体系用敷铝锌钢板多重折弯再用螺栓连接。负荷开关断开位置时,绝缘隔板分成上、下两部分,上部为母线室和仪表室,下部为负荷开关、电缆室,还可装电流互感器或电压互感器。柜内有负荷开关、负荷开关-熔断器组合电器、电流互感器、电压互感器、避雷器、电容器、

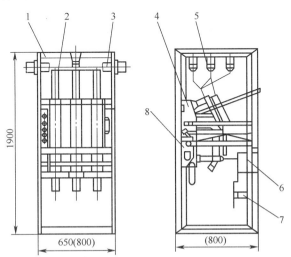

图6-83　HXGN21-12型环网柜结构示意图

1—柜体;2—母线;3—套管;4—组合电器;5—熔断器;6—电流互感器;7—带电显示装置;8—操动机构。

高压带电显示器等。仪表室内可装设电压表、电流表、换向开关、指示器及操作元件。在仪表室底部的端子上可装设二次回路的端子排及柜内照明灯以及熔断器等。计量柜的仪表室可增装有功电能表、无功电能表、峰谷表、电力定量器等。负荷开关、接地开关、柜门之间设有联锁装置。

表 6-19　HXGN21-12 型环网柜的主要技术参数

名　称		数据
额定电压/kV		12
额定电流/A		630
主母线电流/A	进线柜	630
	出线柜	125
额定短时耐受电流(4s)/kA		25
额定峰值耐受电流/kA		63
额定短路关合电流/kA		63
额定短路开断电流/kA		25
额定闭环开断电流/kA		630
额定电缆充电电流/kA		25
接地开关额定短时耐受电流/kA		25
接地开关额定短路持续时间/s		4(2)
接地开关额定峰值耐受电流/kA		63
接地开关额定短路关合电流/kA		63
1min 额定工频耐受电压/kV	相间、相对地、真空负荷开关断口	42
	隔离开关断口	48
额定雷电冲击耐受电压/kV	相间、相对地、真空负荷开关断口	75
	隔离开关断口	82
机械寿命/次	真空负荷开关	10000
	接地开关(刀)、隔离开关(刀)	2000
额定转移电流/A		3150

3. 几个技术名词解释

表 6-19 中 HXGN21-12 型环网柜的具体产品必须要求提供的技术参数,是最常见的技术名词,下面作简单解释。

1）额定短时耐受电流

在规定的使用和性能条件下,在规定的短时间内,开关设备和控制设备在合闸位置能够承载的电流的有效值。额定短时耐受电流的标准值是从标准 GB762 中规定的 R10 系列中选取,并应该等于开关设备和控制设备的短路额定值。

2）额定峰值耐受电流

在规定的使用和性能条件下,开关设备和控制设备在合闸位置能够承载的额定短时耐受电流第一个大半波的电流峰值。额定峰值耐受电流应该是额定短时耐受电流的 2.5 倍;根据安装系统的特性,可能需要高于额定短时耐受电流的数值的 2.5 倍。

250

3）额定短路关合电流

指合闸时短路电流的绝限能力，比如开关上表明额定短时关合电流 50kA（峰值），当外界线路短路时而你把闸合上去，这时开关受合闸短路电流而跳闸，如果这个瞬间短路电流没有超过 50kA，触头灭弧有效。如果超过瞬间 50kA 触头灭弧不保证，就会拉弧或造成热元件失效等。

4）额定短路开断电流

额定开断电流是表征断路器开断能力的参数。额定电压下，断路器能保证可靠开断的最大电流，称为额定开断电流，用断路器触头分离瞬间短路电流周期分量有效值的千安（kA）表示。当断器在低于其额定电压的电网中工作时，开断电流可以增大。但受灭弧室机械强度的限制，开断电流有一最大值，称为极限开断电流。

额定短路开断电流是指开关绝限断开电流的最大能力，比如开关上表明额定短路开断电流 20kA，表示 20kA 内的短路跳闸触头灭弧热元件动作等有效，超过这个绝限跳闸接头灭弧热元件动作不保证，会产生拉弧。

5）额定闭环开断电流

负荷开关型式试验中，有关于额定闭环电流的试验，以 12kV/630A/20kA 的负荷开关为例，额定闭环电流为 630A，试验电压为 2.4kV。

6）额定电缆充电电流

电缆线路的充电电流，就是电缆线路刚开始充电的瞬间所引起的冲击电流，由于充电前电缆不带电，电缆各相线之间电容很大，这个电流远大于正常运行时的额定电流，但这个电流会很快衰减，回归正常的额定电流。

7）1min 额定工频耐受电压

工频耐压指长期交变电压作用下电器的绝缘强度，工频耐受电压性能是由工频交流耐压试验确定，交流耐压试验的电压、波形、频率和在被试品绝缘内部电压的分布，均符合在交流电压下运行时的实际情况，因此，能有效发现绝缘缺陷。交流耐压试验属于破坏性试验，会使已经存在的绝缘弱点进一步发展，但又没有在耐压时击穿，使绝缘强度逐渐降低，形成绝缘内部恶化和积累效应。因此必须正确选择试验电压的标准和耐压时间，一般采用 1min 额定工频耐受电压的试验指标。

8）额定雷电冲击耐受电压

变压器连接外部导线，会从导线中传来雷电波，对变压器绝缘造成破坏。按照设计规范，尽管在变压器入口装设避雷器，还是有残压进入变压器，所以要求变压器能够承受一定的雷电冲击电压，对于不同额定电压的变压器，有不同的耐压要求。除了做雷电全波试验外，由于被避雷器截波后的电压波形频率很高，所以还要求变压器绝缘能够承受这种冲击。

课堂练习

（1）什么是高压成套电气设备？与低压成套电气设备产品进行比较，主要的不同点有哪些？

（2）认真领会高压成套电气设备的型号含义，对具体的高压电气设备进行说明。

（3）查阅"隔离开关断口"的含义。

二、XGN18-12 型 SF$_6$ 负荷开关环网柜

1. 概述

是以 SF$_6$ 负荷开关为主开关的箱型固定式高压开关柜,适于 3~10kV 电力系统的室内变电站或箱式变电站内安装。产品外形如图 6-84 所示,主要电气技术参数见表 6-20 所示。

图 6-84　XGN18-12 型 SF$_6$ 负荷开关环网柜外形

表 6-20　XGN18-12 型开关柜的主要电气参数

额定电压/kV	12
1min 工频耐受电压/kV	相间及相对地 42,断口 48
雷电冲击耐受电压/kV	相间及相对地 75,断口 85
额定短路分断电流/kA	20
开断空载变压器电流/A	16
开断空载电缆电流/A	25
额定短时耐受电流/kA	25(1s),20(3s)
额定闭环开断电流/A	630
5%额定负荷开断电流/A	31.5
额定负荷开断电流/A	630
主开关及接地开关短时峰值耐受电流/kA	50
主开关及接地开关额定短时耐受电流/kA	20(3s)
防护等级	IP3X

2. 结构简介

SF$_6$ 负荷开关柜的宽 375~750mm、高 1600mm 或 1800mm、深 840mm。电缆从正面接线,所有控制功能元件集中在正面操作板。开关柜由柜体、SF$_6$ 负荷开关、监控与保护单元三部分组成。SF$_6$ 负荷开关柜分成五个间隔:

(1) 开关间隔。负荷开关或隔离开关、接地开关被密封在充满 SF$_6$ 气体的气室内,"封闭压力"符合标准要求。

（2）母线间隔。各母线在同一水平面上，柜体可向两侧扩展，柜体间的连接简便，额定电流630~1250A。

（3）接线间隔。正面接线，很容易与开关、接地开关端子相连，此外该间隔在熔断器的下侧也带一台接地开关，用作变压器保护。

（4）操动机构间隔。安装操动机构，执行合闸、分闸、接地操作，并指示相应的操作位置，也可安装电动操动机构。

（5）控制保护间隔。该间隔装有低压熔断器、继电保护装置、接线端子排等，若间隔容积不够，可在柜顶附加一个低压间。

SF$_6$负荷开关的结构示意如图6-85所示，SF$_6$负荷开关外形如图6-86所示。负荷开关三相旋转式触头被装入一个充满SF$_6$气体、相对压力为0.4Mbar的气室内，SF$_6$气体作为负荷开关的绝缘和灭弧介质，当动、静触头分离时，电弧出现在永久磁铁所产生的电磁场中，并和电弧作用使电弧绕静触头旋转，电弧拉长并依靠SF$_6$气体使其在电流过零时熄灭。

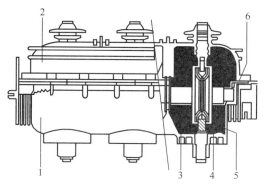

图6-85　SF$_6$负荷开关的结构示意图

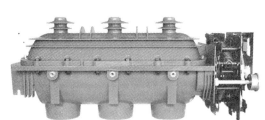

图6-86　SF$_6$负荷开关外形

负荷开关使用寿命长、触头免维护、电寿命长、操作过电压低、操作安全。SF$_6$负荷开关有"闭合""断开""接地"三个位置如图6-87所示，具有闭锁功能，可防误操作。由弹簧储能机构驱动触头转动，不受人为操作因素的影响。事故情况下，过压的SF$_6$气体冲破安全隔膜后压力下降，气体直接喷向柜体后部，保证安全。

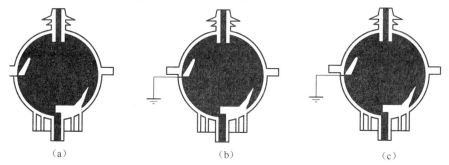

（a）　　　　　　　　　　（b）　　　　　　　　　　（c）

图6-87　负荷开关的三个位置

（a）闭合；（b）断开；（c）接地。

课堂练习

（1）SF$_6$负荷开关的特点与其他的负荷开关相比，最明显的特点是什么？

(2) XGN18-12 型 SF_6 负荷开关环网柜的主要用途有哪些?

三、KYN28A-12 型铠装移开式开关柜

1. 概述

KYN28A-12(GZS1)型户内金属铠装移开式开关柜属于 3.6~12kV、三相交流、50Hz、单母线及单母线分段系统的成套配电装置。外形如图 6-88 所示。主要用于中小型发电机组送电、用电单位配电,以及电力系统二次变电所的受电、送电及大型高压电动机启动等。符合标准 GB 3906—2006,由柜体和中置式可抽出部件两大部分组成。外壳防护等级 IP4X,各小室间防护等级 IP2X。柜内装有各种联锁装置,达到"五防"要求。可以从正面安装调试和维护,可以背靠背组成双重排列和靠墙安装,安全性、灵活性高。主要技术参数见表 6-21。

图 6-88 KYN28A-12 型户内金属铠装移开式开关柜外形

表 6-21 KYN28A-12 型开关柜的主要技术参数

项　　目		数　　据
额定电压/kV		3.6,7.2,12
额定绝缘水平/kV	工频耐受电压(1min)	42
	雷电冲击耐受电压	75
额定频率/Hz		50
主母线额定电流/A		630,1250,1600,2000,2500,3150,4000
分支母线额定电流/A		630,1250,1600,2000,2500,3150,4000
额定短时耐受电流(3s)/kA		16,20,25,31.5,40,50
额定峰值耐受电流/kA		40,50,63,80,100,125
防护等级		外壳 IP4X,隔室间、断路器室门打开时 IP2X

2. 结构特点

1) 柜体

产品为铠装式金属封闭结构,由柜体和可抽出部件(中置式手车)组成,柜体分手车室、主母线室、电缆室、继电器仪表室。柜体外壳防护等级 IP4X。各隔室间以及断路器室门打开时防护等级 IP2X。有架空进出线、电缆进出线及其他功能方案,经排列、组合后能成为各种方案形式的配电装置。

254

2）手车及推进机构

有断路器手车、电压互感器手车、计量手车以及隔离手车等。同类型的手车互换性良好。手车在柜内有"工作"和"试验"位置的定位机构。即使在柜门关闭的情况下，也可进行手车在两个位置之间的移动操作。手车操作轻便、灵活。

3）隔室

除继电器室外，其他三隔室都分别设有泄压排气通道和泄压窗。

4）防误操作联锁装置

产品满足"五防"要求，仪表室门上装有提示性的信号指示或编码插座，以防误合、误分断路器；手车在试验或工作位置时，断路器才能合分操作；仅当接地开关处在分闸状态时，断路器手车才能从试验与断开位置移至工作位置或从工作位置移至试验与断开位置，以防带接地线误合断路器；当断路器手车处于试验与断开位置时，接地开关才能合闸操作；接地开关处于分闸位置时，下门（及后门）都无法打开，以防止误入带电间隔。

四、KYN61-40.5型移开式开关柜

1. 概述

在三相交流、50Hz、40.5kV单母线分段电力系统，用作发电厂、变电所、用电单位、高层建筑的变配电中接受和分配电能，并对电路实行控制、保护和监测，符合IEC 60298、GB 3906—2006、DL/T 404—1997等标准，"五防"功能完善，主要由柜体和断路器手车组成。柜体分断路器室、母线室、电缆室和继电器仪表室，外壳防护等级IP4X，断路器门打开时防护等级IP2X。具有电缆进出线、架空进出线、联络、计量、隔离及其他功能方案。其型号含义如图6-89所示，主要技术参数见表6-22。

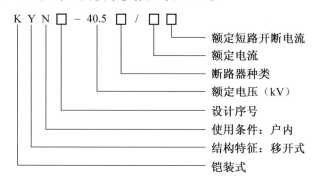

图6-89 移开式开关柜的型号含义

表6-22 KYN61-40.5型开关柜的主要技术参数

		相间、相对地	一次隔离断口
额定电压/kV		40.5	
额定频率/Hz		50	
主母线额定电流/A		1250,1600,2000	
支母线额定电流/A		630,1250,1600	
额定绝缘水平	1min工频耐受电压(有效值)/kV	95	115
	雷电冲击耐受电压(峰值)/kV	185	215
	辅助控制回路1min工频耐受电压/V	2000	

额定短路开断电流/kA	25,31.5
额定短路关合电流(峰值)/kA	63,80
额定短时耐受电流(4s)/kA	25,31.5
额定峰值耐受电流/kA	63,80
辅助控制回路额定电压/V	DC110,DC220,AC220
外形尺寸(宽×深×高)/mm	1400×2800(3000)×2600
质量/kg	2300
防护等级	外壳IP4X;隔室间、断路器室门打开时IP2X

2. 结构特点

开关柜结构分柜体和手车部分,柜体内配用新型全绝缘真空断路器或SF$_6$断路器。接线方案分为继电器仪表室、手车室、电缆室和母线室,各部分以接地的金属隔板分隔,可阻止电弧延伸,如发生故障时范围也不大。在电缆室里装有电流互感器、接地开关等,较宽敞的空间便于连接多根电缆。触头盒前装有金属活门,上下活门在手车从断开与试验位置运动到工作位置过程中自动打开,当手车反方向运动时自动关闭,形成有效隔离。

第三部分　掌握并会选用典型高压电气成套设备

我们学习了典型高压电气成套设备知识,在生产设备或车间及更大范围内需要用电时,根据用电特点与要求,合理选择配置配电系统。高压电气成套设备是配电系统的组成部分,因此,学会选择设备是保证完成配电的基础环节。

如某工业企业用电配电,要求是电力系统的二次变电所的受电、送电。符合标准GB 3906—2006,由柜体和中置式可抽出部件两大部分组成,外壳防护等级IP4X,各小室间防护等级IP2X。柜内装有各种联锁装置,达到"五防"要求。正面安装调试和维护,主要技术参数见表6-23。请根据实际,选用高压电气成套设备。

表6-23　开关柜的主要技术参数

项　　目		数　　据
额定电压/kV		12
额定绝缘水平/kV	工频耐受电压(1min)	42
	雷电冲击耐受电压	75
额定频率/Hz		50
主母线额定电流/A		2500
分支母线额定电流/A		630
额定短时耐受电流(3s)/kA		20
额定峰值耐受电流/kA		50
防护等级		外壳IP4X,隔室间、断路器室门打开时IP2X

任务4　认识主高压电气成套设备的回路

第一部分　任务内容下达

本任务中,我们要学习高压电气成套设备的内部线路构成,即主要是主回路和辅助回路,对设备的技术参数有所了解,提高专业岗位的工作能力。

第二部分　任务分析及知识介绍

我们介绍的 $6\sim35kV$ 系统主回路,按照标准,与其对应的成套设备额定电压为 $7.2\sim40.5kV$。由于 $7.2kV$ 的成套设备实际使用量不大,此电压等级的成套设备不单独成为产品系列,而用 $10kV$ 系统中额定电压为 $12kV$ 的成套设备。

一、主电路方案类别

高压电器成套高压开关柜的主电路,每种型号的高压开关柜的主电路方案几十种至上百种。成套制造厂还可根据实际,设计非标的主电路方案。每种型号高压开关柜的主电路方案按照其用途,通常包括以下类别:

(1) 进、出线柜。用于高压受电和配电。

(2) 联络柜。包括用于变电站单母线分段主接线系统的分段柜(母联柜)、柜与柜之间相互连接的联络柜等。

(3) 电压测量柜。安装有电压互感器,接线方案有 V/V 形、$Y_0/\ Y_0$ 形、$Y_0/\ Y_0/$ 开口三角等,除电压测量外,还用于绝缘监视。

(4) 避雷器柜。用于防止雷电过电压。

(5) 所用变柜。柜中安装有 30kVA、50kVA、80kVA 等小容量的干式变压器及高、低压开关,用于所(站)自用电系统的供电,图 6-90(a)就是这种主电路。

(6) 计量柜。用于电能消耗计量,如图 6-90(b)所示。

(7) 隔离柜。柜中主元件仅为隔离开关(固定柜)或隔离小车(手车柜),用于检修时隔离电源,如图 6-90(c)所示。

(8) 接地手车柜。配有接地小车的移开式开关柜,当推入接地小车时,将线路或设备接地,如图 6-90(d)所示。

(9) 电容器柜。安装有 6.3kV 或 10.5kV 高压电容器,用于高压电动机等高压设备的分散就地无功补偿,如图 6-90(e)所示。

(10) 高压电动机现场的控制柜,用于高压电动机的配电与起动、停止,如图 6-90(f)所示。

每个类别的主电路方案又根据回路电流规格、主元件、进出线方案,包括若干个主电路方案。

二、进出线与柜间连接方式

高压成套电气设备的进出线有母线连接、电缆进出线、架空线路进出线三种方式。

1. 母线连接

柜上部空间母线是开关柜的主母线,大多数开关柜有这一母线,贯通各开关柜,构成变电站的系统母线。相邻柜间的连接,可以用柜下部母线,图6-90(b)和图6-90(c)就是这种进出线。图中实线表示柜底母线,表示本开关柜通过柜下部母线与右侧开关柜的联络,虚线表示也可与左边的开关柜柜底母线联络。

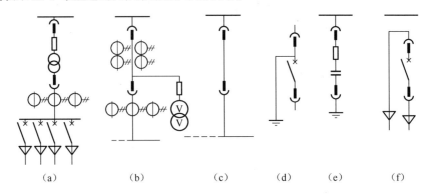

图6-90　高压开关柜主电路方案类别

(a)所用变柜;(b)计量柜;(c)隔离柜;(d)接地手车柜;(e)电容器柜;(f)高压电动机控制柜。

有些开关柜的柜顶母线并不与柜内电气回路连接,仅起过渡母线作用,用于贯通主母线,如图6-91(a)所示,其柜顶母线并不与柜底母线以及电缆进出线连接。

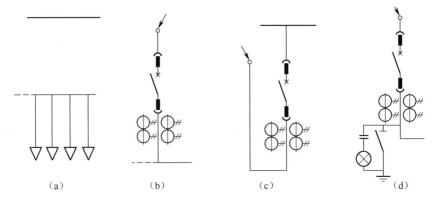

图6-91　高压开关柜进出线方案

2. 电缆进出线

图6-90(a)、(f),图6-91(a)是采用电缆进出线。电缆安装在开关柜的电缆室中。

3. 架空线路进出线

图6-91(b)~(d)所示采用架空进出线,其中图6-91(b)没有柜顶母线,如果作为进线柜,则需通过架空进线受电,通过柜底母线左右联络。如果用作出线柜,由左右联络的开关柜从系统主母线受电,通过架空线馈电。

三、典型主电路功能介绍

每种型号高压开关柜的主电路方案从几十到上百种,主电路功能各异。如 KYN29A-12 中置手车开关柜,设有一个辅助设备小车室,如图6-92所示,位于中置小车室的下方空间,可安装电压互感器小车、RC 过电压吸收器小车、避雷器小车等,开关柜空间得到充分利用。另外,主母线室分上、中、下三种方案。

以 KYN29A-12 型高压开关柜为例,对主电路方案作简单介绍,主电路方案多达 158

种,典型的接线方案见表6-24。

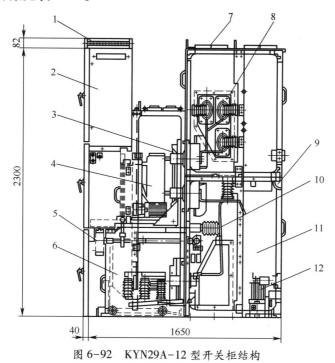

图6-92　KYN29A-12型开关柜结构

1—小母线室;2—继电仪表室;3—一次隔离静触头座与电流互感器;4—中置小车室;5—接地开关操作机构;
6—辅助设备小车室;7—压力释放活门;8—主母线室(分上、中、下方案);9—照明灯;10—接地开关;
11—电缆室;12—加热板(防潮发热器)。

1. 方案1~12

这12种主电路方案的开关柜均为隔离柜,除中置式隔离手车外,还安装电压互感器辅助小车或"电压互感器+避雷器"辅助小车。主母线有左右联络、左联络和右联络三种形式,主母线室设在开关柜上部空间。主电路方案的形式相同或相近,只是主回路的额定电流不同。

2. 方案13~36

此24个主电路方案基本形式相同,全为进出线柜,主元件为断路器,电缆进出线,主母线室位于开关柜中部,安装有电压互感器辅助小车或"电压互感器+避雷器"辅助小车。电缆室中安装有电流互感器,有两相不完全星形联结(V形联结)、三相Y形联结。在3~35kV电网中,小电流系统中性点接地方式,测量和过电流保护用的电流互感器用两相不完全星形联结。为实现电缆线路的接地保护(零序电流保护),可安装零序电流互感器,即25~27、31~33号方案。三相Y形联结电流互感器可用于测量和过流保护,也可用于电缆线路的零序电流保护。

3. 方案37-60

方案37~42,进出线柜,主母线室位于开关柜下部;方案43~54,进出线柜,主母线室位于开关柜上部,并安装有电压互感器辅助小车,电压互感器为两相V形接线;方案55~60,进出线柜,主母线室位于开关柜上部,并安装有电压互感器辅助小车,电压互感器为三相$Y_0/Y_0/$开口三角接线。

表 6-24 KYN29A-12 型开关柜的主电路方案及组合典型案例

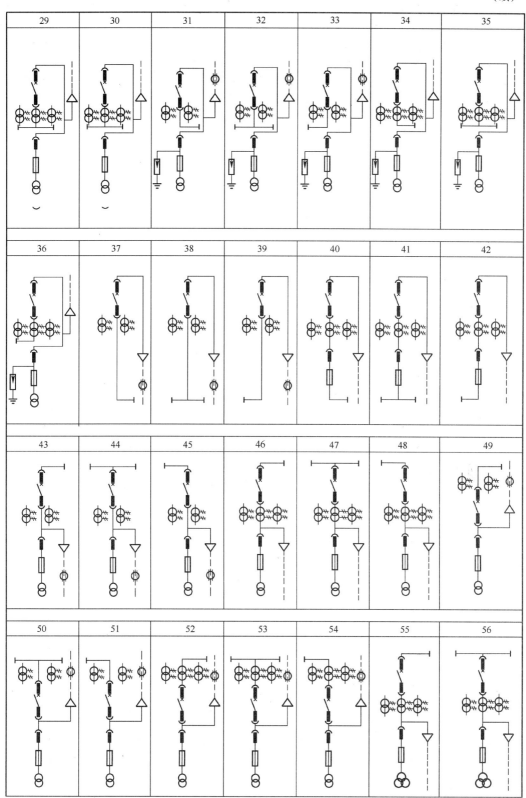

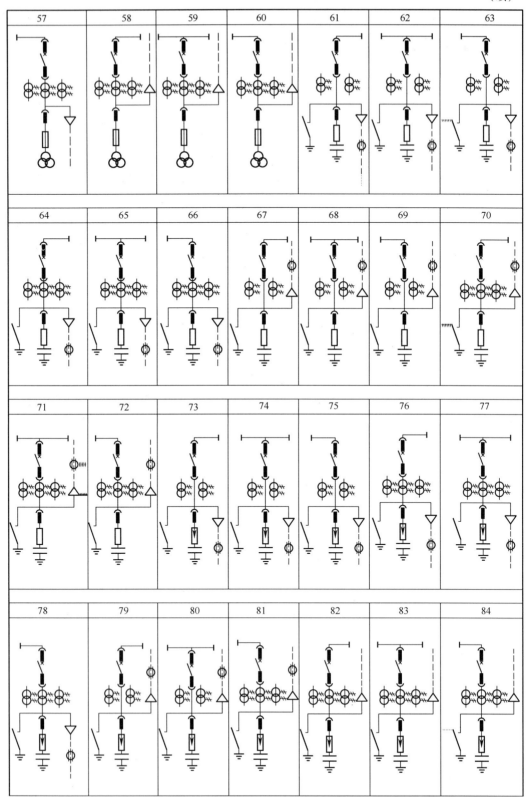

262

85	86	87	88	89	90	91

92	93	94	95	96	97	98

99	100	101	102	103	104	105

106	107	108	109	110	111	112

263

（续）

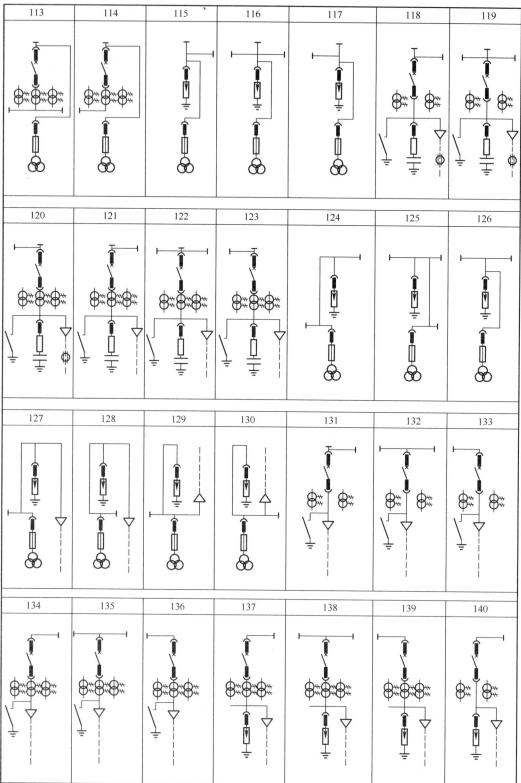

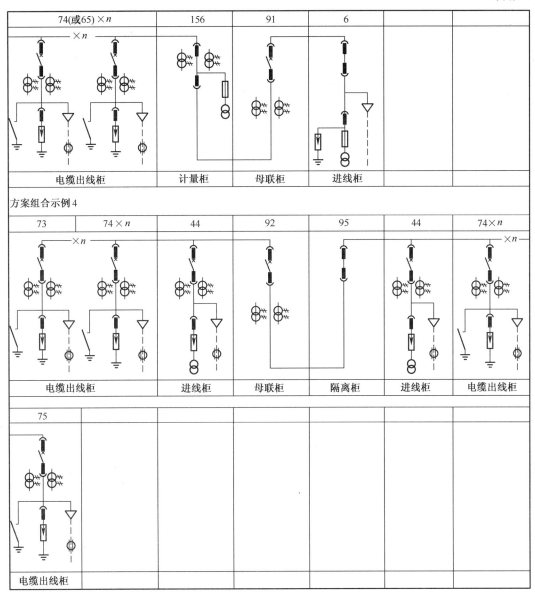

74(或65)×n		156	91	6		
电缆出线柜		计量柜	母联柜	进线柜		

方案组合示例4

73	74×n	44	92	95	44	74×n
电缆出线柜		进线柜	母联柜	隔离柜	进线柜	电缆出线柜

75						
电缆出线柜						

4. 方案 61~72

安装有中置式断路器手车和 R_C 过电压吸收器辅助设备小车及接地开关,适于高压电容器组投切、高压电动机和电弧炉的切合等。

电力系统中的过电压分为雷电冲击过电压和内部过电压(工频过电压),后者可采用氧化锌避雷器或 R_C 阻容吸收器作保护。

5. 方案 72~90

进出线柜,安装有避雷器辅助小车或电压互感器+避雷器辅助小车。其中 88~90 号方案没有安装电流互感器。

6. 方案 91~94

母联柜,又称分段柜用于连接主接线单母线分段系统中的母线段,电流互感器用于母线保护,三相都装有电流互感器的开关柜可进行母线差动保护。

7. 方案 95~123

方案 95、96、99、100,隔离柜;方案 97、98、101、102,母线过渡(转接)柜;方案 103~108,单母线带旁路的进出线柜;方案 109~114,联络柜,带电压互感器辅助小车;方案 115~117,单母线带旁路母线,主母线室设在开关柜上部,避雷器与电压互感器柜;方案 118~123,单母线带旁路母线,有中置式断路器手车和 R_C 过电压吸收器辅助设备小车,以及接地开关,适于高压电容器组投切、高压电动机和电弧炉的切合等用途。

8. 方案 124~158

方案 124~126,单母线带旁路母线,主母线室分别设于开关柜上、中部,避雷器与电压互感器柜;方案 127~130,单母线(主母线室设在开关柜中部),安装有避雷器与电压互感器的进出线柜;方案 131~142,单母线,有断路器手车的电缆进出线柜,带有接地开关或避雷器;方案 143~158,计量柜,电流互感器和电压互感器安装在计量小车上。

四、标准主接线系统

由各功能单元主接线模块排列组合,可以组合成无数个接线系统,此处介绍常用的变电所或开关站主接线系统。

1. 6~10kV 末端配电室主接线方案

如图 6-93 所示,是进线与计量合用一台中置柜,对进线及计量柜,手车内装入电流互感器、装熔断器及电压互感器,元件多、空间有限,安装的元件需与空间适应,电流互感器需配套型号,电压互感器也与保护熔断器合理组合。因计量柜由供电部门监管,不能随意抽出,因此,变电所停电维修时,尽管总开关断开,进线母线段也照常带电。采用此种接线系统,进线计量柜中的手车与总开关联锁,只有在总进线断路器断开时,才允许拉动或推进计量手车。需要说明的是:

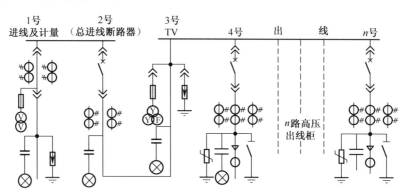

图 6-93 6~10kV 末端配电室主接线(单电源进线)

(1)此方案如果用于 35kV 系统,1 号柜及 3 号柜主接线应作少量变动,变动如图 6-94 所示,12kV 手车柜应首选图 6-94 所示的方案。

(2)能安装 3 只电流互感器的柜体,若安装 2 只电流互感器,安装更方便、电气间隙更大。

(3)图 6-94(a)所示接线的优点是不必与总进线柜联锁,尽管电流互感器流过总进线电流,但固定敷设,只有电压互感器安装于手车内,电压互感器手车可不加联锁推进与拉出。因为电流互感器发生故障时,不论固定安装还是装于手车内,均会影响供电,而电流互感器故障率低,电流互感器总进线电流不经插接头,不因接触不好产生故障。

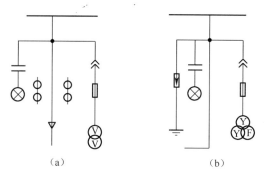

图 6-94　主接线用于 35kV 系统

(a)1 号进线及计量;(b)3 号母线升高及 TV。

2. 单电源进线主接线系统方案

如图 6-95 所示,与上一方案的区别是配电系统带有总隔离手车,当配电室全部停电维护时,可将隔离手车拉出,全部母线均不带电。计量柜用电流互感器固定安装,因电流互感器故障率低,不必为维修或更换方便采用手车,可选择合适的电流互感器。此方案的另一个特点是母线电压互感器柜为单独一台柜,不是与母线升高柜合用。

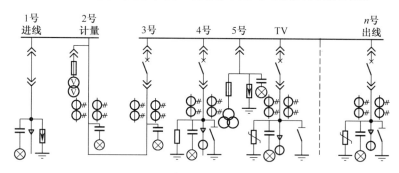

图 6-95　单电源进线主接线系统

3. 无总隔离柜的单电源进线系统方案

如图 6-96 所示。比较常用,主要特点是配电系统没有隔离手车。用于与降压站毗邻的系统,当整个系统停电维修时,将降压站侧的相应配出回路断开即可。不加隔离手

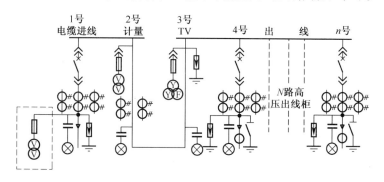

图 6-96　无总隔离柜的单电源进线系统

车,减少空间、故障点少,节省了与总进线断路器的联锁。当有电源自投、并车要求或作为变电所操作电源时,可增加进线电压互感器。在中性点不接地系统中,电流互感器常采用接在 A-C 相,只需两只电流互感器。

4. 带所用变压器方案

如图 6-97 所示,此方案带所用变,一般不受总开关控制,在总开关断开时,配电室由所用变供电,保证照明、控制及维修的电源。图中的架空进线一般用母线槽柜顶进线或电缆柜顶进线,不是裸导体直接引入柜子上端,进线直接搭接柜顶母线上。

对移开式中压柜,手车内很难放置所用变,低于 30kVA 的干式变压器可以放置于柜内。如果小容量所用变置于柜内且固定安装,而不是装于手车内,如图 6-97 所示,只有熔断器置于手车之内,容量大的所用变要与成排柜体保持一定距离,并加高于 IP20 的防护外壳。

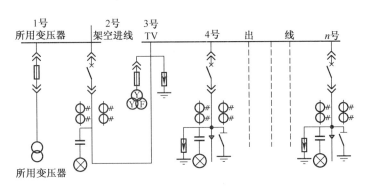

图 6-97　带所用变压器的主接线系统

5. 两路电源电缆进线的主接线系统方案

如图 6-98 所示,当为两路电源进线且两路电源同时工作时,只要在两个单电源进线系统中间加联络柜。联络柜由两台柜体拼成,其中一台加隔离手车,否则带有断路器的联络柜由于下端带电,检修困难。由单电源进线的单母线分段开关柜,不另加隔离手车。如果两段母线不在同一配电室,距离较远时,则在每段母线处均加断路器。

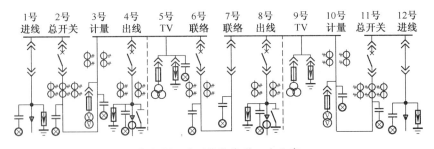

图 6-98　6～10kV 典型一次方案

6. 电源进线直接进入总断路器柜方案

如图 6-99 所示,与图 6-96 的方案相似,配电室毗邻降压站,如果使此配电室全部停电,可断开上级变电站的出线回路。用户电能计量在变电站计量,节省计量柜。当上级变电站放射式向本开关站供电时,收费计量在变电站处,方便抄表。

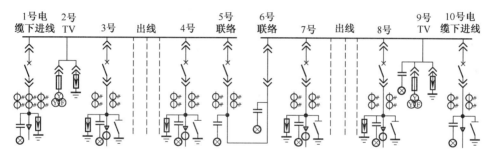

图 6-99　电源进线直接进入总断路器柜

7. 35kV 双电源带联络开关的主接线方案

如图 6-100 所示,架空进线时,因进线柜在成排柜子中间,进线柜深度需加大,多柜并列时,所有柜子深度要加大。对 35kV 系统,如出线不加断路器,实际就是典型外桥接线;如进线不加断路器只有隔离开关,就是内桥接线;如果每段母线上有多个回路出线,就变成了双电源带母联开关的普通单母线分段主接线系统。

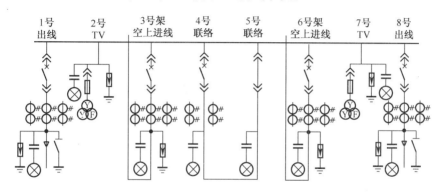

图 6-100　35kV 双电源带联络开关的主接线

8. 变电所采用固定式开关柜主接线方案

如图 6-101 所示,对固定式开关柜,与手车柜的主接线基本相同,只是将手车内的断路器固定安装、断路器两侧的主回路插头换成隔离开关、下隔离开关采用三工位。电源进线柜下隔离开关最好不采用具有接地位的隔离开关,除非可靠联锁,否则可能会带电闭合接地。另外,当确定出线回路无返回电源时,可不装下隔离开关。

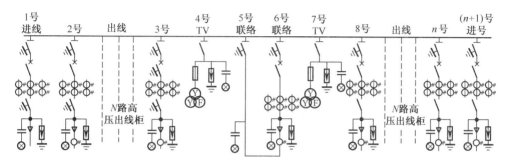

图 6-101　变电所采用固定式开关柜主接线

注意,三工位隔离开关有接地功能,但与接地开关不同。接地开关是弹簧储能,快速

269

闭合,如果合于短路,也能克服电动力,强行合闸到位,引起上位断路器跳闸,具有短时耐受短路电流、耐冲击峰值电流能力及关合短路电流能力,但三工位隔离开关能承受短路热稳定及动稳定电流,不具备关合短路电流能力,当闭合于短路点上时,引发电弧电流,烧坏隔离开关。

9. 电缆下进线柜置于中间的电气主接线系统方案

如图6-102所示,进线隔离柜、计量柜、进线断路器柜处于成排布置柜的中间。开关站扩展时,可向两侧增加柜体。但向两侧延伸的水平母线与进线隔离柜、计量柜的柜顶母线合用母线室,带来不便。开关站两路电源进线时,当一路电源停电,母联开关闭合,水平母线带电,电源进线隔离柜、计量柜即使退出运行,但母线室有带电的水平母线,检修时不安全。

此种方案不建议采用,实际工程中,对电缆下进线、进线柜处于中间时,可直接进电源断路器柜,计量在变电站或进线柜置于端头。

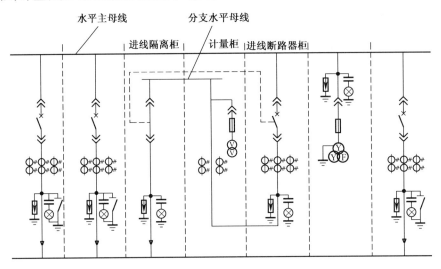

图6-102 电源进线柜置于成排开关柜中间位置

10. 内桥及外桥接线方案

内桥及外桥接线用在两台主变压器及两路电源进线变电所升压站中,多为35kV及110kV等级。内桥接线及外桥接线如图6-103及图6-104所示。桥式接线与双电源进线(或出线)加母联开关比较,节省两台断路器,但需增加两台隔离开关,桥式接线比双电源母线分段方案的成本低。

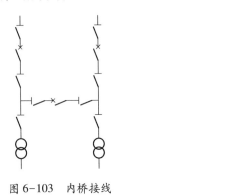

图6-103 内桥接线

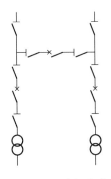

图6-104 外桥接线

270

对于内桥接线,如果线路侧发生故障,只要跳开线路断路器,线路切换方便,用于线路长度大、线路故障率高的场合。对外桥接线,当线路发生故障时,要跳桥联断路器及线路断路器,线路切换需要停两只断路器,变压器也需经短暂停电,但外桥接线变压器的切换方便。因此,外桥接线常用于线路短、故障率低但变压器经常切换的场合。

11. 双电源进线互为备用方案

此种主接线系统是常用接线,无需母联开关,两路电源接于同一母线上,互相联锁,不许两路同时投入,一路电源工作,一路电源备用。

课堂练习

(1)熟悉高压成套电气设备的一些典型接线方案。

(2)根据图 6-99 所示,请分析接线方案的功能。

五、功能单元模块化方案

将常见主接线做成相对固定,形成"模块",就是组成整体的单元组件,具有特定功能,可以与整体单独脱开。高压成套系统,可以看作由多个主接线模块的组装。一般包括进线模块、计量模块、隔离模块、联络模块、母线电压互感器模块、馈线模块等。

1. 电源进线模块

常见的电源进线模块如图 6-105 所示。图 6-105(a)为电缆下进线,图 6-105(b)、(c)为架空进线,架空进线可为电缆或高压母线槽。对于 KYN28A-12 系列柜,图 6-105(b)是由柜顶上方进线,柜体需加深,要占据电缆隔室的泄压通道。柜体深度增加,与其他柜体并列敷设时,背部尺寸较大;优点明显,进线柜可置于成柜子中间位置或端头;进线单元只需一台柜。

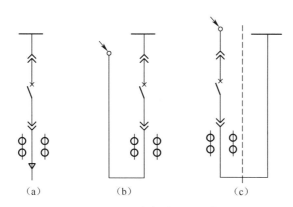

图 6-105　进线模块主接线

(a)电缆下进线;(b)架空进线 1;(c)架空进线 2。

图 6-105(c)的接线模块,只能置于开关柜的端头,进线需两台开关柜,需增加一台母线升高柜,但柜体不需加深。这种接线不可能增加柜体,因为水平母线不便向另一端延伸。

除上述进线方式外,还有图 6-106 所示的方式。图 6-106(a)为电缆下进线,此种进线连同断路器只要一台柜体,需增加柜深。图 6-106(b)及(c)隔离开关进线,也称隔离柜。图 6-106(b)是进线隔离柜与断路器的组合,需联锁。图 6-106(c)是进线隔离柜与计量柜组合,此种进线隔离柜应与总进线断路器联锁。

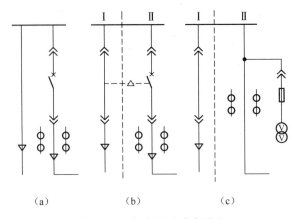

图 6-106　组合电源进线模块

(a)电缆下进;(b)进线隔离柜与断路器组合;(c)进线隔离柜与计量柜组合。

2. 联络模块

一般母线联络采用断路器分合操作,但要与母线升高柜配合,如图 6-107 所示,两段母线中间加联络断路器,如果两段母线均有单独电源进线,母线升高柜应由隔离柜代替,如图 6-108 所示。如果不加隔离柜,联络断路器柜即使断路器处于断开或移出,断路器的其中一侧也无法维修。

如果联络断路器无隔离柜配合,如图 6-107 所示,只能在一侧母线有电源进线,此时可用作母线分段柜,不是联络柜了。图中,断路器柜与母线升高柜联合组成母线分段单元。最大利用柜体空间,母线升高柜常兼用作电压互感器柜。

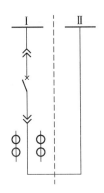

图 6-107　母联模块

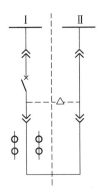

图 6-108　两段母线有电源进线时母联模块

3. 电压互感器模块

接线如图 6-109 所示。图 6-109(a)中过电压保护装置为固定接线,安装方便,但更换过电压保护装置或年检时母线要停电。过电压保护装置可承受雷电过电压冲击,寿命长,即使偶尔更换或年检可在配电室维修时实施,也可在无雷电时实施。图 6-109(b)中采用单独手车安装过电压保护装置,更换或试验过电压保护装置方便,但要加手车。图 6-109(c)中过电压保护装置与电压互感器置于同一手车中。中置柜中手车空间不大,有些型号的过电压保护装置安装时,可能造成电气间隙、爬电距离不够。

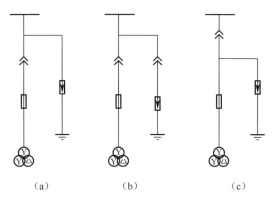

图 6-109　母线电压互感器接线模块

(a)固定接线的过压保护;(b)单独手车安装过压保护;(c)过压保护与电压互感器置同一手车。

4. 馈线模块

所谓馈线,就是从柜体给负载提供电源的电线。主要有线路馈出、变压器馈线、电容器馈线、电动机馈线。一般而言,凡电源进线模块均可作线路馈出模块。对 KYN28A-12 型柜,电动机主接线模块常采用如图 6-110 所示,F-C 单元即"熔断器—接触器"单元模块。

熔断器与真空接触器置于同一手车中,主要用于经常启动的高压电机馈电回路,因真空接触器的机械寿命、电气寿命达百万次,普通真空断路器机械寿命 25000 次、电气寿命 5000 次左右。对于有自动投入的高压电容器补偿回路,也可用这种接线。此模块中,高压熔断器只起短路保护作用,其他保护如过载、过压、欠压、断相、倒相、堵转等,由微机保护完成,回路应加电流互感器,电压信号取自母线电压互感器,执行元件为接触器,除短路保护由熔断器完成外,其他保护由微机保护动作于真空接触器。

F-C 柜主要用于电动机控制、保护及高压补偿电容器的自动投切回路,发挥真空接触器的优点,大开断电流的高压限流熔断器用于短路保护,比真空断路器成本低,真空接触器的机械寿命比真空断路器长。

图 6-110　F-C 单元模块

电机容量低于 1250kW 时,F-C 柜作为电动机控制与保护,大容量电动机采用真空断路器柜,柜内装供电动机差动保护的电流互感器及零序电流互感器。

5. 计量模块

分收费计量与考核计量。收费计量不受电源总开关控制,置于电源总断路器电源侧,考核计量属于企业内部管理,多置于电源总断路器之后。如图6-111所示。

图6-111(a)中,电流互感器固定接线,电压互感器接插式接线,回路一次电流低于毫安级,接插头不会出现载流故障。电压互感器装于手车内,维修更换方便。电流互感器固定接线,不会造成载流故障,电流互感器本身故障率非常小,不像电压互感器那样因谐振过电压经常造成损坏故障。

图6-111(b)是电流互感器装于手车中,主回路经插接头连接,容易在插接处造成载流故障,此种计量柜插接头承担总电流,不像各分柜承担较小的负载电流。

对于图6-111(c)接线,计量电流互感器与保护测量电流互感器分开,安装两套电流互感器,电气设备成套困难;电压互感器用手车,增加成本。此种接线计量与电源总进线置于同一柜中,若用作收费,供电部门不一定认可。

我们学习并熟练掌握上述各主接线单元功能模块特点,选用主接线方案时,根据实际需要,合理组合。

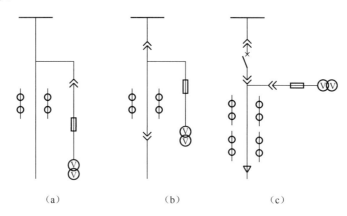

图6-111 计量模块主接线

(a)TA固定接线且TV是插接式;(b)TA置于手车中;(c)计量用TA与保护测量用TA分开。

课堂练习

(1) 典型的功能单元模块化方案有哪些?请叙述特点。

(2) 选择某一种典型的功能单元模块化方案,分析具体的功能。

六、高压开关柜的辅助回路

指高压开关柜中除主回路外的所有控制、测量、信号和调节回路内的导电回路,包括断路器等开关元件的操作控制回路、测量回路、信号回路、继电保护回路、绝缘监视回路等。

1. 电能计量专用柜二次回路

每种型号高压开关柜都有电能计量专用柜,图6-112所示的10V电网中电能计量专用柜的二次电路。包括有功电度表、无功电度表、一个电压表和一个电力定量器。电力定量器的原理与功率表类似,由供电部门设置一个最大功率值,当用户负荷超过设定最大功率值时报警,并延时一段时间后使电源进线上的开关跳闸,切断电源。

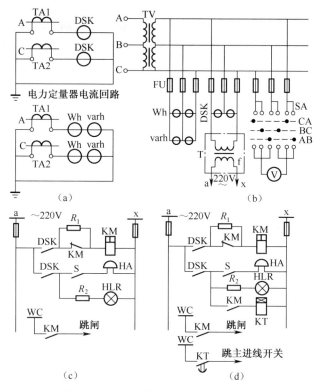

图 6-112　电能计量专用柜的二次电路
(a)电度表电流回路;(b)电压回路;(c)保护控制回路一;(d)保护控制回路二。

　　由于 3~35kV 电网属于小电流接地系统,系统中性点不接地或经消弧线圈接地,使用三相两元件电度表,如图 6-113 所示。

　　2. 电压测量与绝缘监视回路

　　高压开关柜都有电压互感器柜,用于母线电压测量和系统绝缘监视。我国 3~35kV 电网系统中性点不接地或经消弧线圈接地,当电力线路或电气设备对地绝缘损坏而导致一相接地时,系统接地相电压为零,完好的两相对地电压升高到线电压,产生接地电流。由于系统线电压并不改变,按规定系统还可继续运行 2h,但必须由保护装置发出报警信号。绝缘监视装置电路见图 6-114 所示。

　　七、典型二次接线

　　1. 概述

　　根据技术、现场条件、维护维修要求,12kV 开关柜从固定柜向手车柜变化,中置式手车柜最常见。传统二次线路主要控制断路器。高压断路器与低压断路器的结构有很大不同。低压断路器的保护检测元件与脱扣机构,一般置于断路器本体内,只要接上主接线;高压断路器各种保护、检测、延时、信号等装置,一般置于断路器外,根据实际选择,如加装电流互感器、电压互感器、电流继电器、时间继电器、中间继电器、差动继电器、信号继电器或微机综保装置,按钮、转换开关及端子等。高压开关柜的二次回路,按照规范,满足以下要求:

275

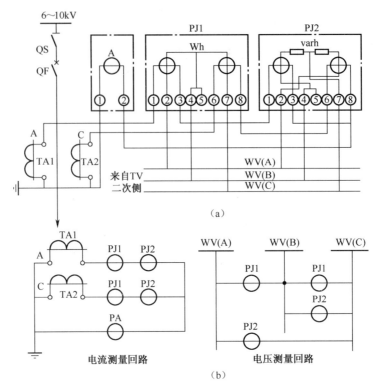

（a）

（b）

图 6-113　电网电气测量仪表原理接线图

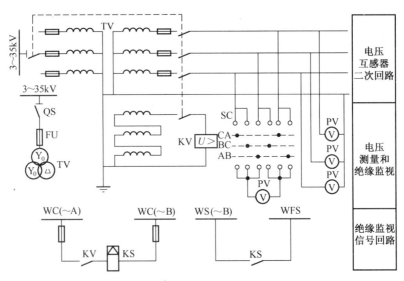

图 6-114　电压测量与绝缘监视原理电路

SC—电压转换开关；PV—电压表；KV—电压继电器；KS—信号继电器；

WC—小母线；WS—信号母线；WFS—预告信号母线。

对跳、合闸回路的完整性监视；能指示断路器合闸、跳闸位置状态；自动合闸或跳闸有明显信号；合闸与跳闸完成后，使命令脉冲自动解除；有防止断路器跳跃的闭锁装置。

目前，采用了微机综合保护装置，可对跳、合闸回路的完整性进行监视。

276

2. 断路器控制线路

典型的断路器控制线路,电磁操动机构的断路器,简称电操机构,具有以下特点:因合闸冲击电流大,用接触器控制合闸线圈;采用中间继电器防断路器跳跃;用信号灯作跳、合闸回路完好性监视,并作跳、合闸状态指示;采用专用的控制开关作合、跳开关,开关面板有断路器状态指示,跳、合闸操作过程中接通闪光提示灯,自复功能,触点不对称发报警信号。

目前,电操机构已基本不用,采用弹簧储能,储能电动机的工作电流小于5A。电磁合闸冲击电流 100~200A,由接触器控制合闸线圈,合闸的直流电源用放电倍率 20 以上的蓄电池。

控制开关 LW2-Z-1a,4,6a,40,20,6a/F8 目前还在高压柜采用,作为断路器手动跳、合闸开关。接线图见表6-25。

表6-25 LW2-Z-1a.4,6a,40,20,6a/F8 控制开关接线图

"跳闸后"位置手柄(正面)样式和触点盒(背面)接线图	合/开	$\begin{smallmatrix}1&2\\4&3\end{smallmatrix}$		$\begin{smallmatrix}5&6\\8&7\end{smallmatrix}$		$\begin{smallmatrix}9&10\\12&11\end{smallmatrix}$			$\begin{smallmatrix}13&14\\16&15\end{smallmatrix}$			$\begin{smallmatrix}17&18\\20&19\end{smallmatrix}$			$\begin{smallmatrix}21&22\\24&23\end{smallmatrix}$		
手柄和触点盒型式	F8	1a		4		6a			40			20			6a		
触点号 / 位置	—	1|3	2|4	5|8	6|7	9|10	9|12	10|11	13|14	14|15	13|16	17|19	17|18	18|20	21|22	21|24	22|23
跳闸后	◐	—	×	—	—	—	×	—	—	×	—	—	—	×	—	—	×
预备合闸	◓	×	—	—	—	×	—	—	×	—	—	×	—	×	—	—	—
合闸	◕	—	—	—	×	—	—	×	—	×	×	—	—	—	—	×	—
合闸后	◓	×	—	—	—	×	—	—	×	×	—	—	×	—	—	—	—
预备跳闸	◐	—	×	—	—	—	×	×	—	—	×	—	—	—	—	—	×
跳闸	◔	—	—	—	×	—	—	×	—	×	—	×	—	×	—	—	×

接线如图 6-115 所示,合、分操作时,中间有过渡过程,即"预备合闸"及"预备分闸",当开关处于过渡过程时,闪光母线(+)接通信号灯,发出闪光,提示操作者。

在跳闸位置 HG 绿灯亮,指示跳闸并监视合闸回路的完好状态。同理,在合闸回路,转换开关使 HR 红灯亮,表示已合闸并监视跳闸回路的状态。

图 6-115 中接触器控制合闸线圈。弹簧储能操作器由储能电机完成,合闸线圈功率小,合闸线圈 HQ 直接接控制回路。对于移开式高压柜,操动机构与动主触头、灭弧机构连成整体,只要接入外部控制线。保护用元器件用微机综保装置。合闸跳闸监视信号灯 HG、HR 串入 R,确保合闸回路或跳闸回路不能通过 HG 或 HR 信号灯回路动作,如果 HG 或 HR 短路,由于 R 的限流,不会使合闸接触器 HC 或跳闸线圈 TQ 误动。

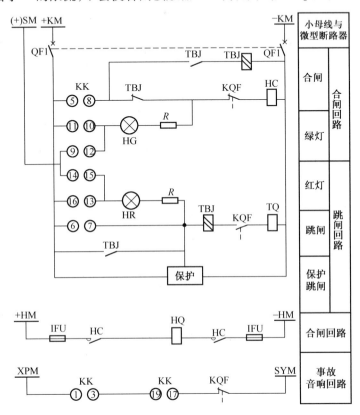

图 6-115　采用转换开关控制断路器分合的典型接线

TBJ—防跳继电器;KK—转换开关;KQF—断路器触点;Qfl—微型断路器;HG—信号灯;HC—合闸接线器;

HR—信号灯;HQ—合闸线圈;R—电阻;HT—跳闸线圈;IFU—熔断器。

目前对合闸回路的完好监视及跳、合闸状态指示,不用信号指示灯,而用中间继电器,将跳、合闸状态及回路信息送给计算机系统。中间继电器线路如图 6-116 所示。此方式对合、跳闸回路电流小于 10mA,合闸或跳闸线圈不会误动。

3. 隔离手车柜典型二次接线

电源进线柜的电源端如装设进线隔离柜,如图 6-117 所示。注意要与电源进线断路器柜联锁;当隔离手车断开位置时,也无法闭合电源进线断路器柜。主要是防止隔离手车带负荷闭合及断开。实现上述联锁,在隔离手车装闭锁电磁锁 Y_0,当电源进线柜在断路器闭合位置时,辅助触点 S_1 断开,Y_0 失电,电磁锁锁住底盘手车,隔离手车无法移动。另外,如果强拉隔离手车,电磁锁失效,但隔离手车主回路插接头尚未脱离前,位置开关 S 闭合,接通电源进线断路器的跳闸回路,使电源进线断开,形成双保险。

278

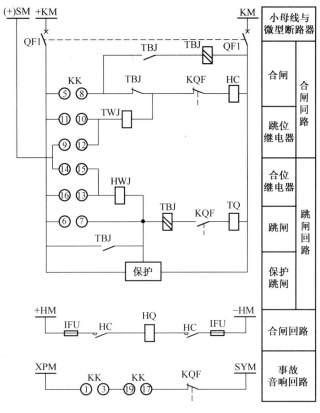

图 6-116 采用中间继电器 TWJ 及 HWJ 监视

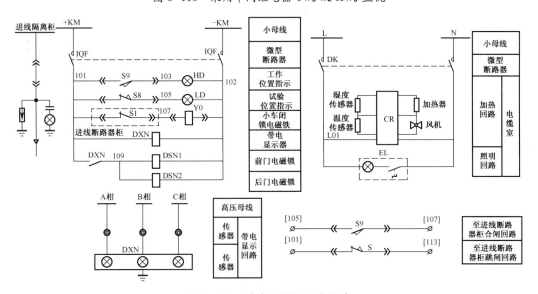

图 6-117 进线隔离柜二次接线

第三部分 了解主回路和辅助回路的性能

1. 环网接线与环网柜

大企业或大容量用电企业自设降压站,配电变压器容量超过 10000kVA 的用户,一般由专用线路供电,建有中压配电室,开关柜内装设主要元件多为真空断路器。中小用户的10kV供电采用环网柜终端配电方式,中小容量用户此种环网供电能满足二级负荷。对三级用电负荷采用电缆分接箱。分散用户且用电容量不大,10kV供电伸入负荷中心时,采用预装式变电站供电更合理。

1）环网主接线

环网接线分单环接线、双环接线,三环接线、四环接线基本不用。单环接线由变电站开关站同一母线段或设联络开关不同母线段,引出二回路电缆线路形成环路,环内负荷由两回线路同时供电,一个回路故障,另一回路负担环内所有负荷的供电。每回路电缆线路首端有断路器,设纵差保护的导引电缆,被保护线路两端开关柜内配电流互感器。单环网供电典型主接线如图6-118。可靠性较高,如A点故障,将A点两侧4、5号负荷开关断开,再将原来的断开点闭合,如果原来是开环运行,可继续供电。

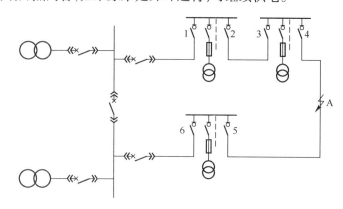

图6-118 单环网供电典型主接线

2）环网开关柜

就是用于环网接线的开关柜,可以是断路器柜、负荷开关柜或负荷开关加熔断器柜。目前所说环网柜指体积小的负荷开关柜,如果对变压器馈电,用负荷开关加熔断器柜。所用负荷开关有SF₆负荷开关、真空负荷开关,容量大的变压器也可用断路器馈送。产气式或压气式负荷开关柜的体积较大,环网接线中较少使用。但SF_6气体的温室效应明显,泄漏后污染环境。

真空负荷开关真空灭弧室的技术成熟,截流值小,不会造成操作过电压危害,灭弧室的密封好,不会发生漏气,但体积比SF_6负荷开关柜大。维修时,真空负荷开关电源侧要加隔离开关,柜体偏大。有的产品采用固体绝缘方式,真空灭弧室浇铸于环氧树脂中,相间及相对地电气间隙减小,真空负荷开关柜的体积明显减小,与SF_6负荷开关柜基本相当,维护简单或免维护,操作、使用、安装方便。此可以称紧凑型开关柜、金属封闭箱式开关柜或紧凑型箱式开关柜。

2. 注意事项

1）母线分段开关

接入环网系统内的开关站,不得用母线分段开关断开,如图6-119所示,是双电源加母线联络接线。在环网柜中,此接线如有错,用户不得用分段开关将环网断开。只有一路电源进线如图6-120所示,但不能称环网接线。

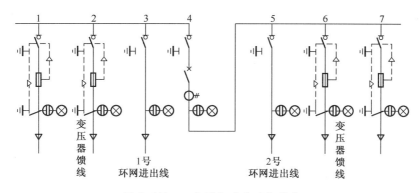

图 6-119 双电源加母线联络接线

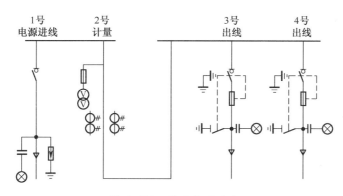

图 6-120 单路电源进线

2）进出线柜电源侧的开关

根据如下实际,环网进出线柜电源侧是否装接地开关、避雷器、带电显示器及电流互感器:

（1）电源侧不宜装接地开关,误操作会造成事故。负荷开关是三工位,有接地挡,多加接地开关联锁麻烦,柜子复杂。如果环网线路全部是金属铠装电缆,并地下敷设,就不必要加装避雷器。如果负荷开关是真空开关,由于截流造成操作过电压,但开断的是负荷电流,操作过电压不大,可不装过电压保护装置。

（2）需要装设带电显示器,观察进线带电状况,尤其回路中无电压互感器及电压表时。

（3）如果开关站带微机终端测控装置,应装电流互感器取电流信号。环网主干线纵差保护也应当有电流互感器。

3）加装隔离开关

环网柜是否加装隔离开关? 环网负荷开关柜常见装隔离开关、不装隔离开关及装双隔离开关,如图 6-121 所示。图 6-121(a)中,不加隔离开关,多为 SF_6 断路器;图 6-121(b)中,真空式负荷开关不能作隔离用,要另加隔离开关;图 6-121(c)为双隔离,为检修负荷开关提供方便;图 6-121(d)为单电源进线,检修断路器时保证安全。

3. 负荷开关开断转移电流能力

转移电流指本来应由熔断器完成的切断任务转移给负荷开关,当任一熔断器熔断后,熔断器中启动的撞击器使负荷开关操动机构脱扣,负荷开关三相联动切除故障电流,避免

281

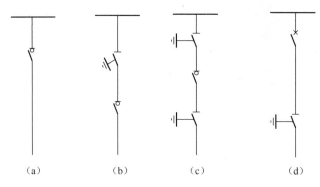

图 6-121　离开关的装设

(a)不加隔离开关;(b)真空式负荷开关加隔离开关;(c)双隔离;(d)单电源进线。

因一相熔断器熔断造成二相供电的情况发生。负荷开关断开转移电流为 1500A、1700A 及 2000A 以上。当负荷开关断开熔断器转移来的三相故障电流值大于额定转移电流时,三相故障电流由熔断器切断;三相故障电流在转移电流区域内,由熔断器与负荷开关共同切除故障电流;当故障电流低于额定转移电流时,三相故障电流由负荷开关切除。

任务5　熟悉典型高压电气成套设备

第一部分　任务内容下达

根据本项目的介绍,已经了解或掌握了高压成套设备的用途、构成、标准、型号,也分析了一次回路、二次回路及常见模块,介绍了一些高压设备产品。为加强理解,将再介绍具体的产品。

第二部分　任务分析及知识介绍

一、环网柜

1. 特点与应用

负荷开关柜、负荷开关—熔断器组合电器柜组合后常用于环网供电系统,俗称环网柜或环网供电单元。通常一个环网供电单元至少由三个间隔组成:两个环缆进出间隔和一个变压器回路间隔,有整体型和组合式两种形式。

整体型,将 3~4 个间隔装在一个柜体中,体积较小,不利于扩展;组合式,由几台环网柜(间隔)组合在一起,体积大,可加装计量、分段等小型柜,便于扩展。

图 6-122 是最简化的环网供电系统,高压配电设备由两个环缆进出间隔、一个变压器回路间隔组成。间隔也称环网柜,进出间隔也称为负荷开关柜,变压器回路间隔也称为负荷开关-熔断器组合电器柜。环缆进出间隔是电缆进线,即受电柜,安装有三工位(合—分—接地)负荷开关,可及时隔离故障线路。变压器回路间隔对所接变压器控制和保护,如供电线路出现故障,进出环网间隔及时切除故障线路,迅速接通另一正常线路,可靠性高。同时,利用负荷开关-熔断器组合电器保护变压器可限制短路电流,在 20ms 左右切除变压器内部短路故障,保护变压器。

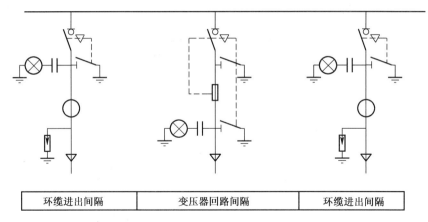

| 环缆进出间隔 | 变压器回路间隔 | 环缆进出间隔 |

图 6-122 环网供电单元

环网供电单元主要用于环网供电或双电源辐射供电系统,也用于预装式变电站的变压器高压侧进行控制和保护;还可用于终端供电系统,避免反馈线终端短路故障的扩大。与断路器配合使用时,不用熔断器保护而用断路器保护,或做馈线保护时,进线保护用断路器,在变电所或开闭所内,供电系统可靠性极大提高。

2. 环网柜的基本结构

环网柜按柜内主绝缘介质,分空气绝缘柜和 SF₆ 绝缘柜。前者是封闭式的开关柜,柜内空气绝缘,主开关可用产气式、压气式、SF₆ 和真空负荷开关;后者是密封柜,柜内充 $0.03 \sim 0.05MPa$ 的干燥 SF₆ 气体。柜内主开关较多用 SF₆ 气体负荷开关,也可用真空开关。

空气绝缘环网柜的外壳由框架、顶板、面板、侧板等组成封闭柜体。顶部后上方是母线室,设有泄压装置;母线室前面为用钢板隔开的仪表室;柜体前上部为开关室,中下部为电缆出线和其他电气元件等。负荷开关可正装或侧装,产气式和压气式负荷开关一般侧装,真空负荷开关通常一般柜内正面安装。柜中主要电器元件包括带隔离的负荷开关、接地开关或三工位负荷开关、熔断器、电流互感器、避雷器、高压带电显示装置等。隔离开关、负荷开关、接地开关与柜门之间的机械联锁应可靠。

二、XGN15-12 空气绝缘环网柜

1. 主要技术参数

负荷开关柜和负荷开关-熔断器组合电器柜的主要技术参数见表 6-26。

表 6-26 负荷开关柜和负荷开关-熔断器组合电器柜的主要技术参数

项 目		数 据	
		负荷开关柜	负荷开关-熔断器组合电器柜
额定电压/kV		12	
额定绝缘水平	1min 工频耐受电压/kV	42	
	雷电冲击耐受电压/kV	75	
额定频率/Hz		50	
额定电流/A		630	125
3s 短时额定耐受电流/kA		20	

（续）

项　目	数　据	
	负荷开关柜	负荷开关-熔断器组合电器柜
额定峰值耐受电流/kA	50	
额定短路关合电流(峰值)/kA	50	125
额定有功负荷开断电流/A	630	
额定闭环开断电流/A	630	
额定电缆充电开断电流/A	10	
最大空载变压器开断容量/kVA	1250	
额定短路开断电流/kA		50
额定转移电流/A		1700
熔断器最大额定电流/A		125
机械寿命/次	2000	
撞击器动作脱扣时间/s	≤0.06	
SF$_6$气体额定压力(表压)/MPa	0.045	
防护等级	IP3X	

2. 结构特点

1) 柜体

总体结构如图 6-123 所示。环网供电单元由一个负荷开关-熔断器组合电器柜和两个负荷开关柜组成。上部为左右联络母线室即上母线室,上母线室前部是仪表室、控制室,柜体下部为电缆进出线室即下进出线室。柜中部的负荷开关室将上母线室和下进出线室分隔开。负荷开关柜内负荷开关分断额定工作电流,负荷开关-熔断器组合电器柜由熔断器分断短路电流。

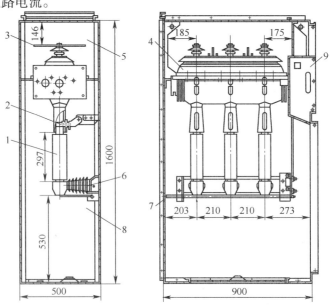

图 6-123　XGN15-12 型环网柜的总体结构

1—熔断器;2—脱扣器;3—主母线;4—负荷开关(SF$_6$);5—母线室;
6—传感器;7—下接地开关;8—电缆室;9—机构安装箱。

284

2）操作机构及联锁

操作机构有手操和电操,手操操作杆按操作程序手动旋转传动杆,机构弹簧即可储能,负荷开关和接地开关分合闸;电动操作只需按仪表板上的指示按钮使负荷开关和接地开关分合闸。

开关柜设"五防"功能,防误分、误合负荷开关;防带负荷分、合隔离开关;防带电合接地开关;防接地开关处于接地位置时合隔离开关;防误入带电间隔。负荷开关由主触刀、隔离刀、接地刀互相联动,即主开关、隔离开关、接地开关不能同时关合,接地开关与柜门也设有机械联锁,只有当接地开关闭合时,柜门才能打开。

三、XGN35-12 SF₆绝缘环网柜

1. 柜体

总体结构如图 6-124 所示。柜体外壳密封结构,由耐腐蚀敷铝锌钢板加工组成,防护等级 IP4X。主母线、负荷开关、电缆置于独立的金属隔室内,隔室设压力释放装置。电缆室内有贯穿的接地母线,柜体和电缆屏蔽层安全接地。柜体操作面板有气体状况窥视窗、手动操作孔、挂锁、模拟接线图、开关分合位置指示及带电显示装置。电缆室门与接地开关有机械联锁装置,接地开关闭合后才能打开电缆室的门;电缆室门关上后才能打开接地开关。

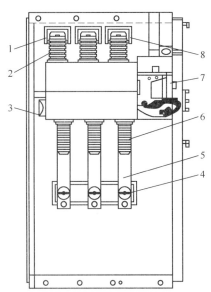

图 6-124　XGN35-12 SF₆绝缘环网柜的总体结构

1—绝缘套管;2—上进线;3—压力释放装置;4—传感器;5—馈线;6—下出线;7—操动机构;8—主母线。

2. 气室

气室内部装有负荷开关、母线、吸附剂等,充额定压力 0.05MPa 的 SF₆气体。气室用不锈钢外壳,动静密封面全采用焊接密封,安全操作时保证正常使用 30 年。柜门上有观察窗观察气室内部气体压力状况。气室背面装有防爆片,当气室内部出现电弧时,气体通过防爆片排出,防止损害。

3. 弹操机构

弹操机构使用可卸出手柄沿垂直方向上下操作,三工位负荷开关通过焊于气室正面

板的气密贯穿件与弹操机构相连接。开关操作与手柄的操作速度无关,开关操作之后弹簧再次松弛。适用于变压器馈线柜上的操作机构上装有储能装置,可在熔断器熔断或负荷开关脱扣装置动作时,使负荷开关跳闸。

四、F-C回路柜

1. F-C回路柜的特点

F-C回路柜由高压限流熔断器和高压接触器集成化多功能综合保护装置等组成的高压开关柜,体积小、寿命长、可频繁操作、维护量少、防火性能好、噪声低、环保性能好、内部故障低、使用成本低。高压限流熔断器独特的开断短路电流能力,高压接触器适于频繁操作,F-C回路开关柜广泛用于操作高压电动机。

高压接触器可控制操作,熔断器完成保护功能。F-C回路柜的高压接触器有真空和SF_6两种类型。接触器寿命高。F-C回路柜可设计成双层结构,一面柜可容纳两台真空接触器。F-C回路柜可限制故障电流,使用F-C回路柜的系统中相应电器和线路的故障承受能力可以下降。采用F-C回路柜后,速断保护由限流熔断器完成,与用断路器配继电保护装置相比,减少了中间时延。电流越大,限流熔断器断开故障电流的时间越短。当短路电流达7kA时,熔断器的断开时间小于10ms。因此,F-C回路柜对电动机及电缆的保护更有利,快速切断特性将减少故障对电网的影响。

2. F-C回路柜的典型结构

F-C回路柜目前基本是手车式,主要有单回路和双回路,双回路主要有上下布置方式即双层结构、并列布置方式即双列结构;双层F-C回路柜宽度窄,高压限流熔断器有限流特性,不必每个间隔单独设置释压通道,但上层手车的进出要借助升降车;双列结构宽度窄,手车进出不需升降车。

双列结构F-C回路柜的另一种形式是每列由电缆室、手车室、母线室及公用继电仪表室组成,每列均有接地开关,每个间隔设有单独的释压通道。目前,国内F-C回路柜大都单回路结构。图6-125为KYN12-10型开关柜中F-C回路柜的结构示意图,图6-126所示是主电路方案。

五、典型高压电气成套设备产品

1. KYN61-40.5型交流金属铠装移开式开关设备

用于40.5kV三相交流50Hz电力系统中,在发电厂用电、输变电系统变电所的受配电、工矿企事业配电等场合,控制、保护和监视主电路等,符合标准GB 3906—2006《3~35kV交流金属封闭开关设备》和标准IEC 298《1~52kV交流金属封闭开关设备和控制设备》。产品外形见图6-127所示。

柜体用冷扎钢板或镀锌薄钢板的组装结构,表面喷塑或镀锌。开关柜内断路器、接地开关等各项正常操作,都在高压隔离门关闭条件。开关设备的各功能小室均采用金属隔板封隔,有独立的压力释放通道。柜体结构紧凑,缩小占地面积。技术参数见表6-27。

开关柜具有电缆进出线、架空进出线、母线联络、隔离、电压互感器、避雷器等其他一次方案。

开关柜体结构分为柜体、手车部分,典型方案分为继电器仪表室、手车室、电缆室和母线室部分,高压功能间隔均装有泄压通道,有较强的预防内部电弧故障的能力。主开关、手车、接地开关之间采用强制性机械闭锁方式,满足"五防"功能。

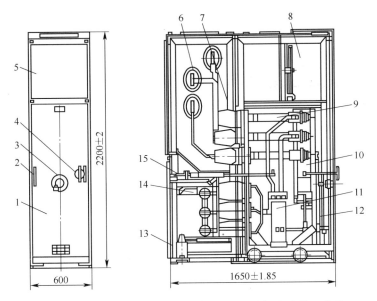

图 6-125　KYN12-10 型开关柜中 F-C 回路柜的结构示意图

1—手车门；2—门把手；3—手车推进机构；4—接触器与接地开关操作手柄；5—仪表门；6—主母线套管；
7—次隔离触头盒；8—继电器室；9—高压熔断器；10—熔断器撞击装置；11—真空接触器；
12—F-C 回路手车；13—RC 过电压吸收器；14—接地开关；15—接地开关转轴。

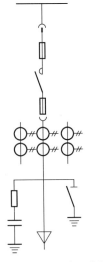

图 6-126　KYN12-10 型开关柜中 F-C
回路柜主电路方案

图 6-127　KYN61-40.5 型交流金属铠装移开式
开关设备产品外形

表 6-27　KYN61-40.5 型交流金属铠装移开式开关设备技术参数

项　目		单位	参　数
额定电压		kV	40.5
额定频率		Hz	50
额定电流		A	1250　1600　2000
共频耐压	一次主回路	kV	95
	辅助控制回路工频耐受电压	V	2000

287

项　　目	单位	参　　数
雷电冲击耐压	kV	185
额定开断电流(有效值)	kA	25,31.5
额定关和电流(峰值)	kA	63、80
额定动稳定电流(峰值)	kA	63、80
额定 4s 热稳定电流(峰值)	kA	25,31.5
辅助=控制回路额定电压	V	−48,110,220~100,220
防护等级		外壳 IP3X 隔室间,断路器室门打开时 IP2X

（1）手车室。车、柜滑动接地装置良好,确保安全;触头盒前装有金属活门,随车进出、开闭并到位锁定;采用丝杠机构的手车,进出轻巧、灵活。

（2）电缆室。带有关合能力的接地开关,采用锥齿轮传动,省力、自锁性好;柜体上下均可进出电缆;空间大,便于多根电缆连接,电缆高度达 650mm;可在电缆室内安装避雷器。

（3）母线室。采用管状或矩形截面的绝缘母线,相邻柜间用母线套管隔开,限制故障电弧蔓延,避免事故扩大;母线接头采用 SMC 材料加强母线接头间的绝缘水平,更加可靠。

（4）仪表室。内设网孔安装板,便于安装继电器;可采用综合保护实现遥控功能。

（5）二次插头。柜体与手车之间二次回路的连接具有可靠的锁定装置。

2. GZS-12 型中置式高压开关柜

GZS-12 型中置式高压开关柜由固定柜体和可抽出小车部分组成,如图 6-128 所示,柜体外壳和多功能单元的隔板用敷铝锌钢,组合方便,柜体与小车大小门之间的防误闭锁装置牢固,操作灵活。外壳防护等级 IP4X,断路器室门打开时防护等级 IP2X,开关柜有架空进出线,电缆可左右进出联络,柜内可配温度、湿度监控系统。微机保护控制装置,三段保护及接地保护完善。时间整定、电流定值整定精度高,具备标准 RS-232 通信口,很方便地组成变电站综合自动化保护系统,实现"四遥"功能。其技术参数见表 6-28 所示。

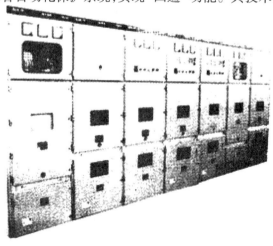

图 6-128　GZS-12 型中置式高压开关柜的外形

288

表 6-28 GZS-12 型中置式高压开关柜的技术参数

GZS-12 开关柜技术参数			
序号	项目	单位	数据
1	额定电压	kV	12
2	额定绝缘水平 1min 工频耐压	kV	42
	额定雷电冲击电压	kV	75
3	额定频率	Hz	50
4	主母线额定电流	A	630;1250;1600;2000;2500;3150
5	4s 热稳定电流(有效值)	kA	16、20、31.5、40
6	额定动稳定电流(峰值)	kA	40、63、80、100
7	防护等级		外壳 IP4X,断路室门打开为 IP2X
8	外形尺寸(宽×深×高)	mm	800×1500(1660)×2200

根据标准 GB3906—91、IEC298,三相 50Hz 的单母线及母线分段系统成套装置,可用于接受和分配 3-12kV 网路电能和对电路的监控,用于电厂送电、工矿配电及电力系统的二次变电所的受电、馈电及大型高压电动机起动等。接线方案见表 6-29。

表 6-29 GZS-12 型中置式高压开关柜接线方案

方案编号		A	B	C	D	D
主接线方案						
额定电流/A		630-3150	630-3150	630-3150	630-3150	630-3150
主要设备	真空断路器 VS1、VD4、ZN63	2	1	1	1	1
	电流互感器	4	2	2	3	3
	氧化锌避雷器	3	3	3	3	3
用途			电缆出线	架空出线	电缆出线	架空出线

3. XGN15-12 型单元式六氟化硫环网柜

以六氟化硫开关作为主开关的金属封闭开关设备,整柜空气绝缘,适用于配电自动化、紧凑可扩充,结构简单、操作灵活、联锁可靠、安装方便,具有满足现场的各种技术方案。XGN15-12 Ⅲ 型单元式六氟化硫网柜的主开关的操作方式有手动、电动两种。XGN15-12 型单元式六氟化硫环网柜的外形如图 6-129 所示,SF$_6$ 负荷开关结构见本书的高压元件部分。XGN15-12111 型单元式六氟化硫网柜适用于 50Hz、12kV 的电力系统,广泛用于工业及民用电缆环网及供电末端。特别适用于城市居民区配电、小型一二次变电站、开闭所、工矿企业、商场、机场、地铁、风力发电、医院、体育场等。

图 6-129 XGN15-12 型单元式六氟化硫环网柜的外形

第三部分 掌握并能够选用典型高压电气成套设备

工厂的供电及电能传输主要依靠设备,高压电气成套设备是电力传输系统的高压部分,掌握设备的特点、技术性能和技术参数,才能完成工厂供电中的有关专业工作。

本任务的学习完成后,应当能够根据具体的供电要求,选用典型高压电气成套设备。以表 6-27 为例,分析技术参数,并查阅资料,完整表述该产品的特点。

项目七 掌握预装式变电站的基本性能

本项目包括三个任务,首先了解预装式变电站的基本性能,熟悉常用的欧式和美式预装式变电站的特点,能够选用和维护预装式变电站。

任务1 了解预装式变电站的基本性能

第一部分 任务下达

预装式变电站就是前面已经介绍的低压成套设备、高压成套设备和配电变压器的综合应用,尽管低压成套设备、高压成套设备和配电变压器是各自独立的产品,但根据标准,这三种设备按照规范组合成一个新系统,形成了新的产品,具备新的功能。预装式变电站目前在各类场所应用广泛。

本任务中,我们将讲解预装式变电站的特点、分类、选用、安装和维护知识。

第二部分 任务分析及知识介绍

一、预装式变电站及种类

预装式变电站俗称箱式变电站,简称箱式变或箱变。20世纪60年代国外就开始使用,我国从20世纪末开始制造,发展较快,许多电气成套厂能够生产。

预装式变电站是将高压开关设备、配电变压器和低压配电装置按一定接线方案,组成一体的工厂预制的紧凑式配电设备,也就是将高压受电、变压器降压、低压配电等功能有机组合成一体的设备。

以前,国内称之为"组合式变电站""箱式变电站",国外名称为"箱式高压受电单元""紧凑型变电站"等。IEC标准草案最早为"工厂组装式紧凑变电站",1991年11月改为"预制式紧凑变电站"。1992年11月改为"预制式变电站"。1995年11月,IEC标准确定为"高低压预装式变电站"。

我国国家标准为GB/T 17467—1998《高压/低压预装式变电站》,在此之前,有专业标准ZBK 40001—1989《组合式变电所》和原能源部标准SD 320—1989《箱式变电所技术条件》。因此,我们按照规范称为预装式变电站。有如下基本特征:

(1)预装式变电站产品在电气设备成套企业完成设计、制造、装配、调试,通过出厂性能检验。

(2)预装式变电站按照相应的标准,经过有资质的检验单位通过规定的型式试验考核。

(3)预装式变电站经过出厂时,按照试验项目完成试验的验证,提供出厂检验证明。

需要说明的是,预装式变电站中的低压部分、低压元件、低压电线电缆,必须按照规定通过 CCC 认证,具有 CCC 认证标志。

预装式变电站是社会经济发展和城市建设的必然产物。

首先,随着经济的发展,供电格局发生了较大的变化,过去那种集中降压、长距离配电的方式,大大制约了城市供电,影响了工业企业的供电质量,并降低了供电公司的经济效益。主要原因是供电半径大,线路损耗随着用电负荷的增加而大大增加,同时供电质量也大大降低。要减少线路损耗,保证供电质量,就得提供高电压,高压直接进入市区,深入负荷中心,形成"高压受电—变压器降压—低压配电"的供电格局。有资料表明,如果将供电电压从 380V 上升到 10kV,可以减少线路损耗 60%,减少 52% 总投资和用铜量,经济效益相当可观。要实现高压深入负荷中心,预装式变电站就是适应"高压受电—变压器降压—低压配电"这样的供电格局的配电设备之一,最经济、方便和有效。

其次,随着社会发展和城市化进程的加快,用电负荷密度越来越高,城市用地越来越紧张,城市配电网基本不再是架空线方式,而是电缆地下走线方式,杆架方式安装的配电变压器已经不能满足环境、美观的要求。因此,预装式变电站成为主要的配电设备之一。

最后,对供电质量尤其是供电的可靠性要求越来越高,采用高压环网或双电源供电、低压网自动投切等先进技术的预装式变电站成为首选的配电设备。

预装式变电站有多种分类方法:

按整体结构,国内习惯分为"欧式箱变"和"美式箱变"。"欧式箱变"以前在我国又叫"组合式变电站",是将高压开关设备、配电变压器和低压配电装置布置在三个不同的隔室内,通过电缆或母线来实现电气连接,所用高低压配电装置及变压器均为常规的定型产品,就是通用紧凑的电房。"美式箱变"以前在我国又叫预装式变电站,或叫"组合式变压器",是将变压器身、高压负荷开关、熔断器及高低压连线置于一个共同的封闭油箱内,从外形上看,就像在变压器身上有一个背包。

按安装场所,分为户内、户外。

按高压接线方式,分为终端接线、双电源接线和环网接线。

按箱体结构,分为整体、分体等。

二、预装式变电站的特点

预装式变电站不同于常规化土建变电站,是一种高压开关设备、配电变压器和低压配电装置,按一定接线方案构成一体、工厂预制的户内外紧凑式配电设备,即特高压受电、变压器降压、低压配电等功能有机地组合在一起。成套性强、体积小、占地少、能进入直接负荷中心、提高供电质量、减少损耗、送电周期短、选址灵活、环境适应性强、安装方便、运行安全可靠、投资少、见效快等。

预装式变电站应用范围广,适用于城市公共配电、建筑、住宅小区、公园、工矿企业、施工场所等,是继土建变电站之后的一种变电站。

国外在 20 世纪 60 年代和 70 年代就大量生产和使用预装式变电站,目前技术已经成熟。欧洲预装式变电站已占配电变压器的 70% 左右,美国箱变产量占配电变压器产量的 80% 以上。

自 20 世纪 70 年代后期,我国从法国、德国等欧洲国家引进并仿制预装式变电站。20 世纪 80 年代初,原电力行政管理部门将箱变列为城市电网建设与改造的重要装备。目前,我国"欧式箱变"已在国内基本普及,许多电器设备成套厂能生产。

从20世纪90年代起,我国引入美国预装式变电站,简称"美式箱变"。因体积小、重量轻、安装使用简便、安全可靠、价格低等,为用户广为接受。目前,国内"美式箱变"也已在国内基本普及,但一些关键部件还与国外产品存在较大差距,不能达到可靠性的水平,仍依靠进口。

我国从20世纪80年代开始采用预装式变电站,90年代迅速发展,如近期城网建设和改造中,广泛采用预装式变电站。尽管预装式变电站产品的发展很快,但目前的应用率仍然不高,距世界发达国家70%~90%的水平相距甚远,具有很大的市场潜力。

三、美式与欧式预装式变电站的比较

1. 概况

预装式变电站一般由高压室、变压器室和低压室组成。根据产品结构不同及采用器件的不同,分为欧式预装式变电站和美式预装式变电站两种典型方式。我国自上世纪70年代后期,从法国、德国等引进及仿制的预装式变电站,结构上采用高、低压开关柜和变压器组成方式,这种预装式变电站称为欧式预装式变电站,形象比喻为给高、低压开关柜、变压器盖了房子,外形像电房。从上世纪90年代起,我国引进美式预装式变电站,避雷器也采用油浸式氧化锌避雷器,变压器取消储油柜,油箱及散热器暴露在空气中,即变压器旁边挂个箱子,像一个人背着背包。

美式预装式变电站在我国以前称"预装式变电站"或"美式箱变",以区别欧式预装式变电站,将变压器器身、高压负荷开关、熔断器及高低压连线置于一个共同的封闭油箱内,构成一体式布置。用变压器油作为带电部分相间及对地的绝缘介质。同时,安装有齐全的运行检视仪器仪表,如压力计、压力释放阀、油位计、油温表等。美式预装式变电站的结构形式大致有三种。

第一种,变压器和负荷开关、熔断器共用一个油箱。

第二种,变压器和负荷开关、熔断器分别装在上下两个油箱内。

第三种,变压器和负荷开关、熔断器分别装在左右两个油箱内。

其中第一种是美式箱变的原结构,结构紧缩、简洁、体积小、重量轻。第二种和第三种是第一种的变形。两种变形的理论依据是开关操作和熔断器动作造成游离碳会影响变压器的绝缘,可能影响整个箱变的寿命。

由于采用普通油和难燃油作为绝缘介质,美式箱变可用于户外和户内,适用于住宅小区、工矿企业及公共场所如机场、车站、码头、港口、高速公路、地铁等。

从体积上看,欧式预装式变电站由于内部安装常规开关柜及变压器,产品体积较大;美式预装式变电站由于采用一体化安装,体积较小。

从保护方面看,欧式预装式变电站高压侧采用负荷开关加限流熔断器保护。当发生一相熔断器熔断时,用熔断器的撞针使负荷开关三相同时分闸,避免缺相运行,要求负荷开关具有切断转移电流的能力。低压侧采用负荷开关加限流熔断器保护;美式预装式变电站高压侧采用熔断器保护,而负荷开关只起投切转换和切断高压负荷电流的功能,容量较小。当高压侧出现一相熔丝熔断,低压侧的电压就降低,塑壳断路器欠电压保护或过电流保护就会动作,低压运行不会发生。

从产品成本看,欧式预装式变电站成本高。从产品降价空间看,美式预装式变电站还

存在较大降价空间,一方面美式预装式变电站三相五柱式铁芯可改为三相三柱式铁芯;另一方面,美式预装式变电站的高压部分可以改型后从变压器油箱内挪到油箱外,占用高压室空间。

2. 国产欧式预装式变电站的特点

国产欧式预装式变电站同美式预装式变电站相比,增加了接地开关、避雷器,接地开关与主开关之间有机械联锁,可以保证对预装式变电站维护时人身的安全。国产欧式预装式变电站每相用一只熔断器代替美式预装式变电站的两只熔断器做保护,最大特点是当任一相熔断器熔断之后,都会保证负荷开关跳闸而切断电源,而且只有更换熔断器后,主开关才可合闸,这是美式预装式变电站所不具备的。

国产欧式预装式变电站高压负荷开关一般可分为产气式、压气式、真空式等,所用的高压负荷开关主要技术参数见7-1。

表 7-1　国产欧式预装式变电站高压负荷开关主要技术参数

项　　目	技 术 参 数
额定工作电压	10kV
额定工作电流	630A
1min 工频耐压	48kV
雷电冲击耐压	85kV
负荷开断电流	630A
4s 热稳定电流	20kA
额定短路关合电流	50kA
机械寿命	2000 次

国内生产的欧式预装式变电站一般采用各单元相互独立的结构,分别设有变压器室、高压开关室、低压开关室,通过导线连成一个完整的供电系统。变压器室一般放在后部。为了方便用户维修、更换和增容需要,变压器可以很容易地从箱体内拉出来或从上部吊出来。变压器放在外壳内,可以防止阳光直接照射变压器,并有效地防止外力碰撞、冲击及发生触摸感电事故;不利因素是对变压器的散热提出了较高的要求。

高压开关室内安装有独立封闭的高压开关柜,柜内一般安装有产气式,压气式或真空负荷开关-熔断器组合电器,其上安装的高压熔断器可以保证任一相熔断器熔断都可以使其主开关分闸,避免缺相运行。此外还装有接地开关,其与主开关相互联锁,即只有分开主开关后,才可合上接地开关,而合上接地开关后,主开关不能关合,以此来保证维护时的安全。在柜内还装有高压避雷器,整个开关的操作十分方便,只需使用专用配套手柄,就可实现全部开关的关合分断。透明窗口可观察到主开关的分合状态。

低压开关柜内一般都装有总开关和各配电分支开关、低压避雷器、电压和总电流及分支电流的仪表显示,同时,为了更好地保护变压器运行安全,往往采取对变压器上层油温进行监视的措施。当油温达到危险温度时,可以自动停止低压侧工作(断开低压侧负荷),当然其动作值可以根据要求自行设定。

国产欧式预装式变电站的各开关柜分别制成独立柜体,安装到外壳内,可以很方便地更换和维护,同时也提高了防护能力和安全性。钢板外壳均采用特殊工艺进行防腐处理,使防护能力达到 20 年以上。同时,上盖采用了双层结构以减少阳光的热辐射,外观可以按照用户要求配上各种与使用环境相协调的颜色,达到与自然环境相适应的效果。

课堂练习

(1) 请叙述预装式变电站的组成、特点。

(2) 预装式变电站一般分为欧式预装式变电站和美式预装式变电站,请叙述各自的特点。

(3) 针对某一具体的预装式变电站产品,查阅资料,了解技术参数和特点。

(4) 请叙述美式预装式变电站的结构形式。

(5) 美式程度和欧式程度比较:保护方面有何不同?

第三部分　了解预装式变电站的基本性能

我们学习了解了预装式变电站的基本知识后,应当能够掌握预装式变电站的基本性能,要灵活处理具体的使用技术问题。

预装式变电站已经作为一种成套产品,是比较简易的变配电装置,变压器的选用可按一般通则处理,因为考虑到散热,变压器容量一般不超过 1250kVA;如果采取了相应的散热措施,可以超过 1250kVA。

1. 简单照明用电、公用配电时

预装式变电站高压接线方案中不必设高压计量,仅设低压计量或无计量,无须补偿;馈线出线 4～6 个回路,一般采用塑壳断路器控制和保护。

2. 动力照明用电、公用配电时

预装式变电站配出线回路有所增加,如达 8～12 个回路,应有无功功率补偿功能。

3. 自维护用电及特殊情况时

一些城市的供电部门有具体的规定,对自维护预装式变电站如变压器在 250kVA 或 315kVA 以上,必须采用高压计量;还有的场合,如配出回路较多,要设置备用回路。在此类情况下,要结合用电和现场实际,参考成套电气生产厂提供的样本,选择适合的技术参数条件,优化设计。

我国地越广阔,环境相差很大,还有工矿条件有特殊要求,应用预装式变电站应处理好以下几个问题。

一般条件下,可以选用价格较便宜的空气绝缘预装式变电站;对于气候条件和地理条件特殊的地方,以及有特殊安全要求的场合,应采用 SF_6 绝缘开关设备。必须解决好环网供电单元的有机组成部分即封闭式电缆插接件问题;对高压室和低压室要注意凝露问题,防止闪络放电;对变压器室要防止因发热而影响变压器的出力;在壳体上考虑安装防爆膜盒、故障电弧限制器、压力开关系统、电子智能保护系统等,防止因内部故障引起的壳体爆炸;对于 SF_6 绝缘开关设备还要逐步加装气体监测装置。应当选用性能好且安全可靠的元件,包括高压开关、变压器和低压开关,这样的智能预装式变电站其可靠性才会提高。

显然,为提高供电的可靠性,高压环网、双电源供电的低压电网自动投切、网络优化等发达国家已经采取的先进技术,这方面的技术,我国也在迅速发展。

任务2 掌握美式及欧式预装式变电站

第一部分 任务内容下达

根据任务一介绍的两种预装式变电站的基本知识,掌握典型的美式及欧式预装式变电站设备的特点和技术性能,根据需要,能够选用相应的预装式变电站。

第二部分 任务分析及知识介绍

本任务中我们应当了解并掌握一些常用的美式及欧式预装式变电站设备,掌握基本的技术参数。我们选择预装式变电站的典型产品进行介绍,便于了解与掌握。

一、ZBW22-Q-10 系列美式预装式变电站

1. 概述

ZBW22-Q-1O 型预装式变电站俗称为组合式变电站、组合式变压器,其型号含义见图 7-1。

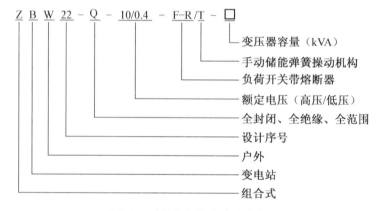

图 7-1 预装式变电站的型号含义

ZBW22-Q-10 型预装式变电站分为前、后两个部分。前面为高、低压操作间隔,操作间隔内包括有高、低压套管、负荷开关、无励磁分接开关、插入式熔断器、压力释放阀、温度计、油位计、注油孔、放油阀等。后部为箱体及散热片。变压器的绕组和铁芯、高压负荷开关及保护用熔断器都在箱体内。箱体为全密封结构,采用隐蔽式高强度螺栓及硅胶密封箱盖。箱体在设计上充分考虑了防水、安全性和操作方便的要求,箱门为三点联锁,只有打开低压间隔后才可以打开高压间隔。

ZBW22-Q-10 型预装式变电站的主要元器件和设备有高压端子、肘型氧化锌避雷器、熔断器、肘型电缆插头、负荷开关、变压器等。

预装式变电站的高压端子配有绝缘套管,插入式肘型电缆终端与绝缘子相接,将带电部分密封在绝缘体内,形成全绝缘结构,端子表面不带电即地电位,确保安全。

肘型氧化锌避雷器通过双通套管接头直接接于预装式变电站高压端子上,做过电压保护。

预装式变电站由高压后备保护熔断器与插入式熔断器串联起来提供保护,保护原理先进、经济可靠、操作简便。

高压后备保护熔断器是油浸式限流熔断器,安装在箱体内部,只有预装式变电站发生故障时动作,用于保护一次侧线路。插入式熔断器是油浸式插入型双敏熔丝,在二次侧发生短路故障、过负荷及油温过高时熔断。插入式在现场可方便地更换熔丝。

肘型电缆插头可带额定电流200A的负荷拔插,可安装故障指示器和带电指示器等附件。

负荷开关一般是采用油浸式负荷开关,为三相联动开关,具有弹操机构,可完成负荷开断和关合操作。负荷开关分为两位置和四位置(四位置负荷开关的结构又分为V形和T形)两种,分别用于放射型配电系统和环网型配电系统。

该型预装式变电站的变压器铁芯选用高导磁硅钢片,采用45°全斜接缝和椭圆形截面结构,高度低、损耗小。高、低压线圈采用同模绕制工艺,低压线圈和高压线圈间结合十分紧密,无套管间隙,具有较强的承受短路能力。高、低压引线全部采用软连接,分接线与分接开关之间采用冷压焊接,器身紧固件带有自锁放松螺母。

变压器的油箱采用波纹式,波纹散热片具有冷却、"呼吸"功能,波纹散热片的弹性可补偿因温度升降而引起变压器油体积的变化。当负荷和环境温度引起油温升高使油体积增加时,散热片即膨胀;反之,波纹散热片收缩。变压器器身与油箱通过连接件固定并采取了防松措施,变压器经长途运输的振动和颠簸,到用户安装现场无须进行常规的吊心检查。

此预装式变电站是全密封、全绝缘结构,无须绝缘距离,可靠地保证人身安全;既可用于环网,又可用于终端接线,转换十分方便,提高了供电的可靠性;采用双熔丝保护,且插入式熔断器为温度/电流双敏熔丝,降低了运行成本;箱体采用防腐设计和粉末喷涂处理,可广泛用于各种恶劣环境,如多暴风雨和高污染地区。

2. 用途与特点

这种组合式变电装置是将变压器器身、开关设备、熔断器、分接开关及相应辅助设备都作为变压器的部件装置于变压器的油箱内,用于10kV环网供电、双电源供电或终端供电系统中,用作变电、配电、计量、补偿、控制和保护,供电可靠、结构合理、安装迅速灵活、操作方便、体积小、成本低,可用于户外或户内,适用于工业园区、居民小区、车站码头、宾馆、工地、机场、商业中心等各种场所。

本产品的元件符合有关标准外,还满足国家标准GB/T 17467—1998《高压/低压预装式变电站》、行业标准JB/T 10217—2000《组合式变压器》和IEC 61330:1995《高压/低压预装式变电站》的规定。正常使用条件见表7-2。

表7-2　ZBW22-Q-10型预装式变电站的正常使用条件

周围空气温度	+45~-30℃,最高日平均气温+30℃,最高月平均气温+20℃
海拔	1000m
风压	不大于700Pa(相当于35m/s)
湿度	日平均值不大于95%,月平均值不大于90%
地震水平加速度	不大于0.3g
安装地点倾斜度	不大于3°
其他	应考虑日照、污秽、凝露及自然腐蚀的影响,周围空气应不受腐蚀性或可燃性气体、水蒸气等明显污染,安装地点无剧烈振动

3. 基本结构

ZBW22-Q-10 型预装式变电站的外观如图 7-2 所示,分为前、后两个部分,前面为高、低压操作间隔,操作间隔内包括有高、低压套管,负荷开关,无励磁分接开关,插入式熔断器,压力释放阀,温度计,油位计,注油孔,放油阀等。后部为箱体及散热片。变压器的绕组和铁芯、高压负荷开关及保护用熔断器都在箱体内。箱体为全密封结构,采用隐蔽式高强度螺栓及硅胶密封箱盖。

图 7-2 ZBW22-Q-10 型预装式变电站的外观

箱体在设计上充分考虑了防水、安全性和操作方便的要求,箱门为三点联锁,只有打开低压间隔后才可以打开高压间隔。该型预装式变电站具有如下特点。

(1) 全密封、全绝缘结构,无须绝缘距离,保证安全;箱体采用防腐设计和粉末喷涂处理,可用于各种恶劣环境,如多暴风雨和高污染地区。

(2) 既可用于环网,又可用于终端接线,转换十分方便,提高了供电的可靠性。

(3) 采用双熔丝保护,插入式熔断器为温度/电流双敏熔丝,降低了运行成本。

(4) 产品的外形尺寸采用标准化设计,便于安装。

4. 主要技术参数

主要技术参数见表 7-3,变压器主要技术数据见表 7-4,负荷开关性能参数见表 7-5。

表 7-3 ZBW22-Q-10 型预装式变电站的主要技术参数

项目	技 术 参 数
额定电压	高压侧 6kV、10kV;低压侧 0.4kV
高压侧设备最高电压	6.9kV、11.5kV
辅助回路额定电压	110V、220V、380V
1min 工频耐受电压	6～25kV,10～35kV
雷电冲击耐压	6～60kV,10～75kV
额定短时耐受电流	12.5kA(2s)、16kA(2s)
额定容量	125kVA、160kVA、250kVA、315kVA、400kVA、500kVA、630kVA、800kVA、1000kVA
高压分接范围	±2×2.5%(根据用户要求,变压器的高压分接范围可提供±5%)
联结组标号	Dyn11
额定频率	50Hz 或 60Hz 的变压器
温升限值	高压电器元件、低压电器元件和变压器符合相应的国家标准
噪声等级	在空载条件下,预装式变电站的噪声不应超过 50dB
高压后备保护熔断器额定短路分断电流	50kA
外壳防护等级	IP34

表 7-4　变压器主要技术数据

| 额定容量/kVA | 电压组合 | | | 联结标号 | 空载损耗/kW | 负载损耗/kW | 空载电流/% | 短路阻抗/% | 重量/kg | | 轨距/mm |
	高压/kV	分接范围	低压/kV						环网	终端	
125					0.260	1.80	1.60		1450	1230	
160					0.320	2.20	1.50		1570	1340	
200					0.380	2.60	1.50		1620	1490	550
250					0.450	3.05	1.40	4.0	1800	1670	
315	6,6.3,10	5%或2×2.5%	0.4	Yyn0或Dyn11	0.530	3.65	1.40		1950	1890	
400					0.645	4.30	1.40		2280	2200	
500					0.755	5.15	1.20		2530	2450	660
630					0.910	6.20	1.20		2920	2770	
800					1.080	7.50	1.10	4.5	3750	3600	820
1000					1.260	10.30	0.90		4544	4390	

表 7-5　负荷开关性能参数

额定电流/A	最高工作电压/kV	冲击耐压/kV	1min工频耐压/kV	额定热稳定电流/(kA/s)	额定短路关合电流/kA	额定动稳定电流/kA	额定操作次数/次	机械寿命/次
315	12	75/85(断口)	42/48(断口)	12.5/2	31.5	31.5	100	2000
630	12	75/85(断口)	42/48(断口)	16/2	40	40	100	3000

课堂练习

（1）简单叙述美式预装式变电站的特点。

（2）根据表7-3、表7-4和表7-5,体会美式预装式变电站的技术参数。

二、ZBW 系列 10kV 欧式预装式变电站

1. 结构特点

ZBW 系列 10kV 欧式预装式变电站是将高压开关设备、变压器、低压开关设备按一定接线方案组合成一体的成套配电设备,适用于 10kV 系统、容量在 100kVA 及以下的住宅小区、工地、建筑、企业及临时性设施等场所,既可以用于环网供电,也可用于放射型终端供电。图 7-3 为该型产品的外观,一种为沉箱式,另一种为平置式。本系列预装式变电站分为高压开关设备、变压器和低压开关设备三个隔室,如图 7-4 所示。ZBW 系列 10kV 欧式预装式变电站作为成套产品,具有以下的主要特点。

（1）箱体骨架采用进口敷铝锌板弯制后组装或拉铆而成,防腐性能优越;两侧有 4 根起吊轴,底座表面需要特殊的防腐处理。

（2）箱变底座分为沉箱式金属型钢底座。沉箱式底座结构刚性好、强度高、密封严,一般选用干式变压器,即使内置油浸式变压器发生漏油,油液也不会渗入地下污染环境,环保特性好;同时也防止水渗入。

299

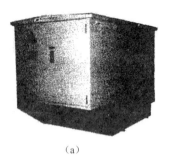
(a)

(b)

图 7-3 ZBW 系列 10kV 欧式预装式变电站的外观

(a)沉箱式;(b)平置式。

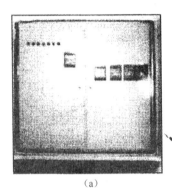
(a)

(b)

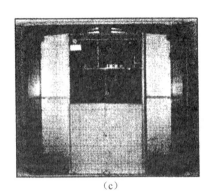
(c)

图 7-4 ZBW 系列 10kV 欧式预装式变电站的隔室

(a)低压开关设备隔室;(b)电力变压器隔室;(c)高压开关设备隔室。

（3）框架部分为"目"字和"品"字形结构,分为高压室、变压器室和低压室。欧式预装式变电站总体结构包括高压开关设备、变压器及低压配电装置三个部分,总体布置主要有组合式和一体式两种形式。欧式预装式变电站就是采用组合式布置,高压开关设备、变压器和低压配电装置三部分各为一室,即由高压室、变压器室和低压室三个隔室构成,可按"目"字形或"品"字形布置,如图 7-5 所示。"目"字形接线方便;"品"字形结构紧凑,特别当变压器室多台变压器排布时,"品"字形布置较为有利。

(a)

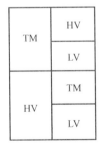

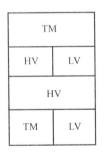
(b)

图 7-5 欧式预装式变电站的整体布置形式

(a)目字形布置;(b)品字形布置。

HV—高压室;LV—低压室;TM—变压器室;ZL—操作走廊。

300

（4）低压室门及变压器室门上开有通风孔,对应位置装有防尘装置,箱体采用自然通风。箱体顶盖为双层结构,夹层间可通气流,隔热性能良好;高、低压室在内部有独立顶板,变压器室内设有顶部防凝露板。

（5）高压室、变压器室和低压室均有自动照明装置。

（6）配电变压器可根据用户要求配置油浸式低损耗节能型电力变压器或环氧浇注干式变压器;高压室主要选用真空负荷开关或 SF_6 负荷开关+熔断器组合电器的结构,作为保护变压器的主开关。可采用终端供电、环网供电或双电源供电等形式。

（7）低压室元件采用模数化面板式、屏装式安装,或非标准设计。

（8）变压器的高压侧到高压开关柜之间的连接采用电缆,电缆两个端头选用全封闭可触摸式肘型电缆头,保证运行安全、可靠。变压器的低压侧到低压配电单元之间的连接可采用全母线连接或电缆连接。变压器与高压电缆及低压母线的连接情况如图 7-6 所示。

（9）低压配电单元可根据用户要求设计,并可安装自动无功功率补偿装置。低压开关设备与无功功率补偿装置的布置如图 7-7 所示。

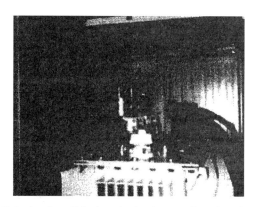 

图 7-6 变压器与高压电缆及低压母线的连接情况 图 7-7 低压开关设备与无功功率补偿装置的布置

预装式变电站的箱体呈现多样化、人性化,外形可以设计成方形、圆形等,可以是小型房屋、亭式等各种箱体形状、颜色和材质。形状和颜色一般尽量与外界环境协调。箱体高度一般为 2.5m 左右。为了不影响人们的视线,德国规定预装式变电站下挖 1m,露出地面高度低于 1.5m;离地高度也不可太低,防止儿童爬到预装式变电站顶玩耍;当然,下挖地面 1m,要考虑排水。

壳体材质可用普通钢板、热镀锌钢板、水泥预制板、玻璃纤维增强塑料板、铝合金板和彩色板等。在我国,金属板壳体有普通钢板、热镀锌钢板及铝合金板,也用钢板夹层彩色板、玻璃纤维增强水泥板及玻璃纤维增强塑料板。图 7-8 为玻璃纤维增强特种水泥预装式变电站的外形。

一般而言,如果装普通开关,预装式变电站体积大;若装 SF_6 绝缘开关,体积小。我国电网中性点不接地,因此绝缘很关键。为保证绝缘,对 12kV 而言,要求相对相、相对地工频耐压 42kV,要求绝缘距离大于 125mm。因此,对预装式变电站不能为缩小尺寸而不适当地减小绝缘距离。

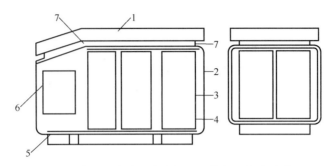

图 7-8　玻璃纤维增强特种水泥预装式变电站的外形

1—顶；2—墙；3—门；4—百页窗；5—槽钢底架；6—外装式计量装置；7—上通风道。

2. 主要技术参数

ZBW 系列 10kV 欧式预装式变电站的主要技术参数见表 7-6。变压器容量与一、二次电流及高压熔断器、低压主断路器的参考选择见表 7-7。低压电气设备可装设自动投切的低压无功功率补偿装置，补偿容量一般为变压器容量的 15%～20%。

表 7-6　ZBW 系列 10kV 欧式预装式变电站的主要技术参数

	项　目	数　据		项　目	数　据
高压单元	额定频率/Hz	50	低压单元	额定电压/V	400
	额定电压/kV	10		主回路额定电流/A	100～1600
	最高工作电压/kV	12		额定短时耐受电流/A	30(1s)
	额定电流/A	630		额定峰值耐受电流/A	63
	闭环开断电流/A	630		支路电流/A	100～400
	电缆充电开断电流/A	135		分支回路数/路	6～10
	转移电流/A	2200		补偿容量/kvar	0～200
	额定短时耐受电流/A	25(2s)	变压器单元	额定容量/kVA	50～1000
	额定峰值耐受电流/A	63		阻抗电压/%	4
	工频耐受电压/kV	42(对地及相间),48(断口)		电压分接范围	±2×2.5%或±5%
				联结组标号	Yyn0 或 Dyn11
	雷电冲击耐受电压/kV	95(对地及相间),110(断口)	箱体	外壳防护等级	IP33
				声级水平/dB	≤55

表 7-7　变压器容量与一、二次电流及高压熔断器、低压主断路器参考选择

变压器额定容量/kVA	一次电流/A	二次电流/A	高压熔断器熔体电流/A	低压主断路器额定电流/A
50	2.9	72	6.3	100
80	4.6	115	10	125
100	5.8	144	16	160
125	7.2	180	16	250
160	9.2	231	16	250
200	11.5	290	20	400

变压器额定容量/kVA	一次电流/A	二次电流/A	高压熔断器熔体电流/A	低压主断路器额定电流/A
250	14.4	360	25	400
315	18.2	455	31.5	630
400	23	576	40	630
500	28.9	720	50	800
630	36.4	910	63	1250
800	46	1164	80	1250
1000	58	1440	100	1600

3. 电气接线与配置方案

ZBW 系列 10kV 欧式预装式变电站的高压侧、低压侧接线方案分别见表 7-8 和表 7-9,读者可以自行分析图 7-8 所示的高压接线 01 方案~07 方案、图 7-9 所示的低压接线 01 方案~07 方案的特点。

图 7-9~图 7-11 为三种典型的组合配置方案。其中,图 7-9 所示的配置方案一,是电缆进出线、终端供电、高供低计、低压面板式;图 7-10 所示的配置方案二,是电缆进出线、终端供电、高供高计、低压走廊式、带低压无功补偿。图 7-11 所示的配置方案三,是电缆进出线、环网供电、高供低计、低压走廊式、带低压无功补偿。

表 7-8　ZBW 系列 10kV 欧式预装式变电站的高压侧接线方案

方案号	01	02	03	04	05	06	07
主回路方案							
功能	电缆引入	电缆进出线	电缆进出线	终端供电	终端供电	馈电	环网计量

表 7-9　ZBW 系列 10kV 欧式预装式变电站的低压侧接线方案

方案号	01	02	03	04	05	06	07
主回路方案							
功能	进线右联络	进线左联络	进线带计量	出线	出线	出线带计量	电容补偿

303

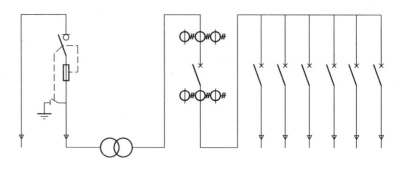

图 7-9　　配置方案一

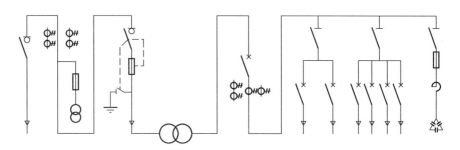

图 7-10　　配置方案二

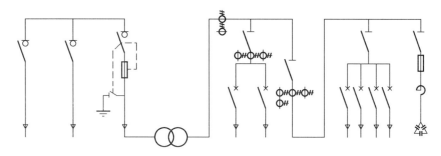

图 7-11　　配置方案三

4. 平面布置与安装

1）沉箱式预装式变电站

ZBW 系列 10kV 欧式沉箱式预装式变电站的平面布置及外形和安装尺寸如图 7-12 所示,箱体安装基础如图 7-13 所示。

2）平置式预装式变电站

ZBW 系列 10kV 欧式平置式预装式变电站的平面布置、外形和安装尺寸如图 7-14 所示,箱体安装基础如图 7-15 所示。

第三部分　掌握预装式变电站的技术特点

通过前面的学习,应当掌握预装式变电站的技术特点,了解内部结构和接线形式,为便于选用预装式变电站,将进一步介绍变电站的变压器类型、接线形式、保护方式等。

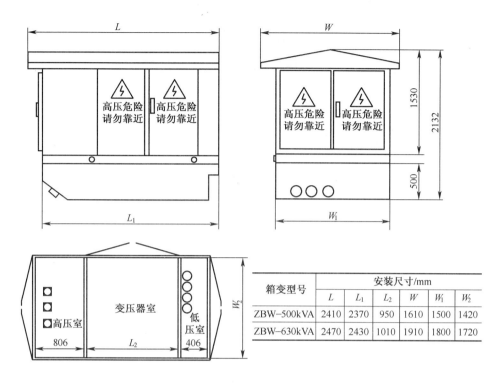

箱变型号	安装尺寸/mm					
	L	L_1	L_2	W	W_1	W_2
ZBW–500kVA	2410	2370	950	1610	1500	1420
ZBW–630kVA	2470	2430	1010	1910	1800	1720

图 7-12　ZBW 系列 10kV 欧式沉箱式预装式
变电站的平面布置、外形和安装尺寸

一、美式预装式变电站变压器的类型

国内生产的美式预装式变电站大都采用 S_9、S_{11} 系列配电变压器,也有的预装式变电站选用非晶合金变压器。非晶合金变压器空载损耗小,只有同容量 S_9 变压器的 $1/4 \sim 1/3$,但价格比较高,为同容量 S_9 变压器的 $1.5 \sim 1.8$ 倍。随着非晶合金材料制造技术的提高,价格将会下降。

变压器器身为三相三柱或三相五柱结构,采用 Dyn11 或 Yyn0 联结,熔断器连接在"△"外部,如图 7-16(a)所示。三相五柱式 Dyn11 变压器带三相不对称负载能力强,不会因三相负载不对称造成中性点电压偏移,负载电压质量得到保证;具有很好的耐雷特性。

三相五柱结构 Dyn11 联结的变压器也有缺点,当熔断器一相熔断后,会造成低压侧两相电压不正常,为额定电压的 $1/2$,会使负载欠电压运行。为解决此问题,将熔断器连接在"△"内部,如图 7-15(b)所示。图 7-16(b)结构的特点是熔断器一相熔断后不会造成低压侧两相电压不正常,熔断相所对应的低压侧相电压几乎为零,其他两相电压正常,这种方法对单相供电系统或单相负载的保护有效。但我国是三相供电,三相动力和照明可能混合供电,电力系统对三相不对称负荷是有限制的,不允许缺相运行。因为两相运行将会造成三相用电设备无法起动,运行中的三相用电设备也可能发热或烧毁,所以变压器一相断开后,不允许两相供电。为彻底解决这个问题,国内已经研制出智能型欠电压控制器,安装在低压出线开关上,有效地解决这个问题。

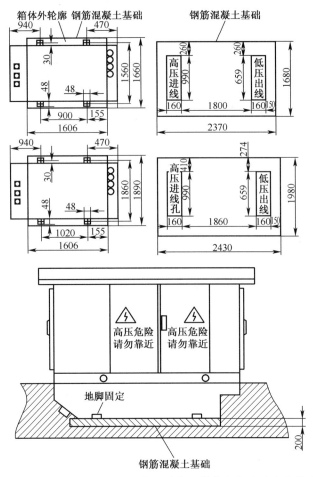

图 7-13 ZBW 系列 10kV 欧式沉箱式预装式变电站箱体安装基础

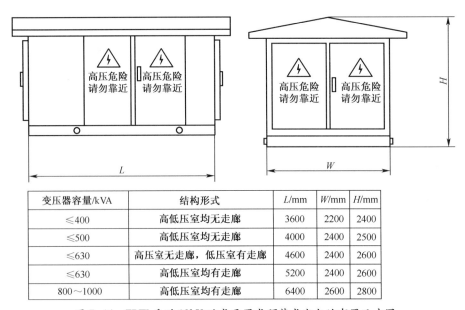

变压器容量/kVA	结构形式	L/mm	W/mm	H/mm
≤400	高低压室均无走廊	3600	2200	2400
≤500	高低压室均无走廊	4000	2400	2500
≤630	高压室无走廊，低压室有走廊	4600	2400	2600
≤630	高低压室均有走廊	5200	2400	2600
800～1000	高低压室均有走廊	6400	2600	2800

图 7-14 ZBW 系列 10kV 欧式平置式预装式变电站布置尺寸图

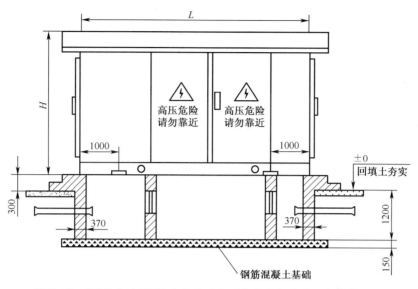

图 7-15 ZBW 系列 10kV 欧式平置式预装式变电站箱体安装基础图

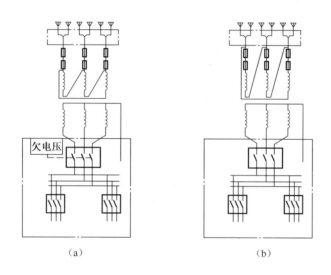

（a）　　　　　　　　　　　　（b）

图 7-16 Dyn11 联结组变压器接线方式

（a）将熔断器连接在△绕组的外部；（b）将熔断器连接在△绕组的内部。

二、美式预装式变电站的结构形式

1. 高压接线

高压回路由电缆终端接头、负荷开关、熔断器组等主要部件组成。进线方式有终端、双电源和环网三种供电方式,如图 7-17 所示。环网和双电源由四种方式实现,即:

一个四位置 V 形负荷开关;一个四位置 T 形负荷开关;两个二位置负荷开关;三个二位置负荷开关。

终端接线方式由一个两位置负荷开关实现。

2. 负荷开关

二位置和四位置油浸式负荷开关,是美式箱变专用,体积小、重量轻,额定电流有

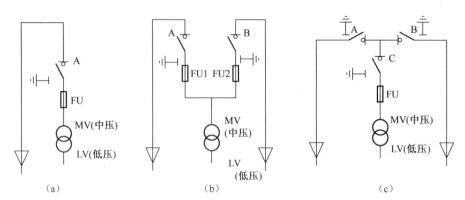

图 7-17 预装式变电站的高压接线

(a)终端接线;(b)双电源接线;(c)环网接线。

300A、400A、630A 等,但动、热稳定电流和短路关合电流都不大,四位置负荷开关热稳定电流为 12.5kA/2s,动稳定电流和短路关合电流为 31.5kA。二位置开关的热稳定电流 16kA/2s,动稳定电流和短路关合电流 40kA。四位置负荷开关原理接线图如图 7-18 所示,其中 A、B 端接电缆进线,C 端通过熔断器接变压器,T 形开关和 V 形开关接线功能不同,T 形开关缺少 A、B、C 同时断开,V 形开关缺少 A、B 连通断开 C。因此,T 形开关更适合环网运行,而 V 形开关更适合双电源运行。

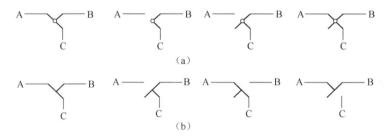

图 7-18 四位置负荷开关原理接线图

(a)四位置 V 形负荷开关;(b)四位置 T 形负荷开关。

环网和双电源功能可采用四位置开关,还可采用两个或三个两位置开关的组合实现。两个二位置开关的组合可以实现 V 形开关的功能,而三个二位置开关的组合可以实现更加灵活的应用。目前,国内已自行开发出四位置开关,但性能有待进一步提高。

3. 熔断器

预装式变电站采用两组熔断器串联进行分段全范围保护,这两组熔断器是插入式熔断器和后备保护熔断器。插入式熔断器的开断电流小,一般为 2500A,用以开断低压侧故障时的过电流;后备保护熔断器是限流熔断器,开断电流达到 50kA,隔离变压器内部故障。熔断器组的保护原理如图 7-19 所示。

运行中频繁发生的故障是变压器低压侧短路,因变压器短路阻抗的原因,短路电流被大大限制,反映到高压侧的过电流一般不超过 1kA。采用插入熔断

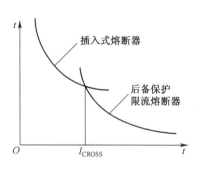

图 7-19 熔断器组的保护原理

器保护更换方便、成本低。而一旦变压器内部发生故障,短路电流将达到 2~10kA,在此电流下限流熔断器可以在 10ms 以内迅速切断故障,将故障变压器与系统隔离。

选取熔断器的原则,低压侧短路时,高压侧最大通过电流小于图 7-19 所示的两条熔断器曲线的交叉点电流 I_{CROSS},就能保证两个熔断器正确有选择地开断,确保箱变的可靠、安全运行,并降低了运行成本。

4. 油箱内高低压电缆

目前,国内几乎所有美式预装式变电站都沿用油浸纸绝缘电缆,接线端子与电缆的连接采用焊接工艺。国外配变产品已经不采用这种工艺,而是采用耐油橡胶电缆,接线端子与电缆的连接采用压接工艺,这种高、低压电缆的性能稳定,容易施工、美观。

5. 低压接线方案

预装式变电站的明显特点是体积小,但因这个特点,低压馈电方案就受到限制。一般来说,在不扩展外挂柜子时,出线保护可以有低压断路器 4 路或刀熔开关 6 路,有三组计量。这样的配置,在负荷密度较高的配电网中,一般可以满足大部分的要求。

6.油箱及外壳制造工艺

变压器的渗漏油是难题,既浪费,也降低了变压器运行的可靠性,维护保养困难。为降低成本,户外产品表面防护漆的附着力差、寿命短,是我国变压器行业和电力行业产品的基本状况。预装式变电站安装在城市道路边、住宅小区等,几年运行后,表面质量下降,影响与周边环境的协调,安全性有所下降,降低公众的安全感,需要对设备进行维护与防护。

三、欧式预装式变电站的高压接线

欧式预装式变电站有环网、双电源和终端三种供电方式。如终端接线,使用负荷开关-熔断器组合电器;如环网接线,则采用环网供电单元。

环网供电单元配负荷开关,由两个作为进出线的负荷开关柜和一个变压器回路柜(负荷开关+熔断器)组成。环网供电单元有空气绝缘和 SF_6 绝缘两种。配空气绝缘环网供电单元的负荷开关主要有产气式、压气式和真空式。

环网供电单元由间隔组成,至少由三个间隔组成,即两个环缆进出间隔和一个变压器回路间隔。图 7-20 为环网供电单元的主回路,负荷开关 Q_A 和 Q_B 在隔离故障线段时,能

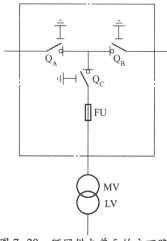

图 7-20　环网供电单元的主回路

Q_A,Q_B—进出线负荷开关;FU—Q_c—负荷开关—熔断器组合电器;MV/LV—变压器一、二次侧(中压、低压)。

309

及时恢复回路的连续供电。同负荷开关 Q_c 相连的熔断器 F 在高压/低压变压器发生内部故障时起保护作用。开关 Q_c 对熔断器和变压器还起隔离和接地作用。

图 7-21 为终端接线供电方式，电缆进线，有高压带电显示装置，其中图 7-20(b)采用高压侧计量。图 7-22 的高压主接线采用的是环形供电方式，由三个间隔组成，一个负荷开关-熔断器组合电器间隔，两个负荷开关间隔。负荷开关均为二工位压气式或真空式或 SF_6 式负荷开关。高压侧未装互感器，只能低压侧计量，即"高供低计"方式。

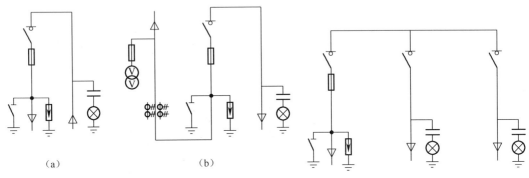

(a)　　　　　　　　(b)

图 7-21　终端接线供电方式　　　　图 7-22　环形供电方式

四、欧式预装式变电站的变压器

预装式变电站用的变压器为降压变压器，一般将 10kV 降至 380V/220V。在预装式变电站中，变压器容量一般为 160~2000kVA，最常用容量 315~8000kVA。可以是油浸变压器、耐燃液变压器、干式变压器等，500kVA 以下采用油浸式变压器，800kVA 以上则采用干式变压器。在防火要求严格的场合，应采用其他变压器，如在高层建筑中，按规定不可使用带油的电器。如开关及变压器均不得含油，开关应采用无油开关，如产气、压气和真空 SF_6 开关，可用干式变压器等。

变压器在预装式变电站中的设置，一种是将变压器外露，不设置在封闭的变压器室内，放在变压器室内会因散热不好而影响变压器的出力；另一种将变压器设置在封闭的室内，用自然和强迫通风来解决散热问题，此法采用较多。

变压器的散热有自然通风和强迫通风两种，强迫通风散热的测温基准大致有两种，一种以变压器室上部空气温度作为风扇动作整定值；另一种以变压器内上层油温不超过 95℃作为动作整定值，此法最为有效。

自然通风散热有变压器门板通风孔间对流、变压器门板通风孔与顶盖排风扇间的对流，及预装式变电站基础上设置的通风孔与闸板或顶盖排风扇间的对流几种方式。当变压器容量小于 315kVA 时，使用后两种方法为宜。

强迫通风也有多种办法，如排风扇设置在顶盖下面，进行抽风；排风扇设置在基础通风口处，进行送风。第一种办法是风扇搅动室内的热空气，散热效果不够理想，第二种办法是将基础下面坑道处的较冷空气送入室内，这样温差大，散热效果较好。

在第二种强迫通风方法中，一般用轴流风机，也可用辐面风机。轴流风机对变压器散热片内外侧散热不均，往往外侧散热好，内侧散热差些；而辐面风机的排风口较均匀吹拂内外侧，通风散热效果较好。左右各装一只，散热效果则更好。

在变压器室的箱体上一般可设置有百叶窗，便于通风。但气流通过百叶窗进入变压器室的同时,夹杂着灰尘,这对变压器的外绝缘不利。要注意百叶窗的结构,使气流能进去,而灰尘被分离。如将叶片做成折变形状,在弯曲处,气流夹杂的灰尘受阻,因自重从拐弯处滑出落下,气流进去而灰尘进不去。

变压器要采取防日照措施,防变压器室温度上升,如在变压器的四壁添加隔热材料;采取双层夹板结构;顶盖采用带空气垫或隔热材料的气楼结构等。

五、欧式预装式变电站的低压配电装置

低压配电室装有主开关和分路开关。分路开关一般 4~8 台,也可多到 12 台。因此,分路开关占了相当大的空间,缩小分路开关的尺寸,就能多装分路开关。在选择主开关和分路开关时,除体积要求外,还应选择短飞弧或零飞弧开关。

低压室有带操作走廊和不带操作走廊两种形式。操作走廊一般宽度为 1000mm。不带操作走廊时,也可将低压室门板做成翼门上翻式,翻上的面板在操作时可遮阳挡雨。低压室往往还装有静电电容器无功补偿装置、低压计量装置等。实际使用时,精心设计,充分利用空间。图 7-23 为低压回路接线方案示例。

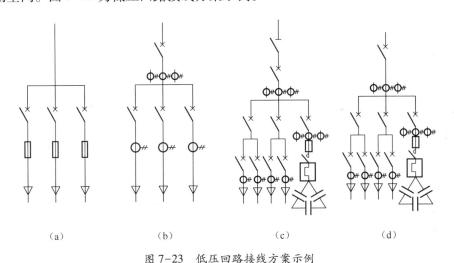

（a）　　　　　（b）　　　　　（c）　　　　　（d）

图 7-23　低压回路接线方案示例

六、预装式变电站的环境控制系统

预装式变电站一般在户外运行,内部电器设备容易受到外界环境的影响。如高压室和低压室若发生凝露,将危及电器绝缘,甚至导致闪络。变压器室的温度若超过一定限度,会影响出力。因此,为保护预装式变电站免受外界环境的影响,需装设保护装置,如去湿机、调温装置、强迫排气装置等。对高、低压室而言,主要是防止凝露危害绝缘;对变压器室来说,主要是监控温度,以免影响变压器的输出功率。

对这些保护装置的控制,可采用电气控制电路或微机控制。如用单片机嵌入式控制器或 PLC 控制系统监控温度和湿度,当达到设定的湿度和温度发出指令,控制去湿机和调温器动作;也可监控变压器的油温,当温度达到设定值时,启动风扇,强迫通风散热。凝露温度控制器在预装式变电站中的安装情况,如图 7-24 所示。

图中的凝露温度控制器由高低压开关柜、预装式变电站、地下变电站、变压器、专用温度控制器组成。

（1）三路传感器当中任意一路监测到产生凝露时,控制器都会发出警报,并自动驱动

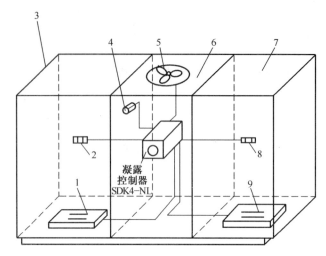

图 7-24　凝露温度控制器在预装式变电站中的应用

1—加热器；2,8—凝露传感器；3—高压室；4—温度传感器；5—排气扇；6—变压器室；7—变压器；9—加热器。

相应的加热及通风装置,避免产生凝露。

（2）当变压器或其他被测介质的温度超过设定温度时,控制器自动控制相应的通风装置,室内通风降温,确保电器设备的正常运行。

项目八　认识变电所综合自动化的基本特点

本项目安排 2 个任务,基本了解变电所综合自动化的基本知识,介绍典型变电所综合自动化系统。

任务 1　了解变电所综合自动化的基本知识

第一部分　任务内容下达

变电站综合自动化是发展方向,变电站综合自动化技术在变电站中得到应用,发展很快。了解并掌握变电站综合自动化的知识、技术参数,将有利于岗位发展。

第二部分　任务分析及知识介绍

一、变电所综合自动化系统的基础知识

1. 变电站综合自动化系统的概念

所谓变电站综合自动化,是将变电站的二次设备经过优化设计,功能的组合更加合理,控制与保护更加集成化。就是利用电器技术、计算机技术、传感器技术、控制技术及网络、现代电子技术、通信技术和信号处理技术,对全变电站的主要设备和输配电线路自动监视、控制、测量、保护和调度通信等综合性自动化。

变电站综合自动化系统采集的数据,利用计算机技术,监视和控制变电站内各种开关、变压器等运行,实现对全变电站的主要设备和输配电线路的操作;实现功能综合化、结构微机化、操作监视屏幕化、运行管理智能化等。

变电站综合自动化系统技术,发展很快,在国内许多场合已经实际应用。

2. 变电站综合自动化系统的内容

主要包括电气参数量的采集、电气设备状态监视、控制和调节,实现变电站正常运行的监视和自动操作,保证变电站的正常运行和安全。还包括高压电器设备本身的监视信息,如断路器、负荷开关、变压器和避雷器等的绝缘和状态监视等;包括现场各类主数据的采集与控制,并将这些数据传输到管理计算机系统,因此,综合自动化系统实际上包括数据采集、监视与检测、控制和管理的整个系统构成。

发生事故时,继电保护装置和传感器及故障记录仪器等能够实现瞬态电气信号的采集、监视和控制,控制装置迅速切除故障并完成事故后的恢复正常操作。

3. 变电站综合自动化系统的构成

主要包括微机保护、安全自动控制、远程监控、通信管理等子系统。

1）微机保护子系统

主要功能是微机保护,包括对整个变电站主要设备和输电线路的全套保护,具体有高压输电线路的主保护和后备保护,包括主开关的工作状态与故障检测等;主变压器的主保护和后备保护,包括主变压器的运行状态监测与保护;无功补偿电容器组的保护;母线保护;配电线路的保护等。

微机保护子系统中的各保护单元,保护功能应当独立、完整,并同时有快速性、选择性、灵敏性、可靠性;参数整定具备选择功能;具有故障记录功能;故障自诊断、自闭锁和自恢复功能;通信功能等。

(1)快速性、选择性、灵敏性、可靠性。保护装置的这个要求,是在工作中不受监控系统和其他子系统的干扰与影响,即要求保护子系统相对独立,本单元独立工作的可靠性很高,各保护单元如变压器保护单元、线路保护单元、电容器保护单元等,构成的模块化系统结构必须各自独立;主保护和后备保护由各自的计算机系统实现,重要设备的保护最好采用双 CPU 冗余结构,即正常工作的系统与处于热备的待机系统,同步工作,保证在保护子系统中如果一个功能部件模块损坏,只影响局部保护功能,而不影响其他设备,而且热备系统能够及时自动投入代替故障系统。

(2)参数整定具备选择功能。根据实际状况,可以设置存储多套保护整定值,自动校对整定值,如保护定值、功能的远方整定、投入与退出。

(3)故障记录功能。当被保护对象发生事故时,能自动记录保护动作前后状态的故障信息,如故障电压、故障电流、开关状态、故障发生时间和保护出口时间等,为分析故障提供基本资料;在此基础上,尽可能具备一定的故障记录功能、记录数据的图形显示和分析;实时时钟功能整合系统数据具有统一时钟。

(4)故障自诊断、自闭锁和自恢复功能。每个保护单元有完善的故障自诊断功能,发现内部有故障,能自动报警,并能指明故障部位。

(5)通信功能。各保护单元设置有通用的通信接口,与保护管理机或通信控制器连接。用于保护的通信控制器在自动化系统中,将保护子系统与监控系统联系起来,向下管理和监视保护子系统中各保护单元的工作状态,同时下达由调度或监控系统发出的保护类型配置、参数、整定值等信息;向上向管理系统传送各个单元的工作状态及故障信息。

2）安全自动控制子系统

主要功能有电压无功自动综合控制、低频减载、备用电源自投、小电流接地选线、故障录波和测距、同期操作、"五防"操作和闭锁、声音图像远程监控等。

3）远程监控子系统

包括数据采集、变电站采集的开关量、事件顺序记录、操作控制功能等。

(1)数据采集。变电站的数据包括模拟量、开关量;变电站模拟量信号有系统频率、各段母线电压、进线线路电压、各断路器电流、有功功率、无功功率、功率因数等;主变油温、直流合闸母线和控制母线电压、站用变电压等;采集变电站环境的温度、湿度等模拟量;变电站采集的开关量包括断路器状态及辅助信号、隔离开关状态、变压器分接头的位置、同期检测状态、继电保护及安全自动控制装置信号、运行告警信号等;现行变电站综合自动化系统中,电度量采集方式包括脉冲和 RS485 接口两种,对每个断路器的电能采集一般不超过正反向有功、无功 4 个电度量,如果采用独立的电量采集系统,可以得到更多电度量数据。

（2）事件顺序记录。包括断路器跳合闸记录、保护动作顺序记录,并应记录事件发生的时间,一般应精确至毫秒级。

（3）操作控制功能。操作者通过远方或当地显示器对断路器和电动隔离开关进行分、合操作,对变压器分接开关位置调节;为防止计算机系统故障,应能手动直接跳、合闸操作;断路器操作应有闭锁功能,断路器操作时,闭锁自动重合闸;当地操作和远方控制操作要互相闭锁,保证只有一处操作;根据实时信息,自动实现断路器与隔离开关间的闭锁操作;无论当地或远程操作,都需要防误操作的闭锁措施,即收到返校信号后,才执行下一项;必须有对象校核和操作性质校核。

4）通信管理子系统

通信管理子系统包括子系统内部产品信息管理、主通信控制器对其他产品的信息管理、主通信控制器与上级调度的通信等。

（1）子系统内部产品信息管理。实现综合自动化系统的现场通信,主要解决各子系统内部各装置之间及其与通信控制器的数据通信、信息交换,通信范围被限制在变电站内部;对于集中组屏的综合自动化系统,就是在主控室内部;对分散安装的自动化系统,通信范围扩为主控室与子系统的安装地,开关柜间的通信距离将加长。

（2）主通信控制器对其他产品的信息管理。保护和安全自动装置信息的实时上传、保护、安全自动装置定值的召唤和修改、电子电能表数据采集、智能交直流屏的数据采集、向"五防"操作闭锁系统发送断路器刀闸信号、其他智能设备的数据采集、所有设备的授时管理和通信异常管理。

（3）主通信控制器与上级调度的通信。变电站综合自动化系统具有与电力调度中心通信的功能,每套综合自动化系统仅有一个主通信控制器完成此功能。

二、典型变电所综合自动化系统简介

以 RCS-9600 型变电所综合自动化系统做简单介绍。该系统集保护、测控功能一体的新型变电站综合自动化系统。满足 35~500kV 各种电压等级变电站综合自动化需要。包括 RCS-9600 和 RCS-9700 系列,前者主要适用于 110kV 及以下电压等级变电站综合自动化,后者主要适用于 220kV 及以上电压等级变电站综合自动化。

1. RCS-9600 系统的构成简介

具有分布系统、RCS 总线、双网设计、对时网络、后台监控系统等特点。

（1）分布系统。按对象将保护和测控集保护、测控功能于一体,可就地安装在开关柜中,减少二次接线,装置仅通过通信电缆或光纤与上层系统联系,节省了大量电缆接入控制室。

（2）RCS 总线。依据电力行业标准 DL/T 667—1999,提供保护和测控的综合通信,实时性强、可靠性高,开放式总线,只要遵守同种规约,可互操作。

（3）双网设计。所有设备可提供独立的双网接线,通信互不干扰,可组成双通信网络,通信可靠性高。

（4）对时网络。网络方式为 GPS 的提供硬件对时,GPS 只需给出一副接点,通过一个网络,可对所有设备提供硬件对时。

（5）后台监控系统。开放式系统,组态完成监控功能、完整提供保护信息功能及保护录波分析。

RCS-9600 综合自动化系统的整体分为变电站层、通信层和间隔层,硬件主要由保护测控、通信控制及后台监控系统等单元组成。

变电站层提供远程通信功能,可以同时以不同的规约向两个调度或集控站转发信息报文,后台监控系统功能强大、界面友好。

依据电力行业标准,通信层方便地实现不同厂家的设备互连,可选用光纤组网解决通信干扰问题;采用独立双网设计保证了系统通信的可靠性;设备的 CPS 对时网减少了GPS 与设备之间的连线,方便可靠,对时准确。

间隔层可适应恶劣环境如高温、强磁场干扰和潮湿长期可靠运行,保护与测控功能合并,减少重复设备。RCS-9600 型变电站综合自动化系统典型结构如图 8-1、图 8-2所示。

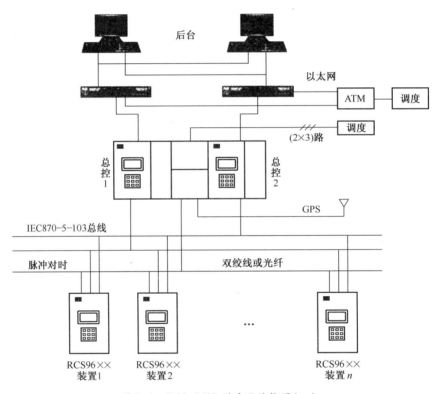

图 8-1 RCS-9600 型系统结构图(一)

2. RCS-9600 后台监控系统及软件

用于综合自动化变电站的计算机监视、管理和控制或用于集控中心对无人值守变电站远程监控。通过测控装置、微机保护及变电站内其他微机设备,采集、处理和监视变电站运行的数据,按照控制命令和预先设定的控制条件对变电站控制,为变电站运行维护人员提供变电站运行监视所需要的各种功能,提高变电站运行的稳定性和可靠性。

1)系统结构

图 8-1 所示系统结构是双机配置,主要用于中高压枢纽变电站。其中后台两个工作站用于变电站实时监控,互为备用。主计算机系统通过两台通信控制器与变电站内的保

护、测控装置相连,实现变电站的数据采集和控制。任一台故障,可自动切换,接替故障设备工作。图 8-2 所示系统结构配置采用单机结构,主要用于中低压变电站,完成变电站日常运行监视和控制。在中低压变电站中正逐步实现无人值守,对于重要性较低的变电站,可以配置测控装置和保护,不配置计算机系统,完全由变电站的集控中心监控。

图 8-1、图 8-2 两种配置硬软件平台相同。随着变电站规模的扩大,可逐步发展扩充原有系统。

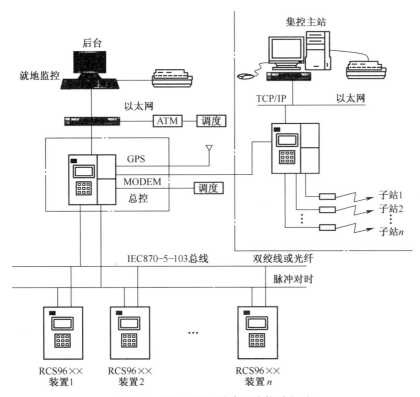

图 8-2　RCS-9600 型系统结构图(二)

2) 系统功能

实时数据采集包括遥测、遥信、电能量、保护数据等;数据统计和处理包括限值监视及报警处理、遥信信号监视和处理、运行数据计算和统计等。

（1）遥测。变电站运行实时数据,如母线电压、线路电流、功率、主变压器温度等。

（2）遥信。断路器、隔离开关位置、各种设备状态、气体继电器信号、气压等信号。

（3）电能量。脉冲电能量,计算电能。

（4）保护数据。保护的状态、定值、动作记录等数据。

（5）限值监视及报警处理。多种限值,多种报警级别如异常、紧急、事故、频繁报警抑制等,多种报警方式如声响、语音、闪光等报警闭锁和解除。

（6）遥信信号监视和处理。人工置数功能、遥信信号逻辑运算、断路器事故跳闸监视及报警处理、自动化系统设备状态监视。

（7）运行数据计算和统计。电能量累加、分时统计、运行日报统计、最大值、最小值、负荷率、合格率统计。

操作控制包括断路器及隔离开关的分合、变压器分接头调节、操作防误闭锁和特殊控制。

运行记录包括遥测越限记录、遥信变位记录、顺序事件记录、自动化设备投停记录,操作记录如遥控、遥调、保护定值修改等记录。

报表和历史数据包括变电站运行日报、月报;历史库数据显示和保存。

人机界面包括电气主接线图、实时数据画面显示,实时数据表格、曲线、棒图显示,多种画面调用方式如菜单、导航图等,各种参数在线设置和修改,保护定值检查和修改,控制操作检查和闭锁,画面复制和报表打印,记录打印,画面和表格生成工具,语音告警(选配)。

另外还有支持多种远程通信规约,与多调度中心通信;远程系统维护;事故追忆功能、追忆数据画面显示功能。

3)监控系统软件

监控系统软件操作系统、数据库、画面编辑和应用软件等几部分,如图8-3所示。

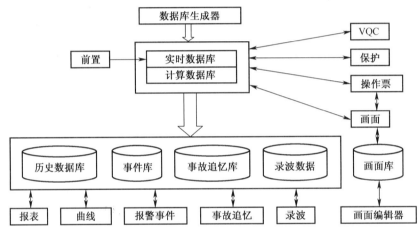

图8-3　监控系统软件结构图

4)数据库

用于存放和管理实时数据及对实时数据处理和运算的参数,在线监控系统数据显示、报表打印和界面操作等的数据,保护、测控单元数据。数据库生成系统提供离线定义系统数据库工具,在线监控系统运行时,由系统数据管理模块负责系统数据库的操作,如统计、计算、产生报警、处理用户命令,如遥控、遥调等。

数据库分为三层,即站、数据类型、数据序号形成数据库的访问层,其中"站"对应整个变电站;"数据类型"即遥测、遥信、电能等;"数据序号"又称"点",对应具体的数据。

系统数据库的数据分基本级数据和高级数据两级,前者指遥测、遥信、脉冲的基本属性;后者指在前者基础上的电压、电流、功率、断路器、隔离开关和电能的属性。基本级数据可以在数据库生成系统中定义,高级数据是监控系统在线运行时产生。

5)画面编辑器

画面编辑器是生成监控系统的重要工具,地理图、接线图、列表、报表、棒图、曲线等画面都在画面生成器中生成,由画面编辑器生成的画面都能在线调出显示;地理图、接线图、列表是查看数据、进行操作的主要画面,报表、曲线用于打印。

318

画面编辑器提供了编辑功能,提供报表、列表自动生成工具,加快作图速度。常用符号如断路器、隔离开关、接地开关、变压器等,可以用画面编辑器制成图符,编辑画面时直接调用。

6）应用软件

应用软件依据数据库提供的参数实现监控,通过人机界面、画面编辑器生成的各种画面,提供变电站运行信息,显示实时数据和状态,异常和事故报警;可远程操作和控制一次设备,干预和控制监控系统的运行。

（1）数据采集。与通信控制器通信,采集各种数据,传送控制命令。

（2）数据处理。对采集数据进行处理和分析,判断数据、开关量有无变位,统计处理数据库提供的参数。

（3）报警与事件处理。判断报警或事件类型,给出报警或事件信息,登录报警或事件内容、时间,设置和清除相关报警或事件标志。

（4）人机界面处理。显示各种画面和报表、报警和事件信息,给出报警音响或语音,自动和定时打印报警、事件信息以及各种报表、画面;操作权限检查,提供遥调、遥控控制操作,确认报警,修改显示数据、修改保护定值。

（5）数据库接口。连接数据库与应用软件,对数据库存取进行管理、协调和控制。

（6）控制。完成特定的控制任务和工作,对每一项控制任务,一般有一个控制软件与之对应。

3. RCS-9600 系列保护测控单元

RCS-9600 保护测控单元可单独使用,用于老变电站改造或同其他变电站监控系统的配合。用于完成变电站内数据采集、保护和控制,与 RCS-9600 计算机监控系统配合,实现变电站综合自动化。

1）RCS-9600 保护测控单元的功能及分类

RCS-9600 系列保护测控单元是变电站综合自动化系统的基本部分,以变电站基本元件为对象,完成数据采集、保护和控制等功能。主要功能有模拟量数据采集、转换与计算,开关量数据采集、滤波、继电保护、自动控制功能、事件顺序记录、控制输出、对时、数据通信等。

对保护测控单元,模拟量数据采集、转换和计算,主要有线路电流、母线电压、流过电容器或电抗器和变压器的电流、变压器的温度、直流母线电压等。对所采集到的电流、电压转换和计算,得到电流和电压的数字量,及由电流、电压计算出来的复合量,如有功功率、无功功率,代替常规二次仪表,实现对变电站基本元件参数的监视。

开关量采集包括断路器、隔离开关位置、一次设备状态及辅助设备状态等触点形式的信息。

继电保护因配置因设备、对象,自动控制功能主要包括自动准同步、低频减负荷等;数据通信是实现保护测控单元与计算机监控系统间信息交换的重要手段,通过数据通信实现信息交换、数据共享、功能集成和综合自动化。

依据保护测控单元服务的对象及功能分类,RCS-9600 保护测控单元包括保护单元如 RCS-978 变压器保护;测控单元如 RC-9601 线路测控单元;保护测控单元如 RCS-9611 线路保护测控单元;自动装置单元如 RCS-9651 分段备自投测控单元;辅助装置单元如 RCS-9662 电压并列装置。RCS-9600 系列保护测控单元如图 8-4 所示。

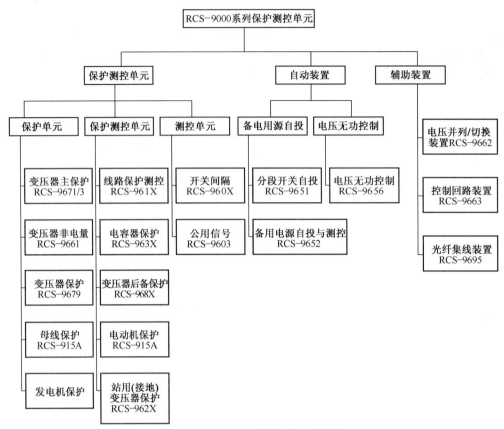

图 8-4　RCS-9600 系列保护测控单元

2）保护测控单元硬件结构

RCS-9600 系列保护测控单元硬件典型结构组成如图 8-5 所示，主要有交流插件、CPU 插件、继电器出口回路、显示面板和电源及开入插件等模块构成。

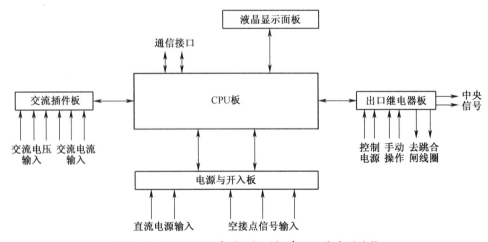

图 8-5　RCS-9600 系列保护测控单元硬件典型结构

（1）交流插件完成转换，隔离现场提供的电流、电压信号，将现场 100V 和 5A 交流电压和电流信号转换为适宜 A/D 采集和处理的低电压信号。

（2）CPU插件包括交流插件接口 A/D 转换部分、开入量及继电器出口板接口、显示面板接口和外部通信接口。交流插件的小电流信号经 A/D 变成数字信号送给 CPU。

（3）对线路、电容器、站用变压器/接地变压器等保护测控单元,继电器出口板相当于常规二次回路的操作箱,提供出口分合、防跳、手工分合断路器控制,还可通过触点向监控系统提供断路器位置信号。

（4）显示面板插件提供人机界面。替代二次仪表,实时显示变电站基本元件的运行参数,如母线电压、线路电流、断路器位置、状态等。可根据显示面板插件,检查、修改保护定值,观察装置状态等。

RCS-9600 系列保护测控单元为模块化结构,若更换图 8-6 中交流插件并配置相应的软件模块,图 8-5 所示的保护测控单元转换为变压器的差动保护 RCS-9671。硬件框图如图 8-6 所示。若将图 8-5 交流插件更换为直流插件,同时更换电源与开入板插件,增加开入信号,更换出口继电器板,则图 8-5 所示保护测控单元转换为如图 8-7 所示的公用信号测控单元 RCS-9603 的硬件结构。

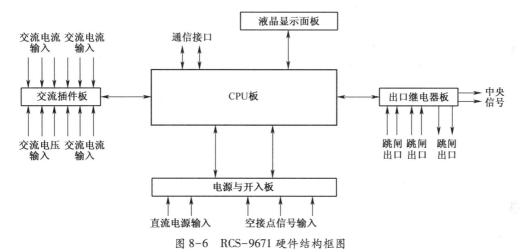

图 8-6　RCS-9671 硬件结构框图

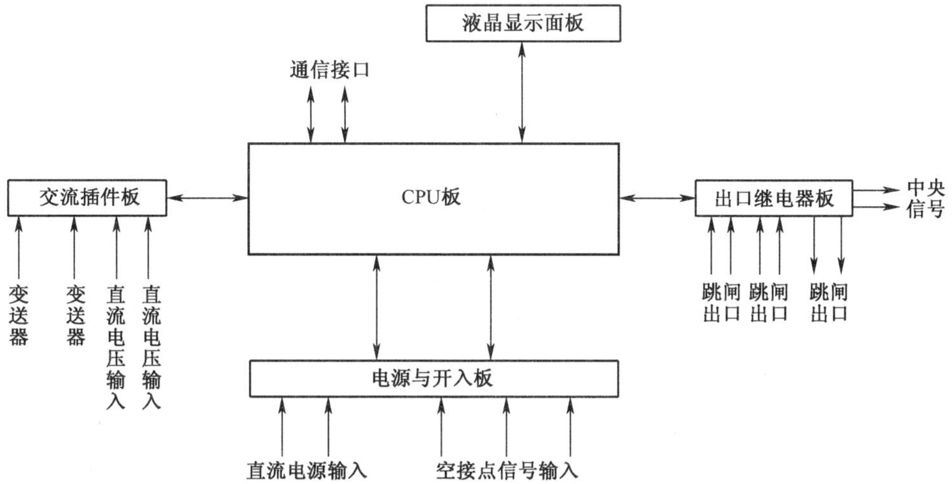

图 8-7　RCS-9603 硬件结构框图

3）RCS-961X 系列线路保护测控单元功能。

适用于 110kV 及以下电压等级非直接接地或经小电阻接地系统中的馈线保护和测控。包括 RCS-9611、RCS-9611A、RCS-9612、RCS-9612A 馈线保护测控装置；RCS-9613 线路光纤纵差保护装置；RCS-9615 线路距离保护装置；RCS-9617 横差保护装置等七种类型。

（1）保护功能。二段/三段定时限过电流保护、反时限过电流保护、零序过电流保护、过电流保护可经低电压闭锁或方向闭锁、合闸加速保护、短线路光纤纵差动保护、过负荷保护、三段式相间距离、横联差动电流方向保护等。

（2）测控功能。最多9路自定义遥信开入采集；通过交流采样提供电压、电流、功率等最多14个遥测；4路脉冲量采集；一组断路器遥控；硬件对时；通信功能。

（3）自动控制功能。有故障录波、三相一次/二次自动重合闸、低频减负荷、接地选线试跳和自动重合及独立操作回路。

在每一个保护测控单元中，可通过不同类型保护测控单元选配上述功能。

4）RCS-962X 系列站用/接地变压器保护测控单元功能。

适用于 110kV 及以下电压等级非直接接地或经小电阻接地站用/接地变压器保护和测控。保护测控单元功能见表 8-1。

表 8-1 RCS-962X 系列站用/接地变压器保护测控功能

名 称	保护功能	测控功能
RCS-9621	二段定时限过电流保护 三段零序定时限过电流保护 非电量保护	触点信号采集 交流采样 脉冲信号采集 断路器遥控 故障录波 独立操作回路 通信功能 硬件对时
RCS-9621A	三段复合电压闭锁过电流保护 高压侧正序反时限保护 二段定时限负序过电流保护 高压侧接地保护 低压侧接地保护 低电压保护 非电量保护 过负荷保护	

5）RCS-963X 系列电容器保护测控单元功能。

用于 110kV 及以下电压等级非直接接地或经小电阻接地系统中并联电容器的保护和测控。电容器组可接线单 Y、双 Y、Q△或桥型接线及保护测控功能等五种类型的电容器保护测控单元。RCS-963X 系列电容器保护测控功能如图 8-8 所示。

RCS-9631、RCS-963IA 电容器保护测控单元适用于电容器组单 Y、双 Y、联结；RCS-9631A 在 RCS-9631 基础上增加了非电量保护，由二段过电流保护改为三段过电流保护，并添加了反时限过电流保护。

RCS-9632、RCS-9633、RCS-9633A 适用于桥型接线电容器组，RCS-9632 与 RCS-9633 保护测控单元差别在一个有桥差电流保护，另一个有差电压保护；RCS-9633A 电容器保护测控单元在 RCS-9633 的基础上改二段定时限过电流为三段定时限过电流，增加了反时限过电流、非电量保护,添加自动投切功能。

二段定时限 过电流	三段定时限/ 反时限过电流			三段定时限/ 反时限过电流
	过电压			过电压
过电压	低电压	三段定时限 过电流	二段定时限 过电流	低电压
低电压	不平衡电压	过电压	过电压	差电压
不平衡电压	不平衡电压	低电压	低电压	自动投切
不平衡电流	非电量保护	桥差电流	差电压	非电量保护
操作回路、故障录波、零序过电流、 开关量采集、交流采样、脉冲量采集、遥控、通信				

图 8-8 RCS-963X 系列电容器保护测控功能

6）RCS-965X 系列备用电源自投保护测控装置功能。

见表 8-2,适用于 110kV 及以下电压等级降压变电站,当一条电源故障或其他原因失电后,备用电源自投装置自动启动,投入备用电源。该装置提供进线备自投和分段备自投两类功能,并结合分段断路器监控的需要,融合分段断路器保护测控功能。根据技术条件,满足适当的接线方式,可以两台主变压器运行或一台运行一台备用。

表 8-2 RCS-965X 系列备用电源自投保护测控装置功能

装置类型	RCS-9651	RCS-9652	装置类型	RCS-9651	RCS-9652
分段备自投	4 种方式	2 种方式	遥测	I_A、I_B、I_C、P、Q、$\cos\phi$	I_A、I_B、I_C、 P、Q、$\cos\phi$
进线备自投	无	2 种方式			
分段断路器保护	过电流、零序、 重合闸、充电保护	无	遥信	5 路	6 路
操作回路	1 个	无	遥控	1 组（分段断路器）	3 组

7）RCS-96XX 系列变压器保护测控装置功能。

该装置完成变压器保护和测控任务,由一台还是多台装置完成变压器的保护,有两大类型,一类如 RCS-9679 集成变压器保护单元,包含变压器差动、高低压侧后备、非电量保护及三相操作回路等功能,一个单元可完成变压器成套保护任务,但对变压器测量、监视和分接头调节控制,需配置相应测控单元完成;另一类如 RCS-9671/3、RCS-9681/2、RCS-9661 保护测控单元,每一个保护单元仅完成一部分变压器的保护,如 RCS-9671 完成变压器差动保护任务,RCS-9661 仅完成变压器非电量保护。整个变压器所要求的全套保护必须将这类多个保护单元组合起来。变压器后备保护测控单元 RCS-968/2 有后备保护功能和测控功能,若采用这类保护测控单元,仅需增加一公用信号测控单元 RCS-9603,采集变压器油温和挡位信号,可完成变压器全部保护和测控任务。

（1）查阅资料叙述 RCS-9600 系列保护测控单元中有哪些主要功能？

（2）叙述 RCS-9600 综合保护自动化系统实时采集的数据有哪些？

第三部分　了解典型电站综合自动化的技术参数

本任务学习并了解了电站综合自动化的功能、组成、基本技术参数。根据图 8-1 的 RCS-9600 系统结构,查阅资料,了解电站综合自动化系统的某些参数。

任务 2　了解典型的电站综合自动化设备

第一部分　任务内部下达

电站综合自动化系统很复杂,通过任务 1 的学习,了解基本组成、功能和特点。本任务中,单对具备知识、进一步介绍。

电站综合自动化系统很复杂,通过前面的介绍,需要了解一些基本组成、功能和特点。此处,我们将典型的电站综合自动化系统的基本功能和保护再归纳一下,能够进一步了解。

第二部分　任务分析及知识介绍

一、功能

供电系统中变电所综合自动化系统的基本功能主要取决于供电系统实际需要、技术实现的可能性及经济合理性。归纳起来如图 8-9 所示。

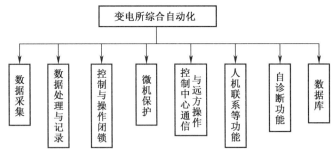

图 8-9　变电所综合自动化基本功能框图

1. 数据采集

供电系统运行参数在线的实时采集是变电所综合自动化系统的基本功能之一,包括模拟量、状态量和脉冲量。

（1）模拟量。有进线电压、电流和功率值,各段母线的电压、电流,各馈电回路的电流及功率,还有变压器的油温、电容器室的温度、直流电源电压等。

（2）状态量。有断路器与隔离开关的位置状态,一次设备运行状态及报警信号,变压器分接头位置信号,电容器的投切开关位置状态等,这些信号一般用光电隔离方式的开关量。

（3）脉冲量。脉冲电度表输出的以脉冲信号表示的电度量。

2. 数据处理与记录

（1）变电所运行参数统计、分析和计算。包括变电所进线及各馈电回路的电压、电流、有功功率、无功功率、功率因数、有功电量、无功电量的统计计算；进线电压及母线电压、各次谐波电压畸变率的分析，三相电压不平衡度的计算；日负荷、月负荷的最大值、最小值、平均值的统计分析；各类负荷报表的生成及负荷曲线的绘制等。

（2）变电所内各种事件的顺序记录并存档。如开关正常操作的次数、时间；继电保护装置和各种自动装置动作的类型、时间、内容等。

（3）变电所内运行参数和设备报警及记录。给出声光报警时，记录被监测的名称、限值、越限值、越限的百分数、越限的起止时间等。

3. 控制与操作闭锁

通过变电所综合自动化系统显示屏对所内各个开关操作，也可以对变压器的分接头调节控制，投切电容器组；保留了人工直接跳合闸的功能。

4. 微机保护

主要包括线路保护、变压器保护、母线保护、电容器保护、备用电源的自动投入装置和自动重合闸装置等。

5. 与远方操作控制中心通信

常规的远程功能，在实现遥测、遥信、遥调、遥控等"四遥"的基础上增加远方修改整定保护定值，通过相应的接口和通道，按规定的通信协议向电力部门传送数据信息。

6. 人机联系功能

变电所有人值班时，人机功能在当地监控系统的后台机上完成；无人值班时，可在远方操作控制中心的主机或工作站完成。

用户面对变电所综合自动化的窗口，值班人员通过屏幕可随时、全面掌握供电系统及变电所的运行状态，包括供电系统主接线、实时运行参数、所内一次设备的运行状况、报警画面与提示信息、事件顺序记录、事故记录、保护整定值、控制系统的配置显示、各种报表和负荷曲线。可以修改保护的定值及保护类型，报警的界限、设置与退出，手动与自动的设置，人工操作控制断路器及隔离开关等。可定时打印、随机打印和召唤打印。

7. 自诊断功能

各单元模块具有自诊断功能，自诊断信息也像数据采集一样周期性地遥往后台操作控制中心。

8. 综合自动化系统的数据库

存储整个供电系统的数据和资料信息，分基本类数据、对象类数据、归档类数据。

基本类数据是整个数据库的基础，将变电所中的部分一次设备和相关的基本数据结合一起当作一个整体对象，便于其他系统引用，如变压器数据包括分接头位置、温度、一次侧电流和电压、二次侧电流和电压、有功及无功功率、分接头调节控制及相关的操作等。还包括供电系统的运行参数和状态数据，如电压、电流、有功功率、无功功率、开关位置和变压器的油温等。

归档类数据，存于系统中或网络中，查看历史数据时才用到。一类是变电所基本信息类数据，如变电所内一次、二次设备的型号、规格、技术参数等原始资料；另一类是反映变电所运行状态类型的数据,如日、月的平均、最大、最小负荷,事故报警历史记录等,这类数据一般都带有时标,以备查阅。

目前一些综合自动化系统已开发出了相应的智能分析模块软件,如事故的综合分析,自动寻找故障点,自动选出接地线路,变电所倒闸操作票的自动生成和打印等功能。

二、供电系统的微机保护

微机保护的功能强大,综合分析和判断能力很强,可靠性很高,灵活性较大,软件设置保护功能和参数;完善的通信功能,构成综合自动化系统,提高系统运行的自动化水平。目前,我国许多电力设备已有很多成套的微机保护装置投入现场运行。

1. 微机保护的构成

由数据采集部分、微机系统、开关量输入/输出系统三部分组成。如图8-10所示。数据采集部分包括交流变换、电压形成、模拟低通滤波、采样保持、多路转换以及模/数转换等,将模拟输入量准确地转换为所需的数字量。

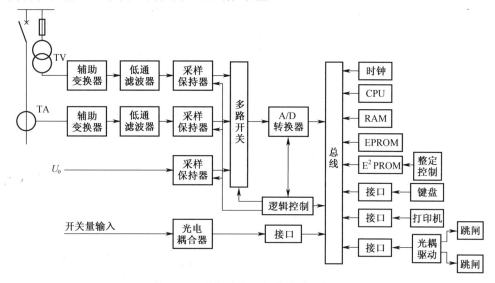

图8-10 微机继电保护装置系统框图

微机系统是核心部分,采用软件,对由数据采集系统输入至RAM区的原始数据分析处理,完成各种保护功能。

开关量输入/输出系统由若干个并行接口适配器、光电隔离器及中间继电器等组成,完成各种保护的出口跳闸、信号报警、外部接点输入及人机对话等功能。该系统开关量输入通道设置是实时了解断路器及其他辅助继电器的状态信号,保证保护动作的正确性,开关量输出通道完成断路器跳闸及信号报警等功能。

微机保护系统的基本工作过程:当供电系统发生故障时,故障信号将系统中电压互感器和电流互感器送入微机保护系统的模拟量输入通道,A/D转换后,微机系统对信号运算处理,判断是否有故障。一旦确认存在故障,系统根据现有断路器及跳闸继电器的状态决定跳闸次序,经开关量输出通道输出跳闸信号,切除系统故障。

2. 微机保护的软件设计

即选用适合的算法,是微机保护工作原理的数学表达式,即编制保护计算程序的依据,通过算法可以实现各种保护的功能。模拟式保护由硬件决定,保护的特性与功能主要由软件所决定。

供电系统继电保护的种类很多,不管哪一类保护的算法,都是计算出可表示被保护对象运行特点的物理量,如电压、电流的有效值和相位等,或者它们的序分量、基波分量、谐波分量的大小和相位。根据这些基本电气量的值,实现各种保护。这些基本电量的算法是研究微机保护的重点之一。

微机保护的算法较多,常用的有导数算法、正弦曲线拟合法、傅里叶算法等。目前已将微机保护模块化、功能化,例如线路微机保护模块、变压器微机保护模块、电动机微机保护模块等,用户可根据需要直接选购,使用方便。

课堂练习

（1）叙述电站综合自动化保护数据采集的类型及特点。

（2）叙述电站综合自动化保护微机继电保护系统构成。

三、具体了解典型的电站综合自动化系统及设备

集合本任务,在图8-9所示的框图中,可以看到综合自动化的功能。根据图中的"数据采集"、"控制和操作闭锁"功能单元,或按照图8-9中的"微机保护"单元与图8-10中的微机继电保护装置系统框图对应查阅资料,进一步了解电站综合自动化设备的系数。

项目九　掌握变电所的保护知识

本项目包括两个任务,要求了解防雷设备及防雷保护知识,能够掌握设备的接地知识。

任务1　了解防雷设备及防雷保护知识

第一部分　任务内容下达

设备安全及设备使用的安全,很重要,成套电气设备的安全尤其重要,具有自身特点,专业性强。

本任务中,要了解并能够掌握供配电系统的正常运行,首先必须保证安全,防雷和接地是电气安全的主要措施。掌握电气安全、防雷和接地的知识和理论非常重要。

第二部分　任务分析及知识介绍

一、电气安全

1. 电气安全的概念

电气安全包括人身安全和设备安全,人身安全指电气专业人员或其他人员的身体安全,设备安全指包括电气设备本身及其所拖动的机械设备的安全。

电气设备应用广泛,如果设计不合理、施工安装不妥当、使用不规范、操作不规范、维修不及时,尤其是电气人员缺乏必要的安全知识与安全技能,在意识上不重视安全,可能引发各类事故,如触电伤亡、设备损坏、停电、影响生产,甚至引起火灾或爆炸等严重后果。因此,必须采取切实有效的措施,杜绝事故的发生,一旦发生事故,应懂得现场应急处理的方法。

2. 电气安全措施

(1)岗位及制度。用电单位建立完整的安全管理机构,如果单位较小、人员紧张,也应当在相应的职能部门设立用电安全的管理岗位;建立健全各项安全规程,并严格执行;普及安全用电知识。

(2)严格执行设计、安装规范。车间或设备用电时,电气设备和线路的设计、安装,应严格遵循国家标准、行业标准,做到精心设计、按图施工、确保质量,绝不留下事故隐患。如果本单位没有专业电气设计人员,可以委托资质单位设计。

(3)加强运行维护和检修。应定期测量在用电气设备的绝缘电阻及接地装置的接地电阻,确保处于合格状态;对安全用具、避雷器、保护电器,也应定期检查、测试,确保性能良好、工作可靠。

（4）按规定正确使用电气安全用具。电气安全用具分绝缘安全用具和防护安全用具，前者又分基本安全用具和辅助安全用具两类。具体的电气安全用具很多，有兴趣的可以查阅。

（5）选用安全电压和符合安全要求的电器。为防止触电事故，采用由特定电源供电的电压系列，称为安全电压，如机床的信号指示和照明电源。对于容易触电及有触电危险的场所，应按表9-1中的规定采用相应的安全电压。

表 9-1　安全电压

安全电压(有效值)/V		选　用　例
额定值	空载上限值	
42	50	在有触电危险的场所使用的手持式电动工具等
36	43	在矿井、多导电粉尘等场所，使用行灯等
24	29	工作空间小，操作者容易大面积接触带电体如锅炉、金属容器等
12	15	人体可能经常触及的带电体设备
6	8	

注意，某些重负载电气设备，额定值虽然符合表格中的规定，但空载时电压很高，若超过空载上限值仍不能认为是安全。

3. 电气防火和防爆

当电气设备、线路处于短路、过载、接触不良、散热不良的运行状态时，发热量增加、温度升高，容易引起火灾。在有爆炸性混合物的场合，电火花、电弧还会引发爆炸。

1）电气火灾的特点

（1）着火的电气设备可能带电，要防止可能引起触电事故。

（2）有些电气设备如油浸式变压器、油断路器，设备本身带有油，可能发生喷油甚至爆炸事故，扩大火灾范围。

2）电气失火的处理

电气失火后应首先切断电源，但有时因各种原因，带电灭火。

（1）选择适当的灭火器。二氧化碳、四氯化碳、二氟一氯一溴甲烷俗称"1211"或干粉灭火器的灭火剂均不导电，可用于带电灭火；二氧化碳灭火器使用时要打开门窗，离火区 2~3m 喷射，勿使干冰沾着皮肤，防止冻伤；四氯化碳灭火器灭火应打开门窗，防止中毒，最好戴防毒面具，因为四氯化碳与氧气在热作用下会起化学反应，生成有毒的光气（$COCl_2$）和氯气（Cl_2）；不能使用一般的泡沫灭火器，因为灭火剂有导电性，还对电气设备有腐蚀作用。

（2）小范围带电灭火，可使用干砂覆盖，也可以用棉被、棉衣等覆盖，要保证能够一次性全部覆盖住，并完全有效隔离空气。

（3）专业灭火人员用水枪灭火时，宜采用喷雾水枪，这种水枪通过水柱的泄漏电流较小，带电灭火比较安全；用普通直流水枪灭火时，为防止泄漏电流流过人体，可将水枪喷嘴接地，也可穿戴绝缘手套、绝缘靴或穿戴均压服后灭火。

3）防火防爆的措施

（1）选择适当的电气设备及保护装置，根据具体的环境、危险场所区域等级，选用相应的防爆电气设备和配线方式,所选用的防爆电气设备的级别,不低于该爆炸场所内爆炸性混合物的级别。

(2)防爆电气设备的具体选择和配线方式,要符合防爆的标准。

(3)保持必要的防火间距,通风良好。

4.触电的概念及危害

当人体触及带电体,或带电体与人体之间的距离较近、电压较高产生闪击放电,或电弧烧伤人体表面对人体所造成的伤害,都称为触电。

触电的类型包括单相触电、双相触电和跨步电压触电。

单相触电指当人体直接接触到带电设备或物体时,电流通过人体流入到大地。这种触电称为单相触电。有时对于高压带电体,人体尽管没有直接触及,但由于高电压超过了安全距离,高压带电体对人体放电,造成单相接地而引起的触电,也属单相触电,单相电路中的电源相线与零线(或大地)之间的电压是220V,则加在人体上的电压约是220V,已经高于36V的安全电压,这时电流就通过人体流入大地而发生单相触电事故。

当人体同时接触带电设备或带电导线其中两相时,或在高压系统中,人体同时接近不同相的两相带电导体,而发生闪击放电电流通过人体从某一相流入另一相,此种触电称为两相触电。这类事故多发生在带电检修或安装电气设备时。

当电气设备发生接地短路故障或电力线路断落接地时,电流经大地流走。这时,接地中心附近的地面存在不同的电位。此时人若在接地短路点周围行走,人两脚间按正常人0.8m跨距考虑的电位差叫跨步电压,由跨步电压引起的触电称为跨步电压触电。

另外还有一种是间接触电,指由于事故使正常情况下不带电的电气设备金属外壳带电,致使人体触电叫间接触电;由于导线漏电触碰金属物如管道、金属容器等,使金属物带电而使人触电,也属于间接触电。

触电事故分电击与电伤,电击指电流通过人体内部,破坏人的心脏、呼吸系统和神经系统,可能危及生命;电伤指由电流的热效应、化学效应或机械效应对人体造成的伤害,可伤及人体内部甚至骨骼,可能在人体体表留下诸如电流印、电纹等触电伤痕。

触电事故引起死亡大部分是电流刺激人体心脏,引起心室的纤维性颤动、停搏和电流引起呼吸中枢麻痹,导致呼吸停止。

安全电流指人体触电后最大的摆脱电流,我国规定50Hz交流30mA,触电时间不超过1s。

电流对人体的危害程度与触电时间、电流的大小和性质及电流在人体中的路径有关,触电时间越长,电流越大,接近工作频率对人体的危害越大,电流流过心脏最为危险。另外还与人的体重和健康状况有关。

5.触电防护

1)直接触电防护

(1)将带电导体绝缘。带电导体应全部用绝缘层覆盖,绝缘层能长期承受运行中遇到的机械、化学、电气及热的各种不利影响。

(2)采用遮栏或外护物。设置防止人、畜意外触及带电导体的防护设施;在可能触及带电导体处,设置"禁止触及"的醒目标志。

(3)采用阻挡物。裸带电导体采用遮栏或外护物防护有困难时,在电气专用房间或区域宜采用栏杆或网状屏障等阻挡物防护。

（4）将人可能无意识同时触及不同电位的可导电部分置于伸臂范围之外。

2）间接触电防护

（1）将故障时变为带电的设备外露可接近导体接地或接零。

（2）设置等电位连接。建筑物内的总等电位连接和局部等电位连接应符合标准或规范。

（3）设置剩余电流保护电器，故障时自动切断电源。

（4）采用特低电压供电。特低电压指相间电压或相对地电压不超过交流方均根值50V的电压；在一些供电系统中，也可用安全特低电压系统或保护特低电压系统供电。

二、雷电过电压及防止措施

雷电分为直击雷、感应雷和雷电侵入波三大类。

1. 直击雷过电压

当雷电直接击中电气设备、线路或建筑物时，强大的雷电流通过被击物流入大地，在被击物产生较高的直击雷过电压。如果雷云很低，周围没有带异性电荷的雷云，可能在地面凸出物上感应出异性电荷，在雷云与大地之间形成很大的雷电场。当雷云与大地之间在某一方位的电场强度达到 $25\sim30kV/cm$ 时开始放电，就是直接雷击，如图 9-1 所示。根据观测统计，雷云对地面的雷击约 90% 为负极性的雷击，约 10% 的雷击为正极性的雷击。

2. 闪电感应过电压

闪电感应指闪电放电时，在附近导体上产生的雷电静电感应和雷电电磁感应，可能使金属部件之间产生火花放电。

1）电静电感应过电压

由于雷云的作用，附近导体上感应出与雷云相反的电荷，雷云主放电时，先导通道中的电荷迅速中和，导体上感应电荷释放，如果没有就近泄入地中就产生很高的电动势，出现闪电静电感应过电压，如图 9-2 所示。输电线路上的静电感应过电压可达几万甚至几十万伏，导致线路绝缘闪络及所连接的电气设备绝缘遭受损坏。在危险环境中未作等电位连接的金属管线间可能产生火花放电，导致火灾或爆炸危险。

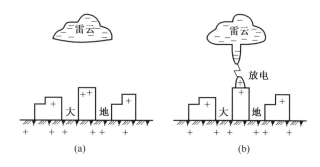

图 9-1　直击雷示意图

（a）负雷云在建筑物上方时；（b）雷云对建筑物放电。

2）闪电电磁感应过电压

由于雷电流迅速变化在周围空间产生瞬变的强电磁场，附近的导体上感应出很高的

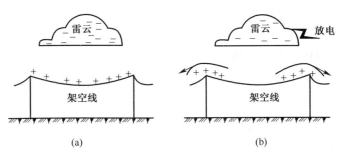

图 9-2　架空线路上的闪电静电感应过电压

(a)雷云在线路上;(b)雷云在放电后。

电动势,产生闪电电磁感应过电压。

3）闪电电涌侵入

闪电电涌指闪电击于防雷装置或线路上及由闪电静电感应和闪电电磁脉冲引发,表现为过电压、过电流的瞬态波。

闪电电涌侵入指雷电对架空线路、电缆线路和金属管道,雷电波即闪电电涌,可能沿管线侵入室内,危及人身安全或损坏设备。闪电电涌侵入造成的危害占雷害总数超过一半。

3. 防雷装置

防雷装置指用于对电力装置或建筑物进行雷电防护的整套装置,由外部防雷装置和内部防雷装置组成,前者由接闪器、引下线和接地装置等组成,后者由避雷器或屏蔽导体等电位连接件和电涌保护器等组成,用于减小雷电流在所需防护空间内产生电磁效应的防雷装置。

1）避雷针和避雷线的作用与结构

避雷针和避雷线是防止雷击的有效措施。避雷针吸引雷电,安全导入大地,保护附近的建筑和设备免受雷击。避雷针由接闪器、引下线和接地体组成。独立避雷针还需要支持物,支持物可以是混凝土杆、木杆,也可以由角钢、圆钢焊接而成。

接闪器是避雷针最重要的组成部分,专门接受雷云放电,采用直径 $10\sim20\mathrm{mm}$、长 $1\sim-2\mathrm{m}$ 的圆钢,也可用直径大于 $25\mathrm{mm}$ 的镀锌金属管,或相应的金属件。

引下线是接闪器与接地体之间的连接线,将接闪器上的雷电流安全引入接地体,所以应保证雷电流通过时不致熔化,引下线一般采用直径 $8\mathrm{mm}$ 的圆钢或截面面积不小于 $25\mathrm{mm}^2$ 的镀锌钢绞线。如果避雷针的本体是铁管本体可以直接做引下线或用钢筋混凝土杆的钢筋作引下线。

接地体是避雷针的地下部分,将雷电流直接泄入大地。接地体埋设深度不应小于 $0.6\mathrm{m}$,垂直接地体的长度不应小于 $2.5\mathrm{m}$,垂直接地体之间的距离一般不小于 $5\mathrm{m}$。接地体采用直径约为 $20\mathrm{mm}$ 的镀锌圆钢。

引下线与接闪器及接地体之间,以及引下线本身接头,可靠连接。连接处不能用绞合接法,必须烧焊、线夹或螺钉。

避雷线主要是保护架空线路,由悬挂在空中的接地导线、接地引下线和接地体组成。

2）单根避雷针保护范围的确定

保护范围指被保护物在此空间范围内不致遭受雷击。保护范围的大小与避雷针的高度有关。应采用滚球法对避雷针、避雷线进行保护范围的计算。

滚球法是以 h_r 为半径的一个球体,沿需要防止雷击的部位滚动,当球体只触及接闪器(包括被利用作为接闪器的金属物)或接闪器和地面(包括与大地接触能承受雷击的金属物),而不触及需要保护的部位时,该部位就在接闪器的保护范围之内,如图 9-3 所示。不同防雷建筑物的滚球半径见表 9-2。

表 9-2 不同防雷建筑物的滚球半径

建筑物防雷类别	第一类	第二类	第三类
滚球半径/m	30	45	60

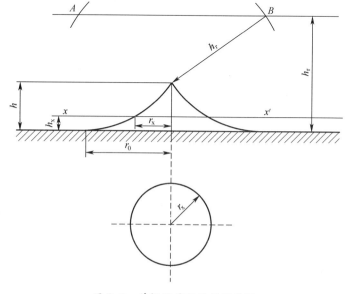

图 9-3 单根避雷针的保护范围

(1)当避雷针高度危 $h \leqslant h_r$ 时的保护范围。

① 距地面 h_r 处作一平行于地面的平行线;以避雷针的针尖为圆心,h_r 为半径,作弧线交于平行线的 A、B 两点;分别以 A、B 两点为圆心,h_r 为半径作弧线,该弧线均与针尖相交,并与地面相切,从此弧线起到地面止的整个锥体空间就是避雷针的保护范围。

在被保护物的高度 h_x。水平面上的保护半径为

$$r_x = \sqrt{h(2h_r - h)} - \sqrt{h_x(2h_r - h_x)}$$

避雷针在地面上的保护半径为

$$r_0 = \sqrt{h(2h_r - h)}$$

式中 h——避雷针的高度;

h_x——被保护物的高度(m);

h_r——滚球半径,按表 9-2 确定;

r_x——避雷针在 h_x 高度的水平面上的保护半径(m);

r_0——避雷针在地面上的保护半径(m)。

(2)当 $h > h_r$ 时,除在避雷针上取高度 h_r 的一点代替避雷针针尖作圆心外,其余的做

法同 1,但在上两式中 h 用 h_r 代替。

　　4. 单根架空避雷线保护范围的确定

　　单根架空避雷线保护范围,当避雷线高度 $h \geqslant 2h_r$ 时,无保护范围;当避雷线高度 $h < 2h_r$ 时,应按下列方法确定保护范围,如图 9-4 所示。

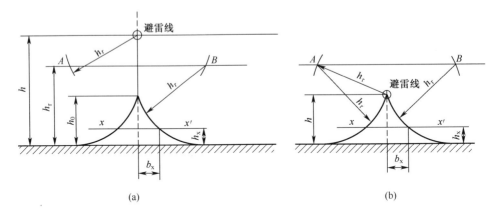

图 9-4　单根避雷线的保护范围

(a) $h_r < h < 2h_r$;(b) $h \leqslant h_r$。

　　(1) 距地面 h_r 处作一平行于地面的平行线。

　　(2) 以避雷线为圆心,h_r 为半径,作弧线交平行线的 A、B 两点。

　　(3) 以 A、B 为圆心,h_r 为半径作弧线,两弧线相交或相切并与地面相切。从两弧线起到地面都是保护范围。

　　(4) 当 $h_r < h < 2h_r$ 时,保护范围最低点的高度 h_0 按下式计算:

$$h_0 = 2h_r - h$$

　　(5) 避雷线在 h_x 高度的平面 xx' 上的保护宽度,按下式计算:

$$b_x = \sqrt{h(2h_r - h)} - \sqrt{h_x(2h_r - h_x)}$$

式中　　b_x——避雷线在 h_x 高度 xx' 平面上的保护宽度(m);

　　　　h——避雷线的高度;

　　　　h_x——被保护物的高度(m);

　　　　h_r——滚球半径,按表 9-2 确定。确定保护范围和保护空间的方法相同。

　　1) 接闪器

　　接闪器指用于拦截闪击的接闪杆、接闪导线及金属屋面和金属构件等组成的外部防雷装置,分为接闪杆、接闪线、接闪带和接闪网,也分别俗称避雷针、避雷线、避雷带和避雷网。

　　接闪杆用于保护露天变配电设备及建筑物;接闪的金属线俗称接闪线或架空地线,用于保护输电线路;接闪的金属带、金属网俗称接闪带、接闪网,用于保护建筑物。它们都是利用高出被保护物的突出地位,将雷电引向自身,再通过引下线和接地装置将雷电流泄入大地,保护线路、设备、建筑物。

　　(1) 接闪杆。其功能实质作用是引雷,当雷电先导临近地面时,使雷电场畸变,改变雷云放电的通道,吸引到接闪杆本身,然后经与接闪杆相连的引下线和接地装置将雷电流泄放到大地中,使被保护物不受直接雷击。接闪杆的保护范围以其可防护直击雷的空间表示,按国家标准 GB 50057—2010《建筑物防雷设计规范》规定,采用通常的"滚球法"确定。"滚球法"是选择半径为 h_r 的滚球,沿需要防护直击雷的部分滚动,如果球体只触及接闪器或接闪器和地面而不触及需要保护的部位,该部位就在这个接闪器保护范围内。各类防雷建筑物的滚球半径和避雷网格尺寸,见表9-3。

表9-3　各类防雷建筑物的滚球半径和避雷网格尺寸

建筑物防雷类别	滚球半径 h_r/m	避雷网格尺寸/m
第一类防雷建筑物	30	≤5×5 或≤6×4
第二类防雷建筑物	45	≤10×10 或≤12×8
第三类防雷建筑物	60	≤20×20 或≤24×16

① 单支接闪杆的保护范围。保护范围如图9-5所示,按下列方法确定。

当接闪杆高度 $h \le h_r$ 时,距地面 h_r 处作一平行于地面的直线;以接闪杆杆尖为圆心、h_r 为半径,作弧线交平行线于 A、B 两点;以 A, B 为圆心,h_r 为半径作弧线,该弧线与杆尖相交,与地面相切,由此弧线起到地面为止的整个锥形空间,就是接闪杆的保护范围。接闪杆在被保护物高度 h_x 的 xx' 平面上的保护半径 r_x

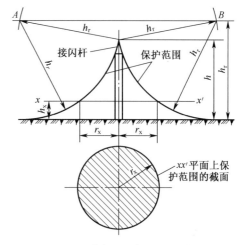

图9-5　单支接闪杆的保护范围

$$r_x = \sqrt{h(2h_r - h)} - \sqrt{h_x(2h_r - h_x)}$$

接闪杆在地面上的保护半径 r_0

$$r_0 = \sqrt{h(2h_r - h)}$$

以上两式中,h_r 为滚球半径见表9-3。

当接闪杆高度 $h > h_r$ 时,在接闪杆上取高度 h_r 的一点代替接闪杆的杆尖作为圆心,其余作法与接闪杆高度 $h \le h_r$ 时相同。

②两支接闪杆的保护范围。保护范围如图9-6所示,接闪杆高度 $h \le h_r$ 时,当每支接闪杆的距离 $D \ge 2\sqrt{h(2h_r - h)}$ 时应各按单支接闪杆保护范围计算;当 $D < 2\sqrt{h(2h_r - h)}$ 时,保护范围如图9-6所示,$AEBC$ 外侧的接闪杆保护范围,按单支接闪杆方法确定;两支接闪杆之间 C,E 两点位于两针间的垂直平分线上。在地面每侧的最小保护宽度 b_0

$$b_0 = CO = EO = \sqrt{2(2h_r - h) - \left(\frac{D}{2}\right)^2}$$

在 AOB 轴线上,距中心线任一距离 x 处,在保护范围上边线上的保护高度 h_x

$$h_x = h_r - \sqrt{(h_r - h)^2 + \left(\frac{D}{2}\right)^2 - x^2}$$

该保护范围上边线以中心线距地面 h_r 的一点 O' 为圆心,以 $\sqrt{(h_r - h)^2 + \left(\frac{D}{2}\right)^2}$ 为

半径所作的圆弧 AB。

两杆间 $AEBC$ 内的保护范围。ACO,BCO,BEO,AEO 部分的保护范围确定方法相同，以 ACO 保护范围为例，在任一保护高度 h_x 和 C 点所处的垂直平面上以 h_r 作为假想接闪杆，按单支接闪杆的方法逐点确定。如图 9-6 中 1—1 剖面图。

确立 xx' 平面上保护范围。以单支接闪杆的保护半径 r_x 为半径，以 A,B 为圆心作弧线与四边形 $AEBC$ 相交；同样以单支接闪杆的 $(r_0 - r_x)$ 为半径，以 E,C 为圆心作弧线与上述弧线相接。

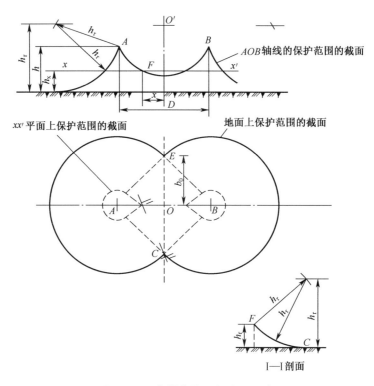

图 9-6　两支等高接闪杆的保护范围

两支不等高接闪杆保护范围的计算，在 h_1,h_2 分别小于或等于 h_r 时，当 $D \geqslant \sqrt{(h_1(2h_r - h_1)} + \sqrt{h_2(2h_r - h_2)}$，接闪杆保护范围计算按单支接闪杆保护范围规定方法确定。

对于比较大的保护范围，采用单支接闪杆，由于保护范围并不随接闪杆的高度成正比增大，将大大增大接闪杆的高度，安装困难，投资增大。此时，采用双支接闪杆或多支接闪杆。

（2）接闪线。当单根接闪线高度 $h \geqslant 2h_r$ 时，无保护范围。当接闪线的高度 $h < 2h_r$ 时，保护范围如图 9-7 所示，保护范围确定时，架空接闪线的高度应计入弧垂的影响，在无法确定弧垂时，当等高支柱间的距离 <120m 时，架空接闪线中点的弧垂采用 2m，距离 120～150m 时采用 3m。

距地面 h_r 处作一平行于地面的平行线；接闪线为圆心，h_r 为半径作弧线交于平行线的 A,B 两点；以 A,B 为圆心，h_r 为半径作弧线，这两条弧线相交或相切，并与地面相切。这两

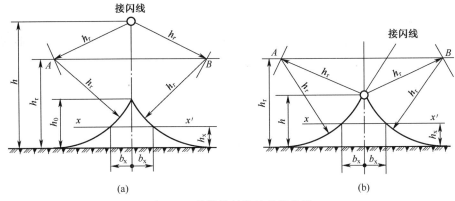

图 9-7　单根接闪线的保护范围

(a) 当 $2h_r > h > h_r$ 时；(b) 当 $h < h_r$ 时。

条弧线与地面围成的空间就是接闪线的保护范围。

当 $h_r < h < 2h_r$ 时，保护范围最高点的高度 h_0

$$h_0 = 2h_r - h$$

接闪线在 h_x 高度的 xx' 平面上的保护宽度 b_x

$$b_x = \sqrt{h(2h_r - h)} - \sqrt{h_x(2h_r - h_x)}$$

式中　　h——接闪线的高度；

　　　　h_x——保护物的高度。

（3）接闪带和接闪网的保护范围。所处的整幢高层建筑，接闪网的网格尺寸有具体的要求，同表 9-3。

2）避雷器

用来防止雷电产生的过电压波沿线路侵入变配电所或建筑物内。有阀型避雷器、管型避雷器、金属氧化物避雷器、保护间隙。这里介绍阀型避雷器、氧化锌避雷器和保护间隙。

（1）阀型避雷器。阀型避雷器由火花间隙和阀片组成，装在密封的瓷套管内。火花间隙是用铜片冲制而成，每对为一个间隙，中间用厚度 0.5～1mm 的云母片隔开。正常工作电压时，火花间隙不被击穿从而隔断工频电流，在雷电过电压时，火花间隙被击穿放电。阀片用碳化硅制成，有非线性特征。正常工作电压下，阀片电阻值较高，起绝缘作用，雷电过电压时电阻值较小。当火花间隙击穿后，阀片能使雷电流泄放到大地中去。当雷电压消失后，阀片又呈现较大电阻，火花间隙恢复绝缘，切断工频续流，保证线路恢复正常运行。

雷电流流过阀片时要形成电压降俗称残压，加在电力设备上，残压不能超过设备绝缘允许的耐压值，否则会使设备绝缘击穿。这要引起注意。图 9-8 为 FS4-10 型高压阀型避雷器外形结构。

（2）氧化锌避雷器。属于目前最先进的过电压保护设备，由基本元件和绝缘底座构成，基本元件内部由氧化锌电阻片串联组成，电阻片有圆饼形状或环状，工作原理与阀型避雷器基本相似。由于氧化锌非线性电阻片具有极高的电阻而呈绝缘状态，非线性特性优良。正常工作电压时仅有几百微安的电流通过，无须采用串联的放电间隙，结构先进合理。

氧化锌避雷器主要有普通型、有机钎套氧化锌避雷器、整体式合成绝缘氧化锌避雷器、压敏电阻氧化锌避雷器等。图9-9(a)、(b)分别为基本型、有机外套型氧化锌避雷器的外形结构。

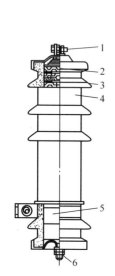

图9-8 FS4-10型高压阀型避雷器外形结构

1—上接线端;2—火花间隙;3—云母片垫圈;

4—瓷套管;5—阀片;6—下接线端。

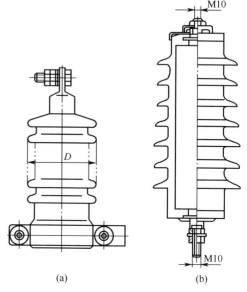

(a)　　　　　(b)

图9-9 氧化锌避雷器外形结构

(a)Y5W-10/27型;(b)HY5WS17/50型。

有机外套氧化锌避雷器有无间隙和有间隙两种,前者广泛用于变压器、电动机、开关、母线等的防雷,后者主要用于6~10kV中性点非直接接地配电系统的变压器、电缆头等交流配电设备的防雷。这种避雷器保护特性好、通流能力强,体积小、重量轻、不易破损、密封性好、耐污能力强。整体式合成绝缘氧化锌避雷器是整体模压式无间隙避雷器,防爆防污、耐磨抗震能力强、体积小、质量轻,可采用悬挂方式,用于3~10kV电力系统电气设备的防雷。

MYD系列氧化锌压敏电阻避雷器是一种新型半导体陶瓷产品,通流容量大、非线性系数高、残压低、漏电流小、无续流、响应时间快。可用于几伏到几万伏交直流电压电气设备的防雷、操作过电压,对各种过电压的抑制作用良好。氧化锌避雷器的典型技术参数见表9-4。

表9-4 氧化锌避雷器的典型技术参数

型　号	避雷器额定电压/kV	系统标称电压/kV	持续运行电压/kV	直流1mA参考电压/kV	标称放电流下残压/kV	陡波冲击残压/kV	2ms方波通流容量/A	使用场所
HY5WS—10/30	10	6	8	15	30	34.5	100	配电(S)
HY5WS—12.7/45	12.7	10	6.6	24	45	51.8	200	

（续）

型号	避雷器额定电压/kV	系统标称电压/kV	持续运行电压/kV	直流1mA参考电压/kV	标称放电流下残压/kV	陡波冲击残压/kV	2ms方波通流容量/A	使用场所
HY5WZ—17/45	17	10	13.6	24	45	51.8	200	电站(Z)
HY5WZ—51/134	51	35	40.8	73	134	154	400	
HY2.5WD—7.6/19	7.6	6	4	11.2	19	21.9	400	旋转电动机(D)
HY2.5WD—12.7/31	12.7	10	6.6	18.6	31	35.7	400	
HY5WR—7.6/27	7.6	6	4	14.4	27	30.8	400	电容器(R)
HY5WR—17/45	17	10	13.6	24	45	51	400	
HY5WR—51/134	51	35	40.5	73	134	154	400	

（3）保护间隙。与被保护物绝缘并联的空气火花间隙称为保护间隙。可分为棒形、球形和角形三种结构。目前广泛应用于3~35kV线路的是角形间隙。角形间隙由两根10~12mm镀锌圆钢弯成羊角形电极并固定在瓷瓶上，如图9-10(a)所示。

正常情况下，间隙对地绝缘。当遭雷击时，角形间隙击穿，雷电流泄入大地。角形间隙击穿时产生电弧，空气受热上升，电弧转移到间隙上方，拉长并熄灭，线路绝缘子或其他电气设备的绝缘不发生闪络，起保护作用。因主间隙暴露在空气中，易被鸟、鼠、虫、树枝等形成短接，所以对本身没有辅助间隙的保护间隙，一般在接地引线中串联一个辅助间隙，即使主间隙被外物短接时，也不造成接地或短路，如图9-10(b)所示。

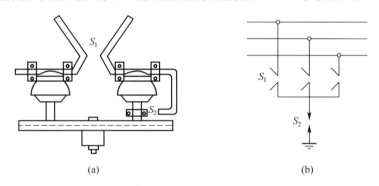

(a)   (b)

图9-10 羊角形保护间隙结构与接线

(a)间隙结构；(b)三相线路上保护间隙接线图。

S_1—主间隙；S_2—辅助间隙。

保护间隙灭弧能力较小，雷击后，保护间隙很可能不能切断工频续流造成接地短路，引起线路开关跳闸或熔断器熔断，因此只用于无重要负荷线路。在装有保护间隙的线路中，一般要求装设自动重合闸装置或自复式熔断器。

3）引下线

用于将雷电流从接闪器传导至接地装置的导体，可用热浸镀锌钢、铜、镀锡铜、铝、铝合金和不锈钢等材料。引下线一般采用热镀锌圆钢或扁钢，优先用热镀锌圆钢。热浸镀锌钢结构和最小截面按表9-5所示取值。一般情况下，明敷引下线固定支架间距小于或等于表9-6所示的规定。

表 9-5　接闪线(带)、接闪杆和引下线的结构、最小截面和最小厚度/直径

结构	明　　敷		暗　　敷		烟　　囱	
	最小截面/mm²	最小厚度/直径/mm	最小截面/mm²	最小厚度/直径/mm	最小截面/mm²	最小厚度/直径/mm
单根扁钢	50	2.5/	80		100	4/
单根圆钢	50	/8	80	/10	100	/12
绞线	50	/每股直径1.7			50	/每股直径1.7

表 9-6　明敷接闪导体和引下线固定支架的间距

布置方式	扁形导体和绞线固定支架的间距/mm	单根圆形导体固定支架的间距/mm
安装于水平面上的水平导体	500	1000
安装于垂直面上的水平导体	500	1000
安装于从地面至高20m垂直面上额垂直导体	1000	1000
安装于高于20m垂直面上的垂直导体	500	1000

4）电涌保护器

用于限制瞬态过电压和分泄电涌电流的器件,至少有一个非线性元件,将窜入电力线、信号传输线的瞬时过电压限制在设备或系统所能承受的电压范围内,或将很大的雷电流泄流入地,保护设备或系统不受冲击。按工作原理分为电压开关型电涌保护器、限压型电涌保护器及组合型电涌保护器。

（1）电压开关型电涌保护器。在没有瞬时过电压时呈现高阻抗,一旦响应雷电瞬时过电压,突变为低阻抗,允许雷电流通过,也称为短路开关型电涌保护器。

（2）限压型电涌保护器。没有瞬时过电压时为高阻抗,随电涌电流和电压的增加,阻抗不断减小,电流电压特性为强烈非线性,称为钳压型电涌保护器。

（3）组合型电涌保护器。由电压开关型组件和限压型组件组合,显示为电压开关型或限压型或两者兼有的特性,这决定于所加电压的特性。

5. 电力装置的防雷保护

电力装置的防雷保护由接闪器或避雷器、引下线和接地装置三部分组成。主要介绍架空线路的防雷保护。

（1）架设接闪线。线路防雷措施最有效,但成本很高,只用于 66kV 及以上的全线路。

（2）高线路本身的绝缘水平。在线路上用瓷横担代替铁横担,或改用高一绝缘等级的瓷瓶,可提高线路的防雷水平,是 10kV 及以下架空线路的基本防雷措施。

（3）利用三角形排列的顶线兼做防雷保护线。因 3~10kV 线路的中性点通常不接地,因此,如在三角形排列的顶线绝缘子上装设保护间隙,如图 9-11 所示,在雷击时顶线承受雷击,保护间隙被击穿,通过引下线对地泄放雷电流,保护了下面两根导线,一般不会引起线路断路器跳闸。

（4）加强对绝缘薄弱点的保护。线路特别高的电杆、跨越杆、分支杆、电缆头、开关等处,是全线路的绝缘薄弱点,需装设管型避雷器或保护间隙。

340

（5）采用自动重合闸装置。遭受雷击时,线路可能发生相间短路,断路器跳闸后,电弧自行熄灭,经过0.5s或稍长时间后又自动合上,电弧不会复燃,可恢复供电,停电时间很短。

（6）绝缘子铁脚接地。对于分布广密的用户,低压线路及接户线的绝缘子铁脚应当接地,当落雷时,能通过绝缘子铁脚放电,将雷电流泄入大地。

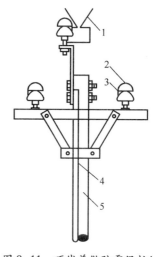

图9-11　顶线兼做防雷保护线
1—保护间隙;2—绝缘子;3—架空线;
4—接地引下线;5—电杆。

三、变电所的防雷保护

1. 变配电所的直击雷保护

变配电所内有很多电气设备如变压器等的绝缘性能远比电力线路的绝缘性能低,变配电所是电网的枢纽,必须采用防雷措施。变配电所对直击雷的防护一般装设避雷针,装设避雷针应考虑两个原则。

（1）所有被保护设备均应处于避雷针的保护范围之内。

（2）当雷击避雷针后,雷电流沿引下线入地时,对地电位很高,如果它与被保护设备的绝缘距离不够,有可能在避雷针受雷击之后,从避雷针至被保护设备发生放电,称为逆闪络或反击。如图9-12所示,为防止反击,避雷针和被保护物之间应保持足够的安全距离 S_k,被保护物外壳和避雷针接地体在地中的距离 S_d 分别满足:

$$S_k > 0.3 R_{sh} + 0.1h$$
$$S_d > 0.3 R_{sh}$$

式中　　R_{sh}——避雷装置的冲击接地电阻(Ω);
　　　　h——被保护设备的高度。

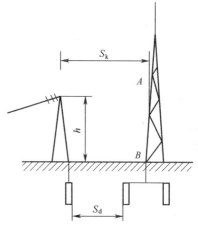

图9-12　独立避雷针与
被保护设备之间的距离

为了降低雷击避雷针时所造成的感应过电压的影响,在条件许可时,S_k 和 S_d 应尽量增大,但一般 S_k 大于5m,S_d 大于3m。避雷针的接地电阻不能太大,若太大,S_k 和 S_d 都将增大,避雷针的高度也要增加,成本提高。因此一般土壤中的工频接地电阻不宜大于10Ω。

变配电所内的避雷针分为独立避雷针和构架避雷针。前者和接地装置一般是独立;后者装设在构架上或厂房上,其接地装置与构架或厂房的地相连,与电气设备的外壳也连在一起。

35kV及以下配电装置的绝缘较弱,其构架或房顶不宜装设避雷针,需用独立的避雷针保护。独立避雷针及其接地装置不应装设在人员经常通行处,距离人行道路大于3m,要采取均压措施或铺设厚度为50~80mm的沥青加碎石层。

60kV及以上的配电装置,由于电气设备或母线的绝缘水平较强,不易造成反击,为降低成本便于布置,可将避雷针(线)装于架构或房顶,成为架构避雷针(线)。

架构避雷针的接地利用变电所主接地网,但应在其附近装设辅助集中接地装置,同时为了避免雷击避雷针时主接地网电位升高太多造成反击,应保证避雷针接地装置与接地网的连接点距离 35kV 及以下设备的接地线的人地点沿接地体中的距离大于 15m。由于变压器的绝缘较弱,在其门型架上不得安装避雷针。任何架构避雷针的接地引下线入地点到变压器接地线的入地点,沿接地体地中距离大于 15m,防止反击击穿变压器的低压绕组。

2. 变配电所配电装置的过电压保护

为防止侵入变配电所的行波损坏电气设备,应做好保护措施,使用阀形避雷器;或者在与变配电所适当的距离内装设可靠的进线保护。

使用阀形避雷器后,可将侵入变配电所的雷电波通过避雷器放电限制在一定的数值内。所中所有设备的绝缘都要受到阀形避雷器的可靠保护,避雷器设置应尽量靠近变压器。为对变压器实施有效保护,变压器伏秒特性的下限应当高于避雷器伏秒特性的上限。避雷器应安装在变配电所的母线上,运行时,变配电所均应受到避雷器的保护,各段母线上应装设避雷器。变配电所 3~10kV 配电装置包括电力变压器,应在每组母线和架空进线上装设阀形避雷器,分别用 FZ 型和 FS 型,并采用图 9-13 所示的保护接线。母线上阀形避雷器与 3~10kV 主变压器电气距离应小于表9-7所列数值。

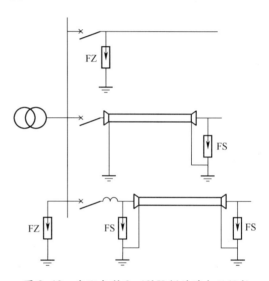

图 9-13 变配电所 3~10kV 侧的过电压保护

表 9-7 阀形避雷器与 3-10kV 主变压器的最大电气距离

雷季经常运行的进线路数	1	2	3	≥4
最大电气距离/m	15	20	25	30

为可靠地保护电气设备,使用阀形避雷器必须考虑侵入雷电流的幅值不能太高,侵入雷电流陡度不能太大。为限制当近处雷击时流过母线上避雷器 FZ 的雷电流,应在 3~10kV 每路出线上装 FS 型阀形避雷器,雷电流在此处分流一次。如变配电所的出线有电缆段,则此 FS 型避雷器应装在电缆头附近,接地应和电缆金属外壳相连。如电缆段后面装有限流电抗器 L,对雷电波的波阻抗很大,雷电波在传播的过程中效果等同于遇到了开路,使雷电流产生全反射,雷电压增加 1 倍,在 L 的前面还应装设一组 FS 型避雷器以保护电缆的末端和电抗器。

1) 防直击雷

35kV 及以上电压等级变电所可采用接闪杆、接闪线或接闪带,保护室外配电装置、主变压器、主控室、室内配电装置及变电所免遭直击雷。一般装设独立接闪杆或在室外配电装置架构上装设接闪杆防直击雷。当采用独立接闪杆时应当装设独立的接地装置。

342

当雷击接闪杆时,强大的雷电流通过引下线和接地装置直接泄入大地,接闪杆及引下线上的高电位可能对附近建筑物和变配电设备发生"反击闪络"。为防止发生"反击",应注意以下几个方面。

（1）独立接闪杆与被保护物之间应保持一定的空间距离 S_0，此距离与建筑物的防雷等级有关,一般应满足 $S_0 \geqslant 5\mathrm{m}$；独立接闪杆应装设独立的接地装置,接地体与被保护物的接地体之间应保持地中距离 S_E，如图 9-14 所示,通常满足 $S_E \geqslant 3\mathrm{m}$。

（2）独立接闪杆及接地装置不可设在有人经常出入处。与建筑物出入口及人行道的距离大于 3m，限制跨步电压；或采取相应的措施,如水平接地体局部埋深大于 1m；水平接地体局部包绝缘物,涂沥青层 50~80mm；采用沥青碎石路面,或在接地装置上面敷设沥青层 50~80mm，宽度超过接地装置 2m；采用"帽檐式"均压带。

2）进线防雷保护

35kV 电力线路的防直击雷一般不用全线装设接闪线,但为防止变电所附近线路受到雷击时,雷电压沿线路侵入变电所内损坏设备,需在进线 1~2km 段内装设接闪线,保护该段线路免遭直接雷击。为使接闪线保护段以外的线路受雷击时侵入变电所的过电压有所限制,一般在接闪线两端处的线路装设管型避雷器,进线段防雷保护接线方式如图 9-15 所示。当保护段以外线路受雷击时,雷电波到管型避雷器 F_1 处,即对地放电,降低雷电过电压值。管型避雷器 F_2 是防止雷电侵入波在断开的断路器 QF 处产生过电压击坏断路器。

3~10kV 配电线路的进线防雷保护,可以在每路进线终端装设 FZ 型或 FS 型阀型避雷器,保护线路断路器及隔离开关,如图 9-15 所示中的 F_1，F_2。如果进线是电缆引入的架空线路,在架空线路终端靠近电缆头处装设避雷器,接地端与电缆头外壳相连后接地。

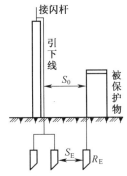

图 9-14　接闪杆接地装置与
被保护物及接地装置的距离
S_0—空气中间距；
S_E—地中间距。

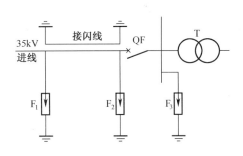

图 9-15　变电所 35kV 进线段防雷保护接线
F_1，F_2—管型避雷器；
F_3—阀型避雷器。

3）配电装置防雷保护

为防止雷电冲击波沿高压线路侵入变电所,对绝缘相对薄弱的电力变压器造成危害,在变配电所每段母线上装设一组阀型避雷器,尽量靠近变压器,距离小于 5m。如图 9-15 和图 9-16 中的 F_3。避雷器接地线与变压器低压侧接地中性点及金属外壳连一同接地,如图 9-17 所示。

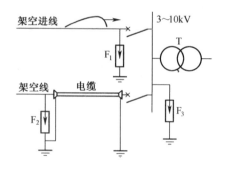

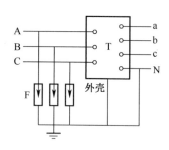

图 9-16　配电装置防雷保护　　　　图 9-17　避雷器接地线与金属外壳连一同接地

4）高压电动机的防雷保护

高压电动机的绝缘水平比变压器低,如果高压电动机经变压器再与架空线路相接时,一般不采取特殊的防雷措施。但如直接和架空线路连接时,防雷很重要。高压电动机长期运行,耐压水平降低,对雷电侵入波的防护,不能用普通的 FS 型和 FZ 型阀型避雷器,应采用专用于保护旋转电动机的 FCD 型磁吹阀型避雷器或有串联间隙的金属氧化物避雷器,尽可能靠近电动机安装。对定子绕组中性点能引出的高压电动机,在中性点装设避雷器。对定子绕组中性点不能引出的高压电动机,为降低侵入电动机的雷电波陡度,接线如图 9-18 所示,在电动机前加引入电缆 100~150m,在电缆头处安装一组管型或阀型避雷器。F_1 与电缆联合作用,利用雷电流,将 F_1 击穿后的集肤效应大大减小流过电缆芯线的雷电流。在电动机电源端安装并联 $0.25~0.5\mu F$ 电容器的 FCD 型磁吹阀型避雷器。

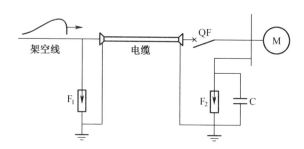

图 9-18　高压电动机的防雷保护接线

F_1—管型或普通阀型避雷器;F_2—磁吹阀型避雷器。

四、变配电所的进线保护

为使变配电所内的阀形避雷器能可靠地保护变压器,应设法使避雷器中流过的雷电流幅值 I 低于 5kA。如果进线没有架设避雷线,当变配电所进线遭雷击时,流过变配电所内的避雷器幅值可能超过 5kA,陡度可能超过允许值。因此,架空线路靠近变配电所的一段进线上必须加装避雷线或避雷针。图 9-19 为 35~110kV 无避雷线线路的变配电所进线段的保护接线。进线段长度为 1~2km,接地电阻应小于 10Ω。进线段避雷线保护角 α 一般小于 20°,如遇特殊最大不超过 30°,减少在这段发生绕击的可能性,如图9-20所示。当雷击进线段以外导线时,由于导线的波阻抗和避雷器串联,有限流作用使流过变配电所的避雷器幅值低于 5kA。

344

图 9-19 中,对铁塔和铁横担、瓷横担的钢筋混凝土杆线路及全线有避雷线的线路,进线段首端一般不装设管形避雷器 FE1,只在对冲击绝缘水平较高的线路如木杆线路时才装设,接地电阻低于 10Ω,且限制流过变配电所内阀形避雷器的雷电流幅值不超过 5kA。

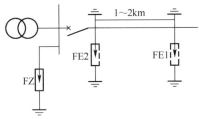 

图 9-19　变配电所进线保护　　　　　　　　图 9-20　保护角 α

在雷季,如变配电所进线断路器或隔离开关经常断路运行,同时线路侧带电,必须在靠近隔离开关或断路器处装设一组管形避雷器 FE2。这种情况下雷击线路时,雷电波沿线路传播到隔离开关或断路器断开处产生反射而电压升高,过电压使断开处设备发生闪络,线路侧带电时将可能引起工频短路,烧毁绝缘支座,威胁设备安全运行。FE2 外间隙值应整定在断路器断开时能可靠地保护隔离开关及断路器;闭路运行时不应动作,即处于所内阀形避雷器的保护范围内。

对 35kV 以上电缆进线的变配电所,进线段保护可采用图 9-21 所示的保护接线,在架空线路与电缆进线的连接处必须装设阀形避雷器,接地线与电缆金属外皮连接后共同接地,电缆金属外皮的分流作用,使很大部分雷电流流入大地,同时产生磁通,这个磁通全部与电缆芯线交链,在芯线上感应出与外加电压相等、方向相反的电动势,将阻止雷电流沿电缆芯线侵入变配电所中的配电装置,降低配电装置的过电压幅值。

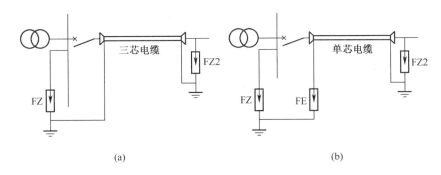

(a)　　　　　　　　　　　　　　(b)

图 9-21　具有 35kV 及以上电缆段的变配电所的进线保护接线

对三芯电缆,末端金属外壳应直接接地。对于单芯电缆,应经保护间隙(FE)接地。当雷电波浸入时,很高的过电压将保护间隙击穿,使雷电流泄入大地,降低过电压幅值。正常运行时,保护间隙在低电压下有很高的电阻,相当于电缆金属外皮一端开路,工作电流不会在金属外皮上感应出环流,有效地阻止环流造成烧损电缆金属外皮和环流发热而降低电缆的载流量等问题。

课堂练习

（1）查阅资料,叙述避雷针和避雷线的作用及结构。

（2）避雷器的作用是什么? 有几种类型?

（3）根据本任务介绍的资料,叙述变配电所的进线保护方式。

第三部分 了解防雷设备及防雷保护的基本内容

本任务基本了解了变电所的防雷设备及防雷保护的基本知识,对于供配电系统中的安全保护很重要,具体的防雷设备有多种,应当正确了解并会选择适当的防雷措施。变电所的防雷保护知识已经基本了解,请根据要求,查阅技术资料,能够针对某个变电所叙述防雷保护的措施与办法。

任务2 了解接地保护知识

第一部分 任务内容下达

接地,是经常遇到的问题,对于电气设备、控制系统、房屋等有具体的接地要求。本任务是针对供配电系统,应当了解熟悉满足安全要求的接地方式。

第二部分 任务分析及知识介绍

一、接地要求

1. 一般要求

（1）电气设备的外壳应接地。交流电气设备充分利用自然接地体,并应校验自然接地体的稳定。

（2）直流电力回路中,不应利用自然接地体作为电流回路的接地线或接地体。

（3）安装接地装置时,应考虑土壤干燥或冻结等季节变化影响,接地电阻均能保证所要求的电阻值。

（4）不同用途和不同电压的电气设备,除规定外用一个总接地体,但电气设备的工作接地和保护接地应与防雷接地分开,并保持一定的安全距离。

（5）在中性点直接接地的供用电系统中,应装设能迅速自动切除接地短路故障的保护装置。在中性点非直接接地的供用电系统中,应装设能迅速反映接地故障的信号装置,必要时可装设延时自动切除故障的装置。

2. 防静电接地要求

（1）车间内每个系统的设备和管道可靠连接,接头的接触电阻低于 0.03Ω。

（2）车间内和栈桥上等平行管道,相距约 10cm 时,每隔 20m 互相连接一次;相交或相距近于 10cm 的管道,应该在该处互相连接,管道与金属构架相距 10cm 处也要互相连接。

（3）气体产品输送管干线头尾部和分支处应接地。

（4）储存液化气体、液态碳氢化合物及其他有火灾危险的液体的储罐,储存易燃气体的储气罐以及其他储器都应接地。

3. 特殊设备的接地要求

（1）一般电气设备有单独的接地体，接地体电阻低于 10Ω，接地体与设备的距离小于 5m，可与车间接地干线相连；对于测量高频电源的波形及其他参数的电子设备，采用独立接地装置，此接地装置与车间接地干线距离至少 2.5m。

（2）中性点不接地系统的供电电弧炉设备，外壳及炉壳均应接地，接地电阻低于 4Ω；中性点接零的系统供电的电弧炉设备，外壳和炉壳应采用接零保护。

（3）高压试验室接地网的接地电阻 $1\sim4\Omega$，冲击设备应有独立接地网并自成回路，接地电阻小于 10Ω。

二、接地的应用范围

1. 接地的范围

（1）1000V 以上的电气设备，在各种情况均应保护接地；与变压器或发电机的中性点是否直接接地无关。

（2）1000V 以下的电气设备，在变压器中性点不接地的电网中应保护接地；在中性点直接接地的电网中应采用保护接零，如果没有中性线，也可采用保护接地。

（3）同一台发电机、变压器，或者由几台发电机、变压器的同一段母线供电的低压线路，只能用一种保护方式，不可对一部分电气装置保护接地、而对另一部分电气装置保护接零，因为接地接零混合时，当保护接地的设备绝缘击穿时，接地电流受到接地电阻的影响，短路电流大大减小，使保护开关不能动作，这时变压器中性点的电位上升，使同一系统中接零保护的电气设备外壳带电，非常危险。

2. 电气装置中必须接地部分

（1）电动机、变压器、断路器及电气设备的金属底座、外壳。

（2）断路器、隔离开关等电气装置的操作机构；配电盘与控制盘的柜架；电流互感器及电压互感器的二次线圈；室内及室外配电装置的金属构架。

（3）电力电缆的金属外皮；电缆终端头金属外壳；导线的金属保护管等。

（4）居民区内，无避雷线的小接地电流线路的金属杆塔和钢筋混凝土杆；有架空避雷线的电力线路杆塔。

（5）装在配电线路构架上的电气设备的金属外壳；避雷针、避雷器、避雷线及各种过电压保护间隙。

3. 电气装置中不需接地部分

（1）安装在已接地的金属构架上的电气设备的金属外壳。

（2）安装在电气柜或配电装置上的电气测量仪表、继电器和其他低压电器的外壳；控制电缆的金属外皮。

（3）额定电压 220V 及以下蓄电池室内的金属支架；在干燥场所交流额定电压 127V 及以下，直流额定电压 110V 及以下的电气设备外壳。

（4）在木质、沥青等不良导电地面的干燥房间内，交流 380V 及以下、直流 440V 及以下的电气设备外壳，维护人员可能同时触及电气设备外壳和接地物件时除外。

三、接地种类

1. 工作接地

在正常或故障情况下，为保证电气设备可靠地运行，将电力系统中某一点接地称为工作接地。电源如发电机或变压器的中性点直接或经消弧线圈接地,能维持非故障相对地电压不变,电压互感器一次侧线圈的中性点接地,保证一次系统中相对地电压测量的准确度,防雷设备的接地是为雷击时对地泄放雷电流。

2. 保护接地

将在故障情况下可能呈现危险的对地电压的设备外露可导电部分接地称为保护接地。与带电部分相绝缘的电气设备金属外壳,通常因绝缘损坏或其他原因而导致意外带电,容易造成人身触电事故,因此必须保护接地。低压配电系统的保护接地按接地形式,分为 TN 系统、TT 系统和 IT 系统三种。

1) TN 系统

TN 系统指电力系统有一点直接接地,电气装置的外露可接近导体通过保护导体与该接地点相连接。TN 系统分 TN-S 系统、TN-C 系统和 TN-C-S 系统,见图 9-22 所示,特点见前述。

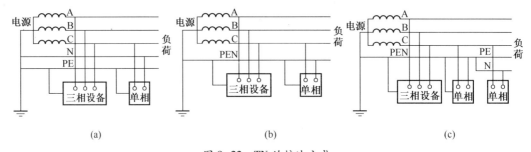

图 9-22 TN 的接地方式

(a)TN-S 系统;(b)TN-C 系统;(c)TN-C-S 系统。

TN 系统中,设备外露可接近导体通过保护导体或保护中性导体接地,习惯称为"保护接零"。TN 系统中的设备发生单相碰壳漏电故障时,形成单相短路回路,因该回路内不含接地电阻,阻抗很小,故障电流很大,足以保证在最短的时间内使熔丝熔断、保护装置或自动开关跳闸,从而切除故障设备的电源,保障人身安全。

2) TT 系统

电力系统中有一点直接接地,电气设备的外露可接近导体通过保护接地线接至与电力系统接地点无关的接地极,如图 9-23(a)所示。当设备发生一相接地故障时,就会通过保护接地装置形成单相短路电流 $I_K^{(1)}$,如图 9-23(b)所示,由于电源相电压为 220V,如按电源中性点工作接地电阻为 4Ω、保护接地电阻按 4Ω 计算,则故障回路将产生 27.5A 的电流。故障电流大,对于容量较小的电气设备,所选用的熔丝会熔断或使自动开关跳闸,切断电源。但是,对于容量较大的电气设备,因所选用的熔丝或自动开关的额定电流较大,就不能保证切断电源,这是保护接地方式的局限性,但可通过加装剩余电流保护器,可以完善保护接地的功能。

3) IT 系统

电力系统与大地间不直接连接,属于三相三线制系统,电气装置的外露可接近导体,通过保护接导体与接地极连接,如图 9-24(a)所示。当设备发生一相接地故障时,就会通过接地装置、大地、两非故障相对地电容及电源中性点接地装置,如采取中性点经阻抗接地时形成单相接地故障电流,如图 9-24(b)所示。人体若触及漏电设备外壳,因人体电

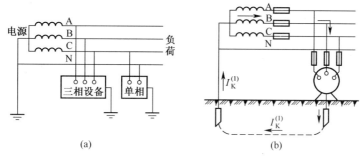

图 9-23　TT 系统及保护接地功能说明

(a)TT 系统;(b)保护接地功能说明。

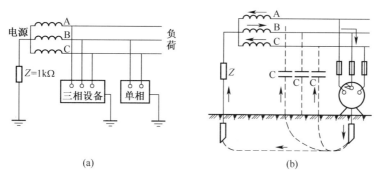

图 9-24　IT 系统及一相接地时的故障电流

(a)IT 系统;(b)一相接地时的故障电流。

阻与接地电阻并联,且人体电阻比接地电阻大 200 倍以上,根据分流原理,通过人体的故障电流将很小极大地减小了触电的危害程度。

注意,在同一低压配电系统中,保护接地与保护接零不能混用。否则,当采取保护接地的设备发生单相接地故障时,危险电压将通过大地窜至零线及采用保护接零的设备外壳。

3. 重复接地

将保护中性线上的一处或多处通过接地装置与大地再次连接。在架空线路终端及沿线每 1km 处、电缆或架空线引入建筑物处都要重复接地。如不重复接地,如果当零线断线而同时断点之后某一设备发生单相碰壳时,断点之后的接零设备外壳将出现较高的接触电压,即 $U_E \approx U_\phi$,如图 9-25(a)所示,很危险。重复接地后接触电压大大降低,$U_E = I_E R_R \leqslant U_\phi$,如图 9-25(b)所示,危险大为降低。

四、应实行接地或接零的设备

凡因绝缘损坏而可能带有危险电压的电气设备及电气装置的金属外壳和框架均应可靠接地或接零,其中包括:

(1) 电动机、变压器、电器、携带式或移动式用电器具等的金属底座和外壳;电气设备的传动装置;配电、控制、保护用的屏(柜、箱)及操作台等的金属框架和底座。

(2) 屋内外配电装置的金属或钢筋混凝土构架及靠近带电部分的金属遮栏和金属门。

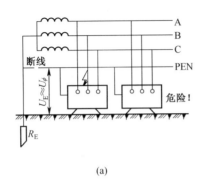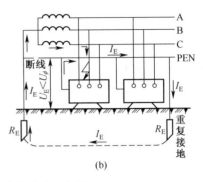

(a)　　　　　　　　　　　　　(b)

图 9-25　重复接地功能说明示意图

(a)没有重复接地,PE 线或 PEN 线断线时;(b)采取重复接地,PE 线或 PEN 线断线时。

（3）交、直流电力电缆的接头盒、终端头和膨胀器的金属外壳和电缆的金属护层、可触及的电缆金属保护管和穿线的钢管;电缆桥架、支架和井架;装有接闪线的电力线路杆塔;装在配电线路杆上的电力设备。

（4）在非沥青地面的居民区内,无接闪线的小接地电流架空电力线路的金属杆塔和钢筋混凝土杆塔;电除尘器的构架;封闭母线的外壳及其他裸露的金属部分;六氟化硫封闭式组合电器和箱变的金属箱体;电热设备的金属外壳;控制电缆的金属护层;互感器的二次绕组。

五、可不接地或不接零的设备

（1）在木质、沥青等不良导电地面的干燥房间内,交流额定电压为 380V 及以下或直流额定电压 440V 及以下的电气设备的外壳;但当有可能同时触及上述电气设备外壳和已接地的其他物体时,则仍应接地。

（2）在干燥场所,交流额定电压为 127V 及以下或直流额定电压为 110V 及以下的电气设备的外壳。

（3）安装在配电屏、控制屏和配电装置上的电气测量仪表、继电器和其他低压电器等的外壳,以及当发生绝缘损坏时,在支持物上不会引起危险电压的绝缘子的金属底座等。

（4）安装在已接地金属构架上的设备,如穿墙套管等;额定电压为 220V 及以下的蓄电池室内的金属支架;由发电厂、变电所和工业、企业区域内引出的铁路轨道;与已接地的机床、机座之间有可靠电气接触的电动机和电器的外壳。

六、接地电阻的要求

电气设备接地电阻的要求值,根据电力系统中性点的运行方式、电压等级、设备容量,根据允许的接触电压来确定。

1. 电压在 1kV 及以上的大接地短路电流系统

单相接地就是单相短路,线路电压高,接地电流大。当发生接地故障时,在接地装置及附近所产生的接触电压和跨步电压很高,要限制在很小的安全电压以下,实际不可能。当发生单相接地短路时,继电保护立即动作,出现接地电压的时间极短,产生危险较少。规程允许接地网的对地电压升高不超过 2kV,因此,接地电阻规定为

$$R \leqslant 2000/I_{ck}$$

式中　R——接地电阻(Ω);

350

I_{ck}——计算用的接地短路电流(A)。

即当接地电流 I_{ck} = 4000A 时,接地装置电阻不大于 0.5Ω;当接地电流大于 4kA 时,规程规定接地装置的接地电阻在 1 年内任何季节均不超过 0.5Ω。

2. 电压在 1kV 及以上的小接地短路电流系统

规程规定接地电阻在 1 年内任何季节均不得超过以下数值,接地电流即使很小,接地电阻也不允许超过 10Ω。

(1)高压和低压电气设备共用一套接地装置,对地电压要求低于 120V,此时
$$R \leqslant 120/I_{ck}$$

(2)当接地装置仅用于高压电气设备时,要求对地电压不超过 250V,此时
$$R \leqslant 250/I_{ck}$$

3. 1kV 以下中性点直接接地系统

1kV 以下的中性点直接接地的三相四线制系统,发电机和变压器的中性点接地装置的接地电阻不大于 4Ω;容量不超过 100kVA 时,接地电阻不大于 10Ω。

零线的每一重复接地的接地电阻不大于 10Ω;容量不超过 100kVA,且当重复接地点多于 3 处时,每一重复接地装置的接地电阻可不大于 30Ω。

4. 1kV 以下的中性点不接地系统

发生单相接地时,不会产生很大的接地短路电流,以 10A 作计算值,接地电阻规定不大于 4Ω,即发生接地时的对地电压不超过 40V,保证小于 50V 的安全电压值。对于 1kW 及以下的电气设备,接地短路电流更小,规定接地电阻不大于 10Ω。

5. 降低接地电阻的方法

为保证人身和设备的安全,需使接地装置的接地电阻满足规定要求,接地装置的接地体应尽可能埋设在土壤电阻率较低的土层内。如果变配电所和杆塔处的土壤电阻率很高,附近有较低土壤电阻率的土层时,可以用接地线引至土壤电阻率较低的土层处再集中接地,但引线短于 60m。也可考虑换土,在接地沟内换用土壤电阻率较低的土壤。

如果不方便得到电阻率较低的土壤,可用土壤重量的 10% 左右的食盐,加木炭与土壤混合,或用长效网胶减阻剂与土壤混合。

七、接地装置的铺设

1. 接地体的选用

(1)自然接地体。在敷设接地装置时,首先用自然接地体,可作自然接地体的有敷设在地下的各种金属管道如自来水管、下水管、热力管等,但液体燃料和爆炸性气体的金属管道除外;建筑物与构筑物的基础等。

(2)人工接地体。应尽量选用钢材,耐腐烂,一般常用角钢或钢管,角钢一般用 40mm×40mm×5mm,或用 50mm×50mm×5mm 两种规格;钢管一般用直径 50mm、壁厚大于 3.5mm 的钢管;在腐蚀性土壤中,应使用镀锌钢材或增大接地体的尺寸;接地体分为水平接地体和垂直接地体,前者用圆钢或扁钢水平铺设在地面以下 0.5~1m 的坑内,长度 5~20m,后者垂直接地体用角钢,圆钢或钢管垂直埋入地下,长度大于 2.5m;接地体距离地面距离大于 0.8m;埋设接地体时,不要埋设在垃圾、炉渣和有强烈腐蚀土壤处。

2. 接地线的选用

埋入地中各接地体必须用接地线互相连接构成接地网。接地线必须连接牢固,和接

地体一样,除应尽量采用自然接地线外,一般用扁钢或钢管作为人工接地线。接地线的截面面积应满足热稳定和机械强度的要求。接地线最小尺寸应符合表9-8的规定。

表9-8　接地体和接地线的最小规格

种类	规格及单位	地　上		地下
		屋内	屋外	
圆钢	直径(mm)	6	8	8/10
扁钢	截面面积(mm^2)	24	48	48
	厚度(mm)	3	4	4
角钢	厚度(mm)	2	2.5	4
钢管	管壁厚度(mm)	2.5	2.5	3.5/2.5
注:架空线路杆塔的接地极引出线,截面面积不小于50mm^2,并应热镀锌				

3. 接地电阻的估算

1) 工频接地电阻

工频接地电流流经接地装置所呈现的接地电阻,称工频接地电阻,可按表9-9计算。工频接地电阻简称接地电阻,只在需区分冲击接地电阻时才注明工频接地电阻。

表9-9　接地电阻计算公式

接地体形式			计算公式	说　明(长度单位m)
人工接地体	垂直式	单根	$R_{E(1)} \approx \dfrac{\rho}{l}$	ρ——土壤电阻率(Ωm);l——接地体长度
		多根	$R_E = \dfrac{R_{E(1)}}{n\eta E}$	n——垂直接地体根数;ηE——接地体的利用系数,由管间距a与管长l之比及管子数目n确定
	水平式	单根	$R_{E(1)} \approx \dfrac{2\rho}{l}$	ρ——土壤电阻率;l——接地体长度
		多根	$R_E \approx \dfrac{0.062\rho}{n+1.2}$	n——放射形水平接地带根数($n \leq 12$),每根长度$l = 60$m
	复合式接地网		$R_E \approx \dfrac{\rho}{4r} + \dfrac{\rho}{l}$	r——接地网面积等值的圆半径;l——接地体总长度,包括垂直接地体
	环形		$R_{\approx} = 0.6\dfrac{\rho}{\sqrt{S}}$	S——接地体所包围的土壤面积(m^2)
自然接地体	钢筋混凝土基础		$R_E = \dfrac{0.2\rho}{\sqrt[3]{V}}$	V——钢筋混凝土基础体积(m^3)
	电缆金属外皮、金属管道		$R_E \approx \dfrac{2\rho}{l}$	l——电缆及金属管道埋地长度

2) 冲击接地电阻

雷电流经接地装置泄放入地时所呈现的接地电阻,称为冲击接地电阻。由于强大的雷电流泄放入地时,土壤被雷电波击穿并产生火花,使散流电阻显著降低,因此,冲击接地电阻一般小于工频接地电阻。冲击接地电阻$R_{E.sh}$与工频接地电阻R_E按下式换算:

$$R_E = A \times R_{E.sh}$$

352

式中 R_E——接地装置各支线的长度,取值 $\leqslant$ 接地体的有效长度 l_e 或有支线大于 l_e 而取其等于 l_e 时的工频接地电阻(Ω);

A——换算系数,按图9-26所示确定。

接地体的有效长度 l_e 应按下式计算(单位为m):

$$l_e = 2\sqrt{\rho}$$

式中 ρ——敷设接地体处的土壤电阻率($\Omega \cdot$ m)。

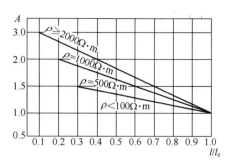

图9-26 确定换算系数 A 的曲线

接地体的长度和有效长度计量如图9-27所示。单根接地体时,l 为实际长度;有分支线的接地体,l 为其最长分支线的长度;环形接地体,l 为其周长的一半。一般 $l_e > l$,因此 $l/l_e < 1$。若 $l > l_e$,取 $l = l_e$,即 $A = 1$,$R_E = R_{E.sh}$。

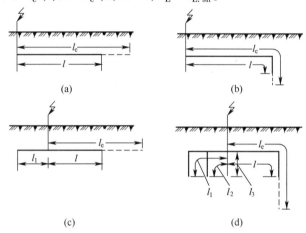

图9-27 接地体的长度和有效长度计量

(a)单根水平接地体;(b)末端接垂直接地体的单根水平接地体;

(c)多根水平接地体;(d)接多根垂直接地体的多根水平接地体($l_1 \leqslant l, l_2 \leqslant l, l_3 \leqslant l$)。

3)接地装置的设计计算

在已知接地电阻要求值时,所需接地体根数计算:

(1)按设计规范要求,确定允许的接地电阻值 R_E。

(2)实测或估算可以利用的自然接地体接地电阻 $R_{E(nat)}$。

(3)计算需要补充的人工接地体接地电阻

$$R_E = \frac{R_{E(nat)} R_E}{R_{E(nat)} - R_E}$$

若不考虑自然接地体,则 $R_{E(man)} = R_E$。

(4)根据设计经验,初步安排接地体的布置、确定接地体和连接导线的尺寸。

(5)计算单根接地体的接地电阻 $R_{E(1)}$。

(6)用逐步渐近法计算接地体的数量

$$n = \frac{R_{E(1)}}{\eta_E R_{E(\text{man})}}$$

（7）校验短路热稳定度。对于大接地电流系统中的接地装置,应进行单相短路热稳定校验。由于钢线的热稳定系数 $C = 70$,因此接地钢线的最小允许截面（mm^2）为

$$S_{\text{th. min}} = I_k^{(1)} \frac{\sqrt{t_K}}{70}$$

式中　$I_k^{(1)}$——单相接地短路电流,为计算方便,可取 $I''^{(3)}$（A）;

　　t_K——短路电流持续时间（s）。

4. 降低接地电阻的方法

在高土壤电阻率场地,可采取方法降低接地电阻,如将垂直接地体深埋到低电阻率的土壤中或扩大接地体与土壤的接触面积;置换成低电阻率的土壤;采用降阻剂或新型接地材料;在永冻土地区和采用深孔（井）技术采用降阻方法,应符合国家标准 GB 50169—2006《电气装置安装工程　接地装置施工及验收规范》规定;采用多根导体外引接地装置,外引长度不应大于有效长度。

5. 接地电阻的测量

接地装置施工完成后,应测量接地电阻的实际值,若不符合要求,则需补打接地体。每年雷雨季到来前还需重新检查测量。测量有电桥法、补偿法、电流电压表法和接地电阻测量仪法,这里介绍接地电阻测量仪法。

接地电阻测量仪俗称接地摇表,使用简单,抗干扰性能较好,应用广泛。接地电阻测量仪 ZC-8 型的接线图如图 9-28 所示,3 个接线端子 E,P,C 分别接于被测接地体（E′）、电压极（P′）和电流极（C′）。转动手柄约 120r/min 的转速并保持稳定,产生的交变电流将沿被测接地体和电流极形成回路,调节粗调旋钮及细调拨盘,使表针指在中间位置,可读出被测接地电阻。

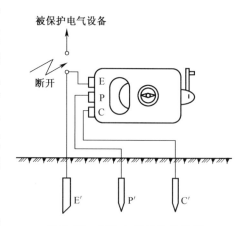

图 9-28　接地电阻仪法接线图

6. 低压配电系统的等电位联结

多个可导电部分间为达到等电位的联结称为等电位联结,等电位联结可以更有效地降低接触电压值。

1）等电位联结的分类

（1）按用途分类。等电位联结分为保护等电位联结和功能等电位联结,前者指为安全目的的等电位联结,后者指为保证正常运行的等电位联结。

（2）按位置分类。等电位联结分为总等电位联结、辅助等电位联结和局部等电位联结,标准 GB 50054—2011《低压配电设计规范》规定:用接地故障保护时,应在建筑物内作总等电位联结,当电气装置或其某一部分的接地故障后间接接触的保护电器不能满足自动切断电源要求时,应在局部范围内将可导电部分作局部等电位联结,或可将伸臂范围内能同时触及的两个可导电部分作辅助等电位联结。

354

接地可视为以大地作为参考电位的等电位联结,为防电击而设的等电位联结一般均作接地,与地电位一致,有利于人身安全。

2)总等电位联结

总等电位联结是在保护等电位联结中,将总保护导体、总接地导体或总接地端子、建筑物内的金属管道和可利用的建筑物金属结构等可导电部分联结在一起,电位基本相同如图9-29所示。建筑物内的总等电位联结,应符合规定,每个建筑物中的总保护导体(保护导体、保护按地中性导体)、电气装置总接地导体或总接地端子排、建筑物内的水管、燃气管、采暖和空调管道等和可接用的建筑物金属结构部分应作总等电位联结;来自建筑物外部的可导电部分,应在建筑物内距离引入点最近点作总等电位联结;总等电位联结导体应符合相关规定。

3)辅助等电位联结

是在导电部分间用导体直接联结,使其电位相等或接近而实施的保护等电位联结。

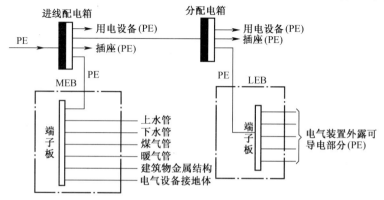

图9-29 总等电位联结和局部等电位联结

MEB—总等电位联结;LEB—局部等电位联结。

4)局部等电位联结

局部等电位联结是在一局部范围内将各导电部分连通,保护等电位联结。

总等电位联结大大降低了接触电压,但如建筑物离电源较远,建筑物内保护线路较长,则保护电器的动作时间和接触电压可能超过规定限值,这时应在局部范围内再实施一次局部等电位联结,作为总等电位联结的一种补充,如图9-29所示。通常在容易触电的浴室、卫生间及安全要求极高的胸腔手术室和脑部手术室等地,宜作局部等电位联结。

7. 等电位联结导体的选择

1)保护联结导体的截面积

总等电位联结用保护联结导体的截面积,不应小于保护线路的最大保护导体截面积的1/2,其保护联结导体截面积的最小值和最大值应符合表9-10的规定。

表9-10 总等电位联结用保护联结导体截面积的最小值和最大值(单位:mm²)

导体材料	最小值	最大值
铜	6	25
铝	16	按载流量与25mm²铜导体的载流量相同确定
钢	50	

355

2）辅助等电位联结用保护联结导体的截面积的规定

（1）联结两个外露可导电部分的保护联结导体,电导不应小于接到外露可导电部分的较小的保护导体的电导。

（2）联结外露可导电部分和装置外可导电部分的保护联结导体,其电导不应小于相应保护导体截面积 1/2 的导体所具有的电导。

（3）单独敷设的保护联结导体的截面积应符合:有机械损伤防护时,铜导体 ≥ 2.5mm²,铝导体≥16mm²;无机械损伤防护时,铜导体≥4mm²,铝导体≥16mm²。

3）局部等电位联结用保护联结导体的截面积应符合的规定

保护联结导体的电导不应小于局部场所内最大保护导体截面积 1/2 的导体所具有的电导;保护联结导体采用铜导体时,截面积最大值 25mm²;采用其他金属导体时,其截面积最大值应按其载流量与 25mm² 铜导体的载流量相同确定;单独敷设的保护联结导体的截面积应符合:有机械损伤防护时,铜导体 ≥ 2.5mm²,铝导体≥16mm²;无机械损伤防护时,铜导体≥4mm²,铝导体≥l6mm²。

第三部分　了解变配电所和车间的接地装置

接地方式与要求很多,变电所的接地与一般的单台设备接地要求不同,应当了解变电所接地的一些基本知识。

变电所的占地面积较大,由于单根接地体周围地面电位分布不均匀,在接地电流或接地电阻较大时,容易受到危险的接触电压或跨步电压的威胁。采用接地体埋设点距被保护设备较远的外引式接地时,若相距 20m 以上,则加到人体上的电压将为设备外壳上的全部对地电压就更严重。此外,单根接地体或外引式接地的可靠性较差,如引线断开就极不安全。因此,变配电所和车间的接地装置一般采用环路式接地装置,如图 9-30 所示。

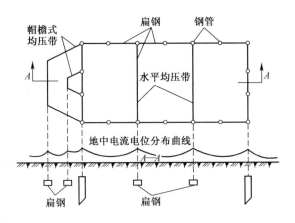

图 9-30　加装均压带的环路式接地网

环路式接地装置在变配电所和车间建筑物四周,距墙脚 2~3m 打入一圈接地体,再用扁钢连成环路,外缘各角应做成圆弧形,圆弧半径不宜小于均压带间矩的一半。接地体间的散流电场相互重叠,使地面上的电位分布较均匀,跨步电压及接触电压很低。当接地体之间距离为接地体长度的 2~3 倍时,效应更明显。若接地区域范围较大,可在环路式接地装置范围内,每隔 5~10m 宽度增设一条水平接地带均压,该均压带还可作为接地干线用,以使各被保护设备的接地线连接更为方便可靠。在经常有人出入的地方,应加装帽檐式均压带或采用高绝缘路面。

项目十　了解电气照明及节约用电知识

本项目包括三个任务,首先了解光源的基本知识及选择光源,能够设计电气照明的控制线路;掌握节约用电的基本方法。

任务1　了解光源的基本知识及选择光源

第一部分　任务内容下达

照明,是工厂生产环境的必要措施。最好的光源就是自然光,但在工厂车间内,自然光不可能充分地进入,就必须采取补光的手段。照明是指通过科学的照明设计,选择合适的电光源,采用效率高、寿命长、安全且性能稳定的照明电器产品,可节约能源、保护环境,有益于提高生产、工作、学习效率和生活质量,保护身心健康的照明。

本任务就是在了解电气照明基本特点的基础上,能够合理选择电光源,合理设计照明电路。

第二部分　任务分析及知识介绍

一、电气照明概述

照明分为自然照明即天然采光和人工照明,而电气照明是人工照明中应用范围最广的一种照明方式。下面介绍照明技术的有关概念。

1.光、光谱和光通量

1) 光

光是物质的一种形态,是一种辐射能,在空间中以电磁波的形式传播,其波长比无线电波短而比 X 射线长。这种电磁波的频谱范围很广,波长不同其特性也截然不同。

2) 光谱

将光线中不同强度的单色光,按波长长短依次排列,称为光源的光谱。光谱的大致范围包括:红外线,波长为 780nm ~ 1mm;可见光,波长为 380 ~ 780nm;紫外线,波长为1~380nm。

波长为 380~780nm 的辐射能为可见光,作用于人的眼睛就能产生视觉。但人眼对各种波长的可见光,具有不同的敏感性。实验证明,正常人眼对于波长为 555nm 的黄绿色光最敏感。因此,波长越偏离 555nm 的辐射,可见度越小。

3) 光通量

光源在单位时间内,向周围空间辐射出的使人眼产生光感的能量,称为光通量。用符号 ϕ 表示,单位为流明(lm)。

2. 发光强度及其分布特性

1）发光强度

发光强度简称光强，是表示向空间某一方向辐射的光通密度。用符号 I 表示，单位为坎德拉(cd)。

对于向各个方向均匀辐射光通量的光源，其各个方向的光强相等，计算公式为

$$I = \frac{\Phi}{\Omega}$$

式中　Ω——光源发光范围的立体角，单位为球面度(sr)，$\Omega = A/r^2$，r 为球的半径，A 为相对应的球面积；

　　　Φ——光源在立体角内所辐射的总光通量。

2）光强分布曲线

光强分布曲线也叫配光曲线，是在通过光源对称轴的一个平面上绘出的灯具光强与对称轴之间角度 α 的函数曲线。

配光曲线是用来进行照度计算的一种基本技术资料。对于一般灯具而言，配光曲线用极坐标绘制表示，如图 10-1 所示。对于聚光很强的投光灯，其光强分布在一个很小的角度内，配光曲线一般用直角坐标绘制表示，如图 10-2 所示。

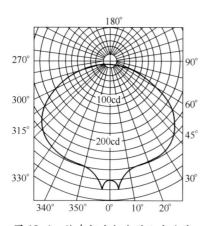

图 10-1　绘在极坐标上的配光曲线

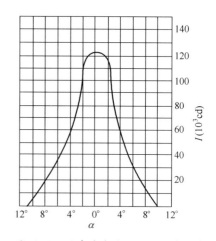

图 10-2　绘在直角坐标上的配光曲线

3. 照度和亮度

1）照度

受照物体表面的光通密度称为照度。用符号 E 表示，单位为勒克司(lx)。当光通量均匀地照射到某物体表面上，面积为 S 时，该平面上的照度值为

$$E = \frac{\Phi}{S}$$

2）亮度

发光体(受照物体对人眼可看作间接发光体)在视线方向单位投影面上的发光强度称为亮度。用符号 L 表示，单位为 cd/m^2。

如图 10-3 所示，该发光体表面法线方向的光强为 I，而人眼视线与发光体表面法线成 α 角，因此视线方向的光强 $I_\alpha = I\cos\alpha$，而视线方向的投影面 $S_\alpha = S\cos\alpha$，由此可得发光体

358

在视线方向的亮度为

$$L = \frac{I_\alpha}{S_\alpha} = \frac{I\cos\alpha}{S\cos\alpha} = \frac{I}{S}$$

可见,发光体的亮度值实际上与视线方向无关。

4. 照明方式和种类

1) 照明方式

"照明",即利用各种光源照亮工作和生活场所或个别物体的措施。利用太阳和天空光的称"天然采光";利用人工光源的称"人工照明"。可分一般照明、分区一般照明、局部照明和混合照明。

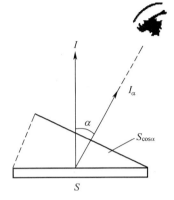

图 10-3　亮度概念表示

一般照明,供照度要求基本上均匀的场所的照明。分区一般照明,对某一特定区域,如工作的地点,设计成不同的照度来照亮该区域的一般照明。

局部照明,仅供工作地点如机床设备固定式或设备检修现场便携式使用的照明。

混合照明,一般照明和局部照明组成的照明。

对工作位置密度很大而对光照方向无特殊要求的场合,建议采用一般照明;对局部地点需要高照度并对照射方向有要求时,建议采用局部照明;对工作位置需要较高照度并对照射方向有特殊要求的场所,建议采用混合照明。

2) 照明的种类

按用途可分为正常照明、应急照明、值班照明、警卫照明和障碍照明等。

正常照明,正常工作时的室内外照明,如正常工作的场所、车间、办公室等。

应急照明,正常照明熄灭后,供工作人员继续和暂时继续作业的照明、供疏散人员使用的照明。应急照明包括:

(1) 疏散照明。用于在出现危险状况时,确保疏散通道被有效辨认和使用的照明。

(2) 安全照明。用于确保处于潜在危险之中的人员安全的照明。

(3) 备用照明。用于确保正常活动继续进行的照明,如停电后需要短暂的照明,用以完成连续的工作。

(4) 值班照明。非生产时间内供值班人员使用的照明。

(5) 警卫照明。安全保卫、警卫地区周界的照明。

(6) 障碍照明。在高层建筑上或基建施工、开挖路段时,作为障碍标志用的照明。

正常照明可以单独使用,也可和应急照明、值班照明同时使用,但控制线路必须独立分开。应急照明应装设在可能引起事故的设备、材料周围及主要通道和入口处,并在灯的明显部位涂以红色,照度不应小于场所所规定的照度的10%。工厂三班制生产的重要车间及有重要设备的车间和仓库等场所应装设值班照明。障碍照明一般用闪光、红色灯显示。

课堂练习

(1) 可见光有哪些颜色? 哪种颜色光的波长最长? 哪种颜色光的波长最短? 哪种波

长的光可引起人眼最大的视觉？

（2）什么叫发光强度（光强）？什么叫照度和亮度？它们的符号和单位各是什么？

（3）照明的种类有哪些？

二、常用照明光源和灯具

照明器具一般是由照明光源、灯具及附件组成。照明光源和灯具是照明器的主要部件，照明光源提供发光源，灯具既起固定光源、保护光源及美化环境的作用，又对光源产生的光通量进行再分配、定向控制和防止光源产生眩光。

1. 照明光源

照明工程中使用的各种电光源，可以按照发光物质、构造等特点分类。根据光源的发光物质主要分为固体发光光源和气体放电发光光源。固体发光光源按发光形式又分为热辐射光源和电致发光光源，前者如白炽灯、卤钨灯等，后者如场致发光灯、半导体二极管等。气体放电光源按放电形式分为氖灯、霓虹灯等的辉光放电光源和弧光放电光源；弧光放电光源又分为荧光灯、低压钠灯等低气压灯和高压钠灯、金属卤化物灯等高气压灯。

1）热辐射光源

利用物体加热时辐射发光的原理所做成的光源称为热辐射光源。常用的热辐射光源有白炽灯和卤钨灯。

（1）白炽灯。白炽灯发光原理为灯丝通过电流加热到白炽状态从而引起热辐射发光。有 110~220V 普通照明灯泡和 6~36V 低压灯泡，灯头有卡口和螺口。

白炽灯结构简单，价格低，显色性好，使用方便，适用于频繁开关。但发光效率低，使用寿命短，耐震性差，当今已不提倡使用。

我国规定 2016 年底逐步淘汰普通照明白炽灯，反射型白炽灯和特殊用途白炽灯除外，特殊用途白炽灯是指专门用于科研医疗、火车船舶航空器、机动车辆、家用电器等的白炽灯。白炽灯外形如图 10-4 所示，灯丝通过电流加热到白炽状态引起热辐射发光。按灯丝结构分单螺旋和双螺旋，后者的光效率较高。按用途分普通照明和局部照明，普通照明单螺旋灯丝型号 PZ，普通照明双螺旋灯丝型号 PZS，局部照明单螺旋灯丝型号 JZ，局部照明双螺旋灯丝型号 JZS。白炽灯灯头型式有插口和螺口。

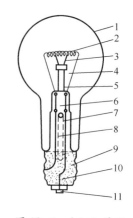

图 10-4　白炽灯外形

1—玻壳；2—灯丝；3—支架；4—电极；
5—玻璃芯柱；6—杜美丝；7—引入线；
8—抽气管；9—灯头；
10—封端胶泥；11—锡焊接触端。

（2）卤钨灯。卤钨灯是在白炽灯泡中充入微量的卤化物，利用卤钨循环的作用，使灯丝蒸发的一部分钨重新附着在灯丝上，可提高光效、延长寿命，但卤钨灯对电压波动比较敏感，耐震性较差。卤钨灯的结构如图 10-5 所示。为了使灯管温度分布均匀，防止出现低温区，以保持卤钨循环的正常进行，卤钨灯要求水平安装，其偏差不大于 4°。

最常用的卤钨灯为碘钨灯，碘钨灯不允许任何人工冷却办法，如电风扇吹、水淋等。碘钨灯工作时管壁温度很高，因此应与易燃物保持一定的距离；不能用在震动较大的地方，更不能作为移动光源使用。

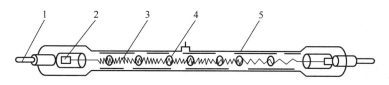

图 10-5 卤钨灯的结构

1—灯脚;2—钼箔;3—灯丝(钨丝);4—支架;5—石英玻管。

卤钨灯实质上是在白炽灯内充入含卤素或卤化物的气体,利用卤钨循环原理来提高灯的光效和使用寿命。

当灯管工作时灯丝即钨丝的温度很高,蒸发出钨分子使之移向玻管内壁,即一般白炽灯泡会逐渐发黑。卤钨灯的灯管内充有卤素,如碘或溴,钨分子在管壁与卤素作用,生成气态卤化钨由管壁向灯丝迁移。当卤化钨进入灯丝的高温区域后超过1600℃,分解为钨分子和卤素,钨分子就沉淀在灯丝上。当钨分子沉淀数量等于灯丝蒸发的钨分子数量时形成相对平衡。以上过程称"卤钨循环"。

由于卤钨灯内的卤钨循环,玻管不易发黑,灯丝不易烧断,因此,光效比白炽灯高,使用寿命也大大延长。

为了使卤钨灯的卤钨循环顺利进行,安装时必须保持灯管水平,倾斜角≤4°,且不允许人工冷却。卤钨灯工作时管壁温度高达600℃,不能与易燃物品靠近。卤钨灯的显色性好,使用方便。最常用的卤钨灯为碘钨灯。

2) 气体放电光源

利用气体放电时发光的原理所做成的光源称为气体放电光源。目前常用的气体放电光源主要有荧光灯、高压钠灯、金属卤化物灯、氙灯、紧凑型荧光灯和单灯混光灯等。

1) 荧光灯。荧光灯的外形如图 10-6 所示,利用汞蒸汽在外加电压作用下产生电弧放电,发出少许可见光和大量紫外线,紫外线又激励管内壁涂覆的荧光粉,使之再发出大量的可见光。二者混合光色接近白色。

由于荧光灯是低压气体放电灯,工作在弧光放电区,此时灯管具有负的伏安特性。当外电压变化时工作不稳定,为了保证灯管的稳定性,利用镇流器的正伏安特性来平衡灯管的负伏安特性。又由于灯管工作时会有频闪效应,在有旋转电机的车间里使用荧光灯时,要设法消除频闪效应。

荧光灯采用的直管细管径荧光灯有管径为 16mm 的 T5 管和 26mm 的 T8 管。T5 荧光灯平均寿命长达 20000h,采用电子镇流器,功率因数达 0.95,比 T8 荧光灯节能 30%以上。该类荧光灯管径更细,体积更小,降低了荧光粉等有害物质的耗量,获得更好的环保效益。

荧光灯适用于办公楼、教室、图书馆、商场,以及高度在 4.5m 以下的生产场所,如仪表、电子、纺织、卷烟等。荧光灯是应用最广泛、用量最大的气体放电光源。结构简单、光效高,发光柔和、寿命长,但需要附件较多,不宜安装在频繁启动的场合。

荧光灯的接线如图 10-6 所示,接上电

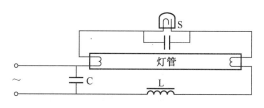

图 10-6 荧光灯的接线

S—起辉器;L— 镇流器;C—电容器。

压后,起辉器首先产生辉光放电使其双金属片加热伸开,造成两极短接,使电流通过灯丝。灯丝加热后发射电子,并使管内的少量汞气化。镇流器就是铁芯电感线圈。当起辉器两极短接使灯丝加热后,起辉器内的辉光放电停止,双金属片冷却收缩,从而突然断开灯丝加热回路,使镇流器两端感生很高的电动势,连同电源电压加在灯管两端,使充满汞蒸汽的灯管击穿,产生弧光放电。灯管起燃后的管内电压降很小,因此靠镇流器产生很大的电压降,限制灯管的稳定电流。电容器用于提高电路功率因数,可从0.5提高到0.9。

荧光灯光将随灯管两端电压周期性交变而频繁闪烁。消除频闪效应的方法很多,最简单的是在该灯具内安装两根或三根荧光灯管,各根灯管分别接到不同相位的线路。

2) 高压钠灯。高压钠灯的结构如图10-7所示,利用高压钠蒸汽放电工作,光呈淡黄色。工作线路图和高压汞灯类似。高压钠灯照射范围广,光效高,寿命长,比高压汞灯高1倍,紫外线辐射少,透雾性好,色温和显色指数较优,但启动时间4~8min、再次启动时间可能10~20min,对电压波动较敏感。广泛应用于大空间工业厂房、体育场馆、道路、广场、户外作业场所等。

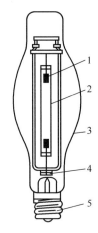

图 10-7　高压钠灯的结构
1—主电极;2—半透明陶瓷放电管;
3—外玻壳;4—消气剂;5—灯头。

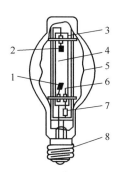

图 10-8　GGY 型高压汞灯的外形
1—第一主电极;2—第二主电极;3—金属支架;4—内石英玻壳;
5—外石英玻壳;6—辅助电极;7—限流电阻;8—灯头。

3) 金属卤化物灯。金属卤(碘、溴、氯)化物灯是在高压汞灯的基础上,为改善光色而发展起来的新型光源,光色好、光效高,受电压影响也较小,是目前比较理想的光源。发光原理是在高压汞灯内添加金属卤化物,靠金属卤化物的循环作用,不断向电弧提供相应的金属蒸汽,金属原子在电弧中受电弧激发而辐射该金属的特征光谱线。选择适当的金属卤化物并控制比例,可制成各种不同光色的金属卤化物灯。

金属卤化物灯体积小、效率高、功率集中、便于控制、价格便宜,可用于商场、大型的广场和体育场等场所。

4) 高压汞灯。又称高压水银荧光灯,是荧光灯的改进产品,属于高气压的汞蒸汽放电光源。按结构有以下三种类型。

1) GGY 型荧光高压汞灯,是最常用的一种,图10-8为产品外形。

(2) GYZ 型自镇流高压汞灯,利用自身的灯丝兼作镇流器。

(3) GYF 型反射高压汞灯,采用部分玻壳内壁镀反射层的结构,使光线集中均匀地定向反射。

5）氙灯。为惰性气体弧光放电灯,高压氙气放电时能产生很强的白光,接近连续光谱,和太阳光十分相似,点燃方便,不需要镇流器,自然冷却能瞬时启动,是一种较为理想的光源。适用于广场、车站、机场等场所。

6）紧凑型荧光灯。主要通过灯管和电子镇流器低功耗实现节能,通常又称为节能灯。发光原理与荧光灯相同,区别在于以三基色荧光粉代替卤粉,灯管与镇流器、起辉器一体化。

紧凑型荧光灯按色温分为冷色和暖色,按结构分2U、3U、螺旋管节能灯、双U插拔管节能灯、H型插拔管节能灯等产品。紧凑型荧光灯显色指数高、光效高、寿命长、体积小、节能效果明显、使用方便,比同功率白炽灯节能80%。国家已将紧凑型荧光灯作为节能产品重点推广和使用。适用于住宅、宾馆、商场等场所。

7）单灯混光灯是一种高效节能灯,在一个灯具内有两种不同光源,吸取各光源的优点。例如,金卤钠灯混光灯由一支金属卤化物灯管芯和一支中显钠灯管芯串联构成;中显钠汞灯混光灯由一支中显钠灯管芯和一支汞灯管芯串联构成。主要用于照度要求高的高大建筑室内照明。

2. 各种照明光源的技术特性

光源的主要技术特性有光效、寿命、色温等,有时这些技术特性存在相互矛盾的方面,实际选用时,一般先考虑光效高、寿命长,其次再考虑显色指数、启动性能等次要指标。常用照明光源的主要技术特性见表10-1。

表10-1　常用照明光源的主要技术特性

特性参数	卤钨灯	荧光灯	高压汞灯	高压钠灯	金属卤化物灯	管形氙灯	紧凑型荧光灯	LED灯
额定功率/W	20~5000	20~200	50~1000	35~1000	35~3500	1500~100000	5~55	0.05~
发光效率/lm·W^{-1}	14~30	60~100	32~55	64~140	52~130	20~40	44~87	80~140
寿命/h	1500~2000	11000~12000	10000~20000	12000~24000	1000~10000	1000	5000~10000	50000~8000
色温/K	2800~3300	2500~6500	5500	2000~4000	3000~6500	5000~6000	2500~6500	3000~7000
一般显色指数/%	95~99	70~95	30~60	23~85	60~90	95~97	80~95	75~90
启动稳定时间	瞬时	1~4s	4~8min	4~8min	4~10min	瞬时	10s或快速	瞬时
再启动时间间隔	瞬时	1~4s	5~10min	10~15min	10~15min	瞬时	10s或快速	瞬时
功率因数	1	0.33~0.52	0.44~0.67	0.44	0.4~0.6	0.4~0.9	0.98	>0.95
电压波动		±5%U_N	±5%U_N	<5%自灭	±5%U_N	±5%U_N	±5%U_N	
频闪效应	无	有	有	有	有	有	有	无
表面亮度	大	小	较大	较大	大	大	大	大

（续）

特性参数	卤钨灯	荧光灯	高压汞灯	高压钠灯	金属卤化物灯	管形氙灯	紧凑型荧光灯	LED 灯
电压对光通量的影响	大	较大	较大	大	较大	较大	较大	较大
环境温度对光通量的影响	小	大	较小	较小	较小	小	大	较小
耐震性能	差	较好	好	较好	好	好	较好	好
需增附件	无	电子镇流器节能电感镇流器	镇流器	镇流器	镇流器触发器	镇流器触发器	电子镇流器	无
适用场所	厂前区、室外配电装置、广场	广泛应用	广场、车站、道路、室外配电装置等	广场、街道、交通枢纽、展馆等	大型广场、体育场、商场等	广场、车站、大型室外配电装置	家庭、宾馆等照明	广泛应用

3. 新型照明光源

普通照明光源的制作和使用寿命有的局限性很大,随着新材料和新工艺的发展,国内已研制和生产出了很多发光效率高、体积小和高效节能的新型照明光源。

（1）固体放电灯。如采用红外加热技术研制的耐高温陶瓷灯,采用聚碳酸酯塑料研制出的双重隔热塑料灯,利用化学蒸汽沉积法研制出的回馈节能灯,表面温度仅 40℃ 的冷光灯等,具有发光和储能双重作用的储能灯泡等。

（2）高强度气体放电灯。如无电极放电灯寿命长、易调光;氙气灯耐高温、节能;电子灯节能、寿命长。

（3）半导体节能灯。根据半导体的光敏特性研制而成,电压低、电流小、发光效率高,节能效果。

（4）LED 灯。LED 灯寿命长、光效高,但价格还较高,发展前景广阔。

另外还有氙气准分子光源灯和微波硫分子灯等,前者是无极灯,寿命长,无污染;后者高光效、无污染。

4. 光源的选择

选择照明光源,在满足显色性、启动时间等条件下,要对光源价格、光源全寿命期的综合经济分析比较。高效、长寿命光源,尽管价格较高,但使用数量减少,运行维护费用低,要考虑经济和技术方面的因素。选择光源时有如下的一般原则:

（1）高度较低房间,如办公室、教室、会议室及仪表、电子生产车间等,建议采用小于 26mm 的细管径直管形荧光灯。

（2）商店营业厅建议采用小于 26mm 的细管径直管形荧光灯、紧凑型荧光灯或小功率的金属卤化物灯。

（3）高度较高的工业厂房,应按照生产使用要求,采用金属卤化物灯或高压钠灯,亦可采用大功率细管径荧光灯。

（4）选用高效、节能和环保的光源。荧光高压汞灯光效低、寿命不长,显色指数不高,建议不采用。自镇流荧光高压汞灯光效更低,不应采用。白炽灯光效低和寿命短,为节约能源,不应采用普通照明白炽灯。

照明光源一般选用小于26mm细管径的直管荧光灯、紧凑型节能荧光灯、高强度气体放电灯(金属卤化物灯、高压钠灯)和LED灯等。

三、灯具的类型、选择及布置

1. 灯具的类型

灯具可以按光通量在空间的分布、配光曲线、结构和安装方式等进行分类。

1)按光通量在空间的分布分类

国际照明委员会根据光通量在上下半球空间的分布将室内灯具划分为直接型、半直接型、直接—间接型、半间接型和间接型五种类型,光通量分布及特点见表10-2,其中直接—间接型也称为均匀漫射型。

表 10-2 灯具按光通量在空间的分布分类

分 布	光通量分布/%		特 点
	上半球	下半球	
直接型	0~10	100~90	光线集中,工作面上可获得充分照度
半直接型	10~40	90~60	光线集中在工作面,空间环境有适当照度,比直接型眩光小
直接—间接型	40~60	60~40	空间各方向光通量基本一致,无眩光
半间接型	60~90	40~10	增加反射光的作用,使光线比较均匀柔和
间接型	90~100	10~0	扩散性好、光线柔、均匀,避免眩光;光的利用率低

2)按配光曲线分类

按灯具的配光曲线分类,实际上是按灯具的光强分布特性,如图10-9所示分类。

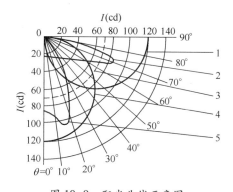

图 10-9 配光曲线示意图

1—正弦分布型;2—广照型;3—漫射型;4—配照型;5—深照型。

(1)正弦分布型。光强是角度的正弦函数,当$\theta=90°$时光强最大。

(2)广照型。最大光强分布在50°~90°范围,在较广面积上形成均匀的照度。

(3)漫射型。各个角度的光强基本一致。

(4)配照型。光强是角度的余弦函数,当$\theta=0°$时光强最大。

(5)深照型。光通量和最大光强值集中在0°~30°的立体角内。

(6)特深照型。光通量和最大光强值集中在0°~15°的狭小立体角内。

3）按灯具的结构特点分类

（1）开启型。光源与外界空间直接接触（无罩）。

（2）闭合型。灯罩将光源包合起来，但内外空气仍能自由流通。

（3）封闭型。灯罩固定处加以一般封闭，内外空气仍可有限流通。

（4）密闭型。灯罩固定处加以严密封闭，内外空气不能流通。

（5）防爆型。灯罩及固定处均能承受要求的压力，符合《防爆电气设备制造检验规程》的规定，能安全使用在有爆炸危险性介质的场所；防爆型分隔爆型和安全型两种。

各种灯具类型如图 10-10 所示。

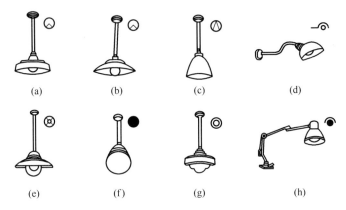

图 10-10　各种灯具类型

(a)配照型；(b)广照型；(c)深照型；(d)斜照型；(e)广照防水防尘型；
(f)圆球型；(g)双罩型；(h)机床局部照明灯。

4）按灯具的安装方式分类

按安装方式，分为吊灯、吸顶灯、壁灯、嵌入式灯、地脚灯、庭院灯、道路广场灯和自动应急照明灯等。

根据使用光源，可分为荧光灯灯具、高强度气体放电灯灯具、LED 灯灯具等。

2. 灯具的选择

（1）在潮湿场所，建议采用相应防护等级的防水灯具或带防水灯头的开敞式灯具。

（2）在有腐蚀性气体或蒸汽的场所，应采用防腐蚀密闭式灯具，如果采用开敞式灯具，则各部分应有防腐蚀或防水的措施。

（3）在高温场所，应采用散热性能好、耐高温的灯具。

（4）在有尘埃的场所，应按防尘的相应防护等级选择适宜的灯具。

（5）在装有锻锤、大型桥式起重机等振动和摆动较大的场所使用的灯具，应有防振和防脱落的措施。

（6）在易受机械损伤、光源自行脱落可能造成人身伤害或财产损失的场所使用的灯具，应有防护措施。

（7）在有爆炸或火灾危险场所使用的灯具，应符合国家标准 GB 50058—1992《爆炸和火灾危险环境电力装置设计规范》的规定；爆炸危险场所灯具防爆结构的选型见表10-3。火灾危险场所灯具防护结构的选型见表 10-4。

（8）在有洁净要求的场所，应采用不易积尘、易于擦拭的洁净灯具。

（9）在需防止紫外线照射的场所,应采用隔紫灯具或无紫光源。

表 10-3　爆炸危险场所灯具防爆结构的选型

爆炸危险区域		1 区		2 区	
灯具防爆结构		防爆型	增安型	防爆型	增安型
灯具设备	固定灯具	适用	不适用	适用	适用
	移动灯具	慎用		适用	适用
	携带式灯具	适用			
	指示灯类	适用	不适用	适用	适用
	镇流器	适用	慎用	适用	适用

爆炸危险场所的分类,见附表 13。

表 10-4　火灾危险场所灯具防护结构的选型

火灾危险区域		21 区	22 区	23 区
照明灯具	固定安装时	IP2X	IP5X	IP2X
	移动式、携带式	IP5X		

火灾危险环境的区分,参看有关资料。

3. 灯具的安装

直接安装在可燃材料表面上的灯具,当灯具发热部件紧贴在安装表面上时,需采用带有▽标志的灯具,放置一般灯具的发热导致可燃材料燃烧,酿成火灾。

室内灯具应当悬挂高度适当,满足工作面上的照度要求,还需要运行维修、擦拭或更换灯泡方便;室内灯具不宜悬挂过低,否则,人会碰撞而不安全,也会产生眩光,人的视觉降低。

室内一般照明灯具的最低悬挂高度,符合行业标准 JBJ6—1996《机械工厂电力设计规范》规定。灯具的遮光角如图 10-11 所示。

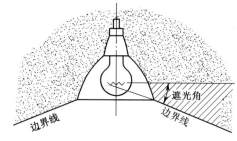

图 10-11　灯具的遮光角

4. 镇流器选择

（1）自镇流荧光灯应配用电子镇流器。

（2）直管形荧光灯应配用电子镇流器或节能型电感镇流器。

（3）高压钠灯、金属卤化物灯应配用节能型电感镇流器。在电压偏差较大的场所,宜配用恒功率镇流器;功率较小者可配用电子镇流器。

（4）所有采用的镇流器均应符合该产品的国家能效标准。

（5）高强度气体放电灯的触发器与光源的安装距离应符合产品的要求。

5. 室内灯具的布置方案

应考虑房间结构及照明的要求,既要经济实用,又要尽可能美观协调。车间内一般照明灯具通常有两种布置方案。

（1）均匀布置。整个车间内灯具均匀分布,与具体的生产设备位置没有相互关系,如

图 10-12(a)所示。

（2）选择布置。与生产设备的位置有关，大多按工作面对称布置，使工作面获得最有利的光照并消除阴影，如图 10-12(b)所示。

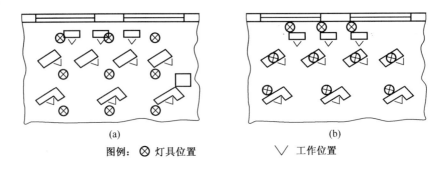

图例：⊗ 灯具位置   ∨ 工作位置

图 10-12   车间内一般照明灯具的布置方案

(a)均匀布置；(b)选择布置。

由于灯具均匀布置较之选择布置更美观，整个车间照度比较均匀，所以在既有一般照明、又有局部照明的场所，建议照明灯具选用均匀布置。

灯具间距应按光强的分布、悬挂高度、房屋结构及照度要求等因素确定，为了在工作面上获得较均匀的照度，间距与灯具在工作面上的悬挂高度之比（简称距高比）一般不超过各类灯具规定的最高距高比。具体可查有关技术手册或产品说明书资料。

课堂练习

（1）请叙述典型灯具的种类及特点。

（2）灯具的安装应当符合哪些条件？

第三部分   熟悉电光源的选择及布局

经过本任务的学习，基本了解了点光源的特点、种类及应用。我们应当熟悉这些基本知识，通过一个基本应用，进一步掌握照明的基本知识。

某车间的平面面积为 (36×18) m^2，桁架跨度为 18m，桁架之间相距 6m，桁架下弦离地5.5m，工作面离地 0.75m。现拟采用 GC1-A-2G 型工厂配照灯，装 220V/125W 荧光高压汞灯即 GGY-125 型灯具作车间一般照明。根据所介绍的知识，初步确定灯具的布置方案。

根据车间的建筑结构，灯具宜悬挂在桁架上。如果灯具下吊 0.5m，则灯具的悬挂高度即在工作面上的高度为

$$h = 5.5\text{m} - 0.5\text{m} = 4.25\text{m}$$

根据表 10-5 所示，GC1-A-2G 型灯具的最大距高比 $l/h = 1.35$，则灯具间的合理距离为

$$l \leqslant 1.35 \quad l = 1.35\text{m} \times 4.25\text{m} = 5.7\text{m}$$

根据车间结构和计算得出合理灯距，初步确定灯具布置方案见图 10-13 所示。

表 10-5 GC1-A、B-2G 型工厂配照灯的主要技术数据和图表

1. 主要规格数据

光源型号	光源功率	光源光通量	遮光角	灯具效率	最大巨高比
GGY-125	125W	4750lm	0°	66%	1.35

2. 灯具外形及其配光曲线

3. 灯具利用系数 μ

顶棚反射比 ρ_c(%)		70			50			30			0
墙壁反射比 ρ_w(%)		50	30	10	50	30	10	50	30	10	0
室空间比（RCR）（地面反射比 $\rho_s = 20\%$）	1	0.66	0.64	0.61	0.64	0.61	0.59	0.61	0.59	0.57	0.54
	2	0.57	0.53	0.49	0.55	0.51	0.48	0.52	0.49	0.47	0.44
	3	0.49	0.44	0.40	0.47	0.43	0.39	0.45	0.41	0.38	0.36
	4	0.43	0.38	0.33	0.42	0.37	0.33	0.40	0.36	0.32	0.30
	5	0.38	0.32	0.28	0.37	0.31	0.27	0.35	0.31	0.27	0.25
	6	0.34	0.28	0.23	0.32	0.27	0.23	0.31	0.27	0.23	0.21
	7	0.30	0.24	0.20	0.29	0.23	0.19	0.28	0.23	0.19	0.18
	8	0.27	0.21	0.17	0.26	0.21	0.17	0.25	0.20	0.17	0.15
	9	0.24	0.19	0.15	0.23	0.18	0.15	0.23	0.18	0.15	0.13
	10	0.22	0.16	0.13	0.21	0.16	0.13	0.21	0.16	0.13	0.11

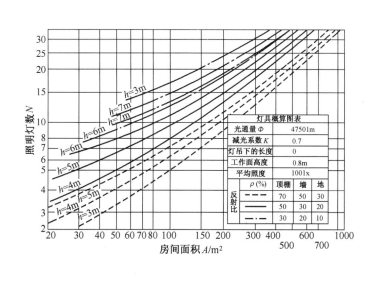

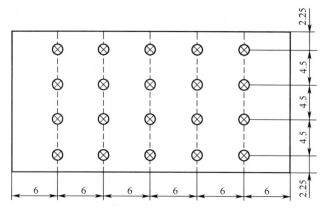

图 10-13　题例的灯具布置方案(尺寸单位:m)

该布置方案的灯距几何平均值为

$$l = \sqrt{4.5 \times 6m} = 5.2m < 5.7m$$

灯距符合要求,但工作面上照度是否符合要求,要根据工作现场进一步的照度计算来检验。

任务 2　掌握照明的配电及控制

第一部分　任务内容下达

电光源的能量来源是电,对电光源的控制,是根据电光源的照明特点和用途,实际是电气控制。为保证照明正常、安全、可靠地工作,同时便于控制、管理和维护,又利于节约电能,就必须有合理的配电系统和控制方式给予保证。

本任务将根据电光源的控制要求,设计控制电路,满足电光源的控制要求。

第二部分　任务分析与知识介绍

一、照明配电系统介绍

我国照明供电一般采用220/380V 三相四线中性点直接接地的交流网络供电。小功率的照明光源的电源电压220V,1500W 及以上的高强度气体放电灯的电源电压建议采用380V,移动式和手提式灯具应采用安全 36V 以下的特低电压供电,干燥场所采用不高于50V,电压潮湿场所不高于25V 电压。

1. 正常照明

电力设备无大功率冲击性负荷时,照明和电力一般公用变压器;当电力设备有大功率冲击性负荷时,照明宜与冲击性负荷接自不同变压器;如条件不允许需接自同一变压器时,照明应由专用馈电线供电;照明安装功率较大时,建议采用照明专用变压器。

当照明与电力设备公用一台变压器时,如图 10-14(a)所示,由变压器低压母线上引出独立的照明线路供电。

当有两台变压器时,正常照明和应急照明由不同的变压器供电,如图 10-14(b)所示,对于重要的照明负荷应采用两个电源自动切换装置供电。

当采用"变压器干线"供电时,照明电源接于变压器低压侧总开关之前,如图 10-14(c)所示。

当电力负荷稳定时,照明与电力负荷可合用供电线路,但应在电源进户处将动力与照明线路分开,如图 10-14(d)所示。

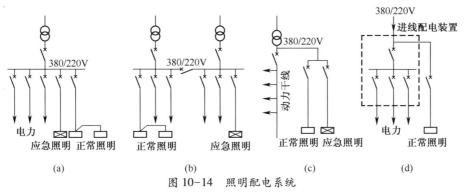

图 10-14　照明配电系统

(a)公用变压器;(b)两台变压器;(c)变压器-干线;(d)合用供电线路。

2. 应急照明

应急照明的电源,应根据应急照明类别、场所使用要求和实际电源条件选取,可采用:

(1) 接自电力网,能有效地独立于正常照明电源的线路。

(2) 蓄电池组,包括灯内自带蓄电池、集中设置或分区集中设置的蓄电池装置。

(3) 应急发电机组。

(4) 以上任意两种方式的组合,优先采用方式(1)。

备用照明应接于与正常照明不同的电源,当正常照明故障停电时,备用照明电源自动投入。也可为节约照明线路,从整个照明中分出一部分作为备用照明,但配电线路及控制开关应分开装设。

3. 疏散照明

当只有一台变压器时,应与正常照明的供电线路自变电所低压配电屏上或母线上分开;当装设两台及以上变压器时,应与正常照明的干线分别接不同的变压器;当室内未设变压器时,应与正常照明在进户线进户后分开,并不得与正常照明公用一个总开关;当只需装少量应急照明灯时,可用直流逆变器的应急照明灯。疏散照明的出口标志灯和指向标志灯用蓄电池电源。安全照明电源应和该场所的电力线路分别接自不同变压器或不同馈电干线。

4. 局部照明

机床和固定工作台的局部照明可接自动力线路,移动式局部照明应接自正常照明线路。

5. 室外照明

应与室内照明线路分开供电,道路照明、警卫照明的电源宜接自有人值班的变电所低压配电的专用回路上。当室外照明的供电距离较远时,可采用由不同地区的变电所分区供电。

371

二、照明配电方式

照明配电网络由馈电线、干线和分支线组成,如图10-15所示。馈线将电能从变电所低压配电屏送到总照明配电箱简称照明箱;干线将电能从总照明配电箱送到各分照明配电箱;支线由各分照明配电箱分出,将电能送到各个灯。

照明配电方式有放射式、树干式和混合式,如图10-16所示。一般采用放射式和树干式的混合方式。

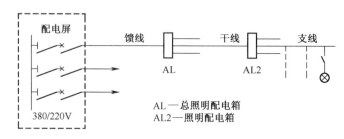

图 10-15 照明配电网络

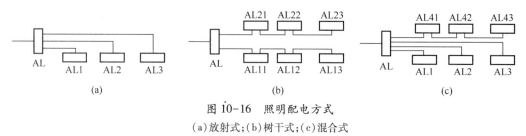

图 10-16 照明配电方式
(a)放射式;(b)树干式;(c)混合式

照明配电箱建议设置在靠近照明负荷中心便于操作维护的位置。每一照明单相分支回路的电流不超过16A,所接光源数不超过25个;连接建筑组合灯具时,回路电流不超过25A,光源数不超过60个;连接高强度气体放电灯的单相分支回路的电流不超过30A。插座回路应装设剩余电流动作保护器,和照明灯分接于不同分支回路,以避免不必要的停电。

1. 照明控制

照明控制是实现工作环境亮化的措施和满足舒适照明的手段,要符合节约电能的原则。常用的控制方式有板式开关控制、断路器控制、定时控制、光电感应开关控制和声控开关、智能控制等方式。

公共建筑和工业厂房的走廊、楼梯间、门厅等公共场所的照明,建议集中控制,并按建筑使用条件和天然采光状况采取分区、分组控制措施。房间或场所装设有两列或多列灯具时,按分组控制,如所控灯列与侧窗平行;生产场所按车间、工段或工序分。电化教室、会议厅、多功能厅、报告厅等场所,按靠近或远离讲台分组。

居住建筑有天然采光的楼梯间、走道的照明,除应急照明外,应采用光电感应开关控制。每个照明开关所控光源数不可太多,每个房间灯开关数不少于2个,只设置1只光源的除外。

2. 照明配电系统图

照明配电系统图是电气照明电能控制、输送和分配的电路图,属电气照明原理图,应当符合国家标准的电气图形符号表示,并以一定的次序连接,通常以单线或多线表示照明配电系统。

（1）照明柜或配电箱及各电气设备,应标注型号规格。

（2）照明线路应标注其导线或电缆的型号规格、敷设方式、照明容量或计算电流,单相线路应标其相序,如 Ll、L2、L3 或 L1 N、L2 N、L3 N 或 L1 N PE、L2 N PE、L3 N PE。

图 10-17 为某机加工车间照明配电系统图,图中 AL1 表示 1 号照明配电箱,型号为 PZ30-307,采用 C65NC/3P 型的 3 极断路器,标注了线路编号、导线或电缆型号和规格、敷设方式、照明容量和计算电流等。

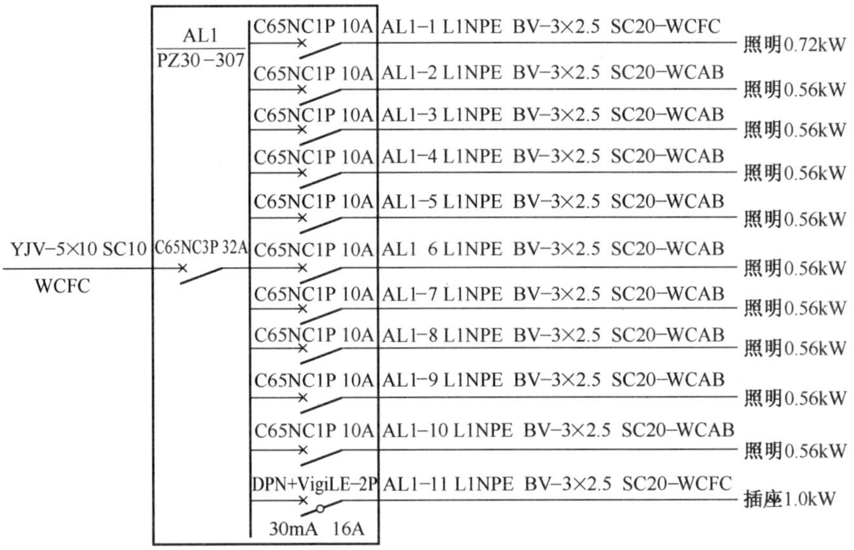

图 10-17　某机加工车间照明配电系统图

3. 电气照明平面布置图

电气图的一种,符合国家标准规定,用于建筑和电气平面图图形符号及文字符号的施工图,表示照明区域内照明配电箱、开关、插座及照明灯具等的平面位置及型号、规格、数量和安装方式、部位,并表示照明线路走向、敷设方式及导线型号、规格、根数等。

图10-18为某机加工车间照明平面布置图。

1）照明灯具的位置和标注

照明灯具的图形符号应符合国家标准 GB4728 及相关规定,格式为

$$a-b\frac{c\times d\times L}{e}f$$

式中　a——某场所同种类照明器的套数;

　　　b——照明器类型;

　　　c——每只照明器内安装的光源数,通常一个时可不表示;

　　　d——光源的功率（W）;

　　　L——光源种类,FL 表示紧凑型荧光灯,管型荧光灯可省略;

　　　e——照明器的悬挂高度,f 表示吸顶安装,可省略;

　　　f——安装方式

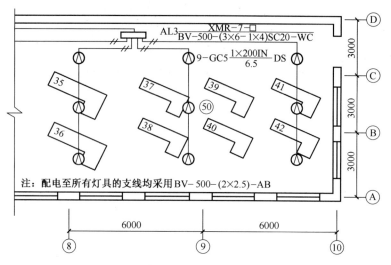

图 10-18　某机加工车间照明平面布置图

灯具安装方式及光源种类标注的文字符号见表 10-6。

表 10-6　灯具安装方式及光源种类标注的文字代号

灯具安装方式	文字代号	灯具安装方式	文字代号	光源种类标准	文字代号	光源种类标准	文字代号
线吊式	SW	顶内安装	CR	氙	Xe	荧光	FL
链吊式	CS	墙壁式安装	WR	氖	Ne	白炽	IN
管吊式	DS	支架上安装	S	钠	Na	发光二极管	LED
壁装式	W	柱上安装	CL	汞	Hg	混光	HL
吸顶式	C	座装	HM	碘	I	弧光	ARC
嵌入式	R	—	—	金属卤化物	MH	紫外线	UV

2）典型的照明控制电路

（1）装有两台及以上变压器时,应与正常照明的供电干线分别接自不同的变压器,应急照明由两台变压器交叉供电的照明供电系统,如图 10-19 示。

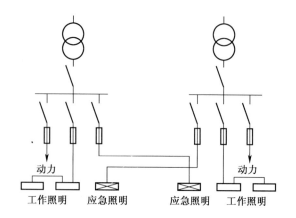

图 10-19　由两台变压器供电的应急照明供电系统

（2）仅装有一台变压器时,应与正常照明供电干线自变电所的低压屏上或母线上分开,应急照明由一台变压器供电的照明供电系统,如图10-20所示。

（3）应急照明控制回路

如图10-21所示,正常电源停电时,KM1失电跳开,常闭触点KM1闭合→KT通电动作,延时闭合→KM2通电动作,主触点闭合接通备用电源;同时KM2断开→切断KM1线圈回路;常开触点KM2同时闭合→KM2线圈通电自锁;同时常闭触点KM2断开→KT线圈失电,触点KT瞬时断开。

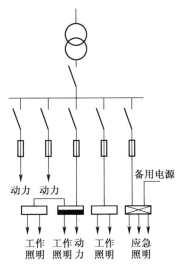

图10-20 由一台变压器供电的应急照明供电系统

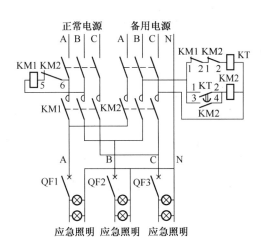

图10-21 应急照明控制回路
KM1—正常电源接触器;KM2—备用电源接触器;
KT—时间继电器;QF—低压断路器。

三、电气照明的平面布线图

属于施工图,表示照明线路及控制、保护设备和灯具等的平面相对位置及其相互联系,是照明施工、验收和检修的依据。图10-22为某高压配电所及附设2号车间变电所的

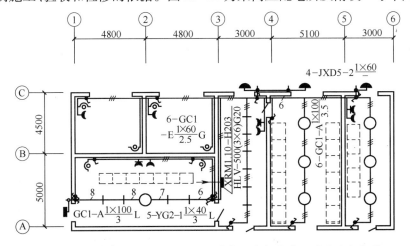

图10-22 某高压配电所及附设2号车间变电所的照明平面布线图

照明平面布线图。

图中表达了安装施工的主要技术要求,采用带漏电保护断路器的 XRML10-B203 型照明配电箱控制,装在值班室靠低压配电室一侧的墙上,由低压配电室供电。有三条单相出线,一路至变压器室,一路至低压配电室,另一路至值班室、高压配电室和高压电容器室。进线 BV-500-1×6mm² 五根,TN-S 制;出线 BV-500-1×2.5mm² 三根,均穿钢管敷设。

变压器室采用 GC1-E 型弯杆灯,每盏灯装 60W 白炽灯泡一个。距地面 2.5m,采用单极平开关控制。

高压配电室和高压电容器室采用 GC1-A 型工厂配照灯,每盏灯装 100W 白炽灯一个。管吊式灯具安装在顶棚上,高度 3.5m,均采用单极三线双控开关控制。

低压配电室采用两盏 YG2-1 型荧光灯和一盏 GC1-A 型工厂配照灯。荧光灯装 40W 日光灯管一支,配照灯装 60W 白炽灯一个。灯具均采用链吊式,安装于顶棚,距地 3m。日光灯和白炽灯分别采用三线双控开关控制。为便于低压配电屏后面维修,屏后墙上安装两盏 GC1-E 型弯杆灯,每盏灯 60W 白炽灯一个,安装高度离地 2.5m,采用单极平开关控制。

值班室采用三盏 YG2-1 型荧光灯,每盏装 40W 日光灯一支,链吊式,安装在顶棚上,离地 3m 高,采用单极三线双控开关控制;工作台需装台灯;在配变电所外侧各门的水泥遮雨板上均安装 JXD5-2 型吸顶灯,每灯装 60W 白炽灯一个,采用防水拉线开关控制。

为便于临时用电,各房间均装设电源插座。由于高压配电室与值班室相通,必须安全,高压配电室内未装设电源插座。

注意,所有开关均应装设在相线上。平面布线图对配电设备、线路和照明灯具等的规格、数量、安装位置及方式,应按建设部《建筑电气工程设计常用图形和文字符号》格式标注。当配电设备如箱、柜还要标注引入线时,标注格式为:

$$a\frac{b}{c}$$

式中　a——设备编号,只有 1 台时可略;

　　　b——设备型号;

　　　c——配电设备引入线路的导线型号、根数、截面积(mm^2)和导线敷设方式。

第三部分　掌握照明控制线路

根据前面的介绍,我们基本掌握了照明电路的控制,实际上是电气控制电路,只是具体的对象是照明。

图 10-23 为某车间的照明布置,根据本任务内容,能够读懂并能够分析此图的主要组成。

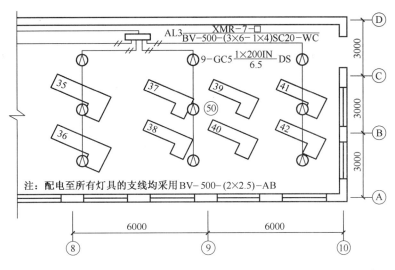

图 10-23　某车间的照明布置

任务 3　了解工厂供电的节能知识

第一部分　任务与内容下达

节能是永恒的主题,任何场合都应当节约能源,工厂供电是消耗电能的过程,节约用电很重要,将节约用电作为工厂供电的重要内容。

节约用电的方式与技术很多,本任务了解基本的节约用电方式。

第二部分　任务分析与知识介绍

一、节约电能的一般措施

能源供应不足特别是电力供应不足是我国长期面临的严重问题,使工业生产能力得不到应有的发挥,生活质量受到影响。我国的能源建设包括电力建设,是国民经济建设的战略重点之一,在加强能源开发的同时,必须最大限度地提高能源利用的经济效益,大力降低能源消耗。

我国电能消耗有 70%~80% 消耗在工业用电,其中约 80% 是用于电动机的消耗,工厂应特别重视节约用电。可以减少电费,降低产品的成本,更重要的是合理地利用电能,节约资源。

节约电能主要是通过管理措施节电和技术措施节电。管理措施节电主要是通过加强用电管理和考核工作,挖掘节电潜力,减少电能浪费等节电方法;技术措施节电主要是通过设备的更新改造、工艺改革、采用节电新技术等节电方法。

1. 加强组织协调

用电单位应加强对节电工作的组织,由专人或专岗负责节电,推广节电的深入开展。

2. 加强管理与考核

用电单位建立科学合理的管理制度,制定车间、部门的耗电定额,精细计量,考核到位。

3. 实行负荷调整

根据供电系统的电能供应情况及各类用户的用电规律,合理地安排各类用户的用电时间,降低负荷高峰,填补负荷的低谷,即"削峰填谷",充分发挥发、变电设备的潜力,提高系统的供电能力。工业企业具体方法有以下几种。

(1)对于用电容量大的企业,各车间上下班时间错开,使各车间的高峰负荷分散。

(2)调整大容量用电设备的用电时间,避开高峰负荷时间用电,做到各时段负荷均衡,提高变压器的负荷系数和功率因数,减少电能损耗。

(3)鼓励夜间用电,夜间电价便宜,白天电价高,即黑白用电的合理调整。

实行"阶梯电价"+"分时电价"的综合电价模式。将户均用电量设置为若干个阶梯,随着户均消费电量的增长,电价逐级递增。"分时电价"即"峰谷分时电价",是根据电网的负荷变化情况,将每天 24h 划分为高峰、平段、低谷等时段,各时段电价不同,鼓励用电客户合理安排用电时间,削峰填谷,提高电力资源的利用效率。

4. 经济运行,降低电力系统的能耗

经济运行方式指能使整个电力系统的有功损耗最小,获得最佳经济效益的设备运行方式。如负荷率长期偏低的电力变大容量压器,可以换用较小容量的电力变压器;如果运行条件许可,两台并列运行的电力变压器,在低负荷时停运一台。

5. 加强运行维护,提高设备的检修质量

电力变压器通过检修,消除铁芯启动过热的故障,降低铁损,节约电能;解决好线路中接头接触不良、严重发热问题,能保证安全用电,还减少电能损耗。如此类似的方式。

6. 推广高效节能的用电设备

采用冷轧硅钢片的节能型电力变压器,如 S10、S11 系列,空载损耗比老型号的热轧硅钢片变压器低 50%左右;推广非晶合金材料干式变压器,降低空载消耗;推广绿色照明工程,选用高效节能的照明产品,如 T5 细管径荧光灯比 T8 荧光灯节能 30%、紧凑型荧光灯比同功率白炽灯节能 80%、LED 灯能耗低寿命长。淘汰普通照明白炽灯,推广节能灯。

7. 改造不合理供配电系统,降低线路损耗

以截面稍大的导线代替截面偏小的导线,减少线损;将绝缘老化漏电较大的绝缘导线换新;更新改造或新建厂房、车间时,使变压器尽量靠近负荷中心,缩短低压配电线路。

8. 采用新技术和选用新材料

节约用电工作中,应重视新技术和新材料的推广和使用。如在电加热炉上,采用硅酸铝纤维做保温耐火材料,可以减小电热损耗。

9. 提高功率因数

在采取各种技术措施,减少供用电设备中无功功率消耗量,提高自然功率因数后,如功率因数仍达不到规定值 0.9,则实施无功功率的人工补偿。实际上,我国已经采取行政措施,当功率因数低于一定值时,可以对企业经济处罚。

二、电力变压器的经济运行

电力变压器在电能损耗低的状态下的运行称为电力变压器的经济运行。电力系统的有功损耗,与设备的有功损耗有关,也与设备的无功损耗有关,因为设备消耗的无功功率也由电力系统提供。

为了计算设备的无功损耗在电力系统中引起的有功损耗增加量,引入无功功率经济当量 K_q,表示电力系统多发送 1kvar 的无功功率而增加的有功功率损耗 kW 数。K_q 值与电力系统的容量、结构及计算点的具体位置等多种因素有关。一般情况下,变配电所平均取 $K_q = 0.1$。

1. 单台变压器运行的经济负荷

变压器的损耗包括有功损耗和无功损耗两部分,而无功损耗也对电力系统产生附加的有功损耗,可通过 K_q 换算。因此,变压器的有功损耗加上变压器的无功损耗所换算的等效有功损耗,称为变压器综合有功损耗。

单台变压器在负荷为 S 时的综合有功损耗为

$$\Delta P = \Delta P_T + K_q \Delta Q_T \approx \Delta P_0 + \Delta P_K \left(\frac{S}{S_N}\right)^2 + K_q \Delta Q_0 + K_q \Delta Q_N \left(\frac{S}{S_N}\right)^2$$

即

$$\Delta P \approx \Delta P_0 + K_q \Delta Q_0 + (\Delta P_K + K_q \Delta Q_N)\left(\frac{S}{S_N}\right)^2$$

式中　　ΔP_T ——变压器的有功损耗(kW);

ΔQ_T ——变压器的无功损耗(kvar);

ΔP_0 ——变压器的空载有功损耗(kW);

ΔP_K ——变压器的负载有功损耗(kW);

$\Delta Q_0 = S_N \cdot \dfrac{I_0\%}{100}$,变压器空载时的无功损耗(kvar);

$\Delta Q_N = S_N \cdot \dfrac{U_K\%}{100}$,变压器额定负荷时的无功损耗(kvar),$S_N$ 为变压器的额定容量(kVA)。

要使变压器运行在经济负荷下,就应满足变压器单位容量的综合有功损耗 $\Delta P/S$ 为最小值。令 $\mathrm{d}(\Delta P/S)/\mathrm{d}S = 0$,得变压器的经济负荷为

$$S_{ec.T} = S_N \sqrt{\frac{\Delta P_0 + K_q \Delta Q_0}{\Delta P_K + K_q \Delta Q_N}}$$

变压器经济负荷与变压器额定容量之比,称为变压器的经济负荷系数或经济负荷率,用 $K_{ec.T}$ 表示

$$K_{ec.T} = \sqrt{\frac{\Delta P_0 + K_q \Delta Q_0}{\Delta P_K + K_q \Delta Q_N}}$$

一般电力变压器的经济负荷率为 50% 左右。

对于新型节能变压器,经济负荷率比老型号的低。若按此原则选择变压器,则使初投资加大,基本电费增多。因此,变压器容量的选择要多方面综合考虑,负荷率大致在 70% 左右比较适合。

以例说明,计算 S11-M630/10.5 型变压器的经济负荷和经济负荷率。

查附表 14,得 S11-M630/10.5 型变压器的技术数据:

$$\Delta P_0 = 0.81\mathrm{kW}, \Delta P_K = 6.2\mathrm{kW}, I_0\% = 0.6, U_K\% = 4.5$$

则

$$\Delta P_0 \approx 630 \times 0.006 = 3.78\mathrm{kvar}$$

$$\Delta Q_N \approx 630 \times 0.045 = 28.35 \text{kvar}$$

变压器的经济负荷率为

$$K_{ec.T} = \sqrt{\frac{\Delta P_0 + K_q \Delta Q_0}{\Delta P_K + K_q \Delta Q_N}} = \sqrt{\frac{0.81 + 0.1 \times 3.78}{6.2 + 0.1 \times 28.35}} = 0.3626$$

变压器的经济负荷为

$$S_{ec.T} = K_{ec.T} S_N = 0.3626 \times 630 = 228.45 \text{kVA}$$

2. 两台变压器经济运行的临界负荷

假如变电所有两台同型号同容量(S_N)的变压器,变电所的总负荷为 S,存在何时投入一台或投入两台运行最经济的问题。

一台变压器单独运行时,可以求得其在负荷 S 时的综合有功损耗为

$$\Delta P_{\text{I}} \approx \Delta P_0 + K_q \Delta Q_0 + (\Delta P_K + K_q \Delta Q_N)\left(\frac{S}{S_N}\right)^2$$

两台变压器并列运行时,每台各承担 $S/2$,可求得两台变压器的综合有功损耗为

$$\Delta P_{\text{II}} \approx 2(\Delta P_0 + K_q \Delta Q_0) + 2(\Delta P_K + K_q \Delta Q_N)\left(\frac{S}{2S_N}\right)^2$$

将以上两式 ΔP 与 S 的函数关系绘成如图 10-24 所示的两条曲线,两条曲线相交于 a 点,a 点所对应的变压器负荷,就是变压器经济运行的临界负荷,用 S_{cr} 表示。

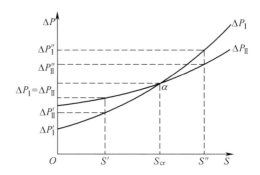

图 10-24　两台变压器经济运行的临界负荷

当 $S = S' < S_{cr}$ 时,因 $\Delta P_{\text{I}}' < \Delta P_{\text{II}}'$,故宜于一台运行;

当 $S = S'' > S_{cr}$ 时,因 $\Delta P_{\text{I}}'' > \Delta P_{\text{II}}''$,故宜于两台运行;

当 $S = S_{cr}$ 时,一台或两台运行时的综合有功损耗相等,可得两台同型号同容量的变压器经济运行的临界负荷为

$$S_{cr} = S_N \sqrt{2 \times \frac{\Delta P_0 + K_q \Delta Q_0}{\Delta P_K + K_q \Delta Q_N}}$$

假如是 n 台同型号同容量的变压器,则判别第 n 台与 $n-1$ 台经济运行的临界负荷为

$$S_{cr} = S_N \sqrt{(n-1)n \times \frac{\Delta P_0 + K_q \Delta Q_0}{\Delta P_K + K_q \Delta Q_N}}$$

图 10-25 提到了变压器经济运行的临界负荷,如某变电所装有两台 S11-M630/10 型变压器,试计算变压器经济运行的临界负荷值。

利用前面一个例子的同型变压器技术数据,得到此变电所两台变压器经济运行取

$K_q = 0.1$ 时的临界负荷为

$$S_{cr} = S_N \sqrt{2 \times \frac{\Delta P_0 + K_q \Delta Q_0}{\Delta P_K + K_q \Delta Q_N}} = 630 \times \sqrt{2 \times \frac{0.81 + 0.1 \times 3.78}{6.2 + 0.1 \times 28.35}} = 323.07 \text{kVA}$$

因此,当负荷 $S < 323.07$ kVA 时,宜于一台运行;当负荷 $S > 323.07$ kVA 时,应当两台运行。

课堂练习

(1) 请叙述节约用电的主要方式。

(2) 请叙述电力变压器经济运行的基本条件。

三、提高功率因数的方法

工厂中主要的用电设备是异步电动机和变压器,供电系统除了供给这些用电设备有功功率外,还要供给这些用电设备无功功率,使工厂企业的功率因数降低。

1. 提高自然功率因数

为了提高工厂的功率因数,首先应当提高自然功率因数,再采用人工补偿装置提高功率因数。提高自然功率因数,是从根本上降低电气设备需要的无功功率,不需要新的投资,是积极的办法。

1) 正确选择异步电动机容量

企业的运行经验表明,异步电动机的最高效率一般在负荷达到额定负荷时,功率因数最高,而空载时功率因数最低。因此,异步电动机的额定功率应当尽量接近于所拖动的机械负荷。将轻负荷电动机予以更换,选用合适的电动机代替,选择合适的电动机容量,使其平均负荷率接近其最佳值。

2) 限制异步电动机的空载

工厂企业异步电动机在工作中都可能有较长的空载运行时间。异步电动机空载运行电流较大,而且功率因数很低,因此若能够将空载运行的异步电动机从供电线路上切除,就可以减小无功功率,提高功率因数。

3) 提高异步电动机的检修质量

工厂中异步电动机检修质量的好坏,对效率和功率因数有很大的影响,因此,检修时一定要保证质量,防止空气间隙增加,以免增大励磁电流,降低功率因数和效率。防止重绕电动机线圈时使匝数减少,否则其他条件不变也会使磁通量增加,从而使电动机需要的无功功率和空载电流增加,功率因数下降。

4) 变压器的合理使用

更换轻负荷的变压器,提高功率因数。工业在低负荷时间内,尽量将负荷集中,由一台或数台变压器供电,使每台变压器在最佳负荷率下运行,停运多余的变压器,减少无功功率和降低有功功率损耗。

当工厂企业中有多台车间变压器时,可以用低压联络线将变压器二次侧连接起来,可在轻负荷时将部分轻载变压器切除,减少有功损耗和无功损耗,提高功率因数。

当工厂企业中变电所有多台变压器并联运行时,可以考虑变压器的经济运行,根据负荷的大小,决定投入运行的变压器台数。负荷较大时,投入运行的变压器台数多些;负荷较小时,投入运行的变压器台数少些,以使变压器的损耗最少。

2. 人工补偿装置提高功率因数

1）概述

采用降低用电设备所需无功动率可以有效地提高自然功率因数,但不能完全达到要求值,需要采用人工补偿装置,主要有同步补偿机和移相电容器。前者是专门改善功率因数的同步电动机,通过调节励磁电流,补偿无功功率;后者是专门改善功率因数的电力电容器,是一种静电电容器,消耗容性无功功率,当它与电网并联时,可以减少电网供给的无功功率,提高功率因数。移相电容器无旋转部分,安装简单、运行维护方便、有功损耗小,在工厂应用广泛。

功率因数是供用电系统的重要技术经济指标,反映了供用电系统中无功功率消耗量在系统总容量中所占的比重,反映了供用电系统的供电能力。

（1）瞬时功率因数。运行中的工厂供用电系统在某一时刻的功率因数值。

（2）平均功率因数。一规定时间段内功率因数的平均值。

（3）最大负荷时的功率因数。电系统运行在年最大负荷时的功率因数。

（4）自然功率因数。在没有安装人工补偿装置时的功率因数。

（5）总的功率因数。电设备或工厂设置了人工补偿后的功率因数。

工厂用电设备多为感性负载,在运行过程中,除了消耗有功功率外,还需要大量的无功功率在电源至负荷之间交换,导致功率因数降低,给工厂供配电系统造成不利影响,应当提高功率因数。

2）移相电容器并联补偿及补偿容量的计算

移相电容器并联补偿的工作原理,在交流电路中,纯电阻负荷中的电流与电压同相;纯电感负荷中的电流滞后于电压 $90°$;而纯电容负荷的电流则超前于电压 $90°$。可见,电容中的电流与电感中的电流相差 $180°$,能够互相抵消。

电力系统的负荷大部分是感性负载,小部分是阻性负载,因此总电流将滞后于电压一个角度,即功率因数角,如果将移相电容器与负荷并联,则移相电容器的电流将抵消一部分电感电流,这样使电感电流减少,总电流也减少,功率因数将得到提高。无功功率补偿原理如图 10-25 所示,可以看出功率因数提高和有功功率、无功功率的关系。

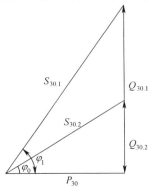

图 10-25　无功功率补偿原理

（1）补偿容量计算。假设某企业或车间补偿前的计算负荷 P_{30}、Q_{30}、S_{30},自然功率因数 $\cos\phi_1$,补偿后的功率因数 $\cos\phi_2$,补偿容量的计算

$$Q_c = P_{30}(\tan\varphi_1 - \tan\varphi_2)$$

式中 P_{30}——有功功率计算负荷；

          Q_{30}——无功功率计算负荷；

          S_{30}——视在功率计算负荷。

在确定了总补偿容量 Q_c 后，还应根据电容量选择电容器的数量 n，对于单个的电容器电容 q_c，可以得出电容器的数量：

$$n = \frac{Q_c}{q_c}$$

补偿后，工厂的有功计算负荷不变，电源向工厂提供的无功功率减少，在确定补偿装置装设地点以前的计算负荷，应要减去无功补偿容量，总的无功计算负荷为

$$Q'_{30} = Q_{30} - Q_c$$

补偿后的视在计算负荷为

$$S'_{30} = \sqrt{P_{30}^2 + Q'^2_{30}} = \sqrt{P_{30}^2 + (Q_{30} - Q_c)^2}$$

（2）移相电容器的接线。并联补偿的电力电容器大多采用△形接线，低压并联电容器多数做成三相，内部已接成△形。接成△形的优点明显，三个电容为 C 的电容器接成△形的容量是接成 Y 形容量的 3 倍。电容器△形接线时，任一电容器断线，三相线路仍可得到无功补偿；Y 形接线时，一相电容器断线时，断线相则将失去无功补偿。

但电容器△形接线任一电容器击穿短路时，将造成三相线路的两相短路，短路电流非常大，可能引起电容器爆炸，这对高压电容器特别危险；如 Y 形接线，短路电流小，仅为正常工作电流的 3 倍。因此高压电容器组应当接成中性点不接地 Y 形，450kvar 及以下容量较小时建议接△形。低压电容器组一般接△形。电容器组一般装在成套的电容器柜内。

电容器从电网切除时，电容器两端有残余电压，最高可达到电网电压峰值，很危险；电容器极间绝缘电阻很高，自行放电的速度很慢，为尽快消除电容器极板上的电荷，并联电容器组必须装设与之并联的放电设备。

500V 及以下电容器组与放电设备的连接方式，可以采用直接固接方式，也可采用电容器与电容断开后自动或手动投入放电设备的方式。低压电容器组用的放电设备一般采用灯泡，如图 10-26 所示；1000V 及以上电容器组与放电设备连接应采用直接固接方式，高压电容器组放电利用电压互感器的一次绕组放电，在电压互感器的二次绕组接灯泡，如图 10-27 所示。为确保可靠放电，电容器组放电回路中不可装设熔断器或开关。功率因数补偿用电容产品外形如图 10-28 所示，功率因数补偿用电容柜外形 10-29 所示。

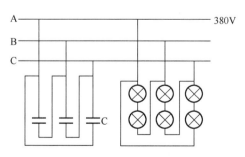

图 10-26　低压电容器组的接线

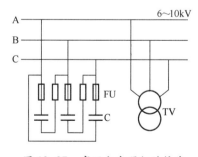

图 10-27　高压电容器组的接线

图 10-28 功率因数补偿用电容产品外形

图 10-29 功率因数补偿用电容柜外形

3. 移相电容器的装设地点

工厂企业内部移相电容器的补偿方式分高压侧和低压侧补偿,如图 10-30 所示。

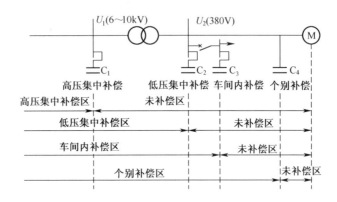

图 10-30 移相电容安装地点及补偿区域

1) 高压侧补偿

高压侧补偿多采用集中补偿,将移相电容器组接在变电所的 6~10kV 母线上,根据电容器组容量选配开关,对集中补偿的高压电容器利用高压断路器手动投切。电容器组的安装,可根据台数设置在高压配电室或专用电容器室。

采用高压集中补偿,电容器利用率高,可减少供电系统及线路中输送的无功负荷,投资少,便于集中运行维护。但不能减少用户变压器和低压配电网络中的无功负荷。可满足工厂总功率因数的要求,在大中型工厂中应用广泛。

2) 低压侧补偿

(1) 变电所低压母线上的集中补偿。将低压电容器集中装设在车间变电所的低压母线上,能补偿变电所低压母线前的变压器、高压线路及电力系统的无功功率,有较大的补偿区,能减少变压器的无功功率,可使变压器容量选得较小,经济、维护方便。在工厂中广泛应用。

对集中补偿的低压电容器组,可按补偿容量分组投切,利用接触器分组自动投切或利用低压断路器分组投切。电容器组一般装设在高低压配电室或低压配电室内。

（2）电气设备的个别补偿。是按照某一用电设备的需要装设电容器,电容器直接接在用电设备旁。通常电容器与用电设备共用一组开关,与电气设备同时投入或退出运行,如图 10-31 所示。这种电容器组通常是用电设备本身的绕组电阻放电。对个别补偿的电容器组,利用控制用电设备的断路器或接触器进行手动投切。

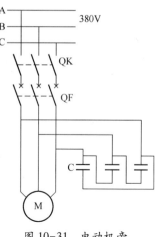

图 10-31　电动机旁个别补偿的接线

个别补偿可以使无功功率能做到就地补偿,减少企业内部的配电线路、变压器、高压线路中的无功功率;补偿范围最大,补偿效果最好,但补偿投资大,电容器只有在电气设备运行时才能投入,利用率低。

个别补偿适合于负荷平稳、经常运转、大容量的电动机,也适于容量小、数量多、长期稳定运行的设备。也常用分组补偿,如图 10-32 所示,集中补偿如图 10-33 所示。对于高低压侧的无功功率补偿,仍应当采用高压集中补偿和低压集中补偿。

（3）车间内补偿。车间内补偿的电容器组接于车间配电盘的母线上,利用率比个别补偿大,能减少低压配电线路及变压器中的无功功率。

在工厂供电系统中,不是绝对地采用以上的某种补偿方式,而是综合采用以上几种补偿方式,求达到总的无功补偿要求,使工厂的电源进线处的功率因数符合规定值。

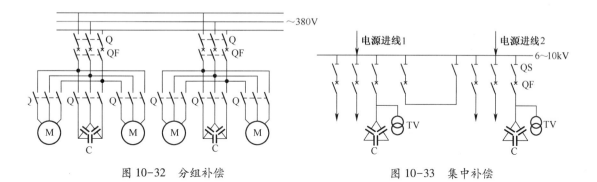

图 10-32　分组补偿　　　　　　　图 10-33　集中补偿

4. 移相电容器的保护

移相电容器的主要故障是短路故障,一般为电容器组与断路器之间的连线发生短路和电容器内部发生短路,可造成相间短路。对 450kvar 及以下的低压移相电容器和容量较小的高压移相电容器,可装设熔断器作为相间短路保护;对容量较大的高压移相电容器,需用高压断路器控制,装设过电流保护作为相间短路保护。

为防止△接线的高压电容器组的电容器击穿,引起相间短路,△接线的各边均接有高压熔断器保护;当 6～10kV 电容器组装在有可能出现过电压的场所时,需装设过电压保护;当电容器组所接电网的单相接地电流超过 10A 时,应装设单独的单相接地保护装置;电容器组的单相接地保护与 6～10kV 线路接地保护相似;当接地电流小于 10A 以及电容器与支架绝缘时,可以不装设接地保护。

5. 移相电容器的运行与维护

1）电容器组的操作

（1）正常状态全站停电操作时。先拉开电容器开关，后拉开各路出线开关；恢复送电时，先合上各路出线开关，后合上电容器组的开关；事故时，全站无电后必须将电容器开关拉开。因为变电所母线无负荷时，母线电压可能超过电容器的允许电压，对电容器的绝缘不利；电容器组可能与空载变压器产生共振而使过电流保护动作，尽量避免无负荷空投电容器。

（2）电容器组开关跳闸后不应抢送。熔丝熔断后，未查明原因前不允许更换熔丝送电。

（3）电容器组禁止带电荷合闸。电容器组切除 3min 以上才能再次合闸。

2）运行中电容器组的巡查

日常巡视一般由变配电所的值班人员承担，夏季在室温最高时巡视，其他可在系统电压最高时巡视。巡视时要注意观察电容器的外壳无膨胀；无漏油、喷油等现象；无异常的声响及火花；室温蜡片的熔化情况等。值班员应检查电压、电流和室温等，无放电响声和放电痕迹，接头无发热现象，放电回路应完好、指示灯正常。电容器组应定期停电检查，检查各螺丝接点的松紧和接触情况、放电回路的完整性、风道的灰尘并清扫电容器的外壳、绝缘子及支架等，检查电容器的开关、馈线、电容器外壳的保护接地线和保护装置。

移相电容器在工厂供电系统正常运行时是否投入，要根据系统的功率因数和电压而定，如功率因数或电压过低，应投入；如电压偏高，应立即切除电容器。

当发生下列情况时，应立即切除电容器。

当电容器内部发生极间或极对外壳击穿时，与之并联运行的电容器组将对它放电，此时由于能量极大可能造成电容器爆炸；接头严重过热；套管闪络放电；电容器喷油或燃烧；环境温度超过 40℃。

如果变配电所停电，应切除电容器，以免突然来电时电压过高，击穿电容器。

切除电容器时，须从外观如指示灯检查其放电回路应完好。电容器从电网切除后，应立即通过放电回路放电。高压电容器放电时间超过 5min，低压电容器的放电时间超过 1min。但对故障电容器本身应特别注意两极间还可能有残余电荷，因为故障电容器可能是内部断线、熔丝熔断、引线接触不良，在自动放电或人工放电时，残余电荷不能被放完。为确保人身安全，运行或检修人员在接触故障电容器前应戴绝缘手套，用短接导线将所有电容器两端直接短接放电。

课堂练习

（1）请说明功率因数补偿的原理。
（2）人工功率因数补偿的方式有几种？
（3）如何计算功率因数补偿的电容量？
（4）采用电容柜提高功率因数时，如何维护电容柜？

第三部分　了解并掌握节约用电的方式

节约用电的方式较多，涉及生产过程及工艺的内容比较复杂，提高功率因数是在电力系统线路中节约用电的方法。了解此种方式,并能从电容器的特点、技术参数到选择实现补偿,是需要掌握的。因此,此处对电容器的知识再做介绍。

一、电力电容器

1. 作用

电力电容器主要用于提高 50Hz 的电力网的功率因数,作为产生无功功率的电源。电力电容器的型号含义如图 10-34 所示,如电容器型号为 BWO.4-14-3,表示并联、十二烷基苯浸渍、全电容纸介质,额定电压 0.4kV,标称容量 14kvar,户内型三相电力电容器。

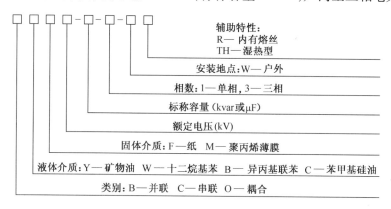

图 10-34 电力电容器的型号含义

2. 电力电容器的基本结构

电容器的结构如图 10-35 所示,单相及三相电力电容器的电容元件均放在外壳(油箱)内,箱盖与外壳焊在一起,上装有引线套管,套管引出线通过出线连接片与元件的极板相连。箱盖的一侧焊有接地片,作保护接地。在外壳两侧焊有两个搬运用的吊环。

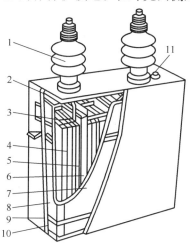

图 10-35 电容器的结构

1—出线套管;2—出线连接片;3—连接片;4—元件;5—出线连接固定板;
6—组间绝缘;7—包封件;8—夹板;9—紧箍;10—外壳;11—封口盖。

3. 电力电容器的接线方法

电容器串联和并联,当单台电容器的额定电压低于电网电压时,可串联连接,使串联

387

后的电压与电网电压相同。当电容器的额定电压与电网电压相同时,根据容量需要,可采用并联连接。如条件允许尽量并联。因为并联时,若一台发生故障,其他并联电容器可继续运行;串联时一台发生故障,电容器必须停止运行。

对于串联运行的电容器组,每台电容器的电容值应尽量相等,差值应小于10%,否则每台所承受的电压不一致,会导致三相电压的不平衡。串联连接的电容器接入电网运行时,每台需对地绝缘,绝缘水平应不低于电网的额定电压。

单相电容器组接入三相电网时可采用△联结或Y联结,但必须满足电容器组的线电压与电网电压相同。当3个电容为C的电容器接成△时,容量为

$$Q_{c(\triangle)} = 3\omega CU^2$$

式中　　U——三相线路的线电压。

3个电容为C的电容器接成Y时,容量为

$$Q_{c(Y)} = 3\omega CU_\Phi^2$$

式中　　U_Φ——三相线路的相电压。

由于$U = \sqrt{3}U_\Phi$,因此$Q_{c(\triangle)} = 3Q_{c(Y)}$,是并联电容器△联结的优点。

4. 电容器的放电装置

电容器从电源上断开后,因极板上蓄有电荷,故两极板间仍有电压,在电源断开瞬间,即$t=0$时,电压的数值等于电源电压,然后通过电容器的绝缘电阻自由放电,端电压逐渐降低。端电压的变化可用下式表示:

$$u_t = U_0 e^{-\frac{t}{RC}}$$

式中　　u_t——t时刻电容器的端电压(V);

U_0——电路断开瞬间电源电压(V);

t——放电时间(s);

R——电容器的绝缘电阻(Ω);

C——电容器的电容量(F)。

可以看出,端电压下降的速度取决于时间常数RC,当电容器的绝缘良好,即R很大时,放电很慢,就不能满足安全要求,为快速放电,必须加装放电装置。

电容器通过纯电阻R放电时,放电电流是非周期性的单向电流,随放电时间的增加和电容器端电压的降低而减少。

若放电回路存在电感L,电压和电流随放电时间的变化情况取决于放电回路R、L和C的数值,放电电流可能是非周期性单向电流,也可能是周期性的振荡电流。当$R \geqslant 2\sqrt{L/C}$,放电电流是非周期性的单向电流;当$R < 2\sqrt{L/C}$时,放电电流是周期性的振荡电流。

1)对放电电阻的要求

① 放电电阻的接线必须牢固,为保证电容器停电时能可靠的自行放电,放电电阻应直接接在电容器组,不能装设断路器或熔断器;电容器切断电源30s。电容器从电源侧断开放电后,端电压应迅速降低,不论电容器的额定电压是多少,电容器切断后30s,端电压低于65V;为减少正常运行过程中在放电电阻中的电能损耗,一般规定,电网在额定电压时,每千乏电容器在放电电阻中的有功损耗小于1W;对额定电压在1kV以上的电容器

组,可采用互感器的一次线圈做放电电阻,通常用两台电压互感器 V 接线,最好是用三台电压互感器三角形联结。

下列情况,可不另行安装放电电阻。

(1)电容器或电容器组,直接接在变压器、电动机控制或保护装置的内侧,即电容器与电器设备共用一组控制或保护电路,当隔离开关拉开或熔断器断开后,电容器将通过变压器或电动机的线圈自行放电。

(2)装在室外柱上的电容器组,因电容器安装较高,停电后人体不易触及,不易安装放电电阻。但必须制定严格的管理制度,停电检修、清扫和检查时,严格执行安全规程,在悬挂临时地线之前,要人工放电至安全,可悬挂临时接地线,再开始工作。

2)放电电阻的选择

对于低压电容器组,可按下式选择放电电阻:

$$R \leqslant 15 \times 10^6 \frac{U_\Phi^2}{Q_C}$$

式中 R——放电电阻(Ω);

U_Φ——电源相电压(kV);

Q_C——电容器组每相容量(kvar)。

按上式计算出的放电电阻,尚需符合每千乏电能损耗不超过 1W 的要求。一般低压如 400V 电容器组多采用 220V 的灯泡做放电电阻,可以将灯泡串联连接。

3)放电电阻的接线形式

放电电阻的接线形式有△联结和 Y 联结,无论电容器组接成△还是 Y,放电电阻接成△较接成 Y 可靠。从图 10-36 看出,放电电阻接成△时,当电阻 2 断线,电容器仍能可靠放电,如果两个电阻 2、3 同时断线,C_2 和 C_3 就无法自行放电。当放电电阻接成 Y 联结时,只要有一个电阻断线相应的电容器便不能自行放电。

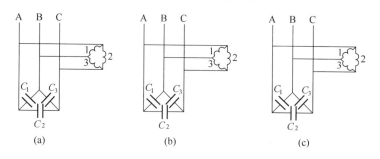

图 10-36 电容器组的放电电阻三角形联结

(a)三个放电电阻接线完好;(b)电阻 2 断线时;(c)电阻 2、3 断线时。

二、无功功率的补偿

异步电动机、变压器和线路等都需要用无功功率建立磁场,是无功功率的主要消耗者。工业企业消耗的无功功率中,异步电动机约占 70%,变压器占 20%,线路占 10%。为要合理选择电动机和变压器的容量,减少线路的感抗,提高用电单位的自然功率因数,如选择电动机的经常负荷不低于额定容量的 40%;变压器的负荷率宜在 75%~85%,不低于 60%。

除发电机是主要无功功率电源外,线路电容也产生一部分无功功率。但上述无功功率不能满足负荷对无功功率和电网对无功功率的需要,需要加装无功补偿设备。

1. 提高功率因数的方法

前面已经介绍了提高功率因数的办法,此处再深入讨论。

提高功率因数的实质,是解决无功电源问题。采用降低各用电设备所需的无功功率称提高自然功率因数法;采用供应无功功率的设备以补偿用电设备所需的无功功率,提高其功率因数,称为提高功率因数的补偿法。

1）提高自然功率因数的方法

在供电系统中,使功率因数变化的主要用电设备是异步电动机和变压器,是提高自然功率因数的主要对象。异步电动机需要的无功功率大部分用来建立磁场,即励磁功率,主要决定于外加电压,与负荷大小没关系。当电压升高时,励磁功率增加,功率因数下降。

异步电动机在空载时,由于转速接近同步转速,转差率 $S \to 0$,转子电流近似等于零,定子从电网吸收的电流基本上用于建立磁场,所以功率因数很低。随着负荷增加,定子电流中的有功分量增加,定子的功率因数亦增高,当为额定负载时,功率因数为额定值。因此,异步电动机提高自然功率因数主要方法是提高负荷系数。另外,应尽量缩短空载运行的时间。如条件允许,一些设备可采用直流电源,如起重机、电焊机等,可以减少无功功率的需求量。

对新安装的电动机,要正确计算功率和起动转矩。负荷系数要合适,合理地选择电动机容量,如容量选择过大,因为负荷系数低使功率因数恶化,增加线路有功损耗,还造成浪费。

变压器所需无功功率大部分是励磁功率,它决定于变压器的铁芯结构、铁芯材料、加工工艺和外加电压,与负荷大小无关,一般用空载电流占额定电流的百分数表示。当变压器的平均负荷低于额定负荷的 30% 时,应更换合适的变压器。

2）提高功率因数的补偿法

采用补偿方法来提高功率因数,一般有采用同期调相机和装设电力电容器。

工业中普遍采用的补偿方法是装设电力电容器,可以自动投切,按需要增减其补偿量;有功功率损耗小。电力电容器的无功功率与其端电压的平方成正比,因此电压波动对其影响较大;寿命短,损坏后不易修复;对短路电流的稳定性差。

尽管如此,电力电容器还是被广泛用于提高功率因数。

3. 电力电容器的控制

电容器组的控制方式分为手动投切和自动调节两种。对于补偿低压基本无功功率的电容器组以及常年稳定的无功功率和投切次数较少的高压电容器组,一般采用手动投切。为避免过补偿或在轻载时电压过高,造成某些用电设备损坏等,一般采用自动投切。由于高压电容器组采用自动补偿时对电容器组回路中的切换元件要求较高、价格贵、检修困难,所以当在采用高、低压自动补偿效果相同时,采用低压自动补偿装置。

附　　录

附表 1　用电设备组的需要系数、二项式系数及功率因数参考表

用电设备组名称	需要系数 K_d	二项式系数		最大容量设备台数 x	$\cos\phi$	$\tan\phi$
		b	c			
小批量生产的金属冷加工机床电动机	0.16~0.2	0.14	0.4	5	0.5	1.73
大批量生产的金属冷加工机床电动机	0.18~0.25	0.14	0.5	5	0.5	1.73
小批量生产的金属热加工机床电动机	0.25~0.3	0.24	0.4	5	0.6	1.33
大批量生产的金属热加工机床电动机	0.3~035	0.26	0.5	5	0.65	1.17
通风机、水泵、空压机	0.7~0.8	0.65	0.25	5	0.8	0.75
非连锁的连续运输机械及铸造车间整砂机械	0.5~0.6	0.4	0.4	5	0.75	0.88
连锁的连续运输机械及铸造车间整砂机械	0.65~0.7	0.6	0.2	5	0.75	0.88
锅炉房和机加、机修、装配类车间的起重机械（$\varepsilon=25\%$）	0.1~0.15	0.06	0.2	3	0.5	1.73
铸造车间的起重机械（$\varepsilon=25\%$）	0.15~0.25	0.09	0.3	3	0.5	1.73
自动连续装料的电阻炉设备	0.75~0.8	0.7	0.3	2	0.95	0.33
实验室用小型电热设备（电阻炉、干燥箱等）	0.7	0.7	0		1.0	0
工频感应炉（未带无功补偿装置）	0.8	—	—		0.35	2.68
高频感应炉（未带无功补偿装置）	0.8	—	—		0.6	1.33
电弧炉	0.9	—	—		0.87	0.57
点焊机、缝焊机	0.35	—	—		0.6	1.33
对焊机、铆钉加热机	0.35	—	—		0.7	1.02
自动弧焊变压器	0.5	—	—		0.4	2.29
单头手动弧焊变压器	0.35	—	—		0.35	2.68
多头手动弧焊变压器	0.4	—	—		0.35	2.68

用电设备组名称	需要系数 K_d	二项式系数		最大容量设备台数 x	$\cos\phi$	$\tan\phi$
		b	c			
单头弧焊电动发电机组	0.35	—	—		0.6	1.33
多头弧焊电动发电机组	0.7	—	—		0.75	0.88
生产厂房、办公室、阅览室、实验室照明	0.8~1	—	—		1.0	0
变配电所、仓库照明	0.5~0.7	—	—		1.0	0
生活区宿舍照明	0.6~0.8	—	—		1.0	0
室外照明、应急照明	1	—	—		1.0	0

附表 2　部分工厂的需要系数、功率因数及最大功率负荷利用小时参考值

工厂类别	需要系数 K_d	功率因数 $\cos\phi$	年最大有功负荷利用小时 T_{max}
汽轮机制造厂	0.38	0.88	5000
锅炉制造厂	0.27	0.73	4500
柴油机制造厂	0.32	0.74	4500
重型机械制造厂	0.35	0.79	3700
机床制造厂	0.2	0.65	3200
石油机械制造厂	0.45	0.78	3500
量具刃具制造厂	0.26	0.60	3800
工具制造厂	0.34	0.65	3800
电机制造厂	0.33	0.65	3000
电器开关制造厂	0.35	0.75	3400
电线电缆制造厂	0.35	0.73	3500
仪器仪表制造厂	0.37	0.81	3500
轴承制造厂	0.28	0.70	5800

附表 3　绝缘导线芯数的最小截面积

线路类别			芯数最小截面积/mm²		
			铜芯软线	铜芯线	铝芯线
照明用灯头引下线		室内	0.5	1.0	2.5
		室外	1.0	1.0	2.5
移动式设备线路		生活用	0.75	—	—
		生产用	1.0	—	—
敷设在绝缘支持件上的绝缘导线（L 为支持点间距）	室内	$L \leqslant 2m$	—	1.0	2.5
	室外	$L \leqslant 2m$	—	1.5	2.5
		$2m < L \leqslant 6m$	—	2.5	4
		$6m < L \leqslant 15m$	—	4	6
		$15m < L \leqslant 25m$	—	6	10

线路类别		芯数最小截面积/mm²		
		铜芯软线	铜芯线	铝芯线
穿管敷设的绝缘导线		1.0	1.0	2.5
沿墙敷设的塑料护套线		—	1.0	2.5
板孔穿线敷设的绝缘导线		—	1.0	2.5
PE 线和 PEN 线	有机械保护时	—	1.5	2.5
	无机械保护时 多芯线	—	2.5	4
	单芯干线	—	10	16

注：根据国家标准 GB 50096—2011《住宅设计规范》规定，住宅导线应采用铜芯绝缘线，每套住宅进户线截面积 ≥10mm²，分支回路导线截面积 ≥2.5mm²。

附表 4　LJ 型铝绞线和 LGJ 型钢铝绞线的允许载流量

导线截面积/mm²	LJ 型铝绞线				LGJ 型钢铝绞线			
	环境温度/℃				环境温度/℃			
	25	30	35	40	25	30	35	40
10	75	70	66	61	—	—	—	—
16	105	99	92	85	105	98	92	85
25	135	127	119	109	135	127	119	109
35	170	160	150	138	170	159	149	137
50	215	202	189	174	220	207	193	178
70	265	249	233	215	275	259	228	222
95	325	305	286	247	335	315	295	272
120	375	352	330	304	380	357	335	307
150	440	414	387	356	445	418	391	360
185	500	470	440	405	515	484	453	416
240	610	574	536	494	610	574	536	494
300	680	640	597	550	700	658	615	566

附表 5　LMY 型矩形硬铝母线的允许载流量

每相母线条数		单条		双条		三条		四条	
母线放置方式		平放	竖放	平放	竖放	平放	竖放	平放	竖放
母线尺寸宽×厚（mm×mm）	40×5	480	503	—	—	—	—	—	—
	40×5	542	562	—	—	—	—	—	—
	50×4	586	613	—	—	—	—	—	—
	50×5	661	692	—	—	—	—	—	—
	63×6.3	910	952	1499	1547	1866	2111		
	68×8	1038	1085	1623	1777	2113	2379		
	68×10	1168	1221	1825	1994	2381	2665		

每相母线条数	单条		双条		三条		四条	
母线放置方式	平放	竖放	平放	竖放	平放	竖放	平放	竖放
母线尺寸宽×厚（mm×mm） 80×6.3	1128	1178	1724	1892	2211	2505	2558	3411
80×8	1274	1330	1946	2131	2491	2809	2863	3817
80×10	1427	1490	2175	2373	2774	3114	3167	4222
100×6.3	1371	1430	2054	2253	2633	2985	3032	4043
100×8	1542	1609	2298	2516	2933	3311	3359	4479
100×10	1728	1803	2558	2796	3181	3578	3622	4829
125×6.3	1674	1744	2446	2680	2079	3490	3525	4700
125×8	1876	1955	2725	2982	3375	3813	3847	5129
125×10	2089	2177	3005	3282	3725	4194	4225	5633

注1，本表载流量按照导体最高允许工作温度70℃、环境温度25℃、无风、无日照条件下计算的结果，如果环境温度不是25℃，需要考虑以下的校正系数：

环境温度	20℃	30℃	35℃	40℃	45℃	50℃
校正系数	1.05	0.94	0.88	0.81	0.74	0.67

注2，当母线为四条时，平放和竖放时第二、三片间的间距均为50mm。

附表6　油浸纸绝缘电力电缆的允许载流量

电缆型号	ZLQ、ZLL			ZLQ20、ZLQ30、ZLQ12、ZLL30			ZLQ2、ZLQ3、ZLQ5、ZLL12、ZLL13		
电缆额定电压/kV	1~3	6	10	1~3	6	10	1~3	6	10
最高允许温度/℃	80	65	60	80	65	60	80	65	60
芯数×截面/mm²	敷设于25℃空气中的载流量						敷设于15℃土壤中的载流量		
3×2.5	22	—	—	24	—	—	30	—	—
3×4	28	—	—	32	—	—	39	—	—
3×6	35	—	—	40	—	—	50	—	—
3×10	48	43	—	55	48	—	67	61	—
3×16	65	55	55	70	65	60	88	78	73
3×25	85	75	70	95	85	80	114	104	100
3×35	105	90	85	115	100	95	141	123	118
3×50	130	115	105	145	125	120	174	151	147
3×70	160	135	130	180	155	145	212	186	170
3×95	195	170	160	220	190	180	256	230	209
3×120	225	195	185	255	220	206	289	257	243
3×150	265	225	210	300	255	235	332	291	277
3×180	305	260	245	345	295	270	376	330	310
3×240	365	310	290	410	345	325	440	386	367

附表7 聚氯乙烯绝缘及护套电力电缆允许载流量

电缆额定电压/kV	1				6			
最高允许温度/(℃)	65							
芯数×截面/mm²	15℃地中直埋的载流量		敷设于25℃空气中的载流量		15℃地中直埋的载流量		敷设于25℃空气中的载流量	
线芯材料	铝	铜	铝	铜	铝	铜	铝	铜
3×2.5	25	32	16	20	—	—	—	—
3×4	33	42	22	28	—	—	—	—
3×6	42	54	29	37	—	—	—	—
3×10	57	73	40	51	54	69	42	54
3×16	75	97	53	68	71	91	56	72
3×25	99	127	72	92	92	119	74	95
3×35	120	155	87	112	116	149	92	116
3×50	147	189	108	139	143	184	112	144
3×70	181	233	135	174	171	220	136	175
3×95	215	277	165	212	208	268	167	215
3×120	244	314	191	246	238	307	194	250
3×150	280	261	225	290	272	350	224	288
3×180	316	407	257	331	308	397	257	331
3×240	261	465	306	394	353	455	301	388

附表8 交联聚氯乙烯绝缘护套电力电缆允许载流量

电缆额定电压/kV	1(3~4芯)				10(3芯)			
最高允许温度/(℃)	90							
芯数×截面/mm²	15℃地中直埋的载流量		敷设于25℃空气中的载流量		15℃地中直埋的载流量		敷设于25℃空气中的载流量	
线芯材料	铝	铜	铝	铜	铝	铜	铝	铜
3×16	99	128	77	105	102	131	94	121
3×25	128	167	105	140	130	168	123	158
3×35	150	200	125	170	155	200	147	190
3×50	188	239	155	205	188	241	180	231
3×70	222	299	195	260	224	289	218	280
3×95	266	350	235	320	266	341	261	335
3×120	305	400	280	370	302	386	303	388
3×150	344	450	320	430	342	437	347	445
3×180	389	511	370	490	382	490	394	504
3×240	455	588	440	580	440	559	461	587

附表9 BLX型和BLV型铝芯绝缘导线明敷时的允许载流量

线芯面积/mm²	BLX型铝芯橡皮线在各种环境温度下的载流量/A				BLV型铝芯塑料线在各种环境温度下的载流量/A			
	25℃	30℃	35℃	40℃	25℃	30℃	35℃	40℃
2.5	27	25	23	21	25	23	21	19
4	35	32	30	27	32	29	27	25
6	45	42	38	35	42	39	36	33
10	65	60	56	51	59	55	51	46
16	85	79	73	67	80	74	69	63
25	110	102	95	87	105	98	90	83
35	138	129	119	109	130	121	112	102
50	175	163	151	138	165	154	142	130
70	220	206	190	174	205	191	177	162
95	265	247	229	209	250	233	216	197
120	310	280	268	245	283	266	246	225
150	360	336	311	284	325	303	281	257
185	420	392	363	332	380	355	328	300
240	510	476	441	403	—	—	—	—

注:BX型和BV型铜芯绝缘导线的允许载流量约为同截面的BLX型和BLV型铝芯绝缘导线的允许载流量1.3倍。

附表10　BLX型和BLV铝芯绝缘导线穿钢管时的允许载流量(A)

导线型号	线芯面积/mm²	2根单芯线 环境温度(℃)				2根穿管 管径/mm		3根单芯线 环境温度/℃				3根穿管 管径/mm		4~5根单芯线 环境温度(℃)			
		25	30	35	40	G	DG	25	30	35	40	G	DG	25	30	35	40
BLX	2.5	21	19	18	16	15		19	17	16	15	15		16	14	13	12
	4	28	26	24	22	20		25	23	21	19	20		23	21	19	18
	6	37	34	32	29	20	20	34	31	29	26	20		30	28	25	23
	10	52	48	44	41	25	25	46	43	39	36	25		40	37	34	31
	16	66	61	57	52	25		59	55	51	46	32	20	52	48	44	41
	25	86	80	74	68	32	25	76	71	65	60	32	25	68	63	58	53
	35	106	99	91	89	32		94	87	81	74	32	25	83	77	71	65
	50	133	124	115	105	40	32	118	110	102	93	50	32	105	98	90	83
	70	164	154	142	130	50	32	150	140	129	118	50	32	133	124	115	105
	95	200	187	173	158	70	40	180	168	155	142	70	40	160	149	138	126
	120	230	215	198	181	70	40	210	196	181	166	70	(50)	190	177	164	150
	150	260	243	224	205	70		240	224	207	189	70	(50)	220	205	190	174
	185	295	275	255	233	80		270	252	233	213	80		250	233	216	197
BLV	2.5	20	18	17	15	15		18	16	15	14	15		15	14	12	11
	4	27	25	23	21	15		24	22	20	18	15		22	20	19	17
	6	35	32	30	27	15	15	32	29	27	25	15	15	28	26	24	22
	10	49	45	42	38	20	15	44	41	38	34	20	15	38	35	32	30
	16	63	58	54	49	25		56	52	48	44	25	20	50	46	43	39
	25	80	74	69	63	25		70	65	60	55	32	25	65	60	56	51
	35	100	93	86	79	32	25	90	84	77	71	32	32	80	74	69	63
	50	125	116	108	98	40	32	110	102	95	87	40	40	100	93	86	79
	70	155	144	134	122	50	40	143	133	123	113	40		127	118	109	100
	95	190	177	164	150	50	50	170	158	147	134	50		152	142	131	120
	120	220	205	190	174	50	50	195	182	168	154	50		172	160	148	136
	150	250	233	216	197	70		225	210	194	177	70		200	187	173	158
	185	285	266	246	225	70		255	238	220	201	70		230	215	198	181

注:1. 表中的穿线管 G 为焊接钢管,管径按照内径计;DG 为电线管,管径按照外径计。
　2. 表中数据作为学习时的参考,具体的技术参数及条件以查阅手册为准。

附表11　BLX型和BLV型铝芯绝缘导线穿硬管时的允许载流量(A)

导线型号	线芯面积/mm²	2根单芯线 环境温度/℃				2根穿 管管径/mm	3根单芯线 环境温度/℃				3根穿 管管径/mm	4~5根单芯线 环境温度/℃			
		25	30	25	40		25	30	25	40		25	30	25	40
BLX	2.5	19	17	16	15	15	17	15	14	13	15	15	14	12	11
	4	25	23	21	19	20	23	21	19	18	20	20	18	17	15
	6	33	30	28	26	20	29	27	25	22	20	26	24	22	20
	10	44	41	38	34	25	40	37	34	31	25	35	32	30	27
	16	58	54	50	45	32	52	48	44	41	32	46	43	39	36
	25	77	71	66	60	32	68	63	58	53	32	60	56	51	47
	35	95	88	82	75	40	84	78	72	66	40	74	69	64	58
	50	120	112	103	94	40	108	100	93	85	50	95	88	82	75
	70	153	143	132	121	50	135	126	116	106	50	120	112	103	94
	95	184	172	159	145	50	165	154	142	130	65	150	140	129	118
	120	210	196	181	166	65	190	177	164	150	65	170	158	147	134
	150	250	233	216	197	65	227	212	196	179	75	205	191	177	162
	185	282	263	243	223	80	255	238	220	201	80	232	216	200	183

导线型号	线芯面积/mm²	2根单芯线 环境温度/℃				2根穿管管径/mm	3根单芯线 环境温度/℃				3根穿管管径/mm	4~5根单芯线 环境温度/℃			
		25	30	25	40		25	30	25	40		25	30	25	40
BLV	2.5	18	16	15	14	15	16	14	13	12	15	14	13	12	11
	4	24	22	20	18	20	22	20	19	17	20	19	17	16	15
	6	31	28	26	24	20	27	25	23	21	20	25	23	21	19
	10	42	39	36	33	25	38	35	32	30	25	33	30	28	26
	16	55	51	47	43	32	49	45	42	38	32	44	41	38	34
	25	73	68	63	57	32	65	60	56	51	40	57	53	49	45
	35	90	84	77	90	40	80	74	69	63	40	70	65	60	55
	50	114	106	98	114	50	102	95	88	80	50	90	84	77	71
	70	145	135	125	138	50	130	121	112	102	50	115	107	99	90
	95	175	163	151	158	65	158	147	136	124	65	140	130	121	110
	120	206	187	173	181	65	180	168	155	142	65	160	149	138	126
	150	230	215	198	209	75	207	193	179	163	75	185	172	160	146
	185	265	247	229		75	235	219	203	185	75	212	198	183	167

附表 12 矩形母线竖放置的允许载流量(环境温度 25℃,最高允许温度 70℃)

母线尺寸/mm (宽×厚)	铜母线(TMY)载流量 每相的铜牌数			铝母线(LMY)载流量 每相的铝牌数		
	1	2	3	1	2	3
15×3	210	—	—	165	—	—
20×3	275	—	—	215	—	—
25×3	340	—	—	265	—	—
30×4	475	—	—	365	—	—
40×4	625	—	—	480	—	—
50×4	700	—	—	540	—	—
50×5	860	—	—	665	—	—
50×6	955	—	—	740	—	—
60×6	1125	1740	2240	870	1355	1720
80×6	1480	2110	2720	1150	1630	2100
100×6	1810	2470	3170	1425	1935	2500
60×8	1320	2160	2790	1245	1680	2180
80×8	1690	2620	3370	1320	2040	2620
100×8	2080	3060	3930	1625	2390	3050
120×8	2400	3400	4340	1900	2650	3380
60×10	1475	2560	3300	1155	2010	2650
80×10	1900	3100	3990	1480	2410	3100
100×10	2310	3610	4650	1820	2860	3650
120×10	1650	4100	5200	2070	3200	4100

附表 13　爆炸性粉尘环境区域的划分和代号

代号	爆炸性粉尘环境特征
0 区	正常情况下形成爆炸性混合物(气体或爆炸性)的爆炸危险场所
1 区	在不正常情况下能形成爆炸性混合物的爆炸危险场所
2 区	在不正常情况下能形成爆炸性混合物不可能性较小的爆炸危险场所
10 区	在正常情况下能形成粉尘或纤维性混合物的爆炸危险场所
11 区	在不正常情况下能形成粉尘或纤维性混合物的爆炸危险场所
21 区	在生产(使用、加工储存、转运)过程中,闪点高于环境温度的可燃液体,易引起火灾的场所
22 区	在生产过程中,粉尘或纤维可燃物不可能爆炸但可引起火灾危险的场所

附表 14　S11-M 系列 6~10kV 铜绕组全封闭低损耗电力变压器技术数据

型号	额定电压/kV		连结组标号	空载损耗 /kW	负载损耗 /kW	短路 损耗%	空载损耗%
	高压及分接范围	低压					
M11-M30	6	0.4	Yyn0	0.1	0.60/0.63	4	1.5
M11-M50	6.3 10.5 11±5% 或 ±2×2.5%		Dyn11	0.13	0.87/0.91		1.4
M11-M63				0.15	1.04/0.109		1.3
M11-M80				0.18	1.25/0.131		1.2
M11-M100				0.20	1.50/1.58		1.1
M11-M125				0.24	1.80/1.89		1.0
M11-M160				0.28	2.20/2.31		1.0
M11-M200				0.34	2.60/2.73		0.9
M11-M250				0.40	3.05/3.20		0.8
M11-M315				0.48	3.65/3.83		0.8
M11-M400				0.57	4.30/4.52		0.7
M11-M500				0.68	5.15/5.41		0.7
M11-M630				0.81	6.20	4.5	0.6
M11-M800				0.98	7.50		0.6
M11-M1000				1.15	10.30		0.5
M11-M1250				1.36	12.00		0.4
M11-M1600				1.64	14.50		0.4
M11-M2000				2.10	16.50		0.32
M11-M2500				2.50	19.30	5.0	0.32

附表 15　常用高压断路器的技术参数

类别	型号	额定电压 (kV)	额定电流 (A)	开断电流 (kA)	断流容量 (MVA)	动稳定 电流峰值 (kA)	热稳定 电流 (kA)	固有 分闸时间 (S)	合闸 时间 (S)
少油 户外	SW2-35/1000	35	1000	16.5	1000	45	16.5(4S)	≤0.06	≤0.4
	SW2-35/1500		1500	24.8	1500	63.5	24.8(4S)		

（续）

类别	型号	额定电压（kV）	额定电流（A）	开断电流（kA）	断流容量（MVA）	动稳定电流峰值（kA）	热稳定电流（kA）	固有分闸时间（S）	合闸时间（S）
少油户内	SN10-35 I	35	1000	16	1000	45	16(4S)	≤0.06	≤0.2
	SN10-35 II		1250	20	1000	509	20(4S)		≤0.25
	SN10-10 I	10	630	16	300	40	16(4S)	≤0.06	≤0.15
			1000	16	300	40	16(4S)		≤0.2
	SN10-10 II		1000	31.5	500	80	31.5(4S)	0.06	0.2
	SN10-10 III		1250	40	750	125	40(4S)	0.07	0.075
真空户内	ZN23-35	35	1600	25		63	25(4S)	0.06	0.15
	ZN3-10 I	10	600	8		20	8(4S)	0.07	0.10
	ZN3-10 II		1000	20		50	20(20S)		0.2
	ZN4-10/1000		1000	17.3		44	17(4S)		
	ZN4-10/1250		1250					0.05	
	ZN5-10/630		630	20		50	20(2S)		
	ZN5-10/1000		1000						
	ZN5-10/1250		1250				25(2S)		
	ZN12-10/1250		1250	25		63	25(4S)		0.1
	ZN12-10/2000		2000						
	ZN12-10/1250		1250	31.5		80	31.5(4S)	0.06	
	ZN12-10/2000		2000						
	ZN12-10/2500		2500	40		100	40(4S)		
	ZN12-10/3150		3150						
	ZN24-10/1250-20		1250	20		50	20(4S)		
	ZN24-10/1250		1250	31.5		80	31.5(4S)		
	ZN24-10/2000		2000						

附表16 S9系列6~10kV级铜绕组低损耗电力变压器技术数据

额定容量（kVA）	额定电压（kV）		连接组标号	空载损耗（W）	负载损耗（W）	阻抗电压（%）	空载电流（%）
	一次	二次					
30	10.5,6.3	0.4	Yyn0	130	600	4	2.1
50	10.5,6.3	0.4	Yyn0	170	870		2.0
63	10.5,6.3	0.4	Yyn0	200	1040		1.9
80	10.5,6.3	0.4	Yyn0	240	1250		1.8
100	10.5,6.3	0.4	Yyn0	290	1500		1.6
		0.4	Dyn11	300	1470		4

（续）

额定容量 （kVA）	额定电压(kV)		连接组标号	空载损耗 （W）	负载损耗 （W）	阻抗电压 （%）	空载电流 （%）
	一次	二次					
125	10.5,6.3	0.4	Yyn0	340	1800		1.5
		0.4	Dyn11	360	1720		4
160	10.5,6.3	0.4	Yyn0	400	2200		1.4
		0.4	Dyn11	430	2100		3.5
200	10.5,6.3	0.4	Yyn0	480	2600		1.3
		0.4	Dyn11	500	2500		3.5
250	10.5,6.3	0.4	Yyn0	560	3050		1.2
		0.4	Dyn11	600	2900		3
315	10.5,6.3	0.4	Yyn0	670	2650		1.1
		0.4	Dyn11	720	3450		1.0
400	10.5,6.3	0.4	Yyn0	800	4300		3
		0.4	Dyn11	870	4200		1.0
500	10.5,6.3	0.4	Yyn0	960	5100		3
		0.4	Dyn11	1030	4950		1.0
630	10.5,6.3	0.4	Yyn0	1200	6200	4.5	0.9
		0.4	Dyn11	1300	5800	5	1.0
800	10.5,6.3	0.4	Yyn0	1400	7500	4.5	0.8
		0.4	Dyn11	1400	7500	5	2.5
1000	10.5,6.3	0.4	Yyn0	1700	10300	4.5	0.7
		0.4	Dyn11	1700	9200	5	1.7
1250	10.5,6.3	0.4	Yyn0	1950	12000	4.5	0.6
		0.4	Dyn11	2000	11000	5	2.5
1600	10.5,6.3	0.4	Yyn0	2400	14500	4.5	0.6
		0.4	Dyn11	2400	14000	6	2.5

参 考 文 献

[1] 关大陆,张晓娟. 工厂供电[M]. 北京:清华大学出版社,2006.

[2] 孙琴梅. 工厂供配电技术[M]. 北京:化学工业出版社,2010.

[3] 方建华,陈志文. 工厂供配电技术[M]. 北京:人民邮电出版社,2010.

[4] 张琴. 工厂供配电技术[M]. 北京:电子工业出版社,2010.

[5] 高宇,孙成普. 工厂供电技术[M]. 北京:中国电力出版社,2009.

[6] 刘燕. 供配电技术[M]. 西安:西安电子科技大学出版社,2007.

[7] 刘介才. 供配电技术[M]. 北京:机械工业出版社,2012.

[8] 黄绍平. 成套电气技术[M]. 北京:机械工业出版社,2005.

[9] 陈小虎. 工厂供电技术[M]. 北京:高等教育出版社,2006.

[10] 田淑珍. 工厂供配电技术及技能训练[M]. 北京:机械工业出版社,2015.

[11] 曹蒙周. 电气设备故障诊断及检修[M]. 北京:中国电力出版社,2013.

[12] 汤继东. 中低压电气设计与电气成套技术[M]. 北京:机械工业出版社,2012.

[13] 江苏镇安电力设备有限公司产品样本[M]. 镇江,2010.

[14] 唐志平. 供配电技术[M]. 北京:电子工业出版社,2013.

[15] 黄绍平,金国彬,李玲. 成套开关设备实用技术[M]. 北京:机械工业出版社,2008.

[16] 黄伟,李娜,胡晓进. 机电设备维护与管理[M]. 北京:国防工业出版社,2011.